全国职业院校教育规划教材

全国高等职业教育新形态规划教材

供康复治疗技术、中医康复技术、中医骨伤专业使用

正常人体学基础

主编 付抚东

全国百佳图书出版单位

中国中医药出版社

·北 京·

图书在版编目（CIP）数据

正常人体学基础 / 付抚东主编 . -- 北京 : 中国中
医药出版社 , 2025. 6. -- (全国职业院校教育规划教材)
(全国高等职业教育新形态规划教材).
ISBN 978-7-5132-9536-9

Ⅰ. Q98

中国国家版本馆 CIP 数据核字第 2025UT1527 号

中国中医药出版社出版

北京经济技术开发区科创十三街 31 号院二区 8 号楼
邮政编码　100176
传真　010-64405721
山东华立印务有限公司印刷
各地新华书店经销

开本 850×1168　1/16　印张 21　字数 665 千字
2025 年 6 月第 1 版　2025 年 6 月第 1 次印刷
书号　ISBN 978 - 7 - 5132 - 9536 - 9

定价　98.00 元
网址　www.cptcm.com

服 务 热 线　010-64405510
购 书 热 线　010-89535836
维 权 打 假　010-64405753

微信服务号　zgzyycbs
微商城网址　https://kdt.im/LIdUGr
官 方 微 博　http://e.weibo.com/cptcm
天猫旗舰店网址　https://zgzyycbs.tmall.com

全国职业院校教育规划教材
全国高等职业教育新形态规划教材

《正常人体学基础》
编委会

主　　编　付抚东
联合主编　王丰刚　付海荣
副 主 编　卢　巍　朱建忠　刘　杰
　　　　　赵　永　黄　皓
编　　委（以姓氏笔画为序）
　　　　　王丰刚（漯河医学高等专科学校）
　　　　　石树霞（山东药品食品职业学院）
　　　　　卢　巍（广东江门中医药职业学院）
　　　　　付抚东（抚州医药学院）
　　　　　付海荣（重庆三峡医药高等专科学校）
　　　　　朱建忠（沧州医学高等专科学校）
　　　　　刘　杰（山东中医药高等专科学校）
　　　　　张　磊（乐山职业技术学院）
　　　　　张武坤（抚州市中医医院）
　　　　　张琳娟（抚州医药学院）
　　　　　林嘉鑫（漳州卫生职业学院）
　　　　　庞　胤（沧州医学高等专科学校）
　　　　　赵　永（毕节医学高等专科学校）
　　　　　赵至国（山东省青岛第二卫生学校）
　　　　　贾秀芬（聊城职业技术学院）
　　　　　黄　皓（泰山护理职业学院）
　　　　　解秋菊（重庆三峡医药高等专科学校）
　　　　　蔡伟波（南阳医学高等专科学校）

前　言

"全国高等职业教育新形态规划教材"是为贯彻党的二十大精神和党的教育精神，落实《关于深化现代职业教育体系建设改革的意见》《国家职业教育改革实施方案》《关于推动现代职业教育高质量发展的意见》等文件精神，由中国中医药出版社联合全国多所高职高专院校及行业专家统一规划建设的，旨在提升医药职业教育对全民健康和地方经济的贡献度，提高职业技术院校学生的实践操作能力，实现职业教育与产业需求、岗位胜任能力的紧密对接，突出新时代中医药职业教育的特色。

中国中医药出版社直属于国家中医药管理局，中央一级文化企业。中国中医药出版社是全国中医药行业规划教材出版基地，国家中医、中西医结合执业（助理）医师资格考试大纲和细则及实践技能指导用书授权出版单位，全国中医药专业技术资格考试大纲和细则授权出版单位，与国家中医药管理局中医师资格认证中心建立了良好的战略合作伙伴关系。目前，全国中医药行业高等职业教育规划教材已延续至第6版，覆盖了中医学、中药学、针灸推拿、中医骨伤、康复治疗技术、中医养生保健、中医骨伤等多个专业，已构建起从基础理论到实践应用的较为完整的教学体系。

本套教材由50余所开展康复治疗技术专业高等职业教育的院校及相关医院、医药企业等单位，按照教育部公布的《高等职业学校专业教学标准》内容，并结合目前康复治疗技术的临床实际联合组织编写。本套教材可供康复治疗技术、中医康复技术、中医养生保健、中医骨伤等专业使用，具有以下特点：

1. 坚持立德树人，融入课程思政内容和党的二十大精神。把立德树人贯穿教材建设全过程、各方面，体现课程思政建设新要求，推进课程思政与医药人文的融合，大力培育和践行社会主义核心价值观，健全德技并修、工学结合的育人机制，努力培养德智体美劳全面发展的社会主义建设者和接班人。

2. 加强教材编写顶层设计，科学构建教材的主体框架，打造职业行动能力导向明确的金教材。教材编写落实"三个面向"，始终围绕医药职业教育技术技能型、应用型人才培养目标，以学生为中心，以岗位胜任力、产业需求为导向，内容设计符合职业院校学生认知特点和职业教育教学实际，体现了先进的职业教育理念。

3. 与岗位需求对接，加强产教融合。教材突出理论与实践相结合，强调动手能力、实践能力的培养。鼓励专业课程教材融入产业发展的新技术、新工艺、新规范、新标准，满足学生适应项目学习、案例学习、模块化学习等不同学习方式的要求，注重以典型案例为载体组织教学单元、有效激发学生的学习兴趣和创新潜能。

4.强调质量意识，打造精品示范教材。将质量意识、精品意识贯穿教材编写全过程。围绕现行教材出现的问题，以问题为导向，有针对性地对教材内容进行修订完善，力求打造适应职业教育人才培养需求的精品示范教材。

5.加强教材数字化建设。适应新形态教材建设需求，打造精品融合教材，探索新型数字教材。将新技术融入教材建设，丰富数字化教学资源，满足职业教育教学需求。

6.与考试接轨。编写内容科学、规范，突出职业教育技术技能人才培养目标，与康复医学治疗技术（士）职业资格考试大纲一致，与考试接轨，提高学生的考试通过率。

本套教材的建设，凝聚了全国康复行业职业教育工作者的集体智慧，体现了全国康复行业齐心协力、求真务实的工作作风，代表了全国康复行业为"十五五"期间康复事业发展和人才培养所做的共同努力，谨此向有关单位和个人致以衷心的感谢。希望本套教材的出版，能够对全国康复行业职业教育教学发展和人才培养产生积极的推动作用。需要说明的是，尽管所有组织者与编写者竭尽心智，精益求精，本套教材仍有一定的提升空间，敬请各教学单位、教学人员及广大学生多提宝贵意见和建议，以便修订时进一步提高。

中国中医药出版社

2025 年 6 月

编写说明

《正常人体学基础》是一门综合性的学科，它涵盖了人体解剖学和生理学等多个领域的知识。本教材内容丰富，学科趣味性强。课前"案例"形象生动、通俗易懂，对导入新课、提高学生的学习兴趣很有帮助；"链接"与临床联系紧密，便于学生后续课程的学习，也便于学生提前进入医学生的角色；教材坚持立德树人根本任务，将"医者仁心"元素有机融入教材；"考点与重点"体现了章节的考点与重点，帮助学生有针对性地记忆；"数字资源"将考点与重点转化为试题，便于学生课后复习，对学生考取执业资格证书有一定帮助。此外，教材各章节的插图统一、清晰、直观、准确、实用，能满足学生的学习和教师的教学需要。在数字资源方面，本教材将丰富的数字资源以二维码形式放置在章末。内容主要包括课堂教学课件与所有章节的"测与练"试题及答案。

本教材主要有以下特点：

1. 紧扣培养目标，突出"三贴近"原则——贴近学生、贴近岗位、贴近社会。以"基本、必需、够用、实用"为准则，对教材内容进行科学调整、精简与优化，注重基础性、降低难度、反映前沿动态、促进交叉融合，为专业教学提供有力支撑，同时为职业资格考试奠定坚实基础。

2. 本教材以"三基""两适合""五性"为核心设计理念。"三基"即基本理论、基本知识、基本技能，夯实学生专业基础；"两适合"即适合高职学生的特点与认知水平，适合高职教育的教学实际，确保教学内容与学情相契合；"五性"即系统性、科学性、规范性、适用性、实用性，全面提升教材质量，为教学与实践提供有力支持。

3. 在编写过程中，本教材坚持形态与功能分阶段学习、理论与实践相统一、内容与层次相呼应的原则。本教材分为两大部分：第一篇重点阐述人体基本形态结构；第二篇在此基础上深入探讨人体的基本功能，帮助学生理解各系统的生理活动机制及其协调运作规律。两篇内容循序渐进，从形态到功能，构建完整的人体知识体系。

4. 本教材在教学设计上充分体现了"循序渐进、因材施教"的教育理念，特别适合医学初学者。首先，从直观、宏观的人体结构知识入手，逐步过渡到复杂、抽象的生理学内容，这一安排契合了学生从简单到复杂、从感性到理性的认知发展规律。同时，在教学实施上，本教材为教师提供了灵活的选择空间：既可以由一位教师全程授课，也可以由解剖学、生理学教师分别承担相应内容；既可采用传统的"先形态后机能"教学模式，也可采用"同系统先形态后机能"的创新教学方式。这种独特的教学设计，既优化了教师的备课效率，又提升了学生的学习体验，是本教材区别于其他正常人体学基础教材的核心亮点，为医学基础教学提供了更多可能性。

教材编者来自全国十多个省、自治区、直辖市的高职院校和医疗机构，均具有多年的教学和医护实践经验，熟悉职业岗位需求和高职医学生的学情特点。因此，本教材符合高职医学生的专业需求，具有更强的实用性和教学适用性。具体编写分工如下：绪论由付抚东编写，第一章由赵永、贾秀芬编写，第二章由刘杰编写，第三章由卢巍编写，第四章和第五章由蔡伟波编写，第六章由林嘉鑫编写，第七章和第八章由朱建忠编写，第九章由张武坤、庞胤编写，第十章由王丰刚编写，第十一章由付海荣编写，第十二章和第十三章由石树霞编写，第十四章和第十五章由赵至国编写，第十六章和第十七章由张磊编写，第十八章由解秋菊编写，第十九章和第二十章由黄皓编写，第二十一章和第二十二章由张琳娟编写。

本教材在编写过程中得到了各位编者所在院校的大力支持，在此一并致谢，同时对本书所引用文献资料的原作者表示衷心感谢。本版《正常人体学基础》既适用于高职中医康复技术专业和中医骨伤专业的教学需求，也可作为中医康复技术和中医骨伤专业工作者的参考用书。尽管编写团队竭尽全力，但受限于编写经验和专业水平，教材中难免存在不足之处，恳请各位同仁和广大读者提出宝贵意见，以便在再版修订时进一步完善。

《正常人体学基础》编委会
2025 年 6 月

目　录

绪　论

　　正常人体学是研究正常人体形态结构、功能与化学组成及其发生发展和变化规律的科学，是由人体形态学、生理学两大学科合并而成的一门新的综合性科学。其中，人体形态学主要研究人体形态结构及其发生发展；生理学主要研究人体的功能活动及其调控。正常人体学课程是经过多年的教学改革实践而产生的，特点是淡化学科意识，不强调各学科的系统性和完整性，注重学科内容上相互融合与渗透，充分体现"人体"的整体概念。

　　正常人体学作为一门基础课程，在生物医学领域占有十分重要的地位。学习正常人体学的目的，在于全面了解人体的构成，正确理解和掌握人体正常形态特征、生长发育、功能活动的规律，为今后学习其他医学基础课程和专业课程奠定基础。

一、人体的组成

　　人体是由数目众多的细胞和细胞间质共同构成的有机体，细胞是人体结构和功能的基本单位。人体各种细胞形态多样，功能也不尽相同，许多形态相似、功能相近的细胞，彼此借细胞间质相互结合构成组织。人体基本组织有四大类，即上皮组织、结缔组织、肌组织和神经组织。不同组织按一定规律组合，构成具有一定形态、完成一定功能的器官，如心、肝、肺、肾等。许多能共同完成某一方面功能的器官组成系统。人体有九大系统，即运动系统、消化系统、呼吸系统、泌尿系统、生殖系统、心血管系统、淋巴系统、神经系统和内分泌系统。各系统在神经、体液的调节下，彼此联系、相互协调，共同构成一个有机的整体。

考点与重点　细胞、组织、器官和系统的定义

二、生命活动的基本特征

　　地球上的生命种类繁多，形态各异。虽然生命现象错综复杂，但是它们具有共性，这一共性就是生命活动的特征。生命活动的特征包括新陈代谢、兴奋性、适应性、生殖和发育、遗传和变异等。其中，新陈代谢、兴奋性和生殖是一切生命体所共有的，是生命活动的基本特征。

　　1. 新陈代谢　人体通过与外界进行物质交换，不断进行自我更新的过程，称为新陈代谢。新陈代谢包括同化作用和异化作用，人体不断从外界环境中摄取营养物质并合成自身成分，储存能量，称为同化作用，也称为合成代谢；人体不断分解自身物质，释放能量，称为异化作用，也称为分解代谢。因此，新陈代谢过程中既有物质代谢，又有能量代谢，物质代谢和能量代谢密不可分。新陈代谢是生命活动最基本的特征。

考点与重点　新陈代谢的定义

　　2. 兴奋性　人不能离开环境而孤立存在。人体生存的外界环境称为外环境，人体内细胞生存的环境称为内环境。当内外环境发生改变时，可引起机体功能活动的变化，包括机体外表状态和内部理化的改变。这种人体或组织细胞对环境变化发生反应的能力或特性，称为兴奋性。

考点与重点　内、外环境的定义

人体生存的自然环境是不断变化的，环境中的各种变化不一定都能引起人体功能活动的改变，只有能被人体感受的变化才具有这样的作用。因此，将能引起人体或组织细胞产生反应的各种环境变化，称为刺激。例如，强光照射时，瞳孔缩小；气温升高时，人会出汗；膀胱充盈时，会引起排尿；酸中毒时，呼吸加深加快；感染病毒或细菌时，机体可能发病等。

刺激按其性质可分为物理刺激（声、光、电、机械）、化学刺激（酸、碱等化学物质）、生物刺激（细菌、病毒等病原微生物）、社会心理因素刺激（语言、文字）等。这种由刺激引起的人体或组织细胞功能活动的改变，称为反应。例如，寒冷刺激可使人体分解代谢增强，产热量增加，皮肤血管收缩，散热减少，甚至发生肌肉颤抖等，这是人体对寒冷刺激的反应。

考点与重点　刺激的定义及分类

人体或组织细胞接受刺激产生反应通常有两种表现。一种是从相对静息状态转变为活动状态，使某种生理活动发生或加强，这种反应称为兴奋。例如，在高温环境下出汗增多，就是汗腺兴奋的表现。另一种是从活动状态转变为相对静息状态，使某种生理活动减弱或停止，这种反应则称为抑制。例如，环境温度下降时，出汗减少是汗腺被抑制的表现。

但是，并不是所有的刺激都能引起机体或组织细胞的反应，只有这些刺激达到一定的强度，才可能引起人体或组织细胞的变化。能引起组织发生反应的最小刺激强度，称为阈强度（阈值）。阈强度的刺激称为阈刺激。大于阈强度的刺激，称为阈上刺激；小于阈强度的刺激，称为阈下刺激。各种组织细胞的阈强度大小，可以反映组织细胞的兴奋性高低。阈强度越小，说明组织细胞越容易兴奋，也就是兴奋性越高；反之，阈强度越大，组织细胞的兴奋性越低。人体内的各种组织，以神经组织、肌组织和腺上皮组织的兴奋性最高，这些组织被称为可兴奋组织。

人体或组织细胞受到刺激后，其反应表现为兴奋还是抑制，主要取决于刺激的性质和强度，以及人体或组织细胞所处的功能状态。刺激的性质不同，反应也不同。例如，心交感神经末梢释放去甲肾上腺素可出现心跳加快、心肌收缩力增强、血压升高等心脏兴奋的表现；心副交感神经末梢释放乙酰胆碱可出现心跳减慢、心肌收缩力减弱、血压下降等心脏抑制的表现。刺激强度不同，反应也不同。例如，疼痛刺激可以引起心跳加强、呼吸加快、血压升高等中枢兴奋的表现；但是，剧烈的疼痛刺激则可引起心跳减慢、呼吸减弱、血压下降，甚至意识丧失等中枢抑制的表现。当功能状态不同时，同样的刺激可能会引起不同的反应。例如，处于饥饿、饱食或不同精神状态的个体对食物刺激的反应存在显著差异。

3. 生殖　生物体生长发育到一定阶段，能够产生与自身相似的个体，这种生理功能称为生殖。生殖功能对种群的繁衍至关重要，因此被视为生命活动的基本特征之一。

三、学习正常人体学基础的观点和方法

1. 进化发展的观点　人类是由动物长期进化发展而来的。在进化过程中，人体的形态结构虽然经历了从低级到高级、从简单到复杂的演化过程，但仍保留了许多与脊椎动物相似的特征，如两侧对称的体形、体腔被分隔为胸腔和腹腔等。

现代人类生活在不断变化的自然环境中，不仅需要从外界摄取营养物质并排出代谢废物，完成物质交换，还会直接或间接地受到环境影响。人体通过神经－体液调节机制协调各器官系统的活动，既适应环境变化，又能主动改造环境以满足生存需求。因此，学习正常人体学必须运用进化发展的观点，系统研究人体的形态结构、生理功能与生化组成及其变化规律，从而更全面、深入地认识人体。

2. 结构与功能相联系的观点　人体的形态结构与生理功能密切相关。形态结构是功能活动的物质基础，而功能活动又会影响形态结构的发育，二者相互依存、相互制约。学生在学习时应将结构与功能有机结合。例如，神经元突起的数量和分支程度与其信息传递的精确性呈正相关；血细胞的圆形形态适应其在血流中的运动需求；四足动物的前后肢因功能相似而结构相近。人类在进化过程中，上肢因劳动需要演变为灵活的操作器官，下肢则发展为粗壮的承重结构。此外，运动可促进肌肉发达，长期卧床则导

致肌萎缩和骨质疏松；巨噬细胞富含溶酶体的结构特征，与其吞噬消化病原体和衰老细胞的免疫功能高度适应。

3. 局部和整体相统一的观点　人体是一个统一整体，由许多系统和器官组成，也可分为若干局部。任何一个器官或局部都是整体不可分割的一部分，器官或局部与整体之间、局部与局部之间、器官与器官之间，在结构和功能上都是既相互联系又相互影响的统一整体。学生在学习正常人体学时，必须始终注意局部与整体的关系，注意各器官系统或局部在整体中的地位，注意它们的相互关系及影响，既要理解特定结构的形态特征，又要认识其与其他系统的功能联系，最终建立整体性的认知框架。

4. 理论联系实际的学习方法　学习正常人体学的根本目的在于应用。学习正常人体学就是为了更好地认识人体，为医学理论的学习与实践奠定基础。因此，学生在学习时应重点掌握人体形态结构的基本特征、与生命活动密切相关的结构功能特点，以及与疾病诊治相关的器官定位和功能特性。将理论知识与临床实践相结合，为后续医学学习奠定坚实基础，最终实现学以致用的目标。

四、常用的解剖学术语

为了准确描述人体各部位的形态结构及位置关系，医学界有一些公认的统一标准的描述术语。

1. 解剖学姿势　身体直立，两眼平视前方，上肢自然下垂于躯干两侧，手掌向前，双足靠拢，足尖向前。此标准姿势称为解剖学姿势。在描述人体各部结构与相互位置关系时，无论标本或模型以何种方位放置，均应以解剖学姿势为统一标准。

考点与重点　解剖学姿势的定义

2. 方位术语　是以解剖学姿势为准，用于准确描述人体结构间位置关系的专业术语（图绪-1）。常用的方位术语如下。

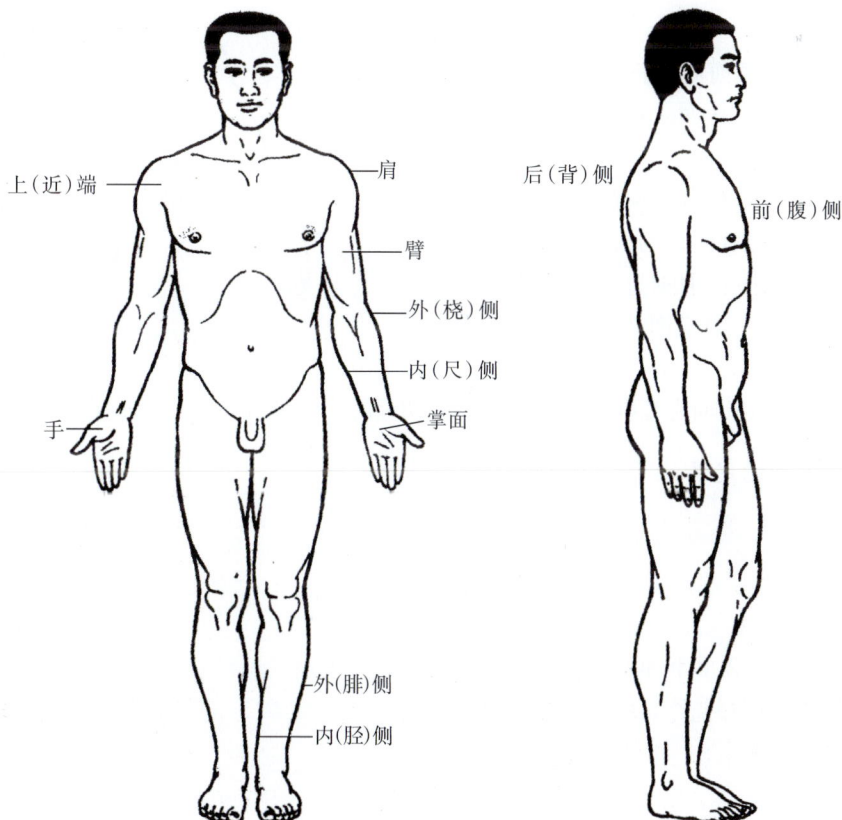

上（近）端　肩　臂　外（桡）侧　内（尺）侧　掌面　手　外（腓）侧　内（胫）侧　后（背）侧　前（腹）侧

图绪-1　常用方位术语

（1）上和下：是描述器官或结构与颅顶或足底相对位置关系的名词。按照解剖学姿势，近颅者为上，近足者为下。例如，眼位于鼻的上方，口位于鼻的下方。上和下也可分别用头侧和尾侧表示。

（2）前和后：是描述结构距身体前、后面相对远近关系的名词。距身体腹面近者为前，距背面近者为后。前和后也可分别称为腹侧和背侧。

（3）内侧和外侧：是描述各部位器官或结构与正中面相对位置关系的名词，如眼位于鼻的外侧、耳的内侧。

（4）内和外：是表示器官或结构与空腔相互关系的名词，也表示管或腔壁结构距腔的远近关系，凡近者为内，远者为外。应注意与内侧和外侧的区别。

（5）浅和深：是指与皮肤表面的相对距离关系的名词，离皮肤近者为浅，离皮肤远而距人体内部中心近者为深。

（6）近侧和远侧：在四肢部位，距肢体根部近者称近侧；距肢体根部远者称远侧。上肢的尺侧与桡侧、下肢的胫侧与腓侧，分别对应内侧和外侧。

考点与重点　方位术语的定义

3. 轴　是通过人体某部位或结构的假想线。以解剖学姿势为准，可将人体设三个相互垂直的轴（图绪-2）。

（1）矢状轴：呈前后方向，与人体的长轴和冠状轴垂直。

（2）冠状轴：呈左右方向，与矢状轴和垂直轴垂直。

（3）垂直轴：呈上下方向，与人体长轴平行，与水平相垂直。

4. 面（图绪-2）

（1）矢状面：沿人体前后方向纵切，将人体分为左右两部分的切面称为矢状面。通过人体正中线的矢状面称为正中矢状面或正中面。

（2）冠状面：沿人体左右方向纵切，将人体分为前后两部分的切面称为冠状面，与矢状面垂直。

（3）水平面：与人体长轴垂直，将躯体横断为上下两部分的切面称为水平面或横切面，与矢状面、冠状面均垂直。

器官的切面通常以其长轴为基准，与长轴平行的切面称为纵切面，与长轴垂直的切面称为横切面。

考点与重点　轴和面的定义

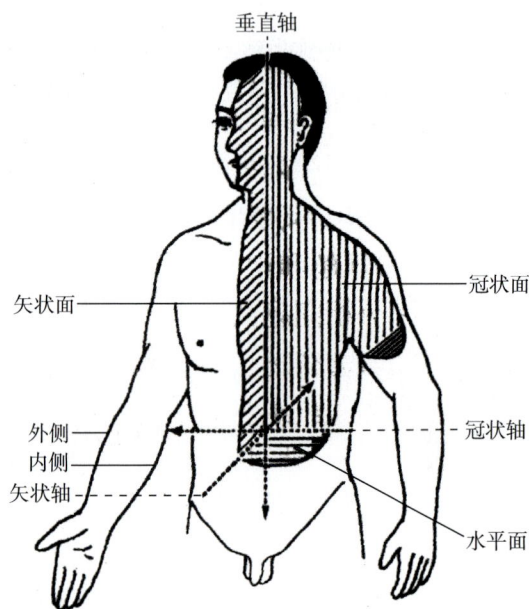

图绪-2　人体切面术语

？ 思 考 题

1. 简述细胞、组织、器官和系统的定义。
2. 常用的方位术语有哪些？
3. 简述轴和面的定义。

人体基本形态结构

第一章 运动系统

郑某，女，40岁，4小时前因车祸致伤入院。查体见左肩部及左上臂中段肿胀、疼痛伴活动受限。专科检查显示左肩呈"方肩"畸形，左腕关节呈"垂腕"状态，左臂中段以下存在轻度感觉障碍。临床诊断：①左侧肱骨干中段骨折合并桡神经损伤；②左肩关节前脱位。

问题： 1. 简述肱骨的解剖形态特征。分析肱骨干中下段骨折易并发桡神经损伤的解剖学因素。

2. 阐述肩关节的解剖结构特点。分析肩关节前脱位好发的原因。

运动系统由骨、骨连结和骨骼肌三部分组成，约占成人体重的60%。全身各骨借骨连结相连构成骨骼，成为人体的支架，形成人体的基本轮廓。

运动系统在神经系统的支配下，对人体起着运动、支持和保护等作用。在运动时，骨起杠杆作用，关节是运动枢纽，骨骼肌是运动的动力器官。

在体表可以观察或触摸到的骨性突起和凹陷、肌的轮廓及皮肤皱纹等，均称为体表标志。临床上常用这些标志来确定内部器官的位置、血管和神经的走行，以及针灸取穴的部位等。

考点与重点 运动系统的组成和功能

第一节 骨

一、概 述

骨是有一定形态、结构和功能的器官。其坚硬且有弹性，有血管、神经分布，有生长发育和新陈代谢的特点，具备改建和创伤修复的能力，参与钙磷代谢，并具有造血功能。

成年人共有206块骨。其中，躯干骨51块，颅骨29块（含6块听小骨），上肢骨64块，下肢骨62块（图1-1）。

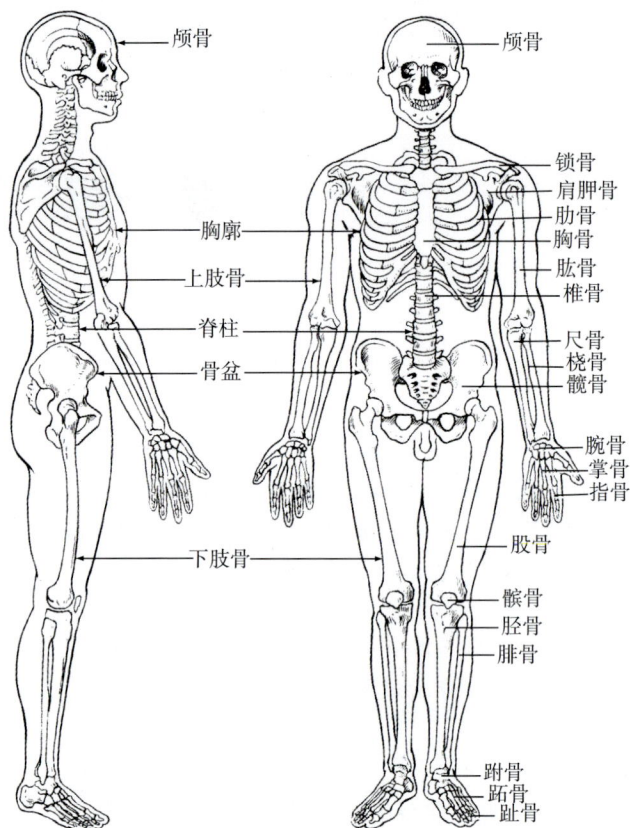

图 1-1　人体全身骨骼

（一）骨的分类

根据骨的形态，可将骨分为长骨、短骨、扁骨和不规则骨四类（图 1-2）。长骨主要分布于四肢，在运动中起杠杆作用，如肱骨、股骨等；短骨多位于连接牢固且具有一定灵活性的部位，如腕骨和跗骨；扁骨主要构成颅腔、胸腔和腹腔的壁，起保护作用，如顶骨、胸骨；不规则骨的形态不规则，如椎骨和颞骨等。

根据骨的部位，可将骨分为颅骨、躯干骨和四肢骨。全身骨的名称如图 1-3 所示。

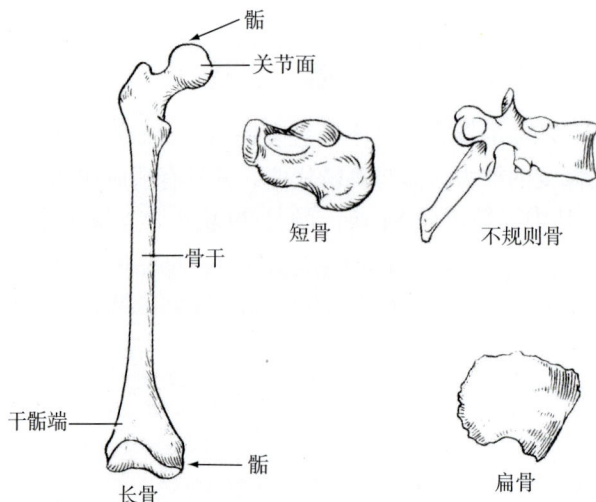

图 1-2　骨的分类

$$
全身骨
\begin{cases}
颅骨（23）\begin{cases} 面颅：鼻骨、泪骨、颧骨、上颌骨、下鼻甲、腭骨、下颌骨、犁骨、舌骨 \\ 脑颅：额骨、顶骨、枕骨、颞骨、蝶骨、筛骨 \end{cases} \\
躯干骨（51）\begin{cases} 椎骨 \\ 肋骨 \\ 胸骨 \end{cases} \\
四肢骨（126）\begin{cases} 上肢骨：肩胛骨、锁骨、肱骨、尺骨、桡骨、腕骨、掌骨、指骨 \\ 下肢骨：髋骨、股骨、髌骨、胫骨、腓骨、跗骨、跖骨、趾骨 \end{cases}
\end{cases}
$$

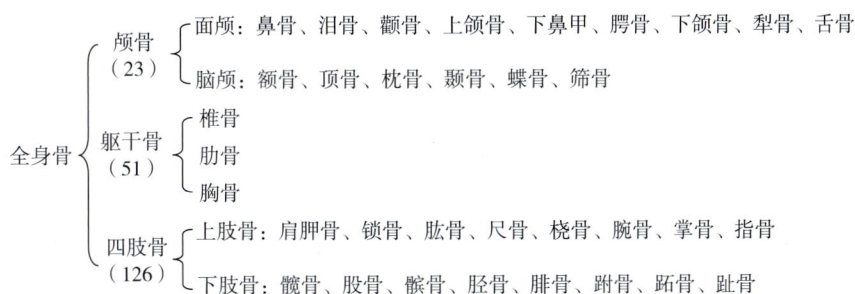

图 1-3 全身骨的名称

（二）骨的构造

骨主要由骨膜、骨质和骨髓构成（图 1-4、图 1-5）。

1.骨膜 被覆于除关节面以外的骨内、外表面，其中被覆于骨外表面的称为骨外膜，衬于骨髓腔内面和骨松质间隙内表面的称为骨内膜。骨膜由致密结缔组织构成，含有丰富的血管、神经和淋巴管等，对骨的营养、生长、再生和修复等具有重要作用。因此，在骨科手术时应尽量保留骨膜，以免发生骨坏死或骨愈合延迟。

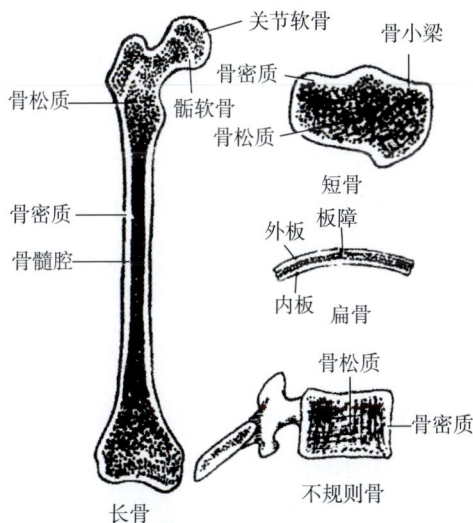

图 1-4 骨的构造　　　　　图 1-5 新鲜长骨

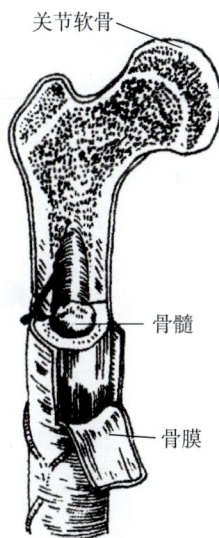

2.骨质 分为骨密质和骨松质。

（1）骨密质：由若干层紧密排列的骨板构成，分布于长骨的骨干、骨骺的外层及扁骨、短骨、不规则骨的外层，抗压和抗扭转能力强。

（2）骨松质：由片状或针状的骨小梁互相交织构成，分布于长骨两端（骺）、短骨、扁骨及不规则骨的内部。骨小梁的排列与骨所承受的压力（重力）和张力方向一致，形成压力曲线和张力曲线，使骨具有节省材料、轻便且坚固的特点。

3.骨髓 有红骨髓、黄骨髓之分。

（1）红骨髓：呈红色，含大量造血物质和处于不同发育阶段的血细胞（包含未成熟的血细胞），存在于小儿（5～7岁）时期的骨髓腔及骨松质内。在幼儿时期，所有骨髓腔都充满红骨髓。红骨髓具有造血功能。随着年龄增长，除长骨两端、扁骨和不规则骨的红骨髓始终存在外，骨髓腔内的红骨髓逐渐被脂肪组织替代，变为黄骨髓。

（2）黄骨髓：呈黄色，含大量脂肪组织，无造血功能。但当机体大量失血或处于重度贫血状态时，它可重新转化为红骨髓，恢复造血功能。

考点与重点　骨的构造

链接

骨髓穿刺术

骨髓穿刺术是利用骨髓穿刺针穿刺进入骨松质内，抽吸红骨髓以进行检查的一种常用诊断技术。其检查内容包括细胞学、原虫和细菌学等多个方面。该技术适用于各种血液病的诊断、鉴别诊断及治疗随访。常用的穿刺部位：①髂结节：穿刺点可选在髂结节的中部，由上向下刺入，此处骨板肥厚，便于穿刺，且无重要神经、血管经过，是最常用的穿刺部位。②髂前上棘：常取髂前上棘后上方 1～2cm 处作为穿刺点。③髂后上棘：可在髂后上棘中部进行穿刺。④胸骨：可在胸骨体前面或胸骨柄上缘穿刺，约平第 1、2 肋间隙水平；由于胸骨较薄，穿刺深度不宜超过 1cm，以免穿透胸骨造成危险，因此较少选用。

（三）骨的化学成分和物理特性

骨由有机质和无机质两种化学成分构成。有机质主要是由骨胶原纤维束和黏多糖蛋白等构成，主要构成骨的支架，并使骨有一定的弹性和韧性；而无机质主要是碱性磷酸钙，使骨硬挺坚实。

随着年龄的不同，有机质和无机质的比例也会发生变化，从而导致骨的化学成分和物理性质发生变化。成人的骨中，有机质和无机质的比例约为 1∶2，骨不仅具有很大的坚硬度，而且有一定的韧性和弹性；小儿的骨中，有机质和无机质的比例大于 1∶2，因而弹性大而硬度小，易发生骨折变形，但骨折端不易完全分离，临床上称为青枝骨折（不完全骨折）；老年人的骨中，有机质和无机质的比例小于 1∶2，骨的脆性较大，因而易发生粉碎性骨折。

（四）骨的生长

1. 生长过程　骨的生长包括增长和增粗两个同时进行的过程。

（1）增长：通过软骨内骨化方式实现，主要靠骺软骨的持续增生和骨化，使骨不断增长。骺软骨对骨的增长起关键作用。在儿童青少年时期，骺软骨持续增生并骨化，促进骨纵向生长，其中 12～18 岁为快速生长期，四肢骨表现尤为显著。成年（约 18 岁）后，骺软骨生长减缓并最终完全骨化，骨干与骨骺融合形成骺线，此时骨的长度停止增长。

（2）增粗：主要通过膜内骨化方式实现。具体表现为骨外膜内层的成骨细胞不断形成新骨质，使骨的横径不断增粗；骨髓腔表面的破骨细胞持续吸收既成的骨质，使骨髓腔扩大。

2. 发育方式　根据骨化发生的组织基础，可分为膜内成骨和软骨内成骨两种发育方式。

（1）膜内成骨：在结缔组织膜内直接发生骨化，起始部位称为骨化中心，如颅顶骨和面颅骨的发育。

（2）软骨内成骨：在软骨的基础上进行骨化，主要实现骨的纵向生长，如颅底骨、躯干骨和四肢骨的发育。

骨龄是指骺及骨化中心出现的年龄和骺与骨干愈合的年龄。人的年龄可分为时间年龄（实足年龄）和生物学年龄（骨龄）。通过 X 线片观察儿童少年骨骼的骨化中心情况，主要是依据骺与骨干的愈合情况，来判断儿童的真实年龄。此方法常用于青少年运动员选材、预测身高以及比赛分组等方面。

（五）体育锻炼对骨形态结构的影响

适宜的体育锻炼能够增强骨的新陈代谢，使骨变得更加粗壮、坚固，还能提高骨的抗折、抗弯、抗压及抗扭转等力学特性。

二、躯 干 骨

躯干骨共51块，由26块椎骨（包括24块独立椎骨、1块骶骨和1块尾骨）、1块胸骨和12对肋骨组成，它们分别参与脊柱、骨性胸廓和骨盆的构成。

（一）椎骨

1. 椎骨的一般形态　椎骨由前方的椎体和后方的椎弓两部分组成（图1-6）。

（1）椎体：位于椎骨前部，呈短圆柱状，是椎骨的主要承重部分。椎体表层为较薄的骨密质，内部为骨松质，在垂直暴力作用下易发生压缩性骨折。

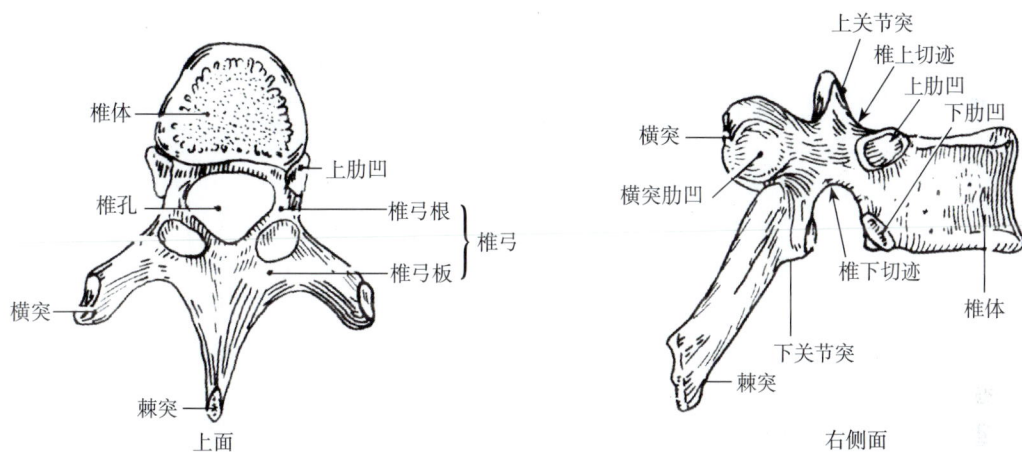

图1-6　胸椎

（2）椎弓：位于椎体后方的弓形骨板。椎弓与椎体相连的狭窄部分称为椎弓根，其上、下缘分别有椎上切迹和椎下切迹。相邻椎骨上位椎骨的椎下切迹和下位椎骨的椎上切迹共同围成椎间孔，内有脊神经和血管通过。椎孔由椎体和椎弓共同围成，各椎骨的椎孔相连形成椎管，椎管内容纳脊髓及其神经根等结构。椎弓板上有7个突起，分别是1个向后突出的棘突、1对向两侧突出的横突、1对向上突出的上关节突和1对向下突出的下关节突。

2. 各部椎骨的主要形态特征

（1）颈椎：椎体较小，横突上有横突孔，此孔内有椎动脉和椎静脉通过（图1-7）。棘突短而分叉，关节突的关节面近似水平位。

第1颈椎又称寰椎，由前弓、后弓和侧块构成（图1-8）。前弓后面的关节面称为齿突凹。侧块上面椭圆形的凹陷称为上关节凹。

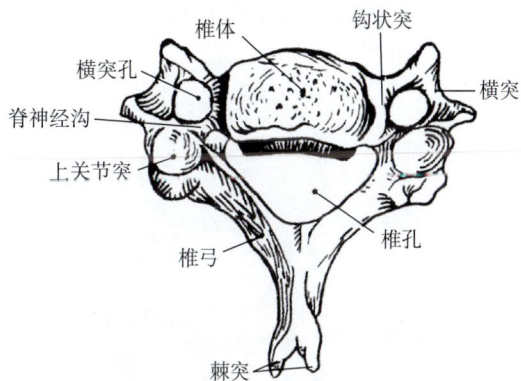

图1-7　颈椎（上面观）

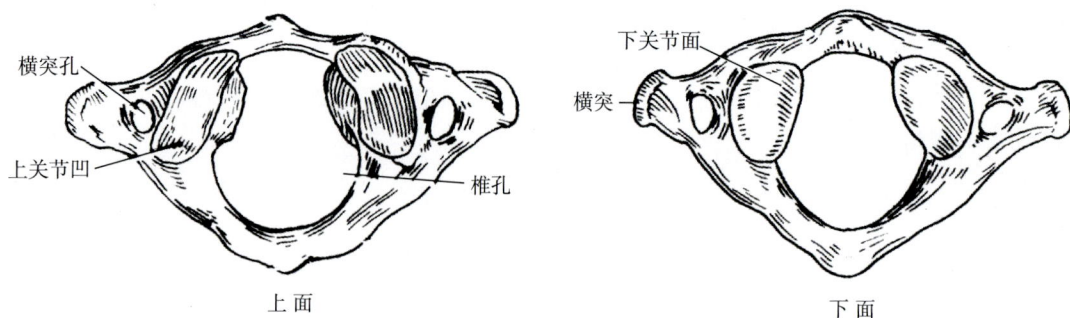

上面   下面

图 1-8　寰椎

第 2 颈椎又称枢椎，其上方有指状突起称为齿突（图 1-9）。齿突两侧各有一个上关节面，与寰椎的下关节面构成关节。

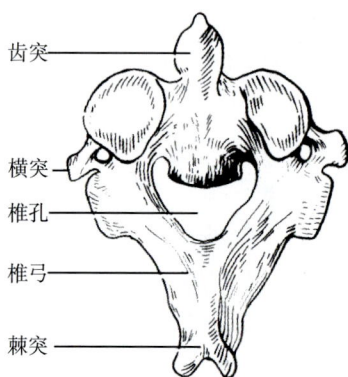

图 1-9　枢椎（上面观）

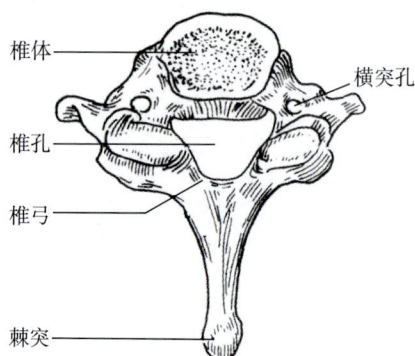

图 1-10　隆椎（上面观）

第 7 颈椎又称隆椎，中医称为大椎。其棘突特别长且末端不分叉，形成明显结节，是重要的骨性标志（图 1-10）。在屈颈状态下，该棘突最为明显，呈水平位突出。

（2）胸椎：由 12 个椎体组成，椎体体积从上至下依次增大。椎体两侧面后方各有一对上下排列的浅凹，分别称为上肋凹和下肋凹，与肋头相关节。横突尖有一凹面，称为横突肋凹，与肋结节相关节；棘突较长，向后下方倾斜，呈叠瓦状排列（图 1-6）。

（3）腰椎：棘突宽而短，呈板状，水平伸向后方，各棘突之间间隙较宽（图 1-11）。临床上常在第 3 与第 4 腰椎棘突之间或第 4 与第 5 腰椎棘突之间行腰椎穿刺术。

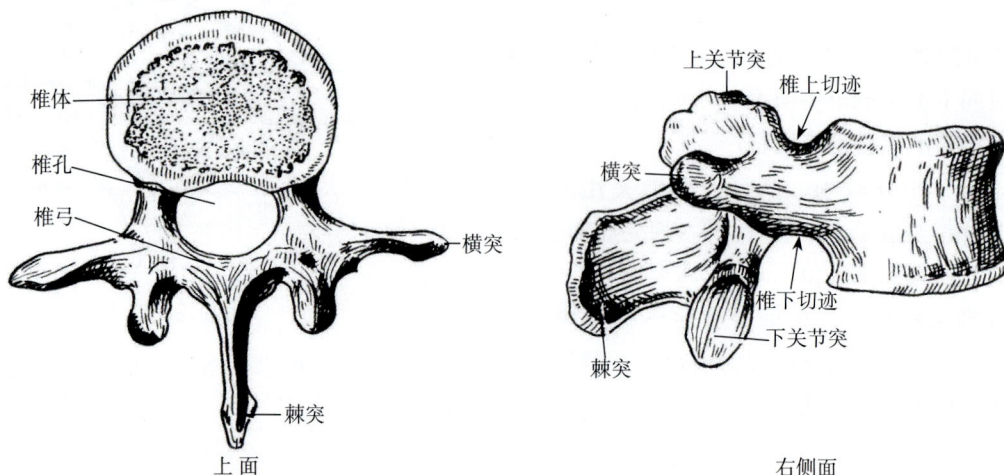

上面   右侧面

图 1-11　腰椎

（4）骶骨（图1-12）：成人骶骨由5块骶椎融合而成，构成骨盆后壁。骶骨呈倒置的三角形，上端宽大的部分称为骶骨底，与第5腰椎相连接；其前缘正中向前突出称为岬。下端尖细的部分称为骶骨尖，与尾骨相接。骶骨两侧上方具有耳状面，与髂骨的耳状面构成骶髂关节。骶骨前面光滑微凹，可见4对骶前孔；后面粗糙凸隆，有4对骶后孔，这些孔道为骶神经和血管的通过部位。骶骨下端两侧各有一个突起的骶角，两骶角之间为骶管裂孔（体表可触及），此结构是实施骶管麻醉的穿刺定位标志。

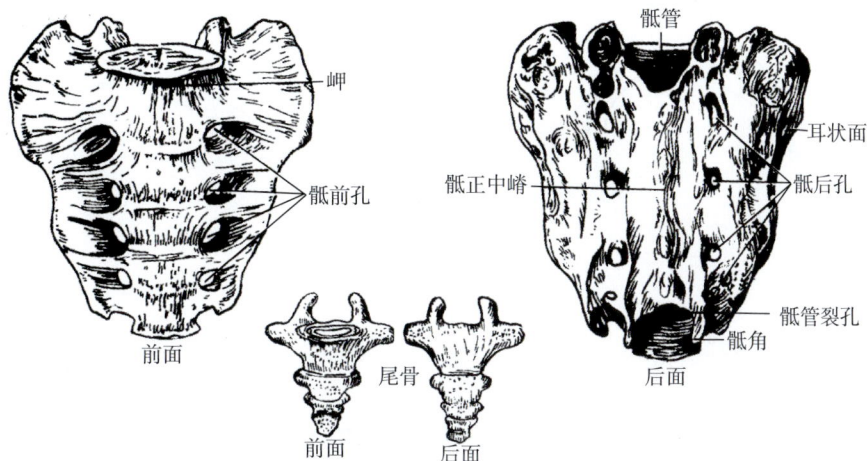

图1-12 骶骨和尾骨

（5）尾骨（图1-12）：呈三角形，上接骶骨，下端游离。尾骨属于退化的骨性结构，由3～4块退化的尾椎骨融合而成。

考点与重点 各部椎骨的主要形态特征

（二）胸骨

胸骨位于胸前壁正中，包括胸骨柄、胸骨体和剑突（图1-13）。

胸骨上部较宽的部分称为胸骨柄，其上缘正中有一凹陷，称为颈静脉切迹。胸骨中部呈长方形，称为胸骨体，其两侧缘分别与第2～7肋软骨相连接。胸骨体与胸骨柄连接处形成微向前突的横行隆起，称为胸骨角，其两端分别与左右第2肋软骨相连，体表可触及，是临床肋骨计数的重要解剖标志。胸骨最下端为一扁薄的骨片，形态变异较大，称为剑突。

胸骨与12块胸椎、12对肋及其肋软骨共同构成骨性胸廓，具有保护心、肺等胸腔内脏器的重要功能，同时参与呼吸运动。

（三）肋

肋由前部的肋软骨和后部的肋骨构成，共12对（图1-14）。肋骨内面近下缘处有肋沟，肋间血管和神经沿此沟走行。胸腔穿刺时常沿肋的上缘进针。

第1～7对肋的前端借肋软骨与胸骨直接相连的肋骨称为真肋。第8～10对肋不直接连接胸骨，其肋软骨依次附着于上一对肋软骨，称为假肋。第11～12对肋前端游离于腹壁肌层中，不参与胸廓构成，称为浮肋。

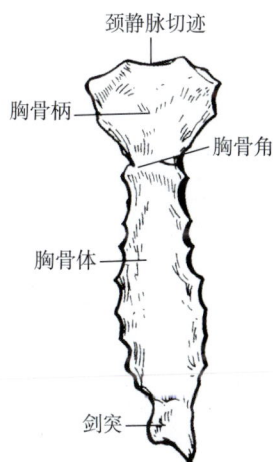

图1-13 胸骨

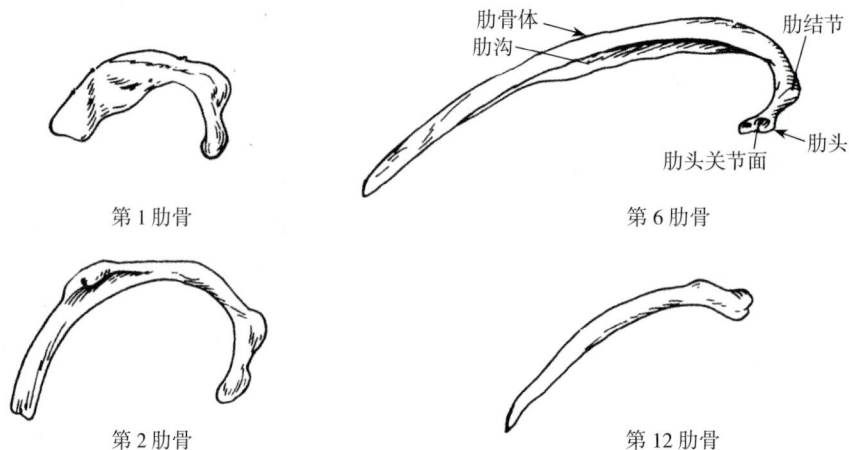

第 1 肋骨

第 6 肋骨

第 2 肋骨

第 12 肋骨

图 1-14   肋骨

考点与重点 胸骨角、肋骨

三、颅 骨

颅骨共 23 块（不包括 6 块听小骨，即锤骨、砧骨和镫骨各 2 块）。

（一）颅的组成

颅骨分为脑颅骨和面颅骨（图 1-15、图 1-16）。脑颅位于颅的后上部，呈卵圆形，围成颅腔并容纳脑组织。面颅构成颅的前下部，形成面部基本轮廓，并参与组成口腔、鼻腔和眶的结构。

1.脑颅骨   共 8 块，包括不成对的额骨、枕骨、蝶骨、筛骨和成对的顶骨、颞骨。这些骨共同围成颅腔。

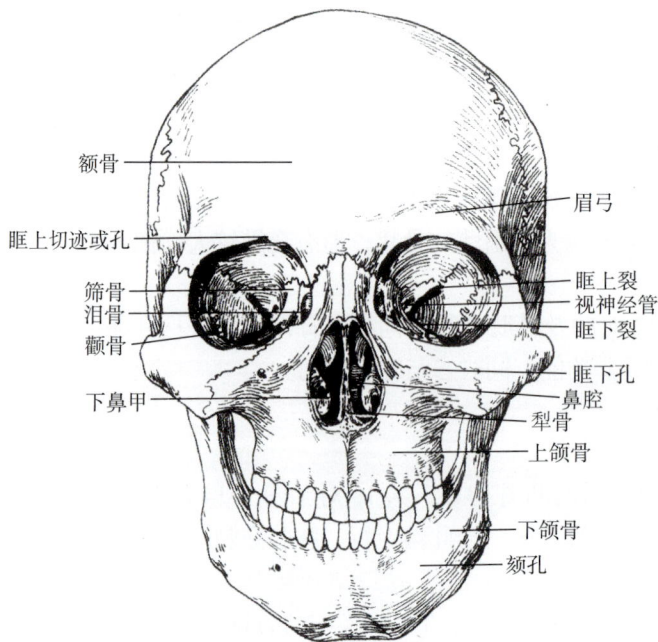

额骨

眶上切迹或孔

筛骨
泪骨
颧骨

下鼻甲

眉弓

眶上裂
视神经管
眶下裂
眶下孔
鼻腔
犁骨
上颌骨
下颌骨
颏孔

图 1-15   颅骨前面观

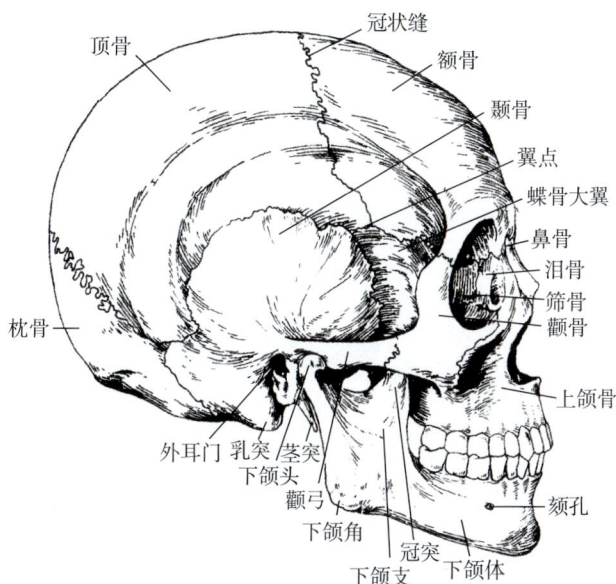

图 1-16 颅骨侧面观

2. 面颅骨 共 15 块，包括不成对的犁骨、下颌骨、舌骨和成对的上颌骨、鼻骨、泪骨、颧骨、下鼻甲、腭骨。

下颌骨包括一体和两支（图 1-17）。下颌体居中，呈马蹄形，上缘有容纳下颌牙根的牙槽，体的外侧面左右各有一孔称为颏孔，下缘称下颌底。下颌支是由下颌体向上伸出的长方形骨板，上缘有两个突起，前突称为冠突，后突的上端称为髁突。下颌支内面中央有一孔，称下颌孔，此孔通下颌管，管开口于颏孔。下颌体和下颌支连接处形成下颌角，角外侧面为咬肌附着处，是重要的骨性标志。

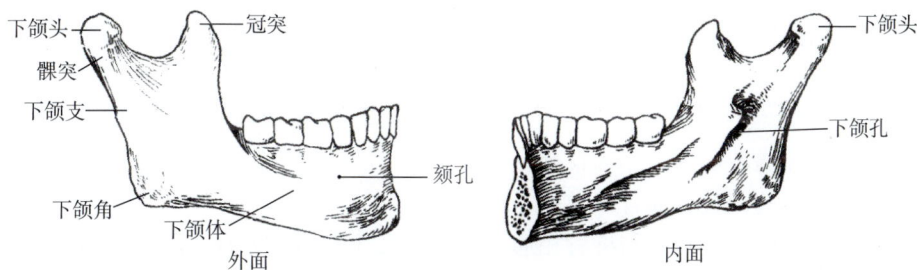

图 1-17 下颌骨

（二）颅的整体观

1. 颅的顶面观 颅盖各骨借骨缝紧密连结。额骨与顶骨之间有横位的冠状缝，左右两顶骨之间有矢状缝，两侧顶骨与枕骨之间有人字缝。

2. 颅的侧面观 颅的侧面中部有外耳门，向内通外耳道。外耳门前方的弓形骨梁称颧弓，其后方向下的突起称乳突，二者在体表可触及。颧弓内上方大而浅的凹陷称颞窝，容纳颞肌。在颞窝内侧壁，额骨、顶骨、颞骨和蝶骨的汇合处形成 "H" 形缝，称为翼点。此处骨质较为薄弱，其内侧面紧邻脑膜中动脉前支。翼点骨折时，易损伤该动脉，导致硬脑膜外血肿，引起颅内压升高，严重时可形成小脑扁桃体疝（枕骨大孔疝），甚至危及生命。

3. 颅底外面观 颅底外面高低不平，分前、后两部（图 1-18）。

（1）前部：构成口腔顶的骨板为骨腭，其前方和两侧的突起称牙槽弓，弓内凹陷为上牙槽。骨腭后上方有一对鼻后孔。

（2）后部：中央有枕骨大孔，其两侧的隆起称为枕髁。枕髁前外侧有颈静脉孔，此孔前方有圆形的颈动脉管外口，后外侧有伸向前下的茎突，其根部与乳突之间有茎乳孔。茎突前外侧的关节窝称为下颌窝，窝前方的突起称为关节结节。枕骨大孔后上方的隆起为枕外隆凸。

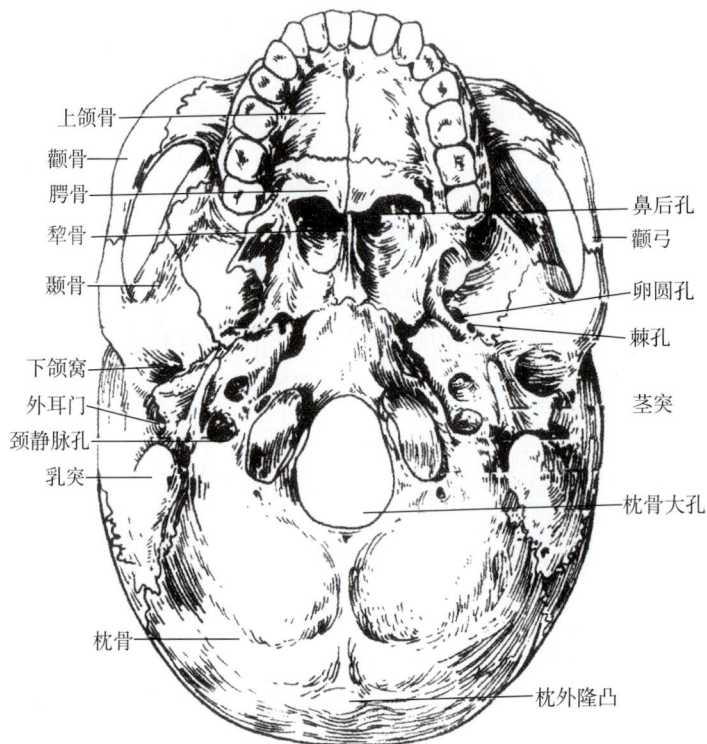

图1-18　颅底外面

4. 颅底内面观　由前向后依次为颅前窝、颅中窝和颅后窝（图1-19）。

（1）颅前窝：正中有向上突起的骨性结构，称为鸡冠。其两侧的筛板上有多个小孔，称为筛孔。

（2）颅中窝：中部隆起，其中央有一凹陷，称为垂体窝，容纳脑垂体。窝后方的横行骨嵴称为鞍背，其前外侧有一与眶相通的短管，称为视神经管。垂体窝的两侧由前向后依次有眶上裂、圆孔、卵圆孔和棘孔。颅中窝后外侧的颞骨岩部有三叉神经压迹。

（3）颅后窝：中央为枕骨大孔，与椎管相通。在枕骨大孔的后上方有一隆起称为枕内隆凸，由此向两侧延伸为横窦沟，此沟转向前下移行为乙状窦沟，再转向下内终于颈静脉孔。枕骨大孔前外侧缘上方有舌下神经管内口。颞骨岩部后面中央有一卵圆形开口，称内耳门，向前外续于内耳道。

5. 颅的前面观　由大部分面颅骨和部分脑颅骨构成，并共同围成腔。

（1）眶：位于鼻腔两侧的上方，容纳视器，眶上缘稍上方有眉弓。眶呈锥体形，尖向后，有视神经管通颅腔；底向前，形成四边形眶缘（上、下、内、外缘），开口对向面部。

眶上缘可见眶上切迹或眶上孔，眶下缘下方有眶下孔。眶的四壁厚薄不等：上壁与颅前窝相邻；下壁下方为上颌窦，其表面可见眶下沟及向后延续的眶下裂、眶下孔；内侧壁最薄，壁前方有泪囊窝，向下经鼻泪管通鼻腔，内侧壁较外侧壁向前1～2cm，有利于扩大视野；外侧壁最厚，其后部与眶下壁之间有眶下裂通颞下窝和翼腭窝，与眶上壁之间有眶上裂通颅中窝。

（2）骨性鼻腔：为不规则空腔，由筛骨垂直板和犁骨组成鼻中隔，将鼻腔分为左右两腔。每侧鼻腔有前、后两孔及四壁。

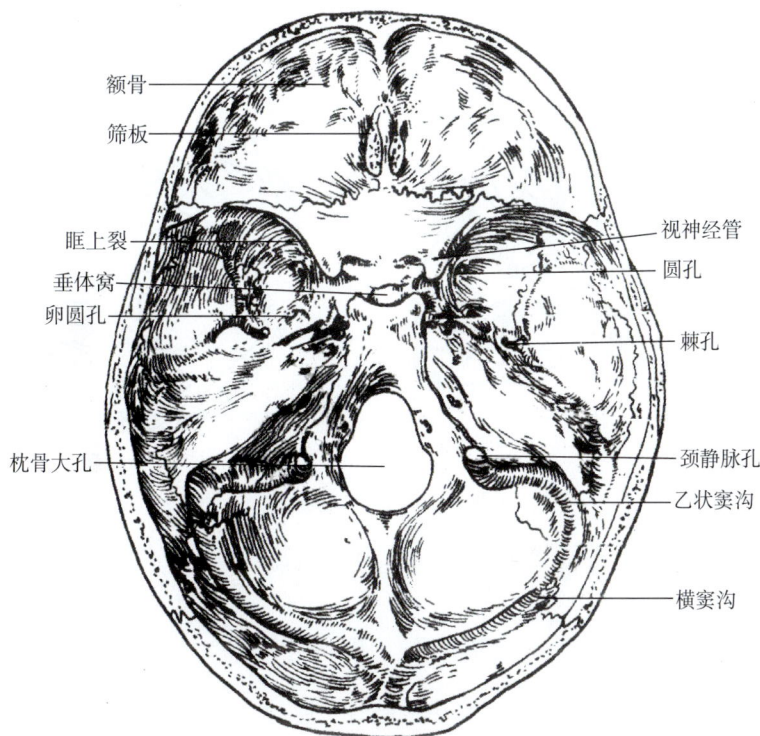

图 1-19 颅底内面

鼻腔前方的开口呈梨形，称为梨状孔；后方的一对开口称为鼻后孔，通咽部。鼻腔上壁（顶）主要为筛骨筛板，筛板上有筛孔，通行嗅神经。下壁（底）是由上颌骨腭突与腭骨水平板构成的骨性硬腭，其前正中有切牙孔。外侧壁有上、中、下三个鼻甲，各鼻甲下方前后方向的通道分别称为上、中、下鼻道。上鼻甲后上方有蝶筛隐窝，下鼻道前方有鼻泪管下口；内侧壁即鼻中隔。

鼻旁窦是鼻腔周围的含气空腔，共4对。上颌窦位于上颌骨体内，开口于中鼻道，其窦底低于开口，化脓时分泌物不易引流。额窦位于额骨鳞部内，被骨隔分为左右两腔，分别开口于同侧中鼻道前方。筛窦为筛骨迷路内的气房，分前、中、后三群，前中群开口于中鼻道，后群开口于上鼻道。蝶窦位于蝶骨体内，开口于蝶筛隐窝。

（3）骨性口腔：位于骨性鼻腔下方，由上颌骨、腭骨及下颌骨共同围成。顶为骨腭，由两侧上颌骨腭突与腭骨水平板组成。底由软组织封闭。前壁及外侧壁由上、下颌骨的牙槽突围成；前方正中的切牙孔和后外方的腭大孔，均为血管和神经的通道。

（三）新生儿（婴幼儿）颅骨的特征

新生儿由于脑和感觉器官发育较早，故脑颅远大于面颅。额结节、顶结节和枕鳞均为骨化中心，发育较明显。新生儿颅顶呈五角形。

新生儿颅没有发育完全，其颅顶各骨之间的间隙由纤维组织填充，较大的膜性间隙称为颅囟，主要包括前囟和后囟。前囟位于额骨与顶骨之间，呈菱形，平坦且触诊有波动感，通常在出生后1～2岁闭合。小脑畸形患儿前囟闭合较早；而脑积水、佝偻病患儿闭合较晚，甚至无法闭合；颅内感染时可出现前囟隆起，脱水时则表现为凹陷。后囟位于枕骨与顶骨之间，呈三角形，出生后3～4个月闭合，闭合时间较早（图1-20）。

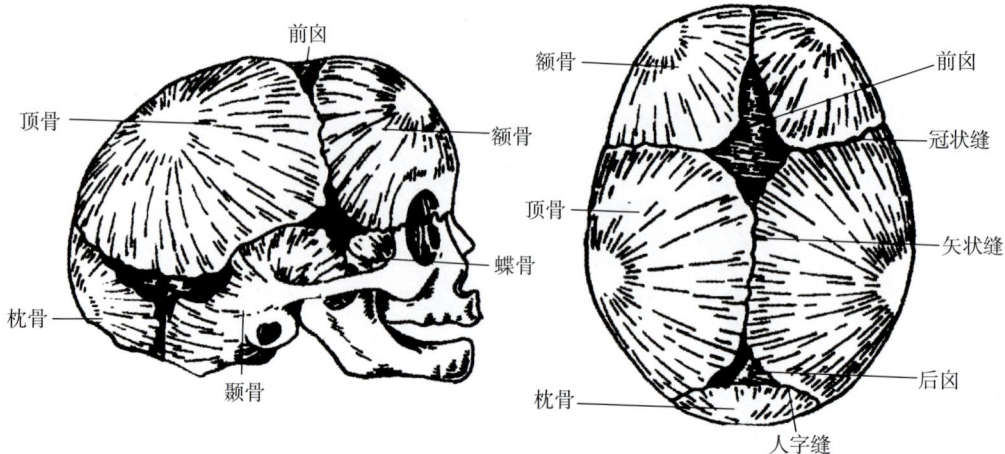

图 1-20　新生儿颅骨

考点与重点 颅骨组成、翼点、鼻旁窦和新生儿颅的特征

四、上肢骨

上肢骨由上肢带骨（锁骨和肩胛骨）和自由上肢骨（肱骨、桡骨、尺骨、手骨）组成，每侧上肢骨共 32 块，两侧共计 64 块。

（一）上肢带骨

1. 锁骨　位于颈、胸交界处，呈"～"形，全长均可在体表触及。其内侧端圆钝，称为胸骨端，与胸骨柄构成关节；外侧端扁平，称为肩峰端，与肩胛骨的肩峰构成关节。锁骨内侧 2/3 凸向前方，外侧 1/3 凸向后方。锁骨骨折多发生于中、外 1/3 交界处（图 1-21）。

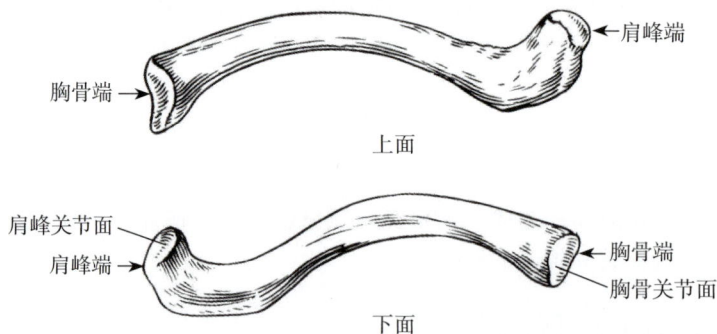

图 1-21　锁骨

2. 肩胛骨　为三角形的扁骨，位于胸廓后外侧的上方，可分为两面、三缘和三角。肩胛骨前面有一大而浅的凹陷，称为肩胛下窝；后面上方有一斜向外上方的骨嵴，称为肩胛冈，其外侧端扁平膨大，称为肩峰，为肩部的最高点，可在体表触及。肩胛冈上方和下方的凹陷分别称为冈上窝和冈下窝。内侧缘较薄且靠近脊柱，称为脊柱缘；外侧缘较厚且靠近腋窝，称为腋缘；上缘短而薄，其外侧有一凹陷，称为肩胛切迹，切迹外侧有一向前外侧突出的指状突起，称为喙突。外侧角膨大，有一朝向外侧的浅凹，称为关节盂，与肱骨头构成肩关节。上角平对第 2 肋，下角平对第 7 肋，二者均可在体表触及，是临床计数肋骨序数的重要标志（图 1-22、图 1-23）。

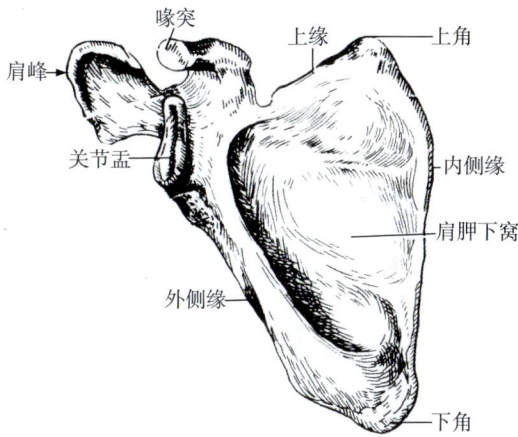

图 1-22　肩胛骨（前面观）

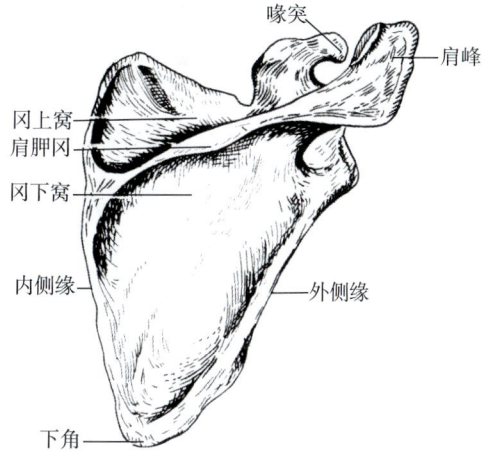

图 1-23　肩胛骨（后面观）

（二）自由上肢骨

1. 肱骨　位于上臂（图 1-24）。

肱骨上端向内侧有一半球形的膨大，称肱骨头，与肩胛骨的关节盂相关节。相邻的还有外科颈、大结节、小结节、大结节嵴、小结节嵴和结节间沟。外科颈部容易发生骨折，并且容易损伤到腋神经，导致三角肌瘫痪，上肢无法外展。肱骨体上半部呈圆柱形，下半部呈三棱柱形；中部外侧面有一粗糙的隆起，称三角肌粗隆，为三角肌的附着处；中后面有一浅沟，称桡神经沟，有桡神经经过，肱骨中段骨折易损伤桡神经，表现为不能伸腕、伸指，呈"垂腕"畸形。

肱骨下端扁薄，有两个关节面，内侧的关节面称肱骨滑车，与尺骨滑车切迹相关节；外侧的关节面称肱骨小头，与桡骨相关节。下端两侧有突起，分别称为内上髁和外上髁。内上髁后下方有一浅沟，称尺神经沟，有

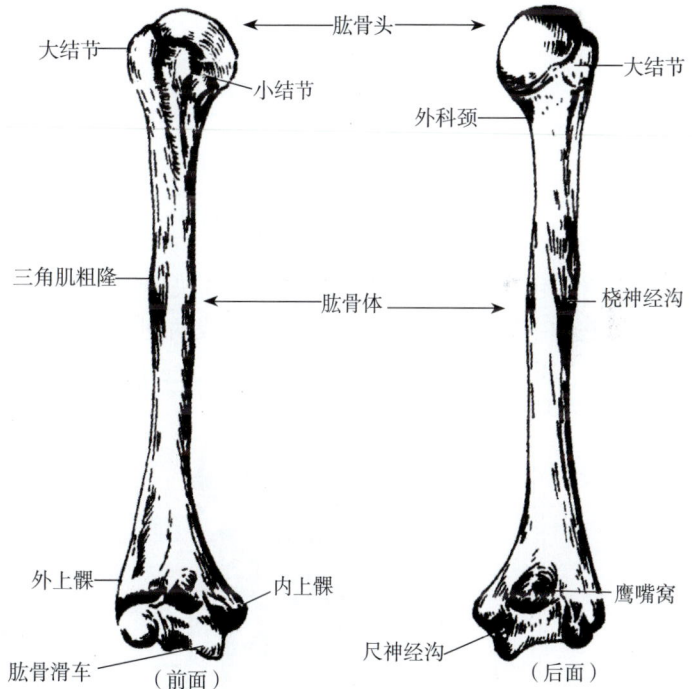

图 1-24　肱骨

尺神经经过。此处骨折易损伤尺神经，主要表现为屈腕能力减弱，拇指不能内收，各指不能并拢，形似鹰爪，故称"爪形手"。肱骨滑车前上方的浅窝称冠突窝，后上方的深窝称鹰嘴窝。

2. 桡骨　位于前臂外侧（图 1-25）。

桡骨上端膨大呈圆柱状的部分称为桡骨头，其上面有一凹陷的关节面称桡骨头关节凹，与肱骨小头相关节。桡骨头周缘光滑的关节面称环状关节面，与尺骨的桡切迹相关节。头下方缩细部分为桡骨颈，颈的内下侧有一粗糙隆起，称为桡骨粗隆。

桡骨体呈三棱柱形，内侧缘锐利，称为骨间缘；下端膨大，其远端有凹陷的腕关节面，与近侧列腕骨相关节；内侧的弧形凹陷称尺切迹，与尺骨头环状关节面相关节；外侧向下的锥形突起称桡骨茎突。

3. 尺骨　位于前臂内侧（尺侧），呈三棱柱形（图1-25）。

尺骨上端粗大，前面有一半月形的凹陷关节面，称为滑车切迹，与肱骨滑车相关节。滑车切迹前上方的突起称为鹰嘴，前下方的突起称为冠突。冠突下方的粗糙隆起称为尺骨粗隆。冠突外侧的凹陷称为桡切迹，与桡骨环状关节面相关节。尺骨后内侧向下的突起称为尺骨茎突。

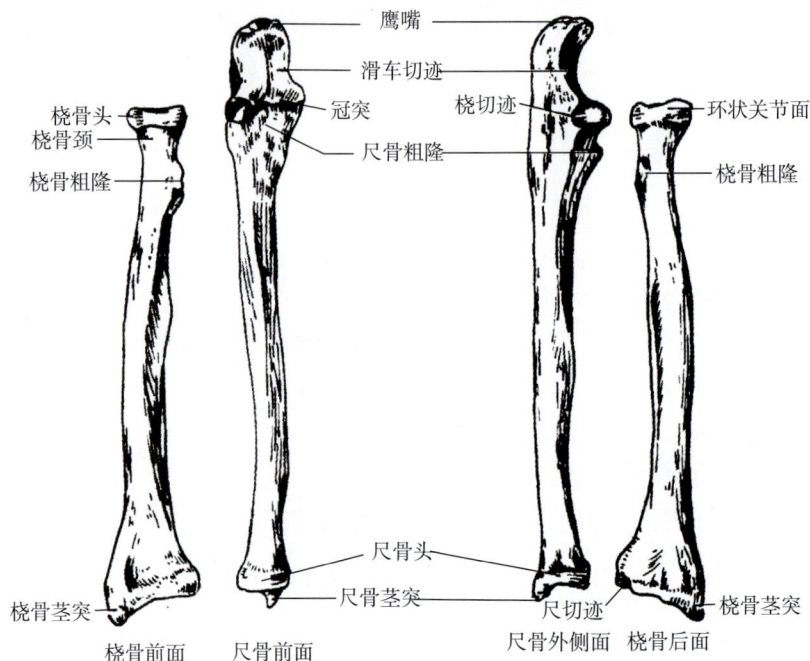

图1-25　桡骨和尺骨

4. 手骨　包括8块腕骨、5块掌骨和14块指骨（图1-26）。

（1）腕骨：属于短骨，每侧8块，排成两列，每列各有4块。由桡侧向尺侧，近侧列依次为手舟骨、月骨、三角骨和豌豆骨；远侧列依次为大多角骨、小多角骨、头状骨和钩骨。

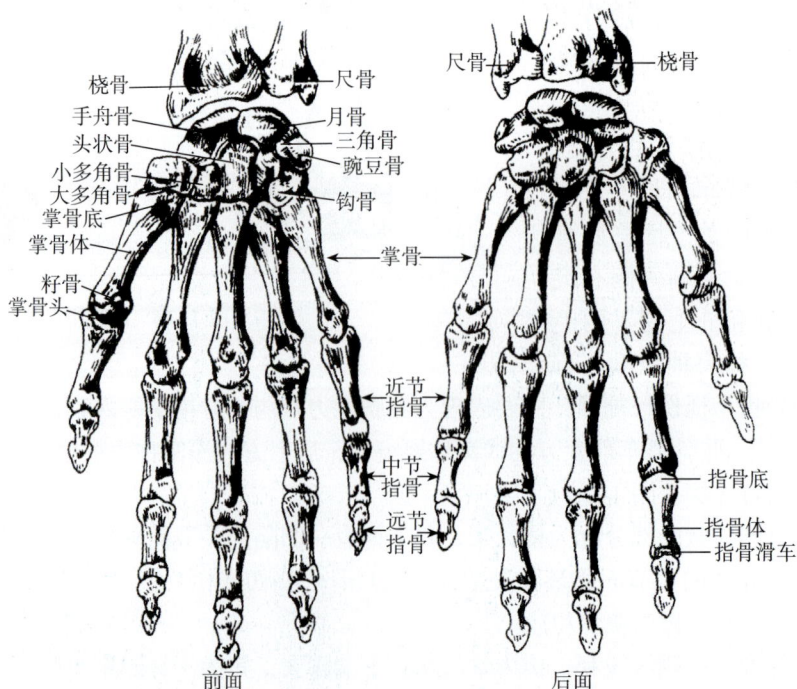

图1-26　手骨

（2）掌骨：属于长骨，每侧5块。由桡侧向尺侧，分别称为第1～5掌骨。各掌骨近侧端为底、中部为体、远侧端为头。

（3）指骨：属于长骨，每侧14块。拇指有2块指骨，其余各指均有3块指骨。由近侧至远侧依次为近节指骨、中节指骨和远节指骨。

考点与重点 *上肢主要骨的位置、形态*

五、下 肢 骨

下肢骨由下肢带骨（左、右髋骨）和自由下肢骨（股骨、髌骨、胫骨、腓骨和足骨）组成，共计62块。

（一）下肢带骨

下肢带骨为髋骨，左右各一，构成骨盆侧壁（图1-27、图1-28）。髋骨外侧有一深窝称为髋臼，下部有一大孔称为闭孔。髋骨由髂骨、耻骨和坐骨通过软骨连结而成。软骨在16岁左右发生骨化，三骨融合成一块髋骨。

1. 髂骨 主体部分为肥厚的髂骨体，髂骨翼扁薄，上缘弯曲的部分称髂嵴（两侧最高点的连线平对第4腰椎棘突），前端有髂前上棘、髂前下棘，后端有髂后上棘、髂后下棘；内面光滑而凹陷，称髂窝，窝下界可见弓状线和耳状面；耳状面后上方有髂粗隆，臀面为臀肌附着点。

2. 坐骨 包括坐骨棘、坐骨大切迹、坐骨小切迹、坐骨结节等。

3. 耻骨 主体部分构成髋臼前下部，称耻骨体，体部可见耻骨结节；内侧面有长卵圆形的粗糙面，称耻骨联合面。

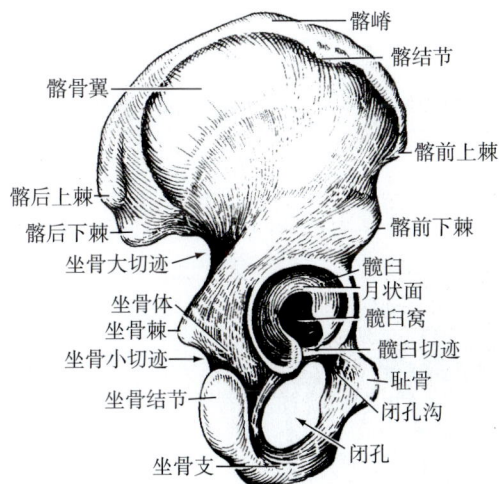

图1-27 髋骨（外面）

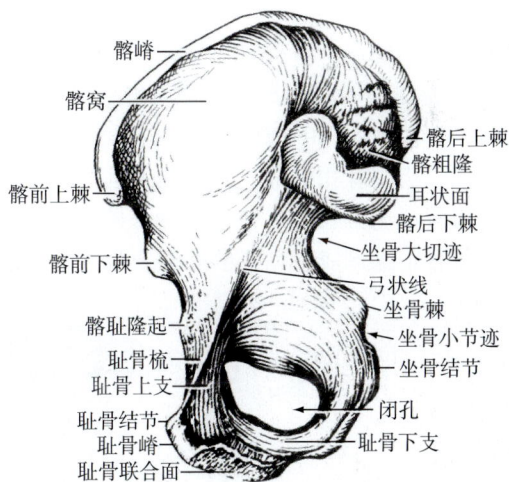

图1-28 髋骨（内面）

（二）自由下肢骨

1. 股骨 为人体最长、最粗的骨，长度为身高的1/4左右（图1-29）。

股骨上端有球形的股骨头，头上有股骨头陷凹，头下依次为股骨颈、大转子、小转子、转子间线、转子间嵴。

股骨体略向前凸，后面有一纵嵴称粗线，粗线向上下分叉形成内侧唇和外侧唇，外侧唇向上延续为臀肌粗隆。

股骨下端内外侧膨大并向后突出，分别称外侧髁和内侧髁，内、外侧髁之间有髁间窝，髁的侧面上各有内上髁和外上髁，髁的前方有髌面。

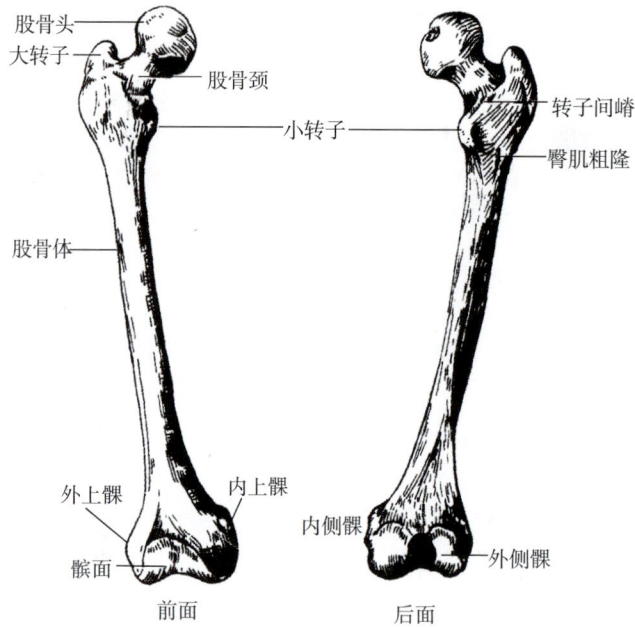

图 1-29　股骨

2.髌骨　位于下肢骨大腿与小腿交界处前方，呈三角形，底朝上、尖向下，为人体最大的籽骨（图 1-30）。髌骨前面粗糙，后面光滑，与股骨髌面相关节。

3.胫骨　为小腿内侧的长骨，承担主要体重负荷，故较粗壮，可分为一体两端（图 1-31）。上端膨大形成与股骨内、外侧髁对应的内侧髁和外侧髁，两髁之间向上的隆起称髁间隆起。上端前面的粗糙隆起称胫骨粗隆。胫骨体呈三棱柱形，其外侧缘称骨间缘，前缘和内侧面位于皮下，体表可触及。胫骨下端有关节面，与距骨相关节，内侧向下延伸的突起称内踝。

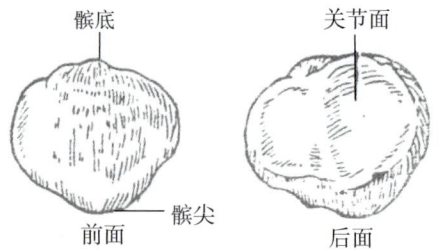

图 1-30　髌骨

4.腓骨　为细长骨，位于小腿外侧（图 1-31）。腓骨上端为腓骨头，其内上方有与胫骨相关节的关节面；腓骨下端形成三角形的外踝，其内侧下面为外踝关节面。

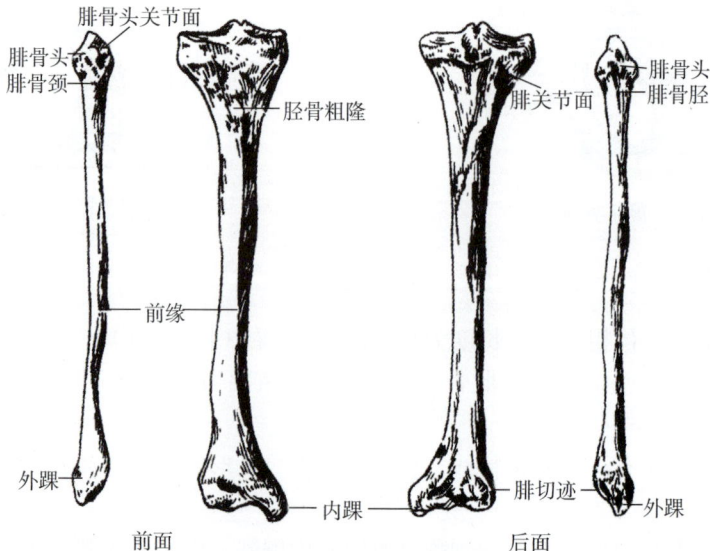

图 1-31　胫骨、腓骨

5. 足骨 包括跗骨、跖骨及趾骨，每侧 26 块（图 1–32）。

（1）跗骨：属于短骨，共 7 块，即距骨、跟骨、骰骨、足舟骨及 3 块楔骨。

（2）跖骨：属于长骨，共 5 块，从内侧向外侧依次称为第 1～5 跖骨，其中第 5 跖骨底外侧部突向后，称第 5 跖骨粗隆。每块跖骨由近端至远端分为底、体和头三部分。

（3）趾骨：属于长骨，共 14 块，姆趾为 2 节，其余各趾为 3 节，趾骨的形态和命名与指骨相同。

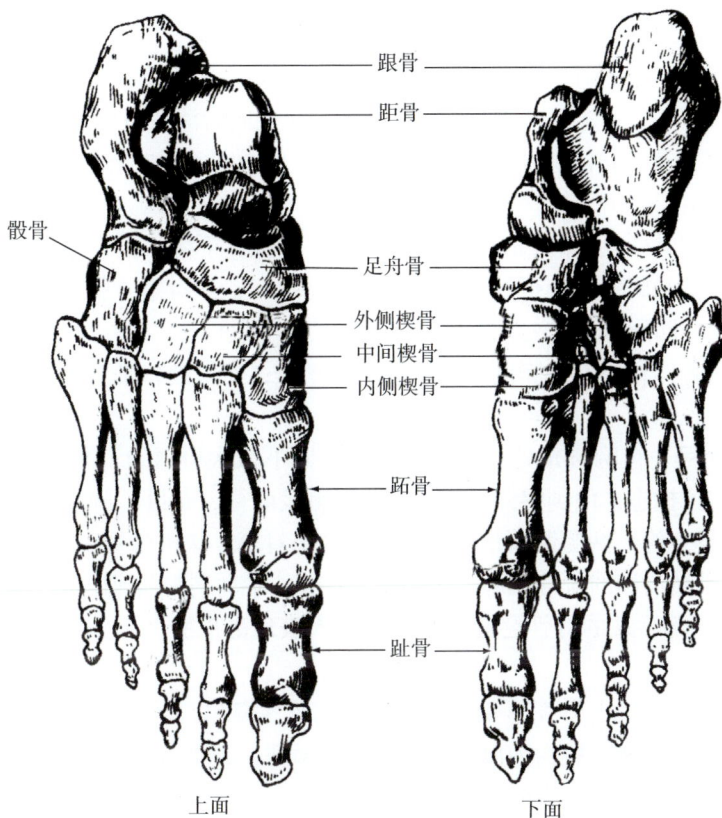

图 1–32 足骨

考点与重点 下肢主要骨的位置、形态

六、骨 性 标 志

（一）头颈部

1. 枕外隆凸 为枕骨外面正中最突出的隆起，其深面有窦汇。

2. 乳突 为耳垂后方的骨性突起，其根部前方有茎乳孔，面神经由此孔出颅。

3. 颧弓 位于耳前方的骨性弓形突起，其上方为颞窝。

4. 眶上缘、眶下缘 分别为眶口上、下缘的骨性边界。

5. 眶上切迹（眶上孔） 位于眶上缘内、中 1/3 交界处，内有神经、血管穿出。

6. 眶下孔 位于眶下缘中点下方 0.5～1cm 处，内有神经、血管穿出。

7. 眉弓 为眶上缘上方的弓形隆起。

8. 下颌头 位于耳屏前方，张口、闭口运动时可触及其向前、向后滑动。

9. 下颌角 为下颌体下缘与下颌支后缘的交界处。

10. 舌骨 位于颈前部正中，甲状软骨的上方。

11. 颏孔　位于下颌第二前磨牙根下方，下颌体上、下缘连线的中点，距正中线 2.5cm 处，内有血管、神经穿出。

12. 翼点　位于颧弓上方约两横指处。此处骨质薄弱，内面紧邻脑膜中动脉前支。

（二）躯干部

1. 肩胛冈　为肩胛骨后面高耸的骨嵴，其内侧端平对第 3 胸椎棘突。

2. 肩峰　为肩胛冈的外侧端，是肩部最高点。

3. 肩胛骨上角、下角　分别对应于第 2 肋和第 7 肋，可作为背部计数肋和肋间隙的标志。

4. 喙突　位于锁骨外、中 1/3 交界处下方一横指处，在此向后深按可触及。

5. 锁骨　全长均可触及，其内侧 2/3 向前凸，外侧 1/3 向后凸。中、外 1/3 交界处下方为锁骨下窝；中 1/3 上方为锁骨上窝。

6. 颈静脉切迹　为胸骨柄上缘的凹陷，向后平对第 2 胸椎体下缘，其上方的凹陷称胸骨上窝。

7. 胸骨角　为胸骨柄与胸骨体连接处微向前凸的横行隆起，平对第 4 胸椎体下缘，两侧连接第 2 肋软骨，是计数胸椎、肋和肋间隙的重要标志。

8. 剑突　上端与胸骨体相连形成胸剑结合，位于两侧肋弓夹角处，平对第 8 与第 9 胸椎之间，可作为心界和肝界的定位标志。

9. 肋、肋间隙、肋弓　在胸骨角处可触及第 2 肋，向下依次可触及其他肋及肋间隙，二者可作为胸、腹腔上部器官的定位标志；由剑突两侧向外下方可触及肋弓，是肝、脾触诊的标志。

10. 髂嵴　为髂骨翼上缘，两侧髂嵴最高点的连线约平对第 4 腰椎棘突。

11. 髂前上棘　为髂嵴前端的骨性突起，是确定麦氏点、髂骨骨髓穿刺等的重要定位标志。

12. 髂后上棘　为髂嵴后端的骨性突起，在体表胖人表现为皮肤凹陷，瘦人则明显突出，平对第 2 骶椎棘突。

13. 髂结节　为髂前上棘后上方 6～8cm 处向外侧的骨性突起。

14. 耻骨联合上缘　为两侧腹股沟内侧端之间的骨性横嵴，其下方为外生殖器。

15. 耻骨结节　为耻骨联合外上方的骨性突起。

16. 棘突　在后正中线上可触及大部分椎骨的棘突，需注意比较不同部位椎骨棘突的形态差异。

17. 骶管裂孔和骶角　沿骶正中嵴向下可触及骶管裂孔，其两侧向下的突起为骶角，是骶管麻醉的进针定位标志。

（三）四肢部

1. 肱骨大结节　位于肩峰下方，被三角肌覆盖，可触及。

2. 肱骨小结节　位于肩胛骨喙突稍外侧。

3. 肱骨内、外上髁　分别位于肘关节两侧稍上方，内上髁较外上髁突出明显。

4. 尺骨鹰嘴　为肘后方最显著的骨性隆起。

5. 桡骨头　位于肱骨外上髁下方，伸肘时在肘后方易于触及。

6. 桡骨茎突　为桡骨下端外侧的骨性隆起。

7. 尺骨茎突　位于尺骨下端内侧，前臂旋前时可触及，正常情况下较桡骨茎突位置偏高。

8. 豌豆骨　位于腕前区尺侧皮下。

9. 坐骨结节　坐位时与凳面接触，皮下易于触及。

10. 股骨大转子　为髋部最外侧的骨性突起，位于股骨颈与体连接处外侧。

11. 股骨内、外侧髁和胫骨内、外侧髁　均可在膝关节两侧皮下触及。

12. 髌骨　位于膝关节前方皮下，易于触及。

13. 胫骨粗隆　为胫骨内、外侧髁前下方的骨性隆起，向下延伸为胫骨前缘。

14. 胫骨内侧面 位于皮下，向下延伸至内踝。

15. 腓骨头 位于胫骨外侧髁后外方，位置略高于胫骨粗隆。

16. 外踝 为腓骨下端外侧的窄长隆起，其位置较内踝偏低。

考点与重点 骨性标志

医者仁心

从骨质之变，悟护幼敬老之责

成人的骨骼能够承受较大压力而不易发生骨折；小儿的骨骼在外力作用下不易骨折，但容易发生变形。因此，我们应教育儿童从小养成良好的坐姿和站姿，以避免不良体位和姿势导致骨骼变形。老年人的骨骼易发生粉碎性骨折。因此，我们应关爱老年人，鼓励其多晒太阳、适度锻炼并补充钙质，以延缓骨质疏松的进展；日常生活中，应主动礼让和搀扶老年人，避免其因跌倒而发生骨折。

第二节 骨 连 结

一、概 述

骨与骨之间的相连，构成骨连结。按照骨连结的结构和形式，可分为直接连结和间接连结两种。

（一）直接连结

骨与骨之间借致密结缔组织、软骨或骨直接相连，其间无间隙，连结较牢固，不能活动或仅有轻微活动，如颅骨之间的连结。根据连结组织的不同，直接连结可分为纤维连结、软骨连结和骨性结合。

（二）间接连结（滑膜关节或关节）

骨与骨之间借关节囊相连结，连结处存在腔隙，具有较大的活动性。

1. 关节的基本结构 包括关节面、关节囊和关节腔（图 1-33）。

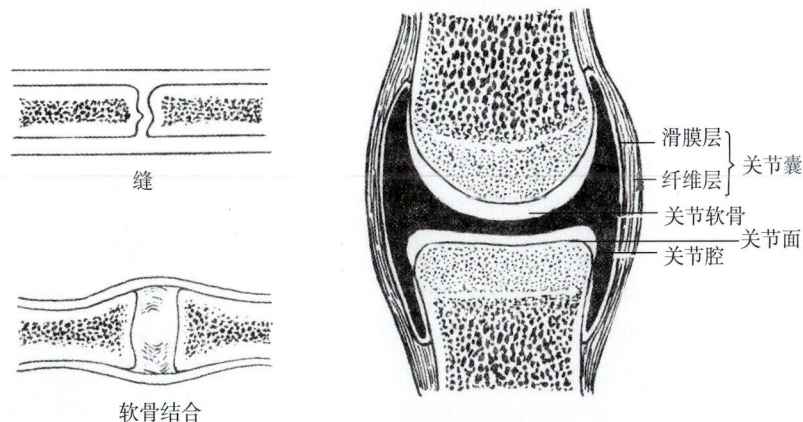

图 1-33 骨连结的分类和构造

（1）关节面：是相连骨之间的接触面。关节面通常呈一凸一凹的对应形态，凸起部分称为关节头，凹陷部分称为关节窝。关节面表面覆盖有关节软骨，多为透明软骨，具有光滑的特性。关节软骨因其压缩性和弹性，能有效减轻震荡、缓冲冲击力，并具有润滑作用。

（2）关节囊：是包绕关节的结缔组织膜性结构，附着于相连骨的关节面周缘，形成密闭的关节腔。

关节囊内层为滑膜层，由疏松结缔组织及其表面特殊的滑膜细胞组成，结构薄而光滑，紧密贴附于纤维层内表面。滑膜层可分泌滑液，具有润滑关节和营养关节软骨的作用。滑液分泌异常可导致病理变化：滑液过多常见于关节炎或关节积液；滑液过少则会增加关节摩擦，可能导致关节骨化及活动受限。关节囊外层为纤维层，由致密结缔组织构成，质地坚韧，主要起连结、加固关节及维持关节结构完整性的作用。纤维层变薄或缺失可能引发关节脱位。

（3）关节腔：是由关节囊滑膜层与关节软骨共同围成的密闭腔隙。其内部呈负压状态，这一特性对维持关节稳定性具有重要作用。腔内含有少量滑液，可减少关节面之间的摩擦。部分关节腔内还存在韧带或关节盘等辅助结构。

2. 关节的辅助结构　包括韧带、关节盘和关节唇等，对增强关节的稳固性及灵活性起重要作用。

（1）韧带：为连结构成关节各骨之间的致密结缔组织束，包括囊内韧带和囊外韧带两种。囊内韧带位于关节囊内，具有加固关节和限制关节过度活动的作用；囊外韧带位于关节囊纤维层外面，多由关节囊的纤维层局部增厚形成。

（2）关节盘：是位于两关节面之间的纤维软骨板。其作用为减少运动时对关节面的冲击和震荡，同时增加关节运动的形式和范围。

（3）关节唇：是附着于关节窝周缘的纤维软骨环，可增加关节窝的深度，从而增强关节的稳定性。

3. 关节的运动

（1）滑动运动：为最简单的运动，活动度微小，如8块腕骨之间的关节运动。

（2）角度运动：关节运动时出现明显的角度变化。运动形式包括屈与伸、外展与内收、旋内与旋外及环转。

> **考点与重点** 关节的基本结构、辅助结构和运动

二、躯干骨的连结

躯干骨借骨连结构成脊柱和胸廓。

（一）脊柱

脊柱是躯干的中轴和支柱，位于躯干背部正中，并参与构成胸、腹、盆腔的后壁。脊柱由24块椎骨、1块骶骨和1块尾骨，以及连结它们的椎间盘、关节和韧带等结构组成。

1. 椎骨间的连结　相邻椎骨之间借椎间盘、韧带和关节相连结。

（1）椎间盘：为连于相邻两椎体间的纤维软骨盘，由纤维环和髓核构成（图1-34）。纤维环由多层呈同心圆排列的纤维软骨构成，前宽后窄，位于外周，围绕在髓核的周围，可防止髓核向外突出；髓核是一种富有弹性的胶状物，位于椎间盘的中央稍偏后方。椎间盘坚韧而有弹性，既能牢固地连结椎体，又能缓冲震荡，起到"弹簧垫"的作用。纤维环后外侧较为薄弱，且缺乏韧带加强，因此当运动不当或负重过大时，容易导致后外侧纤维环破裂，髓核脱出，突出物压迫脊髓和脊神经根，引起相应的症状，称为椎间盘突出症。

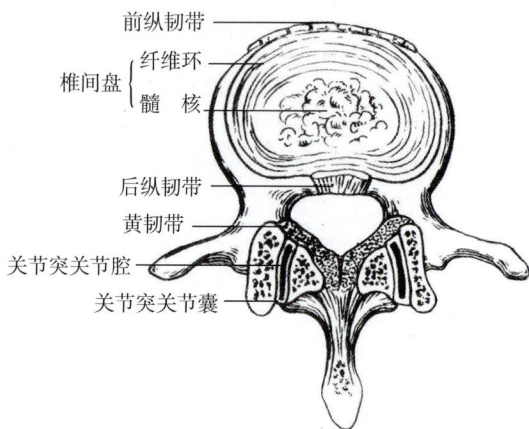

图1-34　椎间盘和关节突关节

链接

椎间盘突出症

椎间盘突出症是由于椎间盘变性、纤维环破裂、髓核突出刺激或压迫脊神经根，导致周围组织水肿，从而引发腰腿疼痛及肢体麻木等症状的疾病。该病是腰腿痛最常见的原因之一。在椎间盘突出症中，以第4腰椎与第5腰椎之间或第5腰椎与骶骨之间的椎间盘发病率最高，占90%～96%；多个椎间隙同时发病者仅占5%～22%。椎间盘突出症好发于青壮年，其中男性患者多于女性。20岁以内发病者约占6%，老年人发病率较低。

（2）韧带：连结椎骨的韧带有长、短两类（图1-35、图1-36）。

长韧带有三条。前纵韧带位于椎体和椎间盘的前面，可限制脊柱过度后伸；后纵韧带位于椎体和椎间盘的后面，可限制脊柱过度前屈；棘上韧带位于各棘突尖端后方的纵行韧带，细长而坚韧，但从第7颈椎以上则变薄增宽，称为项韧带，可限制脊柱过度前屈。

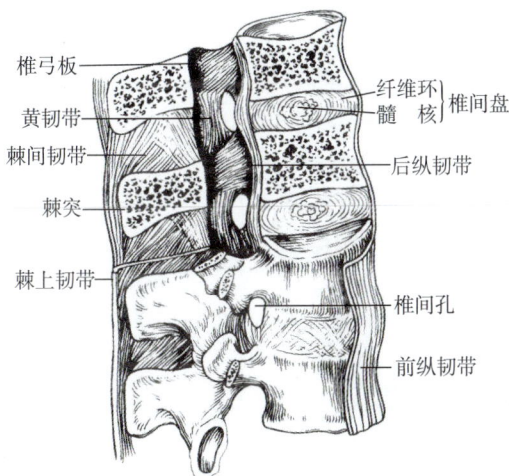

图1-35 脊柱的韧带

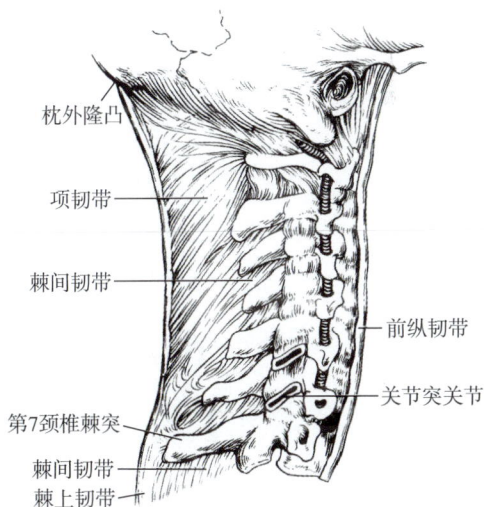

图1-36 项韧带

短韧带主要有三条。棘间韧带位于相邻棘突之间，有限制脊柱过度前屈的作用；横突间韧带位于相邻横突之间，有限制脊柱过度侧屈的作用；黄韧带位于相邻椎弓之间，主要由弹性纤维构成，是最坚韧且富有弹性的韧带（穿刺该韧带时可产生"突破感"），有限制脊柱过度前屈和防止椎间盘向后脱出的作用。

连结椎骨的关节主要有三种。关节突关节由相邻椎骨的上、下关节突构成，运动幅度较小；寰枕关节由枕髁与寰椎上关节凹构成，可使头作前俯、后仰和侧屈运动；寰枢关节由寰椎和枢椎构成，以齿突为轴，可使头部连同寰椎做旋转运动。

2. 脊柱的整体观 成年人脊柱平均长65～70cm，椎间盘的厚度约占脊柱全长的1/4（图1-37）。

（1）前面观：可见椎体及椎间盘。脊柱自上而下逐渐增宽，至骶骨以下又渐趋变窄，此形态变化与负重功能相适应。

（2）后面观：可见椎骨棘突呈纵向排列。颈椎棘突短而分叉，胸椎棘突呈叠瓦状斜向下方，腰椎棘突呈板状水平后伸且间隙较宽。棘突两侧形成纵行的脊柱沟，为背部深层肌附着部位。

（3）侧面观：可见4个生理弯曲。

1）颈曲：凸向前方，起支撑头部作用。此弯曲属继发性弯曲（出生后随抬头动作逐渐形成）。

2）胸曲：凸向后方，可扩大胸腔容积以利呼吸运动。此弯曲属原发性弯曲（胚胎时期即已形成）。

3）腰曲：凸向前方，具有维持直立平衡、转移重心及增强稳固性的作用。此弯曲属继发性弯曲（随婴幼儿站立行走逐渐形成）。

4）骶曲：凸向后方，可增大盆腔容积。此弯曲属原发性弯曲（胚胎时期即已形成）。

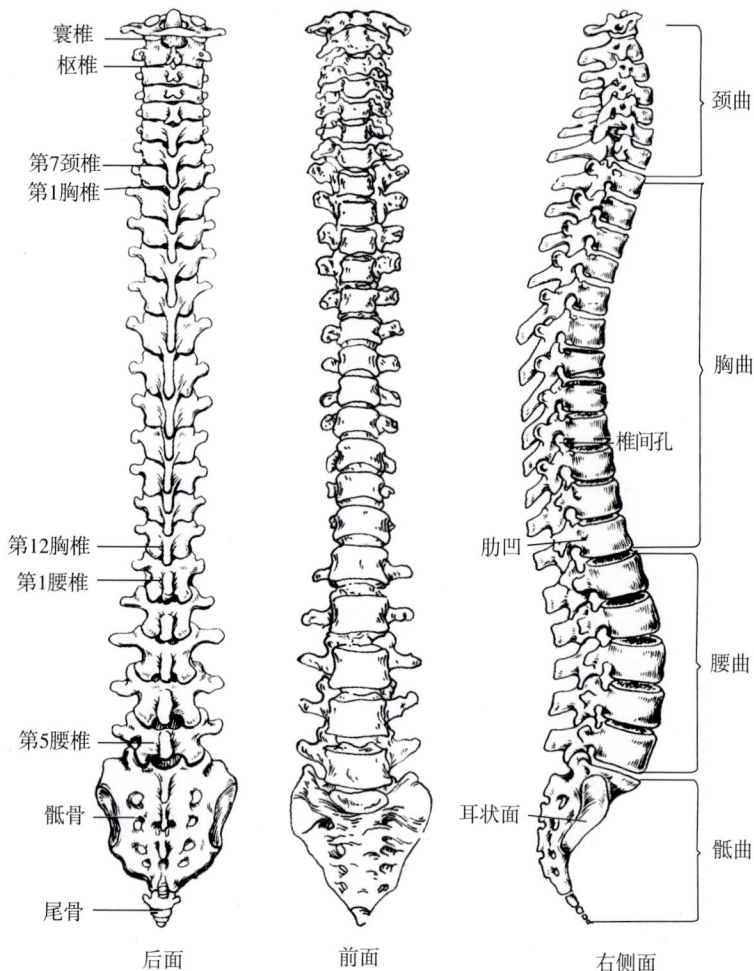

寰椎
枢椎

第7颈椎
第1胸椎

第12胸椎
第1腰椎

第5腰椎

骶骨

尾骨

后面

前面

颈曲

胸曲

椎间孔

肋凹

腰曲

耳状面

骶曲

右侧面

图 1-37　脊柱

3. 脊柱的功能

（1）支持功能：支撑体重，承担身体负荷。

（2）保护功能：保护脊髓（通过椎管结构）、胸腔脏器（参与构成胸廓）、腹腔及盆腔器官（参与构成盆腔）。

（3）运动功能：可完成屈伸、侧屈和旋转运动。其中颈部和腰部的运动幅度最大，因此这两个部位也较易发生损伤。

（4）缓冲震荡功能：能够减轻运动时对头部的冲击力。

考点与重点　椎间盘、脊柱侧面观和脊柱的运动

（二）胸廓

胸廓由 12 个胸椎、12 对肋和 1 块胸骨，以及连结它们的关节、韧带和软骨组成。肋向前与胸骨连结，向后与胸椎连结。

1. 肋与胸骨的连结　指肋软骨与胸骨的连结。

（1）胸肋关节：上 7 对肋与胸骨形成胸肋关节（图 1-38）。该关节由胸骨的肋切迹与第 2 ～ 7 肋软骨连结构成，属于平面关节；第 1 肋软骨与胸骨第 1 肋切迹连结成软骨结合（终生不骨化）。

（2）肋弓连结：第 8 ～ 10 肋软骨前端依次与上一肋软骨相连，形成肋弓。

2. 肋与胸椎的连结 由肋骨向后与胸骨上的肋凹构成肋椎关节，包括以下两部分（图 1-39）。

（1）肋头关节：由肋头关节面与相应胸椎的肋凹构成。

（2）肋横突关节：由肋结节关节面与横突肋凹构成。该关节属于联合关节，吸气时肋骨上提并外翻，胸廓扩大；呼气时肋骨下降并内翻，胸廓缩小。

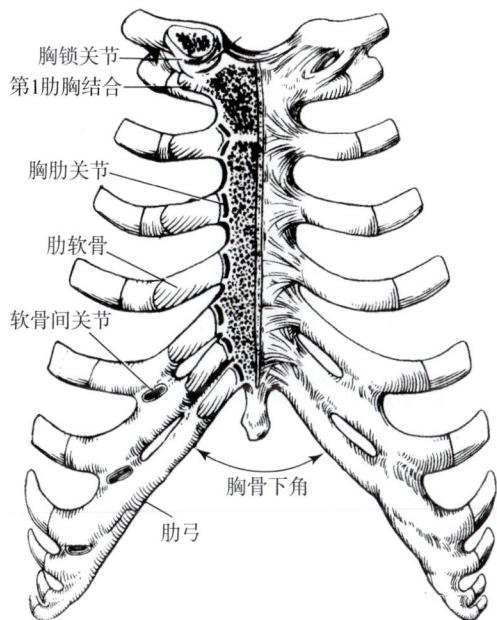

图 1-38 胸肋关节

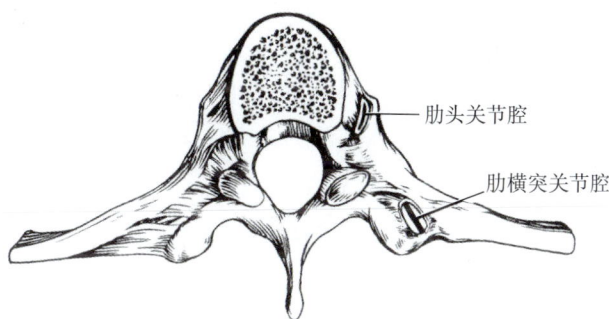

图 1-39 肋头关节和肋横突关节

3. 胸廓的整体观 成人胸廓呈前后略扁、上窄下宽的圆锥形，具有上、下两口（图 1-40）。胸廓上口较小，由第 1 胸椎、第 1 对肋及胸骨柄上缘围成；胸廓下口宽大，由第 12 胸椎、第 12 对肋、第 11 对肋的前端、两侧肋弓及剑突共同围成。相邻两肋之间的间隙称为肋间隙。两侧肋弓之间的夹角称为胸骨下角。剑突与肋弓之间的夹角称为剑肋角，左剑肋角的顶点是心包穿刺的常用部位。

胸廓的形态和大小与年龄、性别、体型及健康状况密切相关。新生儿胸廓呈圆筒状，成年人胸廓呈扁圆锥形，老年人因肋软骨弹性减退，胸廓变得扁而长。肺气肿患者的胸廓常呈桶状。

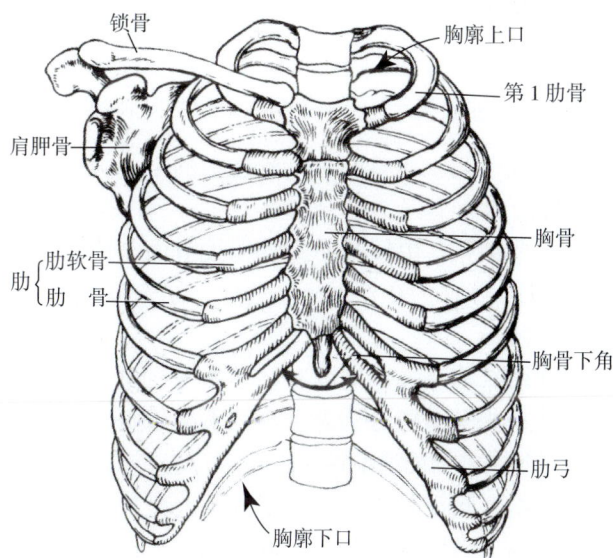

图 1-40 胸廓

4. 胸廓的功能

（1）保护功能：保护胸腔内的心、肺等重要器官。

（2）参与呼吸运动：吸气时，在呼吸肌作用下，肋前端上提，胸廓前后径和横径增大，胸腔容积扩大；呼气时，肋前端下降，胸腔容积缩小。

（3）缓冲震荡功能：胸廓具有弹性，形似拱笼结构，使其在运动时能有效缓冲外力冲击。

考点与重点 胸廓的形态、运动

三、颅骨的连结

颅骨之间的连结主要是借缝、软骨和骨形成的直接连结，唯一可活动的间接连结为颞下颌关节。

颞下颌关节（下颌关节）由下颌骨的下颌头、颞骨的下颌窝及关节结节构成（图1-41）。关节囊松弛，囊外有韧带加强，囊内有关节盘将关节腔分隔为上、下两部分。颞下颌关节两侧需协同运动，使下颌骨完成上提、下降、前伸、后缩及侧方运动，从而实现咀嚼功能。关节结节可限制下颌头过度前移；若张口过大导致下颌头滑至关节结节前方，则可能引发颞下颌关节脱位。

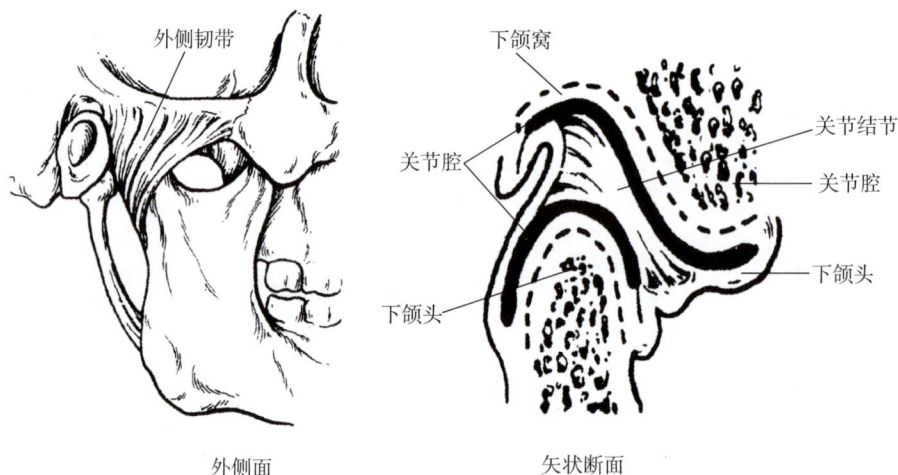

图1-41　颞下颌关节

四、上肢骨的连结

（一）胸锁关节

胸锁关节是上肢骨与躯干骨连结的唯一关节（图1-42）。

1. 主要结构　由锁骨的胸骨端关节面与胸骨柄的锁切迹构成。关节面相互适应，结合紧密，关节囊坚韧。

2. 辅助结构　关节周围有韧带加强，关节内有关节盘，将关节腔分为外上和内下两部分。关节盘可增加关节面的适配性。

3. 运动　胸锁关节活动幅度较小，允许锁骨外侧端向前、向后运动20°～30°，向上、向下运动约60°，并可绕冠状轴做微小的旋转运动。胸锁关节虽活动度小，但作为支点可显著扩大上肢的活动范围。

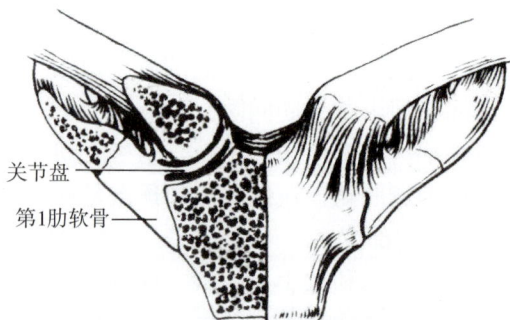

图1-42　胸锁关节

（二）肩锁关节

1. 主要结构　由锁骨的肩峰端关节面与肩胛骨的肩峰关节面构成。

2. 辅助结构 关节囊的上、下方分别有肩锁韧带和喙锁韧带加固，其中喙锁韧带又分为斜方韧带和锥状韧带。

（三）肩关节

1. 主要结构 由肱骨头与肩胛骨的关节盂构成球窝关节（图 1-43）。肱骨头呈球形，体积较大；关节盂为椭圆形浅凹，面积较小，仅能容纳肱骨头的 1/4 ～ 1/3。关节囊内有肱二头肌长头肌腱通过，该肌腱经结节间沟穿出，表面包被滑膜鞘，可增强关节稳定性。

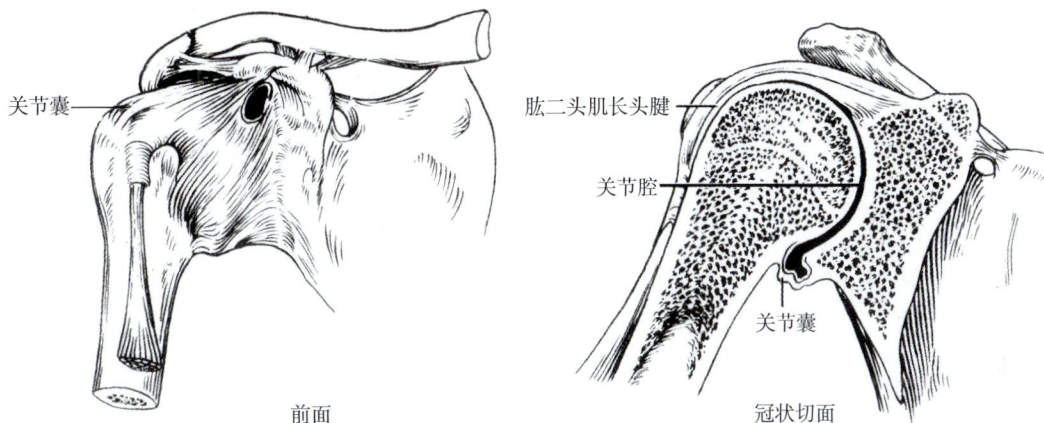

关节囊

肱二头肌长头腱

关节腔

关节囊

前面

冠状切面

图 1-43 肩关节

2. 辅助结构 包括关节盂唇和韧带。关节盂唇为附着于关节盂周缘的纤维软骨环，可加深关节窝，使关节面更适配。韧带有三种：①喙肱韧带：位于关节囊上方，可防止肱骨头向上脱位；②盂肱韧带：位于关节囊前壁的深层，可加强关节囊前壁；③喙肩韧带：横架于喙突与肩峰之间，形成"喙肩弓"，可防止肱骨头向上脱位。

考点与重点 肩关节的组成及结构特点

3. 基本运动 可作三轴运动，即冠状轴上的屈和伸、矢状轴上的收和展，以及垂直轴上旋内、旋外及环转运动。当臂外展超过 40° ～ 60° 并继续上举至 180° 时，常伴随胸锁关节与肩锁关节的运动及肩胛骨的旋转运动。

4. 关节的特点 肩关节是上肢最大的关节，也是人体活动度最大的关节。其关节囊薄而松弛，关节韧带数量少且较为薄弱。肩关节前下方没有肌肉覆盖和韧带加强，肱骨头易从此滑出，向下脱位。

（四）肘关节

1. 主要结构 包含肱尺关节、肱桡关节和桡尺近侧关节的复合关节，三个关节包在一个关节囊内（图 1-44）。肱尺关节由肱骨滑车与尺骨的滑车切迹构成，属于屈伸关节。肱桡关节由肱骨小头与桡骨的关节凹构成，属于球窝关节。桡尺近侧关节由桡骨的环状关节面与尺骨的桡切迹构成，属于车轴关节。关节囊的前后壁薄而松弛，两侧壁厚而紧张，并有尺侧副韧带和桡侧副韧带加强。

2. 关节的辅助结构 包括尺侧副韧带、桡侧副韧带和桡骨环状韧带。尺侧副韧带位于肘关节的内侧，起于肱骨内上髁，止于尺骨滑车切迹的内侧缘，主要从内侧加固关节；桡侧副韧带位于肘关节的外侧，起于肱骨外上髁，止于尺骨桡切迹的前、后缘，主要从外侧加固关节；桡骨环状韧带的两端附着于尺骨的桡切迹前、后缘，与桡切迹共同构成一个骨纤维环，包绕桡骨头，使桡骨头能在环内沿纵轴旋转而不易脱位。

3. 基本运动 ①屈伸运动：运动幅度为 135° ～ 140°；②旋前旋后运动：运动幅度为 140° ～ 180°，

如乒乓球正反手扣球、拧螺丝等动作。

4.关节的特点 关节的稳定性较高。关节囊的前后壁较薄且松弛，但主体关节（肱尺关节）结构稳固，因此屈伸运动的幅度大于旋前旋后运动。

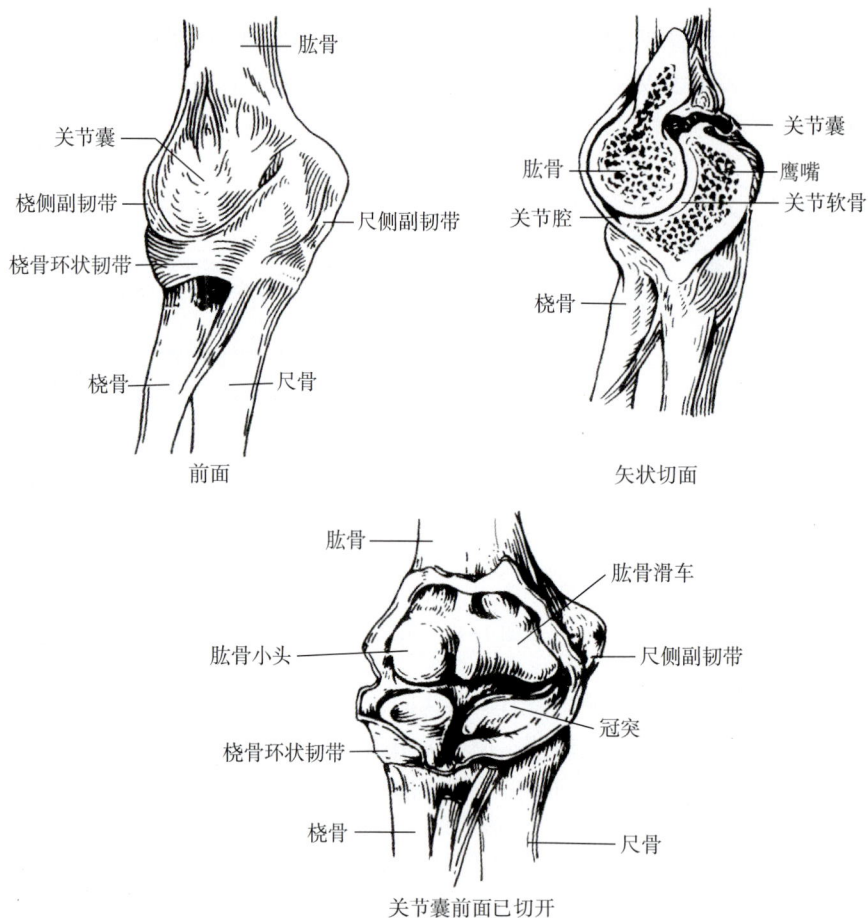

图 1-44 肘关节

考点与重点 肘关节的组成及结构特点

肘后三角由肱骨内、外上髁和尺骨鹰嘴构成（图 1-45）。屈肘时，三点构成等腰三角形；伸肘时，三点位于一条直线上。若发生骨折或脱位，三者的位置关系会发生改变。

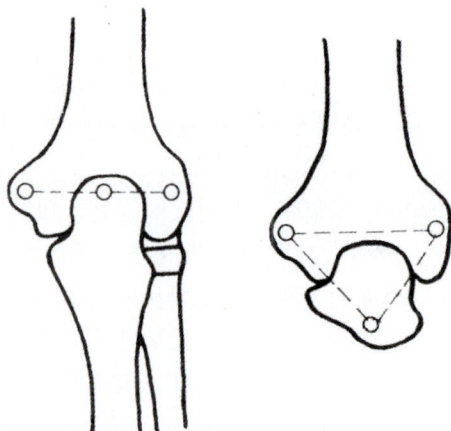

图 1-45 正常的肘后三角

（五）前臂骨连结

1. 桡尺近侧关节 在"肘关节"中已介绍。

2. 桡尺远侧关节 由桡骨的尺切迹与尺骨的环状关节面构成。桡尺近侧关节和桡尺远侧关节属于联合关节，可共同完成旋内、旋外运动。桡尺关节的旋转功能为人类所特有，是完成精细劳动的重要基础。

3. 前臂骨间膜 为连结桡、尺骨之间的坚韧致密结缔组织膜（图1-46）。

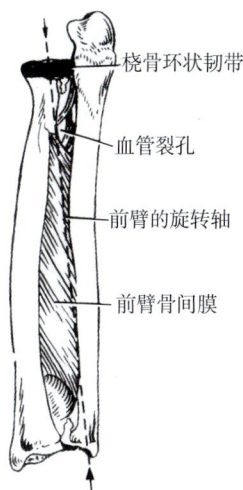

图 1-46 前臂骨连结

（图中标注：桡骨环状韧带、血管裂孔、前臂的旋转轴、前臂骨间膜）

链接

前臂功能位

前臂骨间膜在上肢内收、前臂旋后位（拇指朝上）时紧张度最高（处于最大限度拉伸状态）。前臂需固定时常采用此体位，该体位也是临床上所指的功能位，可防止长期固定后肌肉萎缩及关节活动功能障碍。临床上常见用颈腕吊带（绷带绕颈）固定前臂即基于此原理。

（六）手关节

手关节包括桡腕关节、腕骨间关节、腕掌关节、掌骨间关节、掌指关节和指骨间关节（图1-47）。部分关节在结构上独立，但在功能上与桡腕关节形成联合运动。

1. 桡腕关节（腕关节）

（1）主要结构：桡骨的腕关节面与尺骨头下方的关节盘（尺骨不参与构成关节）共同形成关节窝，手舟骨、月骨和三角骨的近侧面构成关节头，属于椭圆关节。关节囊松弛，关节腔较大。

（2）辅助结构：桡腕关节前方有桡腕掌侧韧带，后方有桡腕背侧韧带，两者分别从关节前、后方加固关节。内侧为腕尺侧副韧带，外侧为腕桡侧副韧带，两者从内、外侧加固关节。

（3）基本运动：桡腕关节可完成屈、伸、内收、外展及环转运动。

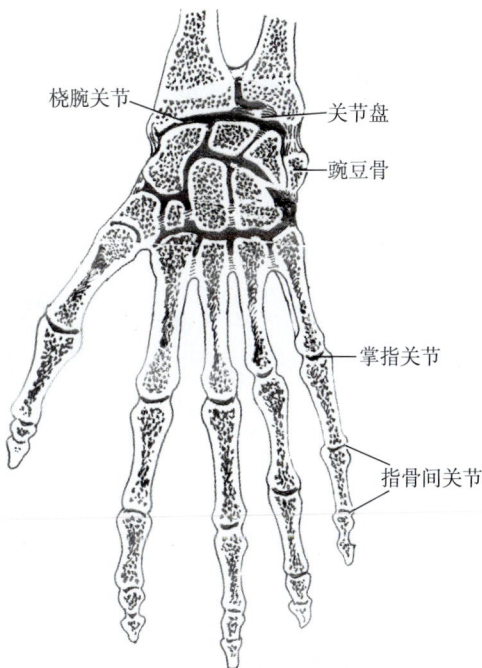

考点与重点 腕关节的组成及结构特点

2. 腕骨间关节 位于相邻腕骨之间，运动幅度微小，属于联动关节。

3. 腕掌关节 由远侧列腕骨与5块掌骨底构成。第1腕掌关节由大多角骨与第1掌骨底组成鞍状关节；第2～5腕掌关节属于平面关节，共用一个关节囊，仅能作轻微滑动；第1腕掌关节可完成屈、伸、内收、外展、环转及对掌运动。50%的手部功能由拇指完成，与其对掌运动密切相关。

图 1-47 手关节

（图中标注：桡腕关节、关节盘、豌豆骨、掌指关节、指骨间关节）

4. 掌指关节　由掌骨头与近节指骨底构成，可作屈、伸、内收、外展及环转运动。

5. 指骨间关节　位于相邻指骨之间，仅能作屈、伸运动。

五、下肢骨的连结

（一）下肢带骨的连结

两侧髋骨向后与骶骨连结，构成骨盆，包括耻骨联合和骶髂关节。这两个关节是构成骨盆的主要关节。下肢带关节的运动表现为骨盆的整体运动。

1. 骨盆的构成　骨盆通过腰骶关节与腰椎相连，通过髋关节与自由下肢骨相连。

（1）耻骨联合：由两侧耻骨的联合面借耻骨间盘连结构成（图1-48）。耻骨间盘为纤维软骨结构，中央存在纵行裂隙。该结构具有缓冲作用，在分娩时可发生轻度分离，从而扩大盆腔容积，有利于胎儿娩出。耻骨联合属于半关节结构，其特点介于直接连结与典型关节之间，即虽存在潜在腔隙，但缺乏典型关节的完整结构。该结构由耻骨上韧带、耻骨弓状韧带和耻骨前韧带，分别从上方、下方和前方增强其稳定性。

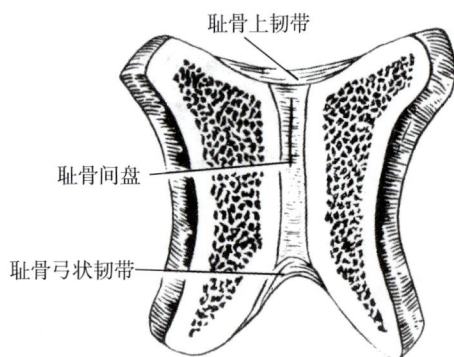

图1-48　耻骨联合（冠状切面）

（2）骶髂关节：是由骶骨和髂骨相对应的耳状面构成的平面关节（图1-49）。

加固关节的韧带包括以下4种：①骶髂骨间韧带：位于骶骨粗隆和髂骨粗隆之间；②骶髂前韧带和骶髂后韧带：又称为腹侧韧带和背侧韧带；③骶结节韧带：连结于髂骨、骶骨与坐骨结节之间；④骶棘韧带：连结于骶骨、尾骨与坐骨棘之间。骨盆的运动幅度较小，在行走、跑步及跳跃时可缓冲震荡，其主要功能是将重力传向下肢。

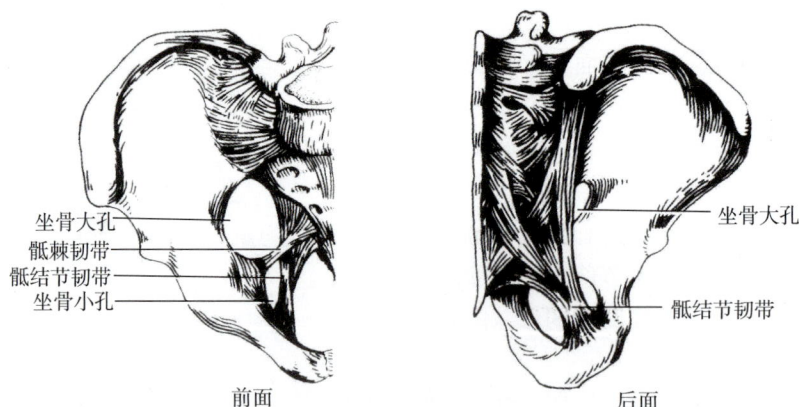

图1-49　骨盆的韧带

2. 骨盆的整体观　以界线为界分为大骨盆和小骨盆。

（1）分界：界线是从骶骨岬向两侧经弓状线、耻骨梳、耻骨结节至耻骨联合上缘构成的环形连线。大骨盆位于界线的上方，由髂骨翼和骶骨构成。小骨盆位于界线的下方，由骶骨、尾骨、坐骨、耻骨及周围韧带构成。

（2）性别特征：男性与女性骨盆（图1-50）在形态结构上存在显著差异，如表1-1所示。男性骨盆高而窄，耻骨下支形成的耻骨角较小，骨盆上口呈心形，横径较小；骨盆倾斜角为50°～55°。女性骨盆低而宽，耻骨角较大，骨盆上口呈椭圆形，横径较大，这些特点有利于胎儿娩出；女性骨盆倾斜角约为60°。骨盆倾斜度过大或过小均可能导致脊柱畸形。

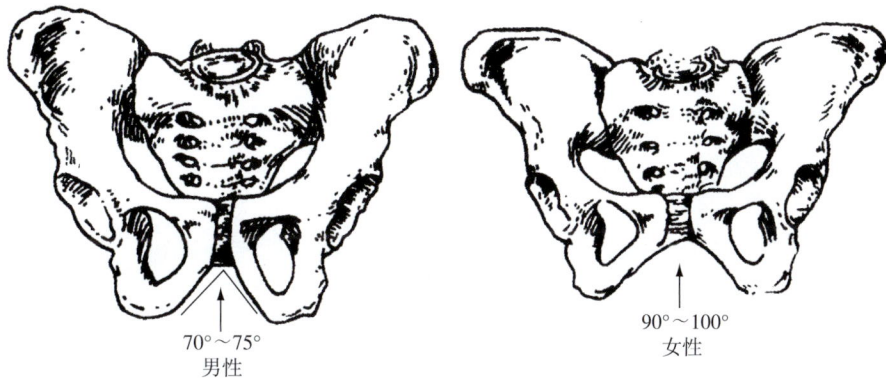

图 1-50　男性、女性骨盆

表 1-1　男性、女性骨盆的形态结构差异

项目	男性骨盆	女性骨盆
骨盆形状	较窄长	较宽短
骨盆的上口	心形	椭圆形
骨盆的下口	较狭窄	较宽大
骨盆腔	漏斗状	圆桶状
耻骨下角	70°～75°	90°～100°

3. 骨盆的结构特点　在力的传递过程中，骨盆在后面形成两个负重的骨弓，具有拱形结构特点。重力经第5腰椎传至骶骨，再经骶髂关节传递至两侧的髋骨。站立时，重力经髋臼传至股骨，形成"立弓"；坐位时，重力经髂骨传至坐骨结节，形成"坐弓"。在行走、跑步或跳跃时，骨盆还可传递由下肢向上传导的支撑反作用力。

4. 骨盆的作用　骨盆具有支持体重、保护盆腔内脏器和缓冲震荡等功能。骨盆可作前倾、后倾、侧屈、左右旋转及环转运动。

（二）髋关节

1. 主要结构　由髋臼和股骨头构成球窝关节（图 1-51）。股骨头几乎全被纳入髋臼，关节囊紧张而坚韧。

2. 辅助结构　髋臼唇是附着于髋臼缘的纤维软骨环，具有加深关节窝、增强关节稳固性的作用。韧带有以下几条（图 1-52）：①髂股韧带：位于关节囊前方，呈倒置的"V"形或"Y"形，能够限制髋关节过伸并维持人体直立姿势，是人体中最强大的韧带之一；②耻股韧带：位于髋关节囊前内侧，可限制大腿在髋关节处过度外展和旋外；③坐股韧带：位于髋关节后方，能限制大腿在髋关节处过度内收和旋内；④股骨头韧带：位于关节腔内，一端附着于髋臼横韧带，另一端附着于股骨头凹，

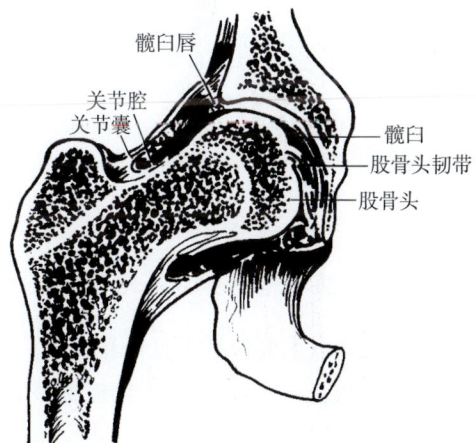

图 1-51　髋关节（冠状切面）

髋臼唇
关节腔
关节囊
髋臼
股骨头韧带
股骨头

内有滋养股骨头的血管通过，具有缓冲和稳定关节的作用。

3. 基本运动 髋关节可做屈、伸、内收、外展、旋转和环转运动。

4. 特点 髋关节具有厚而紧张的关节囊、强有力的韧带及发达的周围肌肉，因此是人体中稳固性最强的关节之一。

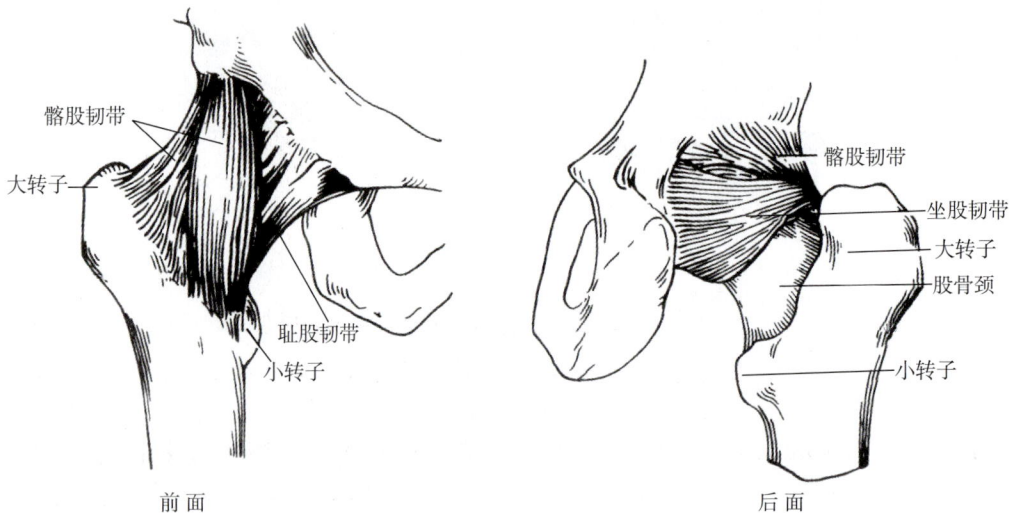

图 1-52 髋关节

考点与重点 髋关节的组成及结构特点

（三）膝关节

1. 主要结构 膝关节由股骨、胫骨的内外侧髁及髌骨构成（图 1-53、图 1-54）。其中，股胫关节是由股骨和胫骨相应的内外侧髁关节面构成的椭圆关节，股髌关节是由股骨的髌面和髌骨关节面构成的屈伸关节。膝关节的关节头大，关节窝浅，关节囊宽阔而松弛。

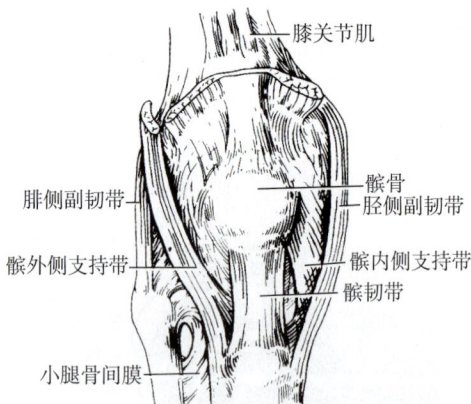

图 1-53 膝关节（前面）

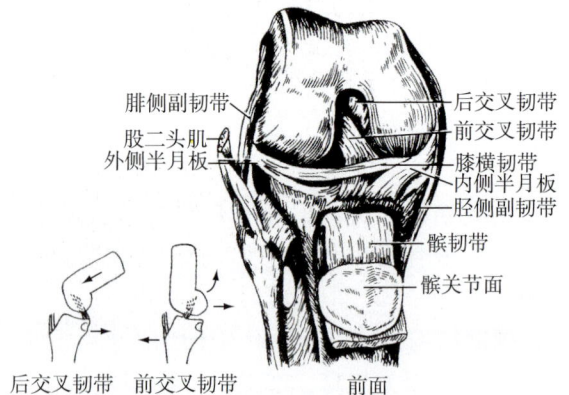

图 1-54 膝关节（内部结构）

考点与重点 膝关节的组成及结构特点

2. 辅助结构 主要包括半月板和韧带。

（1）半月板：由两个纤维软骨板构成，垫于胫骨内、外侧髁关节面上（图 1-55）。半月板外缘较厚，内缘较薄。内侧半月板呈"C"形，前端窄、后部宽，其外缘中部与关节囊纤维层及胫侧副韧带相连；外侧半月板呈"O"形，外缘后部与腘肌腱相连。

半月板具有缓冲震荡、稳固膝关节的作用。关节腔内还有翼状襞，位于髌骨下方两侧，为含脂肪的滑膜皱襞，可填充关节腔空隙，增强稳固性并缓冲震荡。髌上囊和髌下深囊位于股四头肌腱与骨面之间，可减少肌腱与骨面之间的摩擦。

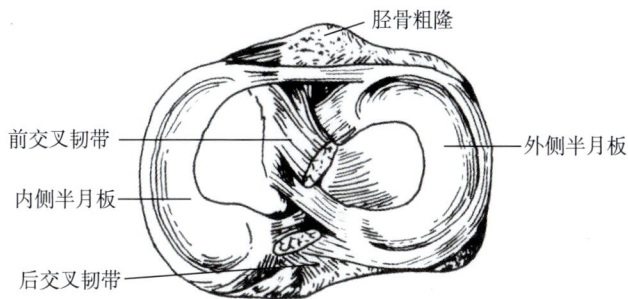

图 1-55 膝关节半月板（上面）

（2）韧带：①前、后交叉韧带位于关节腔内，分别附着于股骨内、外侧髁与胫骨髁间隆起，可防止股骨和胫骨前后移位；②腓侧副韧带位于膝关节外侧稍后方，胫侧副韧带位于膝关节内侧偏后方，分别从外侧和内侧加固关节，并限制膝关节过伸；③髌韧带位于膝关节前方，为股四头肌腱的延续部分，可加固膝关节前方并限制其过度后屈。

3. 基本运动 膝关节主要进行屈、伸运动。半屈膝时，可做轻度旋转运动。

4. 特点 膝关节是人体最大且最复杂的关节（构成复杂，关节腔内、外均有韧带和半月板）。其运动幅度相对较小，除屈、伸运动外，在屈曲90°时可绕垂直轴做轻度旋转运动。膝关节运动时，半月板可发生位移：屈膝时半月板后移，伸膝时半月板前移。若急剧伸膝，半月板退让不及，可能导致挤压伤或撕裂。

（四）足部关节

1. 踝关节 又称距小腿关节。

（1）主要结构：由胫、腓两骨下端的踝关节面和距骨滑车构成。其特点是关节囊的前、后壁薄而松弛，关节头前宽后窄。

（2）辅助结构：内侧韧带是位于踝关节内侧的强大韧带，起于胫骨内踝，呈扇形向下止于足舟骨、距骨和跟骨，可限制足过度外翻（图1-56）。外侧韧带由3条独立韧带组成（距腓前韧带、距腓后韧带、跟腓韧带），起于腓骨外踝尖，分别止于距骨和跟骨，韧带较薄弱，足过度内翻时易损伤（图1-57）。

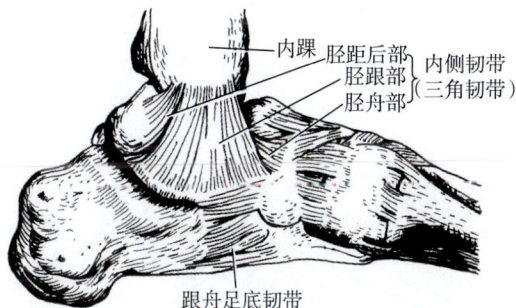

图 1-56 踝关节及其韧带（内侧面）

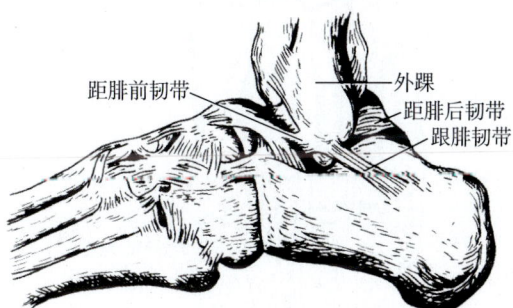

图 1-57 踝关节及其韧带（外侧面）

（3）基本运动：屈（跖屈）、伸（背屈）运动。足跖屈时可做轻度外展（外翻）和内收（内翻），内翻幅度大于外展。内翻是足绕其长轴内侧缘提起，外侧缘下降，足底转向内侧的运动；外翻是足绕其长轴外侧缘提起，内侧缘下降，足底转向外侧的运动。

考点与重点 踝关节的组成及结构特点

2. 跗骨间关节 功能类似腕骨间关节。

（1）主要结构：包括距跟关节（距下关节）、距跟舟关节、跟骰关节及楔骰舟关节（图1-58）。

（2）基本运动：除屈、伸运动外，还可做其他轻微运动。

3. 跗跖关节 为联动关节，运动幅度较小，功能类似腕掌关节。

4. 跖趾关节 可做屈、伸、内收和外展运动，功能类似掌指关节。

5. 趾骨间关节 仅可做屈、伸运动，功能类似指骨间关节。

6. 足弓 由7块跗骨、5块跖骨及其连结结构（关节、韧带、肌腱）构成，包括内侧纵弓、外侧纵弓和横弓（图1-59）。

（1）内侧纵弓：由跟骨、距骨、足舟骨、3块楔骨及第1～3跖骨构成，曲度大、弹性好，适于跳跃及缓冲震荡。

（2）外侧纵弓：由跟骨、骰骨及第4～5跖骨构成，曲度平缓，主要维持直立负重稳定性。

（3）横弓：由3块楔骨、骰骨及距骨底构成。足弓低平或消失称为平足症。

足弓的主要功能：①重力传导功能：将重力从踝关节经距骨向前分散至第1、第5跖骨头，向后传导至跟骨，形成三个重力支撑点，增强人体站立时的稳定性；②保护功能：保护足底血管和神经免受压迫；③缓冲功能：与椎间盘、脊柱生理曲度共同构成人体缓冲系统，减轻运动中对脑部的震荡冲击。

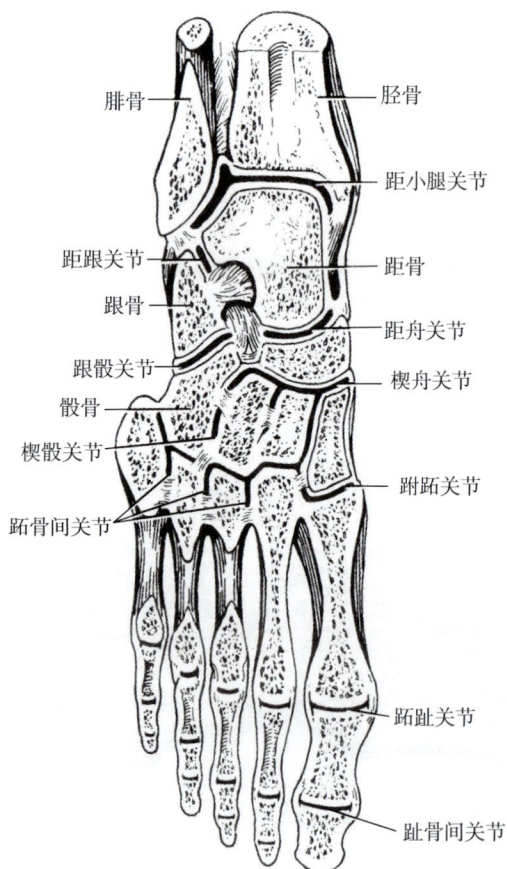

图1-58 足部关节水平切面

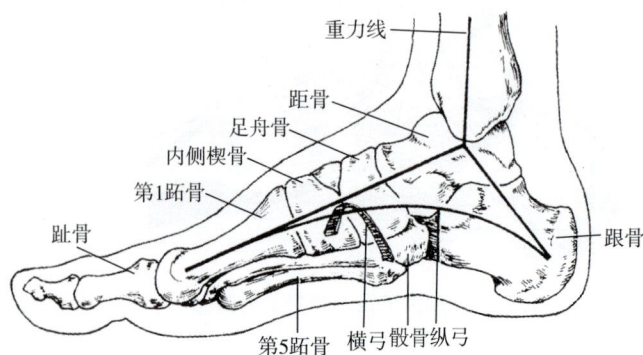

图1-59 足弓

第三节 骨骼肌

📋 案例

　　李某，女，7岁，出生时因缺氧导致脑性瘫痪（脑瘫）。其身体呈现异常姿势，表现为特征性"角弓反张"体征，行走时右侧肢体出现马蹄内翻足畸形。

问题： 1. "角弓反张"是由哪些肌肉群的痉挛性收缩引起的？

　　　　2. 马蹄内翻足是由哪些肌肉群痉挛性收缩引起的？

一、骨骼肌概述

　　机体能够对环境变化产生适宜的反应，这些反应形式包括化学性反应、电反应、光反应及机械性反应。骨骼肌是能够对环境刺激产生机械性收缩反应的器官。运动系统的肌肉均属于骨骼肌，人体全身约有 600 块骨骼肌。每块骨骼肌都是一个独立的器官，其总重量约占正常成人体重的 40%（运动系统总重量约占体重的 60%），经过系统训练的运动员骨骼肌重量可达体重的 50%（图 1-60、图 1-61）。

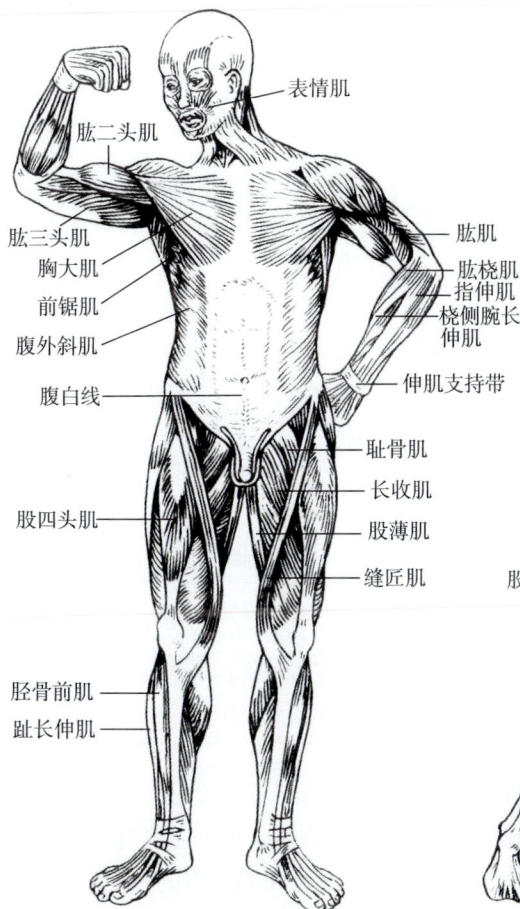

图 1-60　全身肌的配布（前面）　　　　图 1-61　全身肌的配布（后面）

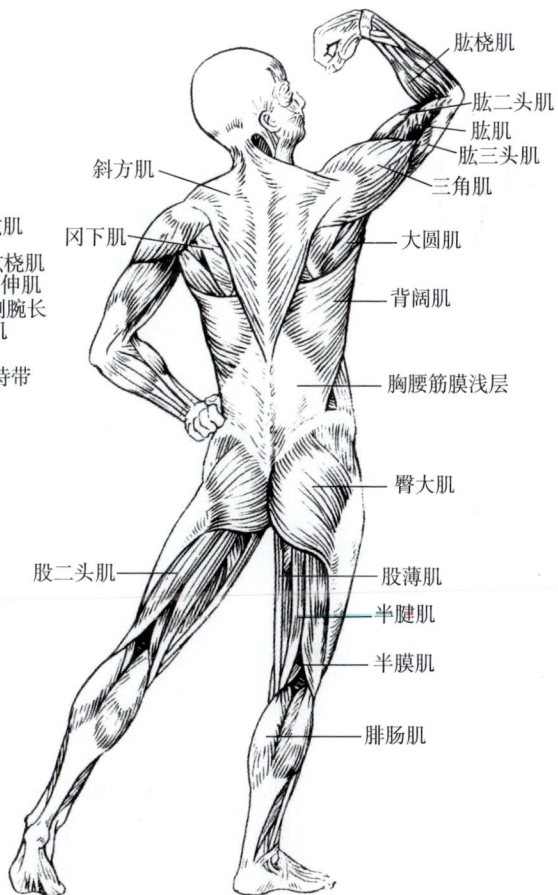

（一）骨骼肌的结构

1. 基本结构　　肌肉由肌腹和肌腱构成（表1-2）。肌腹由骨骼肌纤维聚集而成，是肌肉中的收缩部分，通常位于肌肉的中部。肌腹表面有结缔组织薄膜，对肌纤维和肌束起保护、连结、支持、营养等作用。肌腱由排列紧密的粗大胶原纤维束构成，其胶原纤维互相交织成辫子状的腱纤维束，各束呈平行排列。肌腱不具备收缩能力，通常附着于骨面。

表1-2　肌腹与肌腱的区别

名称	肌腹	肌腱
形态	四肢呈梭形，躯干呈薄片状	呈带状或薄片状
构成	由肌细胞（肌纤维）组成	由致密结缔组织构成
位置	主要分布于肌肉中部	主要位于肌肉两端
功能	能收缩和舒张	不能收缩舒张，通常附着于骨面

2. 辅助结构　　肌肉周围有一些保护和协助肌肉活动的结构，包括筋膜、腱鞘、滑膜囊等。

（1）筋膜：①浅筋膜（皮下筋膜）：位于皮肤深面，由疏松结缔组织构成，体胖者较肥厚；该筋膜对肌肉有保护作用（图1-62）。②深筋膜：位于浅筋膜的深面，由致密结缔组织构成，似一层紧身衣，覆盖在全身肌肉表面，在骨突之间增厚形成类似韧带的结构；该筋膜包绕每块肌，并深入到各肌层之间，形成各肌的筋膜鞘；部分深筋膜穿入肌群，延伸至骨膜，形成肌间隔（表1-3）。筋膜可减少肌肉间相互摩擦，有利于增强肌肉收缩的力量。

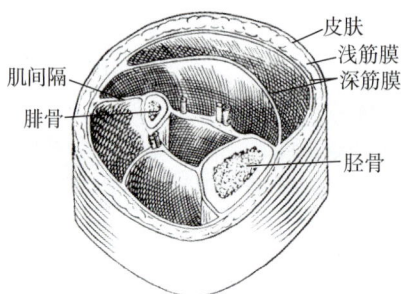

图1-62　右侧小腿中部横切面（示筋膜）

表1-3　浅筋膜与深筋膜的区别

名称	浅筋膜	深筋膜
构成	疏松结缔组织	致密结缔组织
位置	皮下，包被全身	包绕肌、血管、神经
作用	保温，保护深部器官	约束、固定肌肉，减少肌肉摩擦，有利于肌肉活动

（2）腱鞘：包绕肌腱的结构，由两部分构成（图1-63）。①纤维鞘：位于外面，为半环形结构，一侧附着于骨面，另一侧为膜性部分；②滑膜鞘：位于内面，分内外两层，即脏层（紧裹肌腱）和壁层（紧贴纤维鞘）。壁、脏层之间的间隙或腔中有少量滑液，可减少肌腱与外周组织的摩擦，有利于肌腱在鞘内活动，并对肌腱起保护作用。腱鞘多分布于手腕、手指、足踝等肢体远端（图1-64）。

（3）滑膜囊：是由结缔组织构成的密闭囊状结构，多位于肌腱与骨面之间或关节周围（图1-65）。囊内含滑液，部分与关节腔相通，可减少肌腱与骨面之间的摩擦；少数滑膜囊为独立封闭结构。

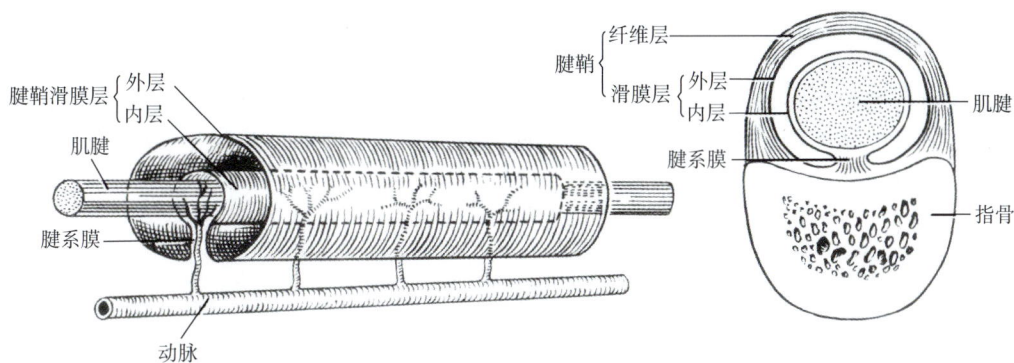

图 1-63 腱鞘示意图

腱鞘滑膜层 { 外层 内层 }
肌腱
腱系膜
动脉

腱鞘 { 纤维层 滑膜层 { 外层 内层 } }
肌腱
腱系膜
指骨

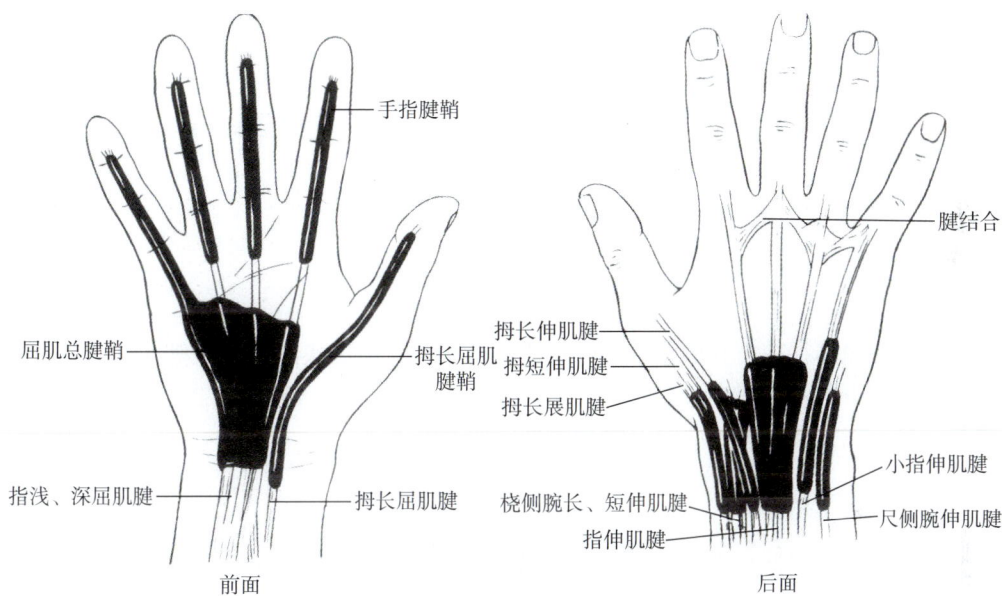

手指腱鞘
屈肌总腱鞘
拇长屈肌腱鞘
指浅、深屈肌腱
拇长屈肌腱
前面

腱结合
拇长伸肌腱
拇短伸肌腱
拇长展肌腱
桡侧腕长、短伸肌腱
指伸肌腱
小指伸肌腱
尺侧腕伸肌腱
后面

图 1-64 手的腱鞘

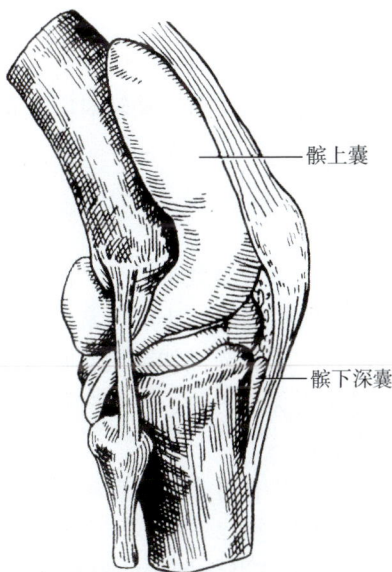

髌上囊
髌下深囊

图 1-65 膝关节的滑膜囊

考点与重点 骨骼肌的基本结构及辅助结构

（二）肌肉的分类和命名

1. 分类　按肌肉外形可分为长肌、短肌、扁肌（阔肌）和轮匝肌（图1-66）；按肌束排列方向可分为羽状肌、半羽状肌和多羽状肌；按肌肉主要功能可分为屈肌、伸肌、收肌、展肌、旋前肌、旋后肌、提肌、降肌、开大肌和括约肌等。

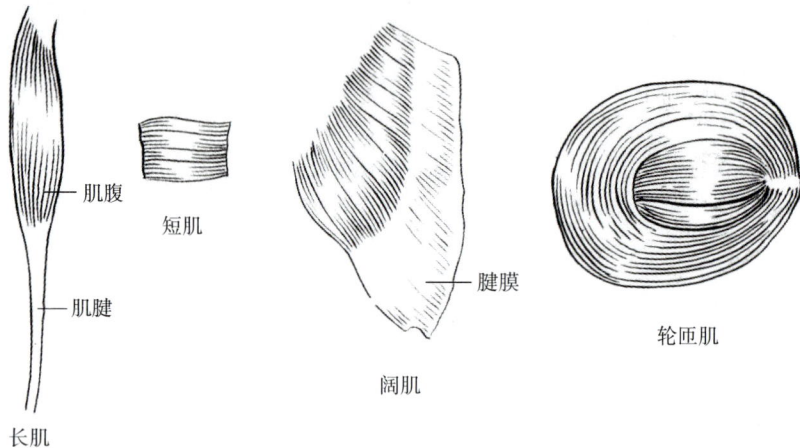

肌腹　短肌　腱膜　轮匝肌　阔肌　肌腱　长肌

图 1-66　肌的形态

2. 命名　肌肉的命名往往与其形态结构或功能特征相关。按形状命名的有斜方肌、三角肌；按位置命名的有冈上肌、冈下肌；按综合命名的有肱二头肌、小腿三头肌、胸大肌；按起止点命名的如胸锁乳突肌、肱桡肌；按肌束方向命名的如腹直肌、腹外斜肌。

（三）肌肉的物理特性

1. 伸展性和弹性　伸展性是指肌肉在外力作用下被拉长的特性；弹性是指外力解除后，肌肉恢复原状的特性。

2. 黏滞性　是指肌肉收缩时，肌纤维内部分子之间及肌纤维之间因摩擦而产生的阻力。

（四）肌肉的配布规律

肌肉多分布于关节周围，通常按拮抗规律与关节运动轴对应配布，即每个运动轴两侧分别配布两组功能相反的肌群。

（五）肌肉的起止点

肌肉通常以两端附着于骨面，中间跨越一个至数个关节。两附着点分别称为起点和止点（图1-67）。肌肉收缩时，止点通常向起点靠拢；但在特定运动中，起点亦可向止点移动。例如胸大肌收缩时，其止点（肱骨）向胸前壁靠拢，可使肩关节内收；攀高时则通过起点（胸廓）向止点移动，带动躯体上移。

1. 起点（定点）　是指肌肉在靠近身体正中面或肢体近端的附着点。肌肉收缩时该点相对固定或位移较小。

2. 止点（动点）　是指肌肉在远离正中面或肢体远端的附着点。肌肉收缩时该点位移较大。

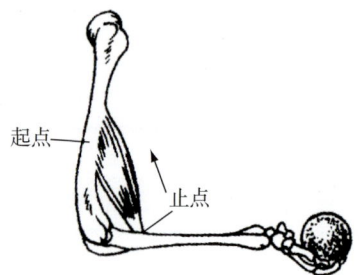

起点　止点

图 1-67　肌的起止点

二、躯 干 肌

躯干肌包括背肌、胸肌、腹肌、膈肌和盆底肌。

1. 背肌 为位于躯干后面的肌群，可分为浅、深两层，主要有斜方肌、背阔肌、竖脊肌（图 1-68、表 1-4）。

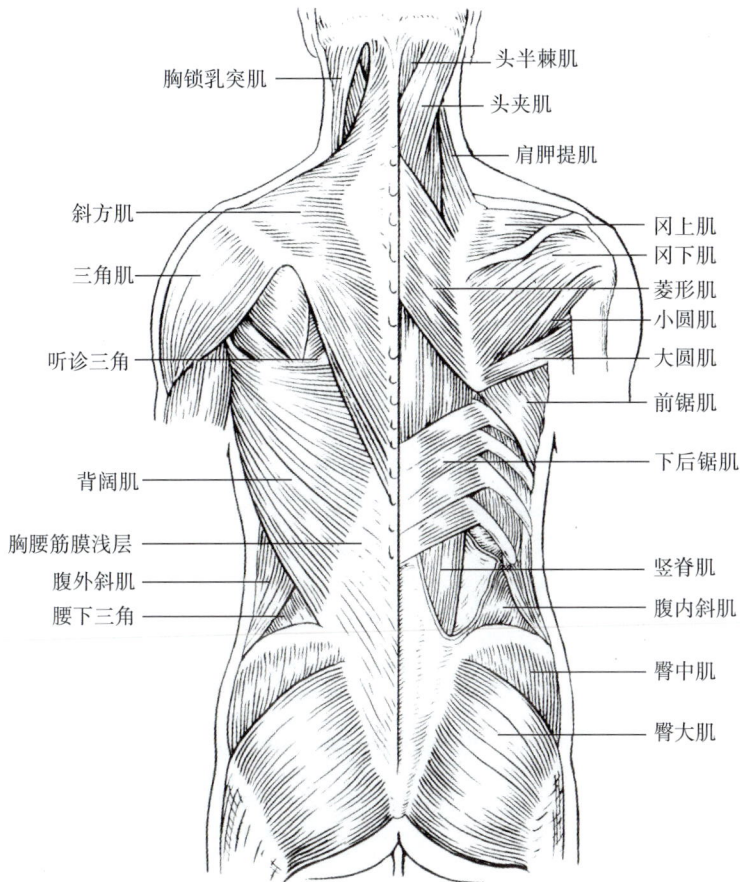

图 1-68 背肌（右侧斜方肌、背阔肌已切除）

表 1-4 背肌

名称	位置	作用
斜方肌	颈部和背上部皮下	单侧收缩使头向同侧屈、脸转向对侧；双侧收缩使头后仰、脊柱后伸（如抬头挺胸）
背阔肌	背下半部及胸后外侧	使臂后伸、内收、旋内；上肢固定时可上提躯干（如引体向上）
竖脊肌	躯干背部、脊柱两侧	单侧收缩使脊柱向同侧屈；双侧收缩使脊柱后伸

考点与重点 斜方肌、背阔肌及竖脊肌的位置、作用

2. 胸肌 分为胸上肢肌和胸固有肌（图 1-69、图 1-70）。胸上肢肌均起自胸廓外面，止于上肢带骨或肱骨，主要有胸大肌、胸小肌和前锯肌。胸固有肌参与构成胸壁，在肋间隙内，主要有肋间外肌和肋间内肌（表 1-5）。

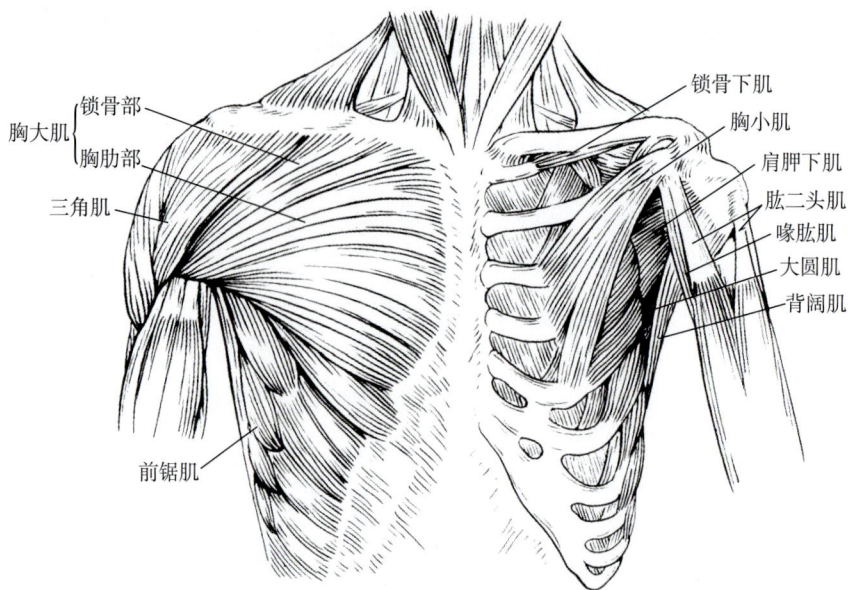

图 1-69   胸肌

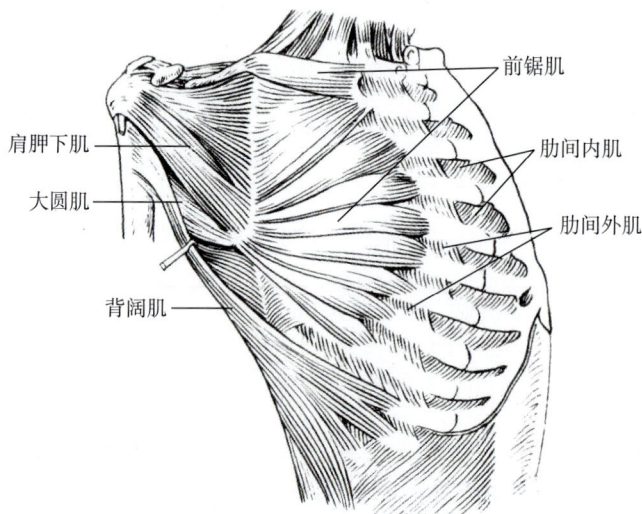

图 1-70   前锯肌和肋间肌

表 1-5   胸肌

名称	位置	作用
胸大肌	位置表浅，覆盖胸廓前壁的大部	使肩关节前屈、内收、旋内；上提躯干，提肋助吸气
胸小肌	呈三角形，位于胸大肌深面	拉肩胛骨向前下方；提肋助吸气
前锯肌	胸廓外侧面	拉肩胛骨向前及助臂上举；提肋助深吸气
肋间外肌	肋间隙的浅层	提肋助吸气
肋间内肌	肋间外肌的深面	降肋助呼气

考点与重点 胸大肌、前锯肌及肋间内外肌的位置、作用

3. 腹肌 分前外侧群和后群。

（1）前外侧群：形成腹腔的前外侧壁，包括腹外斜肌、腹内斜肌、腹横肌和腹直肌（图 1-71、表 1-6）。

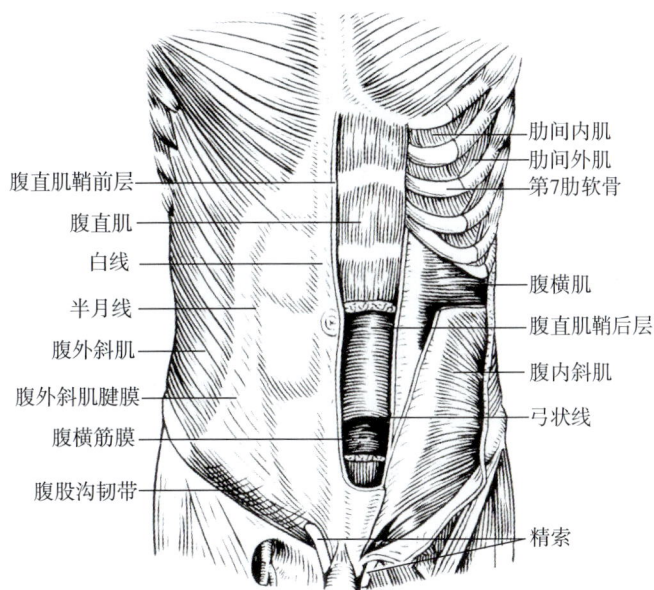

图 1-71 腹前壁肌

表 1-6 腹前外侧群肌肉

名称	位置	作用
腹外斜肌	腹前外侧壁的浅层	腹前外侧群肌肉共同保护和支持腹腔脏器，收缩时可以缩小腹腔，增加腹压，以协助呼气、排便、分娩、呕吐和咳嗽等活动。该肌群还可使脊柱做前屈、侧屈及旋转等运动
腹内斜肌	腹外斜肌深面	
腹横肌	腹内斜肌深面	
腹直肌	腹前壁正中线两旁，腹直肌鞘中	

考点与重点 腹部肌肉的位置、作用

（2）后群：包括腰大肌和腰方肌（图 1-72）。腰方肌的主要作用为下降和固定第 12 肋，并使脊柱侧屈；腰大肌的主要功能为屈髋关节及外旋大腿。

（3）腹肌形成的结构：①腹股沟韧带：由腹外斜肌腱膜下缘卷曲增厚形成，是重要的体表标志（图 1-73）。②腹直肌鞘：由三层腹肌的腱膜包绕腹直肌构成（图 1-74）。③白线：由三层腹肌的腱膜纤维在腹前正中线交织而成。④腹股沟管：位于腹股沟韧带内侧半上方，是腹肌形成的肌腱裂隙，具有深环（腹环）和浅环（皮下环）两个开口。男性腹股沟管内有精索通过，女性有子宫圆韧带通过。

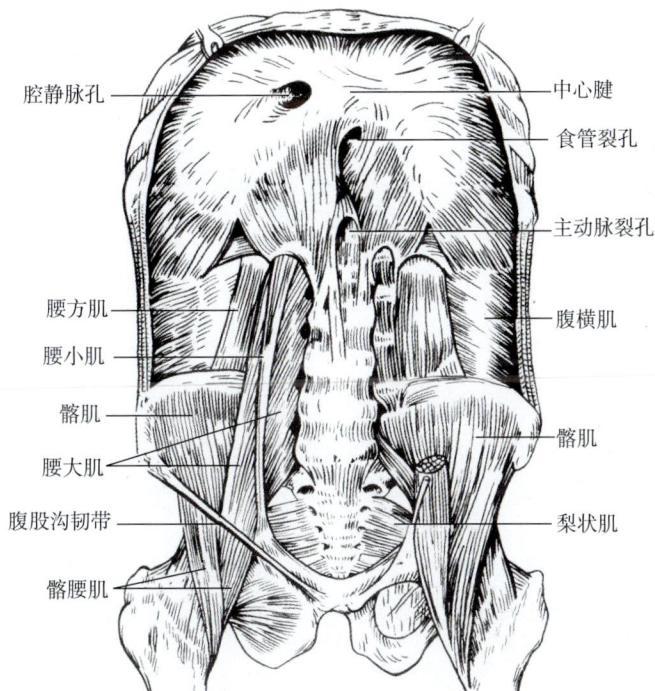

图 1-72 腹后壁肌和膈肌

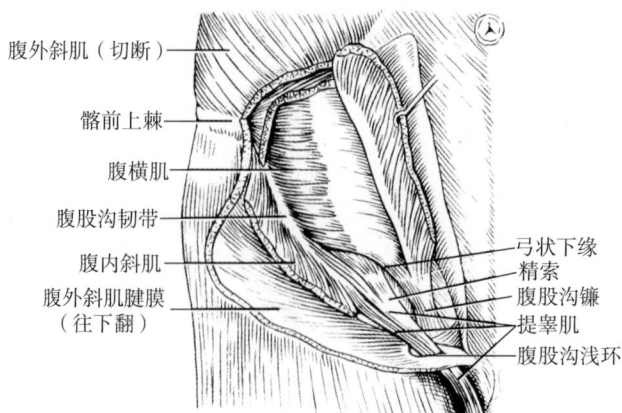

图 1-73 腹前壁的下部

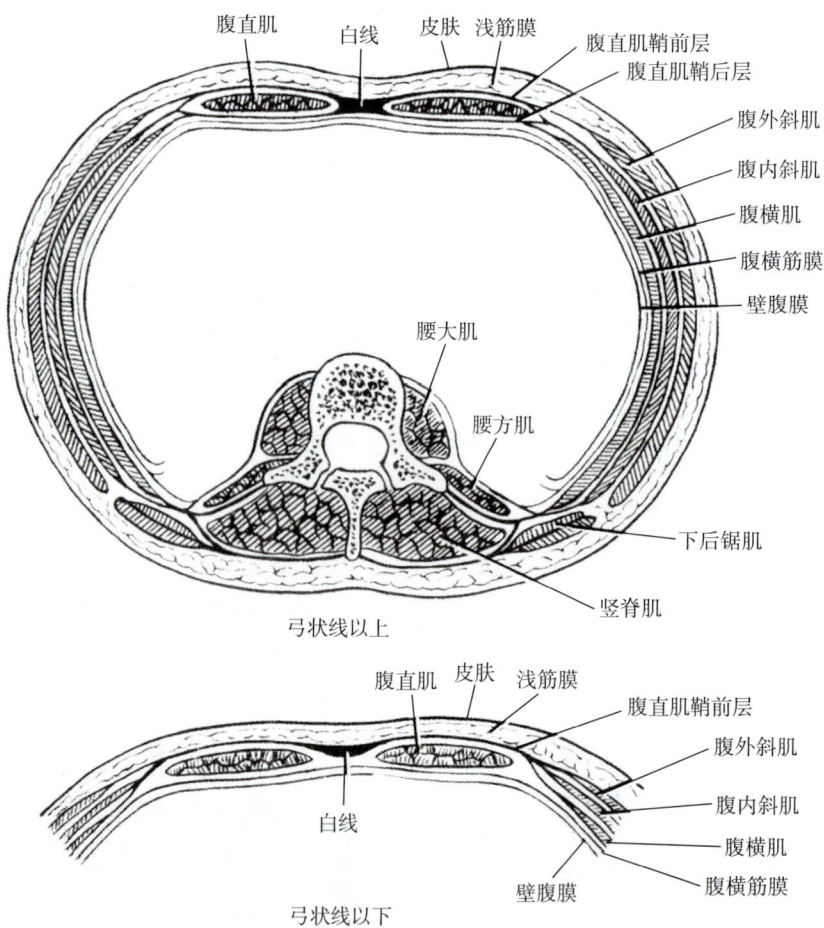

图 1-74 腹壁两个水平切面（示腹直肌鞘）

链接

腹股沟管与疝

当腹股沟管发育不全时，腹腔内容物或器官（常见为小肠）可能经腹股沟管向体表突出，形成可见的隆起。轻度疝可通过手法复位还纳，重度疝通常需手术修复。部分病例中，突出物可坠入阴囊。

4. 膈肌 位于胸、腹腔之间，构成胸腔的底和腹腔的顶（图 1-72）。膈肌呈穹隆状，其肌纤维分布于穹隆四周，中央部分形成腱膜。膈肌的中央为腱性结构，称为中心腱，肌束由周围向中央汇聚。膈肌上有三个裂孔：在第 12 胸椎体前方为主动脉裂孔，内有主动脉和胸导管通过；在主动脉裂孔左前方为食管裂孔，内有食管和迷走神经通过；在食管裂孔右前方为腔静脉孔，内有下腔静脉通过。膈肌起自胸廓下口的周缘、腰椎前面及胸骨剑突，止于中心腱。

膈肌是最重要的呼吸肌。当膈肌收缩时，膈顶下降，胸腔容积增大，有助于吸气；当膈肌舒张时，膈顶上升，胸腔容积减小，有助于呼气。若膈肌与腹肌同时收缩，可增加腹压，具有协助排便和分娩等功能。

5. 盆底肌 将在"生殖系统"中介绍。

医者仁心

大公无私的"无声教材"

"宁愿医学生在我身上解剖千刀万刀，不愿医生在患者身上开错一刀。"在南京，遗体捐献志愿者们有一个温暖而庄重的名字——"捐友"。这些遗体捐献者，以超凡的勇气与无私的大爱，做出捐献自己躯体的决定。当医学生们第一次面对大体老师，那不仅仅是一具躯体，更是医学征程的起点，是医学生走向救死扶伤道路的第一位"患者"和最严格的"老师"。

大体老师是医学生道德与精神成长的引路人。他们用无声的行动诠释了生命的另一种延续方式，让医学生们懂得，生命的意义不仅在于活着时的长度，更在于对他人、对社会贡献的宽度。这种无私奉献的精神，是医学生职业道德教育的鲜活教材，并教导我们，在未来的职业生涯中，要将患者的利益放在首位，以高度的责任感和使命感对待每一位患者。

三、头 肌

头肌可分为面肌和咀嚼肌两部分（图 1-75、图 1-76）。

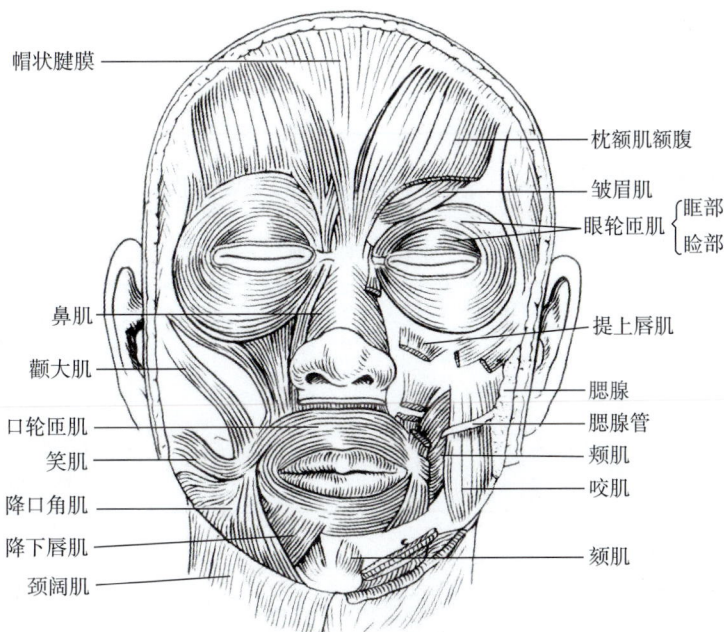

图 1-75 头肌（前面）

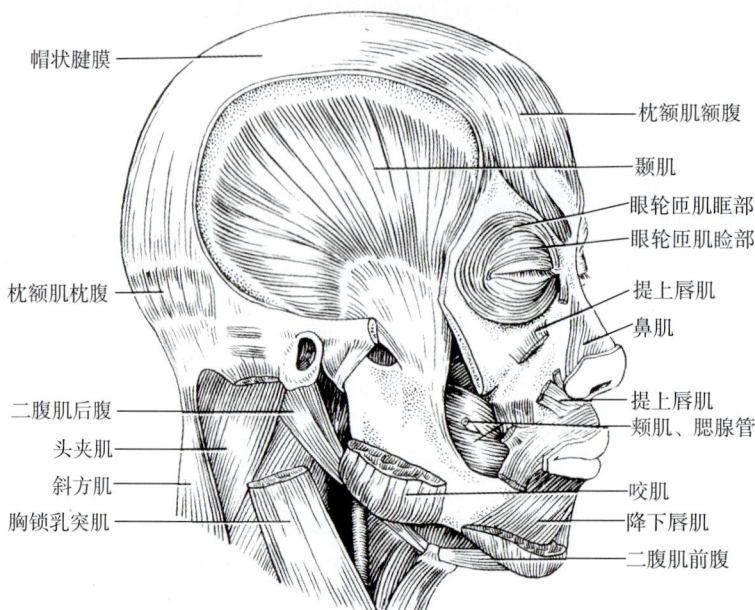

图 1-76 头肌（右侧面）

1. 面肌   分布于面部和颅部，其起止点大多位于皮肤或皮下组织，故又称皮肌。面肌收缩时可牵拉皮肤，使面部产生表情变化，因此也称为表情肌（表 1-7）。

表 1-7 面肌

名称	位置	作用
枕额肌	颅顶，由额腹、枕腹和帽状腱膜构成	提眉并使额部皮肤出现皱纹
眼轮匝肌	眼裂周围，分为眶部、睑部、泪囊部	闭合睑裂；扩张泪囊
口周围肌	口裂周围（含口轮匝肌）；面颊深部为颊肌	关闭口裂；使唇颊紧贴牙齿，外拉口角
耳周围肌	已退化	–
鼻周围肌	鼻孔周围	开大或缩小鼻孔
上睑提肌	上睑	提上睑，使眼睁开

2. 咀嚼肌   分布于颞下颌关节周围，是参与咀嚼运动的主要肌肉，可运动下颌关节（表 1-8）。

表 1-8 咀嚼肌

名称	位置	作用
咬肌	下颌支外侧	上提下颌骨（闭口）
颞肌	颞窝内	上提下颌骨
翼内肌	下颌支和下颌角内侧	上提下颌骨并使其向前运动
翼外肌	颞下窝内	使下颌骨前移

考点与重点 各块咀嚼肌的位置、作用

四、颈   肌

颈肌按其位置可分为颈浅肌群、颈中肌群和颈深肌群（表 1-9、图 1-77、图 1-78）。

表 1-9 颈肌

名称	位置	作用
颈阔肌	颈部皮下	使口角、下颌骨向下运动，颈部皮肤出现皱纹
胸锁乳突肌	颈的外侧部	一侧收缩使头向同侧侧屈，两侧收缩使头向后仰
舌骨上肌群	舌骨与下颌骨之间	上提舌骨，下拉下颌骨
舌骨下肌群	舌骨与胸骨之间	下降舌骨，使喉上、下活动
前、中、后斜角肌	颈部外侧深面	使颈部前屈、侧屈

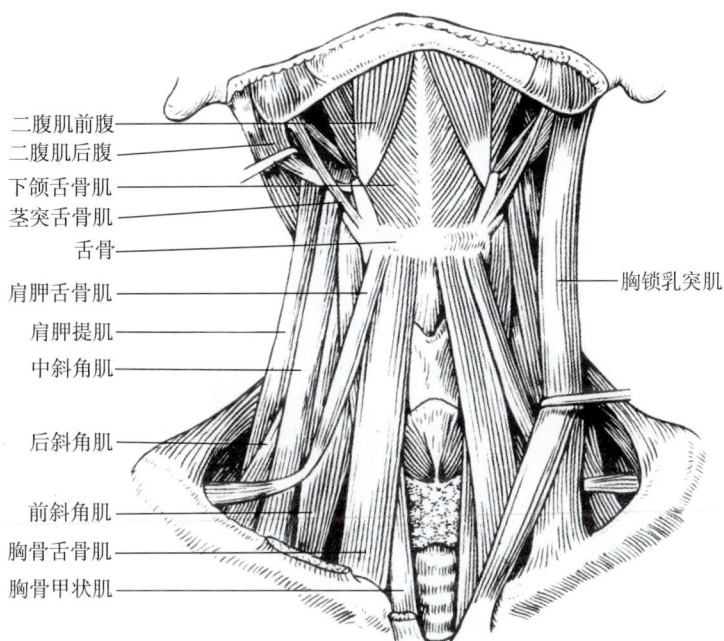

图 1-77 颈肌（前面）

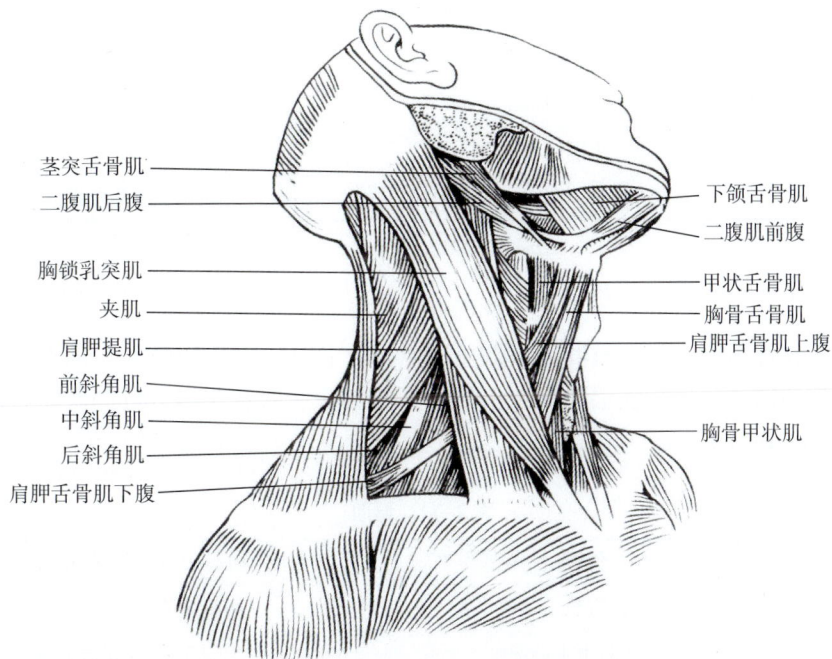

图 1-78 颈肌（右侧面）

考点与重点 胸锁乳突肌的位置、作用

五、上 肢 肌

上肢运动灵活，肌肉数量多且相对较小，包括肩带肌、臂肌、前臂肌和手肌。

1.肩带肌 分布于肩关节周围（图1-79），均起自上肢带骨，跨越肩关节，止于肱骨上端，具有稳定和运动肩关节的作用。肩带肌主要包括三角肌、冈上肌、冈下肌、小圆肌、大圆肌和肩胛下肌（表1-10）。

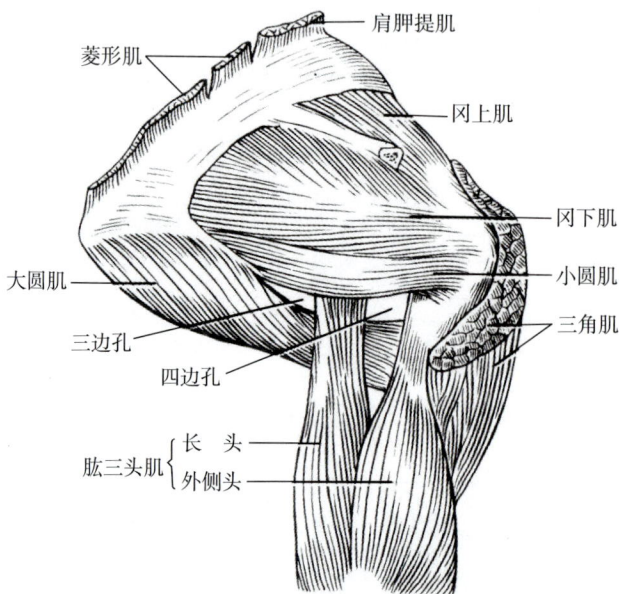

图 1-79 肩带肌（后面）

表 1-10 肩带肌

名称	位置	作用
三角肌	包围肩关节的前、外、后侧	使臂外展、前屈、后伸、旋内和旋外
冈上肌	冈上窝	使臂外展
冈下肌	冈下窝	使臂旋外
小圆肌	冈下窝，冈下肌的下方	助臂后伸
大圆肌	冈下窝，小圆肌的下方	使臂内收、旋内和后伸
肩胛下肌	肩胛下窝	使臂内收、旋内

考点与重点 肩带肌的位置、作用

2.臂肌 位于肱骨周围，分为前群和后群（图1-80、图1-81、图1-82）。前群为屈肌，后群为伸肌。前群位于肱骨的前方，包括浅层的肱二头肌、上方的喙肱肌和深层下方的肱肌；后群位于肱骨后方，为肱三头肌（表1-11）。

表 1-11 臂肌

名称	位置	作用
肱二头肌	上臂前面，有长、短两个头	屈肩关节，屈肘关节并使前臂旋后
肱肌	肱二头肌下半部深层	屈肘关节
喙肱肌	肱二头肌上半部内侧	屈肩关节
肱三头肌	上臂后面	伸肘关节

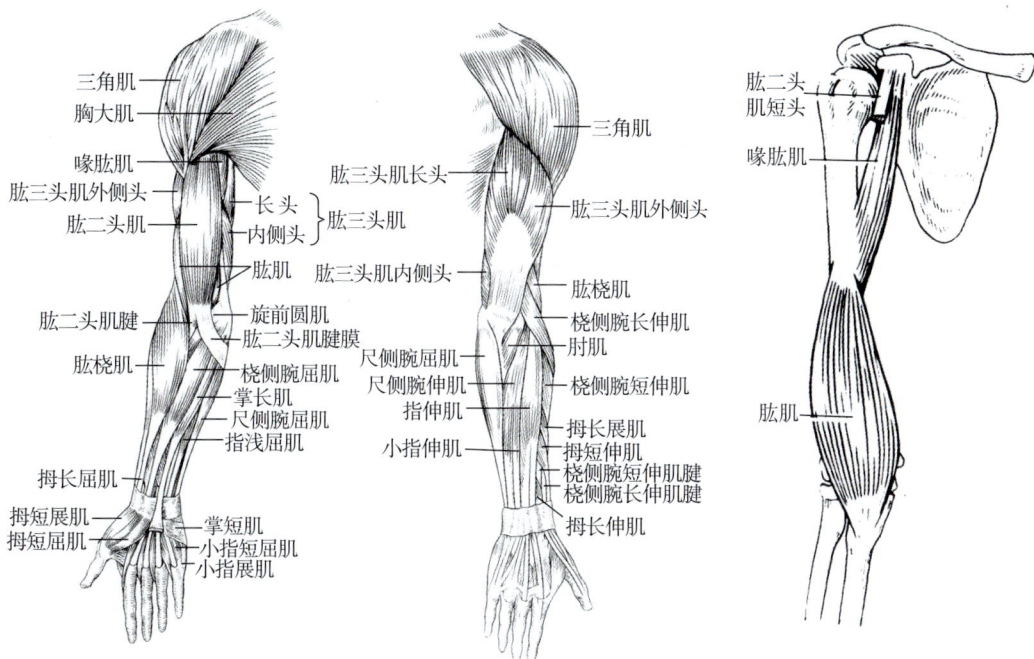

图 1-80 上肢浅层肌（前面）　图 1-81 上肢浅层肌（后面）　图 1-82 喙肱肌和肱肌

考点与重点 肱二头肌、肱三头肌的位置和作用

3. 前臂肌 位于尺骨和桡骨周围，分为前群和后群，每群又分为浅、深两层，共有19块肌（图1-83、图1-84、表1-12）。

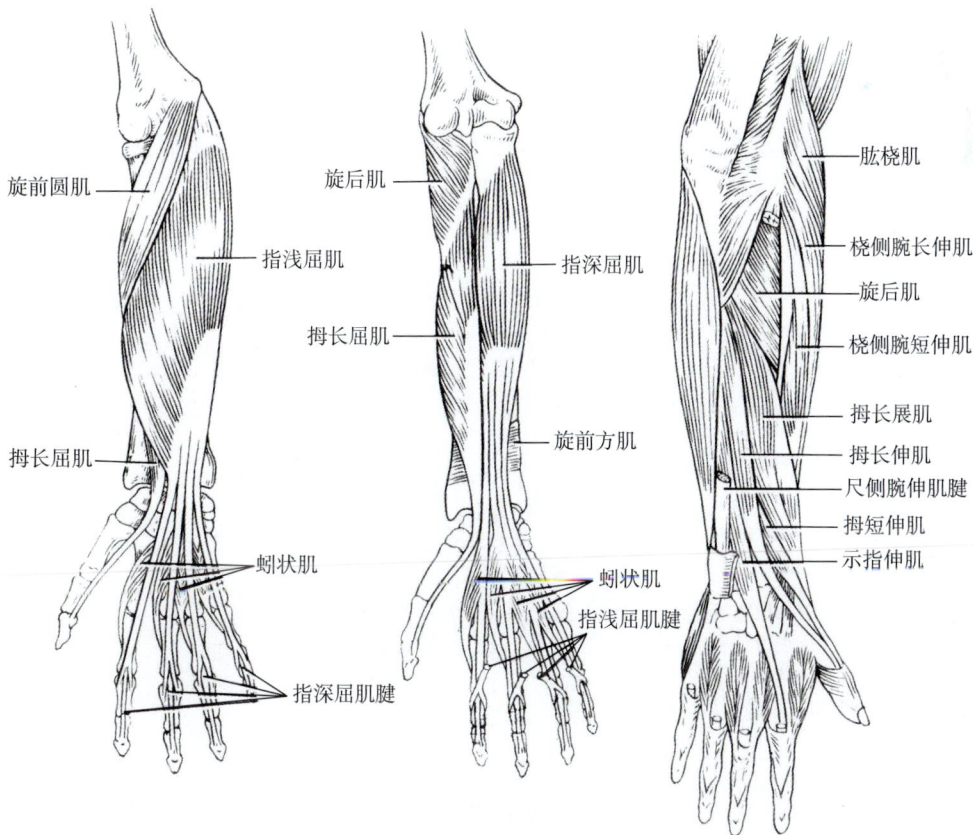

图 1-83 前臂前群深层肌　　　图 1-84 前臂后群深层肌

表 1-12　前臂肌

分群	名称	作用
前群 （9块）	肱桡肌	屈肘关节
	旋前圆肌	屈肘关节，使前臂旋前
	桡侧腕屈肌	屈肘关节，屈腕关节，使腕关节外展
	掌长肌	屈腕关节，紧张掌腱膜
	尺侧腕屈肌	屈腕关节，使腕关节内收
	指浅屈肌	屈肘关节、腕关节、掌指关节和近侧指骨间关节
	指深屈肌	屈腕关节、第2～5指骨间关节和掌指关节
	拇长屈肌	屈腕关节、拇指掌指关节和指骨间关节
	旋前方肌	使前臂旋前
后群 （10块）	桡侧腕长伸肌	伸腕关节，使腕关节外展
	桡侧腕短伸肌	伸腕关节
	指总伸肌	伸肘关节、腕关节和指关节
	小指伸肌	伸小指
	尺侧腕伸肌	伸腕关节，使腕关节内收
	旋后肌	使前臂旋后
	拇长展肌	使拇指外展
	拇短伸肌	伸拇指并协助拇指外展
	拇长伸肌	伸腕关节，伸拇指掌骨间关节和指骨间关节
	示指伸肌	伸示指掌指关节和指骨间关节

考点与重点 前臂肌前群、后群肌肉的名称及作用

　　4. 手肌　手指活动由多块肌肉参与，除前臂的长腱外，还有许多短小的手肌。这些肌肉分布于手掌面，分为外侧群、中间群和内侧群（图 1-85、表 1-13）。

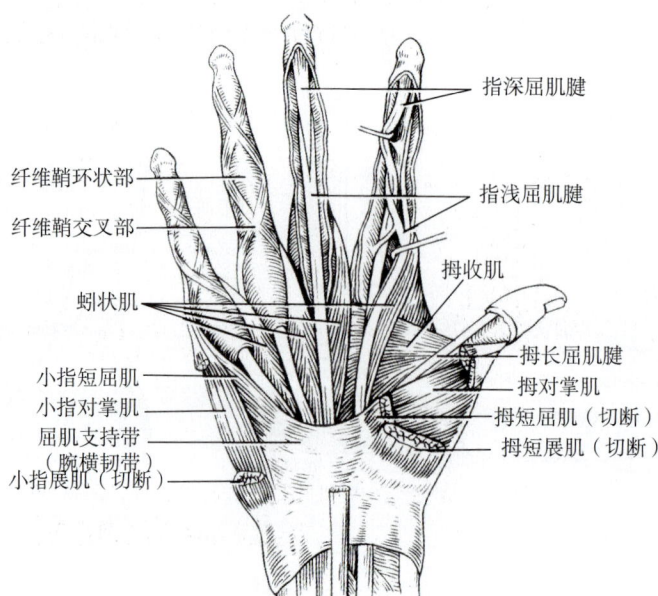

图 1-85　手肌（前面）

表 1-13　手肌

分群	名称	作用
外侧群	鱼际肌	使拇指做屈、内收、外展及对掌运动
中间群	蚓状肌和骨间肌	屈掌指关节，伸指骨间关节，使手指内收、外展
内侧群	小鱼际肌	使小指做屈、外展运动

为减少肌腱间的摩擦，腕管内有两个滑液鞘（总屈肌腱鞘和拇长屈肌腱鞘）保护肌腱。腕背侧深面有 6 个滑液鞘（拇长伸肌腱鞘、指伸肌腱鞘、小指伸肌腱鞘、尺侧腕伸肌腱鞘及桡侧腕长、短伸肌腱鞘），起保护肌腱的作用（图 1-63）。

六、下 肢 肌

下肢肌包括髋肌（盆带肌）、大腿肌、小腿肌和足肌。

1. 髋肌（盆带肌）　主要起自骨盆的内面或外面，跨过髋关节，止于股骨，能运动髋关节。按其所在部位和作用，分为前、后两群（图 1-86、图 1-87、表 1-14）。前群包括髂腰肌和阔筋膜张肌；后群又称臀肌，包括臀大肌、臀中肌、臀小肌和梨状肌。

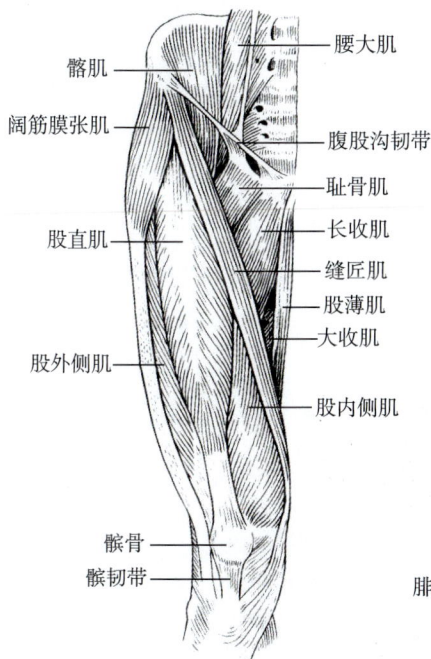

图 1-86　髋肌和大腿肌前群（浅层）　　图 1-87　髋肌和大腿肌后群（浅层）

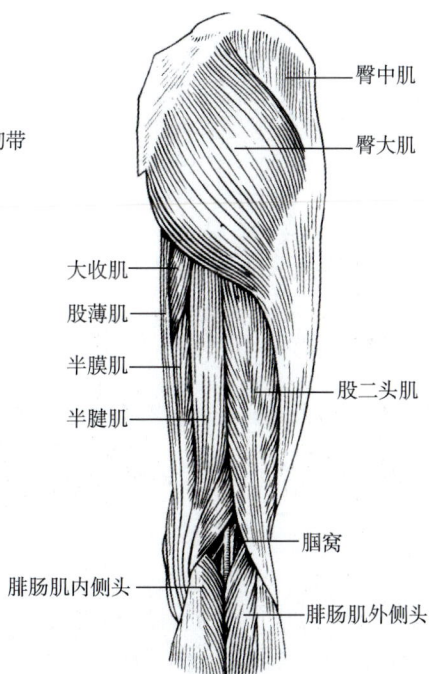

表 1-14　髋肌

名称	位置	作用
髂腰肌	脊柱腰段外侧和髋关节前方	使髋关节前屈和旋外
阔筋膜张肌	大腿前外侧	屈髋关节并紧张阔筋膜
臀大肌	臀部浅层	伸髋关节
臀中肌	臀大肌深面	使髋关节外展、旋内
臀小肌	臀中肌深面	使髋关节外展、旋内
梨状肌	臀中肌下方	使髋关节旋外

考点与重点　髂腰肌、臀大肌和梨状肌的位置及作用

2. 大腿肌 位于股骨周围，可分为前群、后群和内侧群（图1–88、图1–89、表1–15）。①前群：包括缝匠肌和股四头肌（股直肌、股内侧肌、股外侧肌和股中间肌）；②后群：位于大腿后面，包括股二头肌、半腱肌和半膜肌；③内侧群：作用为内收髋关节，故又称内收肌群，包括耻骨肌、长收肌、股薄肌、短收肌和大收肌。

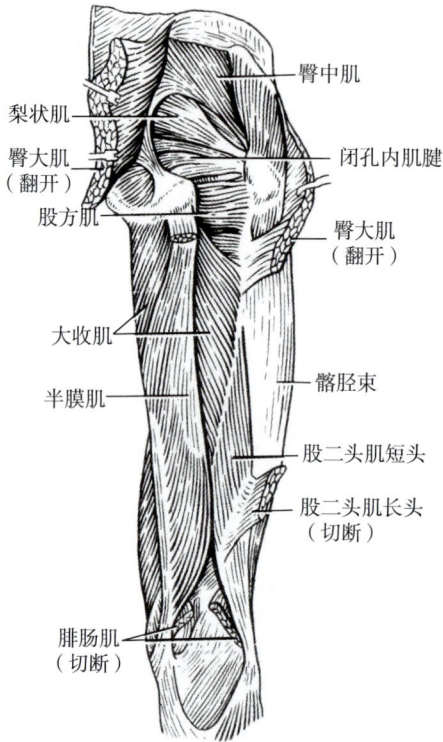

图1–88　髋肌和大腿肌后群（深层）

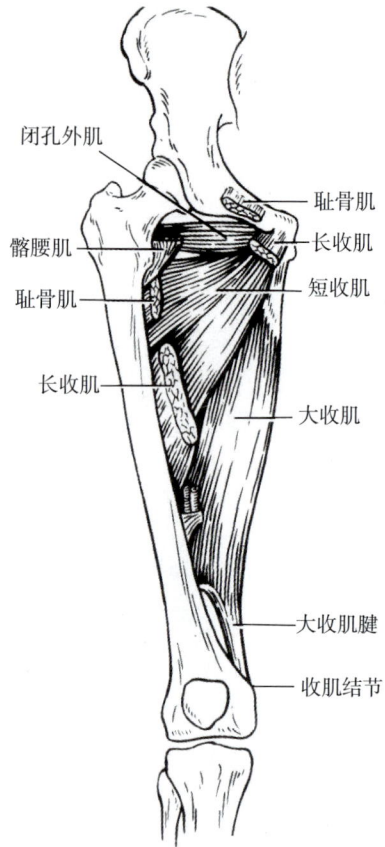

图1–89　大腿肌内侧群（深层）

表1–15　大腿肌

分群	名称	位置	作用
前群	缝匠肌	大腿前部	屈髋关节，屈膝关节
	股四头肌	大腿前部	屈髋关节，伸膝关节
内侧群	股薄肌	大腿内侧	内收髋关节
	耻骨肌	耻骨支和坐骨支前面	内收髋关节
	长收肌	大腿内侧	内收髋关节
	短收肌	长收肌后方	内收髋关节
	大收肌	短收肌后方	内收髋关节
后群	股二头肌	大腿后部外侧	伸髋关节，屈膝关节
	半腱肌	大腿后部内侧	伸髋关节，屈膝关节
	半膜肌	大腿后部内侧	伸髋关节，屈膝关节

考点与重点 大腿肌前群、后群肌肉的名称、位置及作用

3. 小腿肌 分为前群、外侧群和后群（图1–90、图1–91、表1–16）。①前群：位于小腿前方，自胫骨向腓侧依次为胫骨前肌、踇长伸肌和趾长伸肌。②外侧群：包括腓骨长肌和腓骨短肌，均位于腓骨

的外侧。③后群：位于小腿后方，分深、浅两层。浅层为小腿三头肌，由腓肠肌和比目鱼肌构成；深层位于小腿三头肌的深面，主要有3块肌，自胫侧向腓侧依次为胫骨后肌、踇长屈肌和趾长屈肌。

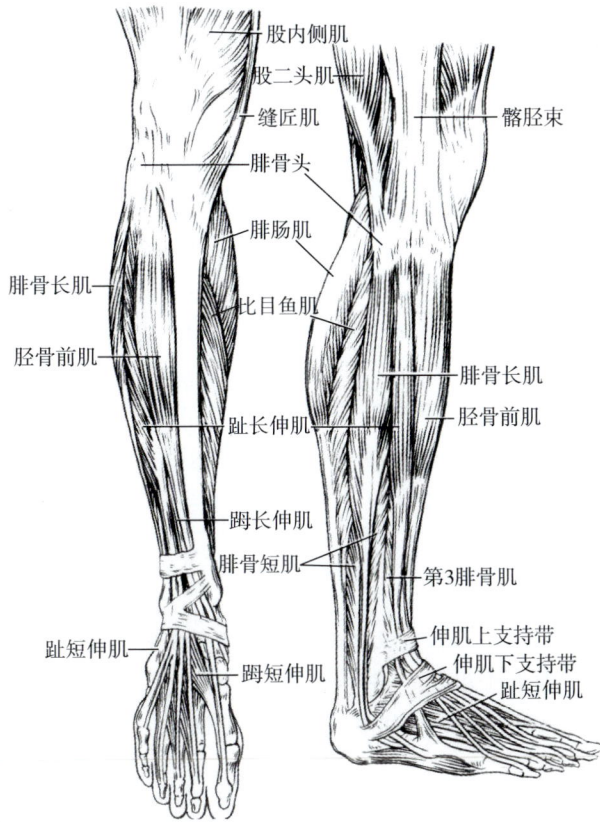

图 1-90 小腿肌前群和外侧群

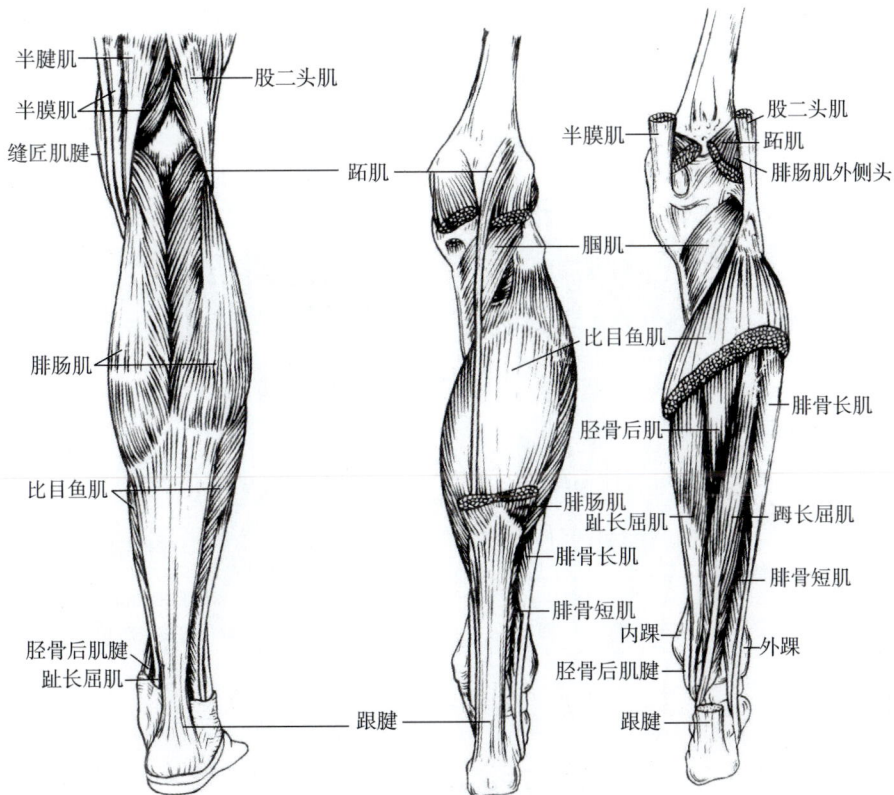

图 1-91 小腿肌后群

表 1-16　小腿肌

分群	名称	位置	作用
前群	胫骨前肌	小腿骨前部	足背屈，足内翻
	蹞长伸肌	小腿骨前部	足背屈，伸蹞趾
	趾长伸肌	小腿骨前部	足背屈，伸 2～5 趾
外侧群	腓骨长肌	腓骨外侧	足外翻，跖屈
	腓骨短肌	腓骨长肌的深面	足外翻，跖屈
后群	小腿三头肌	小腿骨后部浅层	屈膝关节，足跖屈
	胫骨后肌	小腿骨后部	足跖屈，内翻
	蹞长屈肌	小腿骨后部	足跖屈，屈蹞趾
	趾长屈肌	小腿骨后部	足跖屈，屈 2～5 趾

考点与重点　小腿肌前群、后群和外侧群肌肉的名称及作用

链接

肌内注射

　　临床常用的肌内注射部位：①三角肌：肌肉中、上 1/3 交界处。②臀大肌：臀部外上 1/4 区域。③臀中肌与臀小肌：常用于小儿。因臀大肌尚未发育完全，通常选择臀中肌与臀小肌进行注射，注射部位为髂前上棘外上 2～3 横指处。④股外侧肌：大腿中段外侧，膝关节上 10cm 至髋关节下 10cm 范围内。

　　4. 足肌　可分为足背肌和足底肌。足背肌较薄弱，为伸蹞趾和伸第 2～4 趾的小肌。足底肌的配布情况和作用与手掌肌类似，分为内侧群、中间群和外侧群（图 1-92、图 1-93）。

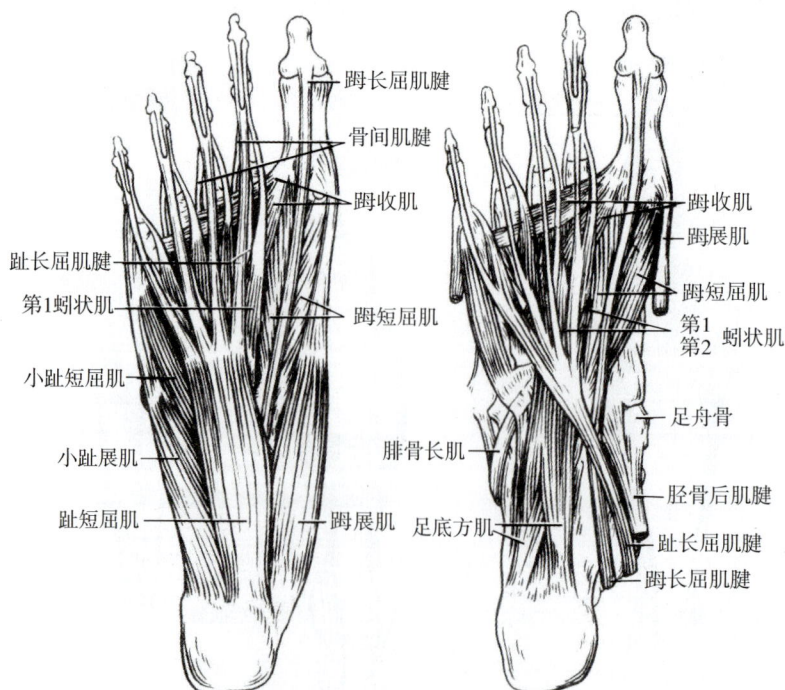

图 1-92　足底肌（浅、中层）

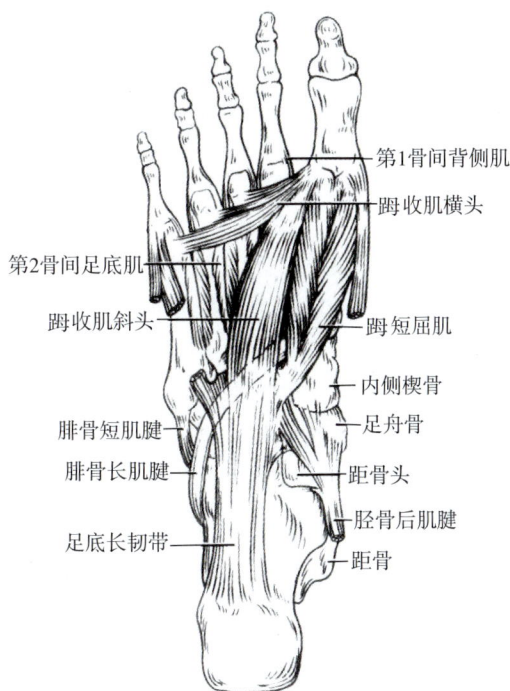

图1-93 足底肌（深层）

七、肌性标志

（一）头颈部的肌性标志

1. 咬肌 当牙咬紧时，在面颊部、颧弓下方及下颌角前上方，可触及坚硬的条状隆起。

2. 颞肌 当牙咬紧时，在颧弓上方的颞窝内可触及坚硬的隆起。

3. 胸锁乳突肌 位于颈部两侧皮下，起自胸骨柄前面和锁骨胸骨端，斜向后上方止于乳突。当头向一侧偏斜并对抗阻力时，可见明显的长条状隆起。

（二）躯干部的肌性标志

1. 斜方肌 位于项部和背上部。做耸肩动作，可见斜方肌外上缘的轮廓。

2. 背阔肌 在背下部可见其轮廓，其外下缘参与构成腋后襞。

3. 竖脊肌 在脊柱正中线两侧呈纵行肌性隆起。

4. 胸大肌 为覆盖胸廓前上部的肌性隆起，其下缘构成腋前襞。

5. 前锯肌 位于胸壁侧面、胸大肌下方，肌发达者可见其起点处的肌齿。

6. 腹直肌 为腹前正中线两侧的纵形隆起，肌发达者可见脐上方有3～4条横行的腱划。

（三）上肢的肌性标志

1. 三角肌 在肩部形成圆隆外形，抗阻力外展上肢时可触及其全部轮廓。

2. 肱二头肌 屈肘旋后时，臂前面可见膨隆的肌腹；在肘窝中央可触及其肌腱。

3. 肱三头肌 在臂后面，三角肌后缘的下方可见到肱三头肌长头。

4. 肱桡肌 屈肘握拳时，肘部外侧可见其膨隆的肌腹。

5. 掌长肌 位于腕掌面中部、腕横纹的上方。屈腕对抗阻力时，腕横纹上方可见其细长肌腱。

6. 桡侧腕屈肌 位于掌长肌腱的桡侧。屈腕对抗阻力时，可见其肌腱。

7. 尺侧腕屈肌　位于腕横纹上方的尺侧、豌豆骨的上方。对抗阻力外展小指时可触及其肌腱。

8. 指伸肌腱　在手背，指伸肌腱共有4条，与手背深筋膜浅层融合，分别至第2～5指。

（四）下肢的肌性标志

1. 股四头肌　大腿前部肌群。其中，股直肌位于缝匠肌与阔筋膜张肌夹角内；股内侧肌和股外侧肌分别位于大腿下部股直肌的内、外侧。

2. 臀大肌　形成臀部隆起，其下缘与大腿交界处形成臀沟。

3. 股二头肌　其肌腱构成腘窝外上界，可触及止于腓骨头。

4. 半腱肌、半膜肌　位于腘窝的内上界，可触及它们的肌腱止于胫骨。其中，半腱肌的肌腱较窄，位置浅表且略靠外侧；半膜肌的肌腱粗而圆钝，位于半腱肌肌腱的深面和靠内侧。

5. 踇长伸肌　当用力伸踇趾时，在踝关节前方和足背可触及其肌腱。

6. 胫骨前肌　在踝关节的前方、踇长伸肌的肌腱的内侧可触及其肌腱。

7. 趾长伸肌　当足背屈时，在踝关节前方踇长伸肌的肌腱外侧可触及其肌腱。在伸趾时，在足背可见至各趾的肌腱。

8. 小腿三头肌　为小腿后上部的肌性隆起，其向下形成粗索状的跟腱，止于跟骨结节。

考点与重点　肌性标志

？ 思 考 题

1. 简述运动系统的组成和功能。
2. 请依次写出上肢各骨的名称。
3. 椎骨间的连结有哪些?

本章数字资源

第二章　消化系统

案例

许某，男，60岁。反复上腹部疼痛5年，进食后疼痛加剧，1～2小时后缓解。近两周因腹痛加重而入院。经胃镜检查后诊断为胃溃疡。

问题： 1. 胃的位置在人体何处？

　　　　2. 做胃镜检查插管时应注意哪些事项？

消化系统由消化管和消化腺两大部分组成（图2-1）。消化管包括口腔、咽、食管、胃、小肠（十二指肠、空肠、回肠）和大肠（盲肠、阑尾、结肠、直肠、肛管）。临床上通常将口腔至十二指肠的消化道称为上消化道，空肠以下的消化道称为下消化道。消化腺可分为小消化腺和大消化腺两类。小消化腺散在于消化管各段的管壁内，大消化腺包括三对大唾液腺（腮腺、下颌下腺、舌下腺）及肝和胰。

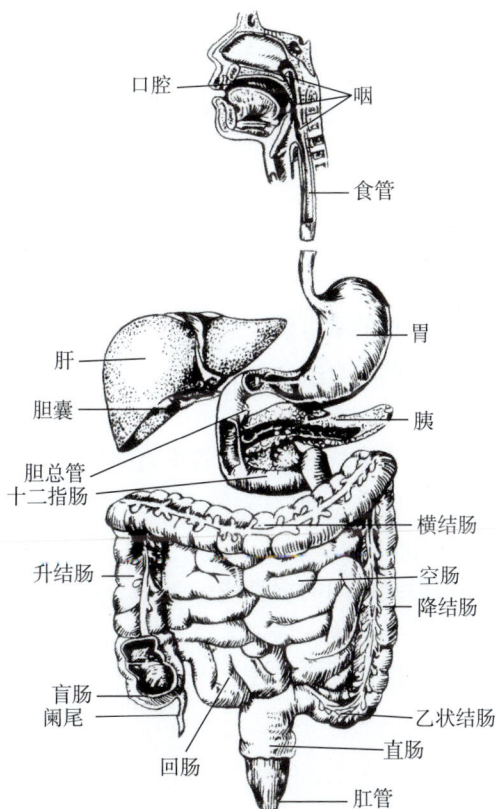

图2-1　消化系统概观

第一节 概　述

一、内　脏

（一）内脏的概念

内脏是位于胸腔、腹腔和盆腔内的消化、呼吸、泌尿、生殖 4 个系统器官的总称，借管道直接或间接与外界相通。

消化系统的主要功能是消化食物、吸收营养物质、排出食物残渣。

呼吸系统的主要功能是吸入氧气、排出二氧化碳。

泌尿系统的主要功能是生成尿液、排泄机体在新陈代谢过程中产生的废物。

生殖系统的主要功能是分泌性激素、产生生殖细胞及繁衍后代。

在形态与结构上，胸膜、腹膜和会阴与内脏器官关系密切，故也归属于内脏范畴。

（二）内脏的一般结构

内脏器官形态各异，按其基本构造可分为中空性器官和实质性器官。

1. 中空性器官　呈管状或囊状，如消化道、呼吸道、泌尿道和生殖道。其管壁通常分为 3 层或 4 层，以消化管为例，由内向外依次为黏膜、黏膜下层、肌层和外膜。

2. 实质性器官　多属腺体，表面包被结缔组织被膜或浆膜，如肝、胰、肾及生殖腺等。被膜伸入器官内部将实质分隔为若干小叶。每个器官的血管、淋巴管、神经和导管等出入之处常为一凹陷，称为门（如肝门、肺门、肾门等）。

二、胸腹标志线和腹部分区

为了描述胸腹腔脏器的位置和体表投影，为临床诊断和治疗疾病提供依据，通常在胸腹部规定如下标志线。

（一）胸部标志线

胸部标志线如图 2-2 所示。

1. 前正中线　是指沿身体前正中所作的垂直线。

2. 胸骨线　是指沿胸骨外侧缘所作的垂直线。

3. 锁骨中线　是指通过锁骨中点所作的垂直线。

4. 胸骨旁线　是指通过胸骨线与锁骨中线之间中点的垂直线。

5. 腋前线　是指沿腋前襞向下所作的垂直线。

6. 腋后线　是指沿腋后襞向下所作的垂直线。

7. 腋中线　是指位于腋前线与腋后线之间的垂直线。

8. 肩胛线　是指通过肩胛骨下角的垂直线。

9. 后正中线　是指沿身体后正中线所作的垂直线。

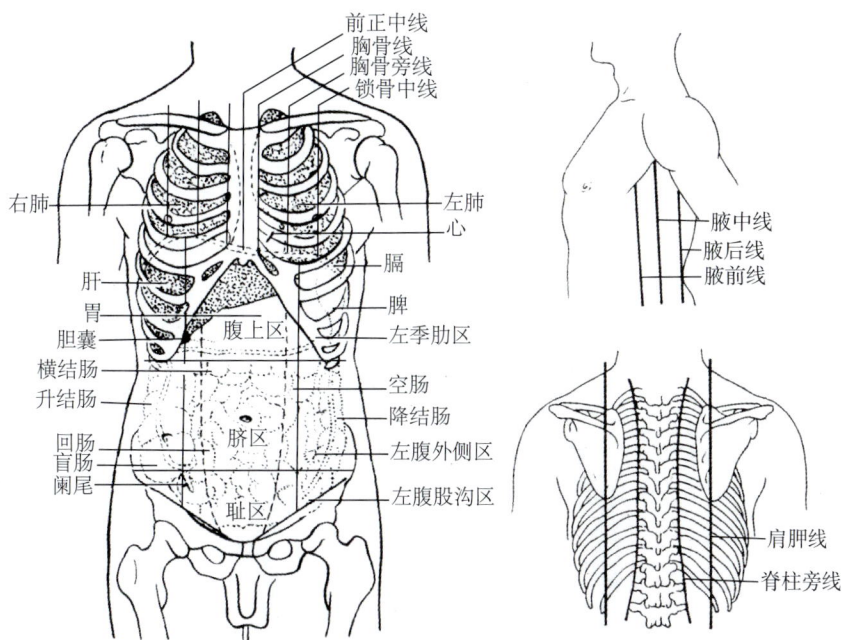

图 2-2 胸部标志线

（二）腹部的标志线和分区

1. 腹部标志线

（1）上横线：是指通过两侧第 10 肋最低点的连线。

（2）下横线：是指通过两侧髂结节的连线。

（3）左、右垂直线：是指通过左、右腹股沟韧带中点，与上述两条横线垂直相交的线。

2. 腹部分区

上述两条横线和两条纵线将腹部分为三部九区（表 2-1）。临床上，有时可通过脐作横线与垂直线，将腹部分为左、右上腹和左、右下腹 4 个区（图 2-3）。

表 2-1 腹部三部九区

部位	右区	中区	左区
上腹部	右季肋区	腹上区	左季肋区
中腹部	右外侧区（右腰区）	脐区	左外侧区（左腰区）
下腹部	右腹股沟区（右髂区）	腹下区（耻区）	左腹股沟区（左髂区）

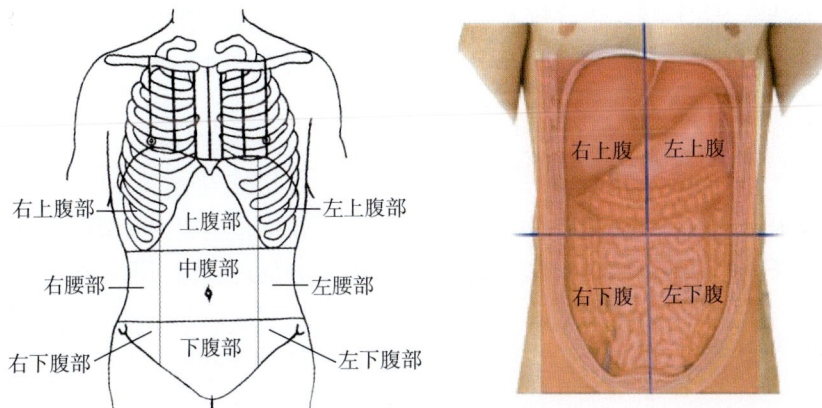

图 2-3 腹部九分区、四分区

第二节　消　化　管

一、消化管的一般组织结构

消化管为中空性器官，除口腔外，消化管壁自内向外依次为黏膜、黏膜下层、肌层和外膜（图2-4）。

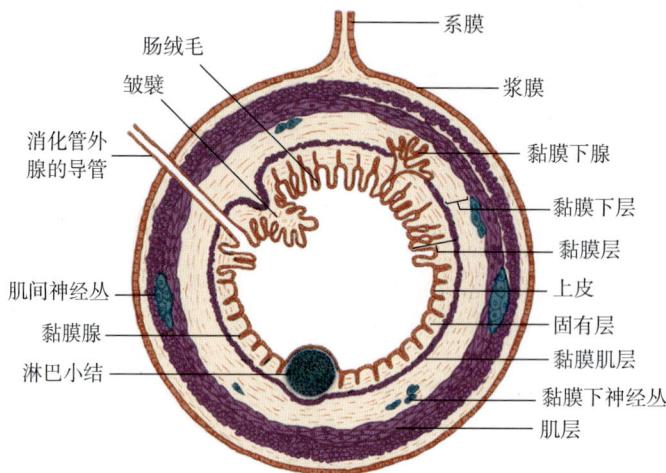

图 2-4　消化管微细结构

（一）黏膜

黏膜是消化管结构最复杂、功能最重要的部分，自内向外包括上皮、固有层和黏膜肌层，具有消化、吸收和保护的功能。

1. 上皮　覆盖于管腔的内表面，构成黏膜的表层。消化管不同部位的上皮，其结构和功能存在差异。例如，口、咽、食管及肛门的上皮为复层扁平上皮，主要起保护作用；胃、肠等部位的上皮为单层柱状上皮，具有吸收和分泌功能。

2. 固有层　由结缔组织构成，内有丰富的血管、淋巴管，胃、肠固有层内还分布有丰富的腺体和淋巴组织。

3. 黏膜肌层　由薄层平滑肌构成，一般分内环行和外纵行两层。肌纤维的收缩可促进固有层腺体分泌物的排出及局部血液运行。

（二）黏膜下层

黏膜下层由疏松结缔组织构成，内含较大的血管、淋巴管及黏膜下神经丛。食管和十二指肠的黏膜下层内分别存在食管腺和十二指肠腺。黏膜层和黏膜下层共同向管腔突起形成皱襞，从而增加黏膜的表面积，这一结构多见于胃和小肠。

（三）肌层

口腔、咽、食管上段及肛门外括约肌的肌层为骨骼肌，其余部位主要为平滑肌。肌层通常分为内环行和外纵行两层。肌纤维的收缩可使食物与消化液充分混合，并促进食物与消化管壁接触，有利于消化和吸收。

（四）外膜

外膜是消化管的最外层，由结缔组织构成。咽、食管及直肠下部的外膜称为纤维膜，起连接和固定作用；其余部分的外膜覆盖间皮，可分泌滑液，称为浆膜，具有保护及减少器官间摩擦的功能。

二、口

（一）口腔

口腔是以骨性口腔为基础形成，由上、下牙弓（包括牙槽突、牙龈和牙列）分隔为前、后两部，前部称口腔前庭，后部称固有口腔。其前方开口为口裂，由上、下唇围成；后方经咽峡与咽相通；上壁（顶）为腭，下壁为口底，两侧壁为颊。当上、下牙咬合时，口腔前庭仅能通过第三磨牙后方的间隙与固有口腔相通，临床上可通过此间隙对牙关紧闭的患者输注营养物质或急救药物。口腔内有牙齿和舌，并有唾液腺开口于口腔黏膜表面。

1. 唇与颊　唇分为上、下唇，两唇围成口裂，其两侧交界处称为口角。上唇外面正中有一条纵行浅沟，称人中，其中、上 1/3 交界处为中医水沟穴，是急救昏厥患者的常用穴位。正常人的口唇呈淡红色，若机体缺氧时，可变为暗红或绛紫色，称为发绀。

口腔的两侧壁为颊，其黏膜在平对上颌第二磨牙牙冠处可见一微小黏膜隆起，称腮腺乳头，为腮腺导管的开口。

2. 腭　口腔的上壁为腭，分前 2/3 的硬腭和后 1/3 的软腭两部分。软腭后部向后下方下垂的部分称腭帆。软腭后缘中央有一向下的乳头状突起，称腭垂（悬雍垂）。腭垂两侧各有两条弓状皱襞，前方者称腭舌弓，向下延伸至舌根两侧；后方者称腭咽弓，向下延伸至咽侧壁（图 2-5）。两弓之间的三角形凹陷称扁桃体窝，内有腭扁桃体。

腭垂、两侧腭舌弓和舌根共同围成咽峡，此为口腔与咽的分界。

3. 口底　口腔底部以舌骨上肌群（下颌舌骨肌和颏舌骨肌）为基础构成。在口底正中线上有一黏膜皱襞称为舌系带，连接于下颌牙龈内面和舌下面之间。

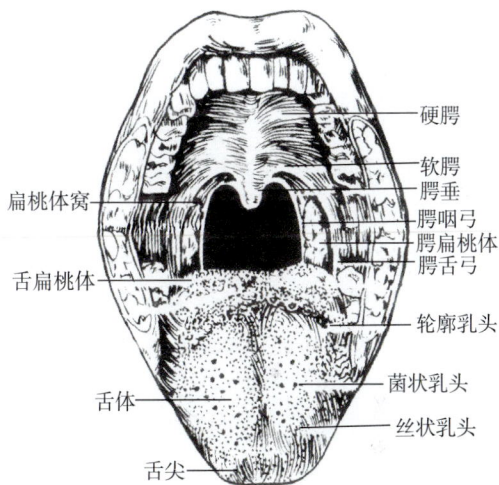

图 2-5　口腔的结构

（二）牙

牙是人体最坚硬的结构，呈弓状排列成上牙弓和下牙弓。

1. 牙的分部　牙可分为三部分，分别是露于口腔的牙冠、嵌于牙槽内的牙根及介于二者之间且被牙龈覆盖的牙颈。

2. 牙的组成　牙主要由牙本质构成，此外还包括釉质、牙骨质和牙髓。牙冠表面覆盖有光亮坚硬的釉质，牙根表面则覆盖牙骨质。牙内部存在髓腔（牙腔），牙根内部有牙根管，根管末端的小孔称为根尖孔。牙髓由神经、血管、淋巴管及结缔组织共同构成（图 2-6）。当牙髓发生炎症时，可引发剧烈疼痛。

3. 牙周组织　包括牙槽骨、牙周膜和牙龈三部分，具有保护、支持和固定牙的作用。牙槽骨位于上、下颌骨的牙槽突内。牙周膜是介于牙根与牙槽骨之间的致密

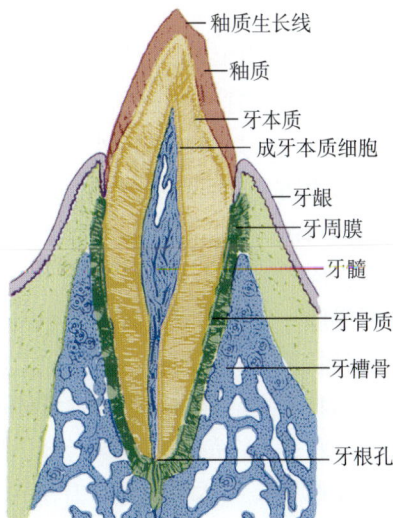

图 2-6　牙的切面图

结缔组织，既能固定牙根，又能缓冲咀嚼压力。牙龈为紧贴牙槽骨表面的口腔黏膜，富含血管，其游离缘附着于牙颈部。

4. 牙的种类和排列　人的一生中会先后萌出两套牙：第一套为乳牙，第二套为恒牙。乳牙通常在出生后 6 个月开始萌出，3 岁左右完全萌出。乳牙可分为切牙、尖牙和磨牙三类，上、下颌左右各 5 颗，共计 20 颗。6 岁左右起，乳牙逐渐脱落并被恒牙替换。除第三磨牙外，其余恒牙一般在 12 岁前完成萌出，第三磨牙（智齿）的萌出时间多为 17～25 岁，部分个体可能更迟。恒牙包括切牙、尖牙、前磨牙和磨牙四类，完整恒牙列上、下颌左右各 8 颗，共 32 颗（图 2-7）。

5. 牙的形态特点　切牙的牙冠呈扁平凿形，尖牙的牙冠呈尖锐锥形，前磨牙的牙冠呈立方形且咬合面有 2～3 个牙尖，上述牙均为单根牙。磨牙的牙冠体积最大，呈立方形，咬合面有 4～5 个牙尖；下颌磨牙通常有 2～3 个牙根，上颌磨牙多数为 3 个牙根。

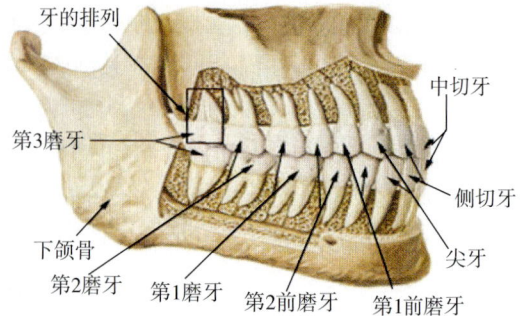

图 2-7　牙的种类与排列

（三）舌

舌位于口腔底，主要由舌肌构成，表面覆盖黏膜，具有协助咀嚼、搅拌和吞咽食物，以及感受味觉和辅助发音等功能。

1. 舌的形态　舌以界沟为界分为前 2/3 的舌体和后 1/3 的舌根。舌的上面称为舌背，舌体的前端较窄称为舌尖，舌根对向口咽部。舌下面正中线上有舌系带，其根部两侧的黏膜各形成一个小的隆起，称为舌下阜，是下颌下腺和舌下腺导管的开口处。在舌下阜的后外方，有一纵行的黏膜皱襞，称为舌下襞，其深面有舌下腺等结构（图 2-8）。

2. 舌肌　均为骨骼肌，可分为舌内肌和舌外肌两类。

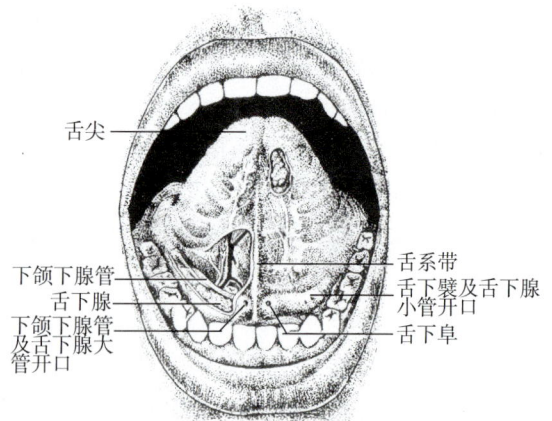

图 2-8　舌的形态、结构

（1）舌内肌：构成舌的主体，起止点均在舌内，由垂直、纵行和横行等不同方向的肌纤维束组成，且互相交错，收缩时可改变舌的形状。

（2）舌外肌：是指起于舌外、止于舌的肌肉，包括：①颏舌肌：起于下颌骨体后面的颏棘，肌纤维呈扇形向后上方止于舌中线两侧。两侧颏舌肌同时收缩时，可使舌前伸（伸舌）；单侧收缩时，舌伸出时舌尖偏向对侧。②舌骨舌肌：起于舌骨，收缩时牵拉舌向后下外方。③茎突舌肌：起于颞骨茎突，收缩时牵拉舌向后上方。

3. 舌黏膜　舌背黏膜上有许多小突起，称为舌乳头，根据其形态可分为 4 类。

（1）丝状乳头：细而长，呈白色丝绒状，遍布舌背前 2/3。

（2）菌状乳头：分布于舌尖及舌体两侧缘，肉眼观呈红色点状。

（3）叶状乳头：位于舌侧缘后部，呈皱襞状，人类的叶状乳头不发达。

（4）轮廓乳头：体积最大，有 7～11 个，排列在界沟前方，乳头顶端膨大呈圆盘状，周围有环状沟环绕。轮廓乳头、菌状乳头、叶状乳头以及软腭、会厌等处的黏膜上皮中含有味觉感受器，称为味蕾。舌根部的黏膜内含有许多淋巴组织形成的隆起，称为舌扁桃体。

三、咽

咽是一个上宽下窄、前后略扁的漏斗形肌性管，上端附着于颅底，下端平环状软骨弓（第6颈椎下缘平面）处与食管相连，成人全长约12cm。后壁平整，前壁不完整，与鼻腔、口腔和喉腔相通，分为鼻咽部、口咽部和喉咽部（图2-9）。

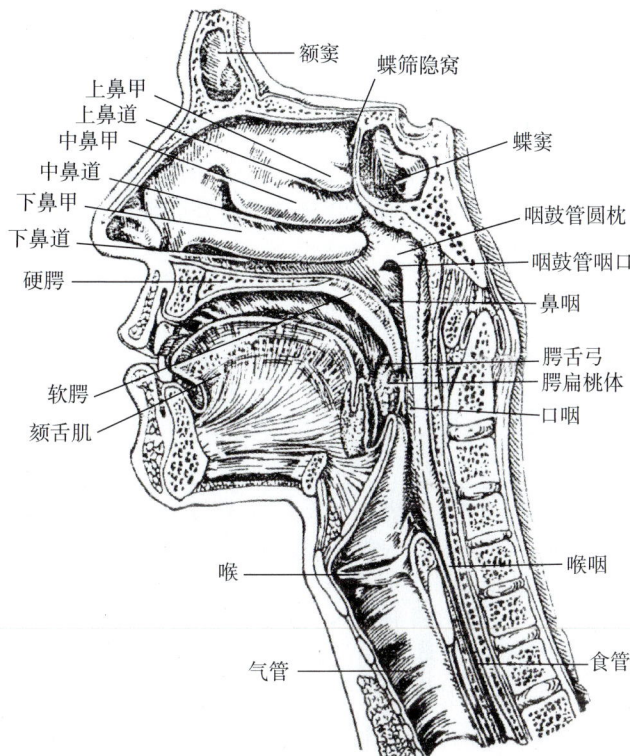

图2-9　咽的分部

考点与重点 咽的分部

（一）鼻咽

鼻咽位于颅底与软腭之间，向前经鼻后孔与鼻腔相通，其顶后壁的黏膜下有丰富的淋巴组织，称为咽扁桃体。在鼻咽的侧壁，下鼻甲后方约1cm处，有咽鼓管咽口，鼻咽腔经此口通向中耳鼓室。咽鼓管咽口的前、上、后方的隆起称咽鼓管圆枕。咽鼓管圆枕后方与咽后壁之间有一纵行深窝，称咽隐窝，是鼻咽癌的好发部位。

（二）口咽

口咽位于软腭与会厌上缘平面之间，向前经咽峡与口腔相通。口咽的侧壁有腭扁桃体，位于腭舌弓与腭咽弓之间的扁桃体窝内。腭扁桃体窝上部未被扁桃体充满的空间称为扁桃体上窝，异物常停留于此。在鼻腔、口腔与咽部相通的部位，由咽后上方的咽扁桃体、两侧的咽鼓管扁桃体、腭扁桃体及前下方的舌扁桃体共同围成咽淋巴环（Waldeyer淋巴环），对消化道和呼吸道具有防御功能。

（三）喉咽

喉咽位于会厌上缘与环状软骨下缘平面之间，向下与食管相续。在喉的两侧和甲状软骨内面之间，黏膜下陷形成梨状隐窝，是异物易滞留的部位。

（四）咽肌

咽肌由咽缩肌和咽提肌组成。咽缩肌包括咽上、咽中、咽下缩肌，呈叠瓦状排列；咽提肌位于咽缩肌的深部，收缩时可上提咽及喉。

四、食管

食管是一个前后扁平的肌性管道，位于脊柱前方，上端在第6颈椎下缘平面（环状软骨下缘）与咽相续，下端续于胃的贲门，全长约25cm。依其行程可分为颈部、胸部和腹部三段。

食管全程有三处生理性狭窄：第一狭窄位于食管与咽的连接处，距中切牙约15cm；第二狭窄位于食管与左主支气管交叉处，距中切牙约25cm；第三狭窄为穿经膈的食管裂孔处，距中切牙约40cm。这些狭窄是异物易滞留的部位，也是炎症和肿瘤的好发部位。食管插管操作时需注意这三处狭窄，避免黏膜损伤（图2-10）。

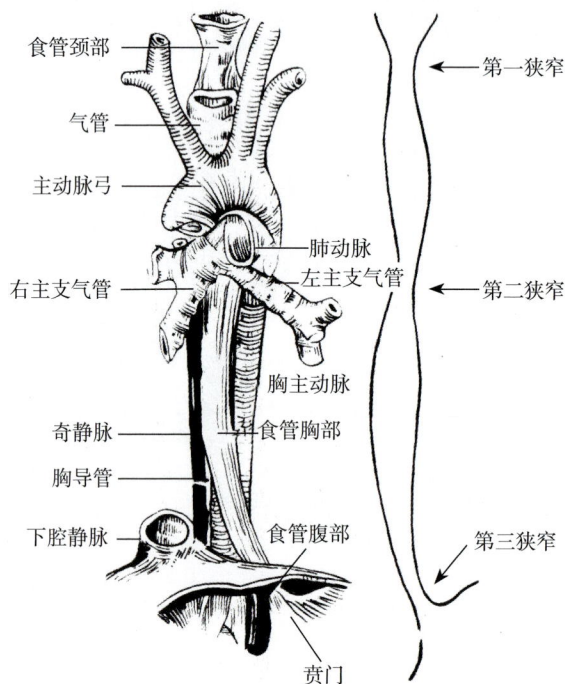

图 2-10　食管及其生理狭窄

考点与重点　食管的三处狭窄

五、胃

胃是消化管最膨大的部分，具有容纳食物、分泌胃液、搅拌和消化食物的功能。

（一）胃的位置、形态和分部

胃的位置因体型、体位、年龄及充盈程度的不同而有所变化。在中等程度充盈时，胃大部分位于左季肋区，小部分位于腹上区。

胃具有前壁、后壁、入口和出口。胃上端与食管相连的入口称为贲门，下端与十二指肠相接的出口称为幽门。胃上缘凹向右上方，称为胃小弯，其最低点转角处形成角切迹；下缘凸向左下方，称为胃大弯。胃通常分为四部分：贲门附近的部分称为贲门部；贲门平面以上向左上方膨出的部分称为胃底；靠近幽门的部分称为幽门部；胃底与幽门部之间的部分称为胃体（图2-11）。

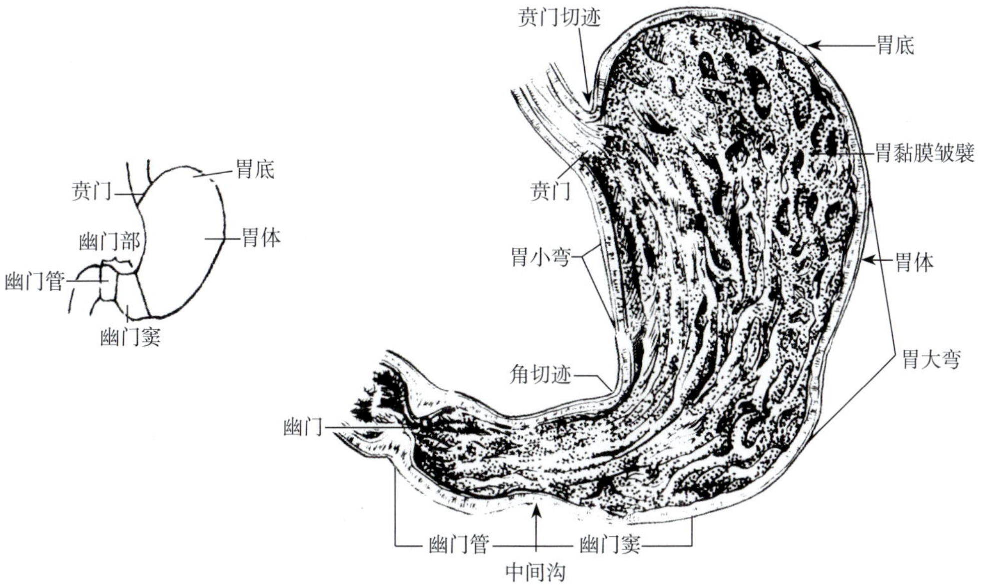

图 2-11 胃的分部

胃前壁右侧与肝左叶相邻，左侧与膈相贴，并被左侧肋弓覆盖。左、右肋弓之间的部分直接与腹前壁相贴，是临床触诊胃的常用部位。胃后壁与脾、左肾、左肾上腺和胰等器官相邻。

考点与重点 胃的位置、形态和分部

（二）胃壁的微细结构

胃壁由黏膜、黏膜下层、肌层和浆膜四层构成（图 2-12）。胃黏膜在活体上呈橙红色，平滑柔软。胃空虚或半充盈时，黏膜形成许多皱襞，胃小弯处有 4～5 条恒定的纵行皱襞。黏膜表面可见许多针状小凹，称为胃小凹，小凹底部有胃腺开口。胃黏膜的结构特点主要体现于上皮和固有层的胃腺。

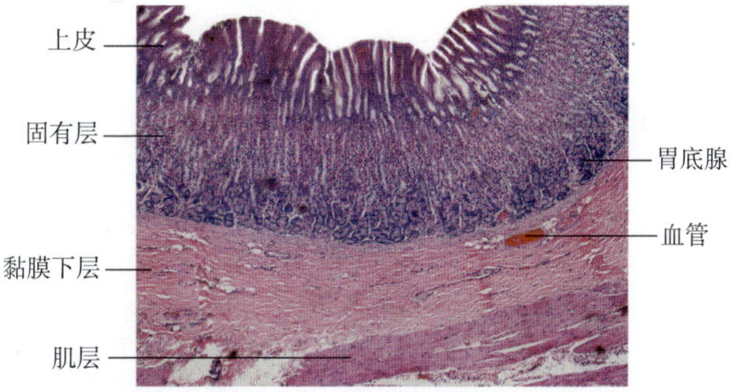

图 2-12 胃壁的微细结构

1. 上皮 为单层柱状上皮。上皮细胞分泌的黏液覆盖于细胞表面，与上皮紧密连接共同构成胃黏膜屏障，可防止胃液中的盐酸和胃蛋白酶对黏膜的自身消化。

2. 固有层 由结缔组织构成，内含大量管状胃腺。根据结构和分布部位的不同，胃腺分为贲门腺、幽门腺和胃底腺。腺体分泌物通过胃小凹排入胃腔，形成胃液。

贲门腺和幽门腺分别位于贲门部和幽门部的固有层内，主要分泌黏液和溶菌酶。

胃底腺分布于胃底和胃体的固有层，数量最多，是分泌胃液的主要腺体，其主细胞包括以下两种：①主细胞（胃酶细胞）：数量较多，分布于腺体的中、下部，分泌无活性的胃蛋白酶原。胃蛋白酶原在盐酸作用下激活为胃蛋白酶，参与蛋白质的分解。②壁细胞（盐酸细胞）：多分布于腺体的中、上部，分泌盐酸和内因子。盐酸具有杀菌和激活胃蛋白酶原的作用；内因子可促进回肠对维生素 B_{12} 的吸收。

六、小 肠

小肠是消化管中最长的一段，成人全长 5～7m。上端从幽门起始，下端在右髂窝处与盲肠相接，

可分为十二指肠、空肠和回肠三部分（图 2-13）。

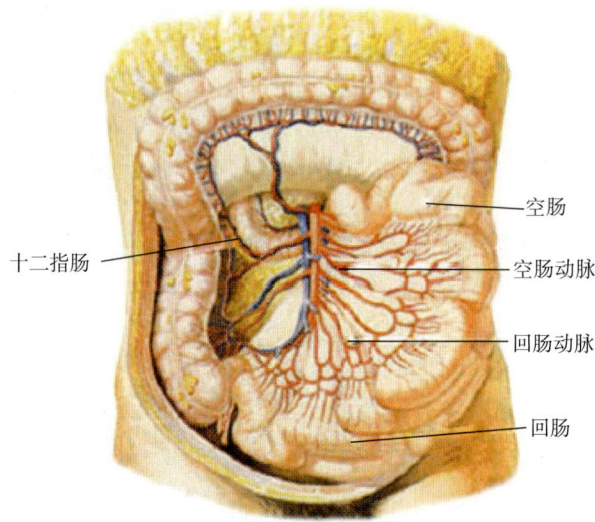

图 2-13　小肠的组成

（一）十二指肠

十二指肠是小肠的起始段，上端起自幽门，下端在第 2 腰椎体左侧续于空肠，全长 20～25cm，呈"C"形包绕胰头，可分为上部、降部、水平部和升部（图 2-14）。

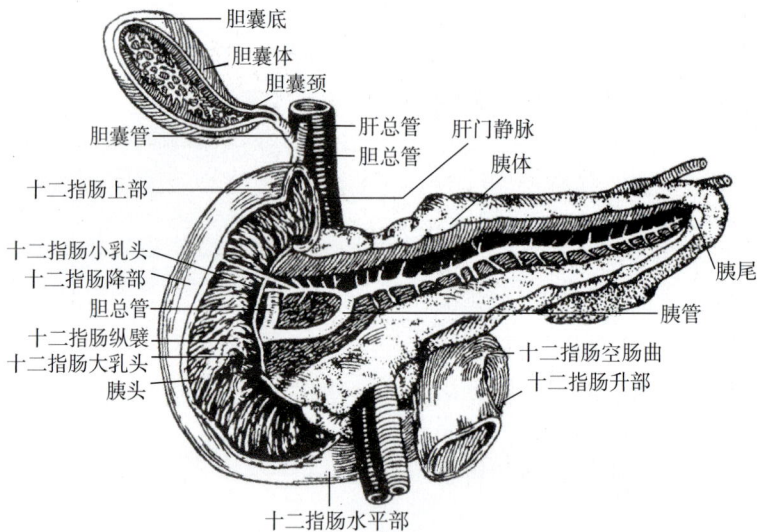

图 2-14　十二指肠和胰

1. 上部　在第 1 腰椎右侧起自幽门，先水平向右后方行走，至胆囊颈附近折转向下移行为降部。起始部肠管壁较薄，黏膜光滑无皱襞，称十二指肠球部，是十二指肠溃疡的好发部位。

2. 降部　沿第 1～3 腰椎右侧及胰头右侧下行，至第 3 腰椎体右侧转折向左，移行为水平部。降部后内侧壁有一纵行黏膜皱襞，称十二指肠纵襞，其下端有隆起的十二指肠大乳头，是胆总管和胰管的共同开口部位。

3. 水平部　在第 3 腰椎平面向左横行，跨越下腔静脉和腹主动脉前方，续于升部。

4. 升部　斜向左上方行走至第 2 腰椎体左侧，再向前下方弯曲形成十二指肠空肠曲，与空肠相接。十二指肠空肠曲被十二指肠悬韧带（Treitz 韧带）固定于腹后壁，该韧带是确认空肠起始处的标志。

（二）空肠和回肠

空肠起于十二指肠空肠曲，回肠末端与盲肠相连。

1. 空肠 约占小肠全长的 2/5，主要位于腹腔左上部，其管径较大，管壁较厚，黏膜环形皱襞密集且高，血供丰富，活体呈淡红色。

2. 回肠 约占小肠全长的 3/5，主要位于腹腔右下部，其管径较小，管壁较薄，黏膜皱襞稀疏且低，血供较少，活体呈灰白色。回肠除有孤立淋巴滤泡外，还有 20～30 个集合淋巴滤泡，是肠伤寒易导致穿孔的部位（图 2-15）。

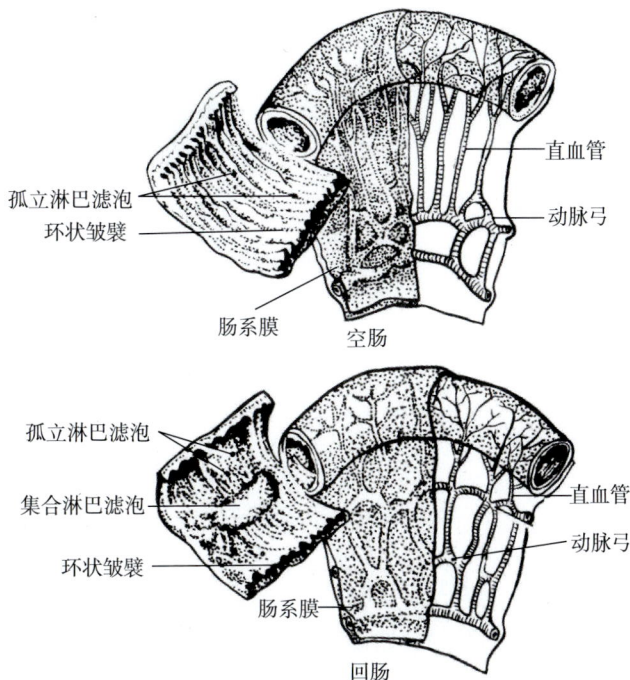

（三）小肠黏膜的微细结构

小肠黏膜在管腔内形成大量的环形皱襞和肠绒毛，并且在固有层内有大量的肠腺（图 2-16）。

1. 环形皱襞 由黏膜和黏膜下层共同向肠腔突出形成的环状结构。小肠不同部位的环形皱襞高度、密度存在差异。

2. 肠绒毛 由小肠黏膜上皮和固有层向肠腔突起形成的指状结构，是小肠的特有结构。上皮为单层柱状上皮，游离面有密集的微绒毛构成的纹状缘。肠绒毛中轴内有 1～2 条纵行的毛细淋巴管，称中央乳糜管，周围分布有丰富的毛细血管网和散在的纵行平滑肌纤维。平滑肌纤维的收缩与舒张可使肠绒毛运动，促进物质吸收及血液、淋巴流动。环形皱襞、肠绒毛和纹状缘等结构显著增大了小肠的内表面积，有利于营养物质的吸收。

3. 肠腺 是黏膜上皮向固有层内陷形成的管状腺，开口于相邻肠绒毛基部之间。肠腺主要由柱状细胞和杯状细胞构成。十二指肠腺分泌碱性黏液，可中和胃酸，保护十二指肠黏膜。

4. 淋巴组织 小肠固有层内散布淋巴组织，是小肠的重要防御结构。淋巴组织的分布具有节段性特点：十二指肠分布较稀疏，空肠以孤立淋巴滤泡为主，回肠则多见集合淋巴滤泡。

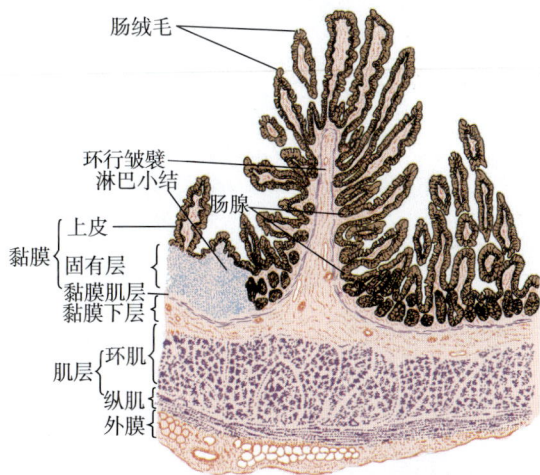

图 2-15 空肠、回肠内面观

图 2-16 小肠的微细结构

七、大　　肠

大肠是消化管的末段，全长约 1.5m，上端与回肠相接，下端终于肛门，可分为盲肠、阑尾、结肠、直肠和肛管五部分（图 2-17）。大肠的主要功能是吸收水分、无机盐及形成粪便。

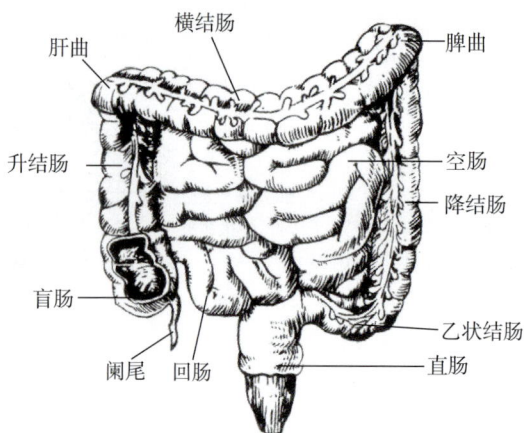

图 2-17   大肠的构成

（一）盲肠

盲肠是大肠的起始部，位于右髂窝内，长 6～8cm。其下端为盲端，上端延续为升结肠，左侧与回肠相连。回肠末端突入盲肠处，上下缘各形成一半月形皱襞，称为回盲瓣（图 2-18）。回盲瓣的主要作用是调节回肠内容物进入盲肠的速度，并防止盲肠内容物反流至回肠。

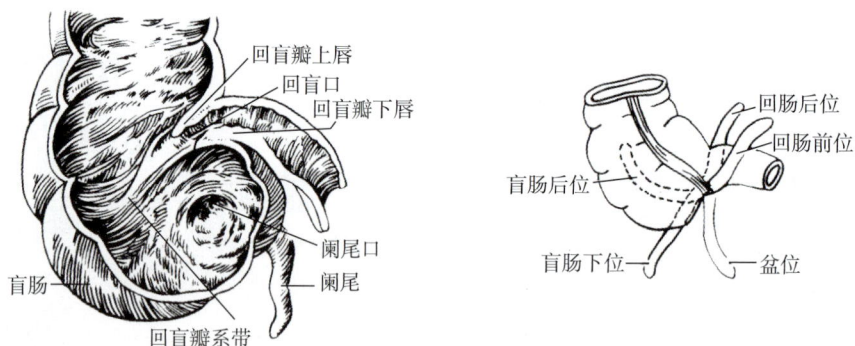

图 2-18   盲肠和阑尾

（二）阑尾

阑尾为一条细长的盲管，起自盲肠后内侧壁，末端游离，长度一般为 6～8cm，其内腔与盲肠相通。阑尾根部的体表投影位于脐与右髂前上棘连线的中、外 1/3 交点处，此点称为麦氏点。急性阑尾炎时，该处可出现明显压痛。

考点与重点   阑尾根部的体表投影

（三）结肠

结肠环绕于空肠和回肠周围，依次分为升结肠、横结肠、降结肠和乙状结肠四部分（图 2-17）。升结肠为盲肠向上的延续部分，至肝右叶下方向左弯曲形成横结肠。横结肠左端达脾下方向下转折，延伸至左髂嵴的一段称为降结肠。左髂嵴平面以下的结肠位于腹下部和小骨盆腔内，呈弯曲状，称为乙状结肠，其末端于第 3 骶椎平面与直肠相连。盲肠和结肠具有三种特征性结构（图 2-19），即结肠带、结肠袋和肠脂垂，是鉴别大肠与小肠的重要标志。

1. 结肠带　由肠壁纵行肌增厚形成，共 3 条，沿肠管长轴平行分布。

2. 结肠袋　因结肠带长度短于肠管，导致肠壁在结肠带之间向外膨出，形成袋状结构。

3. 肠脂垂　分布于结肠带两侧，为脂肪组织聚集形成的形态不一的突起。

考点与重点　盲肠和结肠的特征性结构

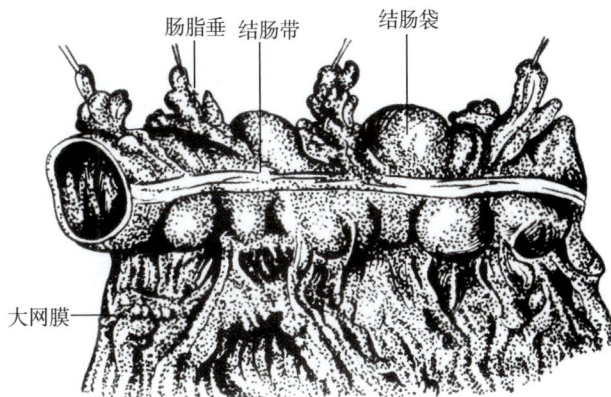

图 2-19　结肠的特征性结构

（四）直肠

直肠位于盆腔内，全长 13 ～ 18cm，上端于第 3 骶椎前方与乙状结肠相接，下端终于肛门。直肠存在两个生理弯曲：上段弯曲与骶骨曲度一致，凸向后，称为骶曲，距肛门 7 ～ 9cm；下段弯曲在尾骨尖前方转向后下方，凸向前，称为会阴曲，距肛门 3 ～ 5cm。直肠下端肠腔膨大形成直肠壶腹，其内壁有 2 ～ 3 条由环形平滑肌和黏膜构成的半月形皱襞，称为直肠横襞。

（五）肛管

肛管上界为直肠穿过盆膈的平面，下界为肛门，长 3 ～ 4cm（图 2-20）。肛管内黏膜形成 6 ～ 11 条纵行皱襞，称为肛柱。相邻肛柱下端通过半月形肛瓣相连，肛瓣与肛柱下端之间围成的小凹陷称为肛窦。肛窦内易积存粪便，可能导致感染引发肛窦炎。

肛柱下端与肛瓣共同构成锯齿状的环形线，称为齿状线。齿状线上下区域的神经支配、动脉来源及静脉回流均不同：线上为黏膜，被覆单层柱状上皮；线下为皮肤，被覆复层扁平上皮。齿状线下方约 1.5cm 处有一环形浅沟，称为白线。齿状线与白线之间的区域称为肛梳（痔环）。齿状线上下黏膜下层及皮下组织内含丰富静脉丛，若静脉丛淤血曲张并向管腔突起，则形成痔。齿状线以上的痔称为内痔，以下为外痔，二者同时存在时称为混合痔。内痔通常无痛感，而外痔常伴有疼痛。

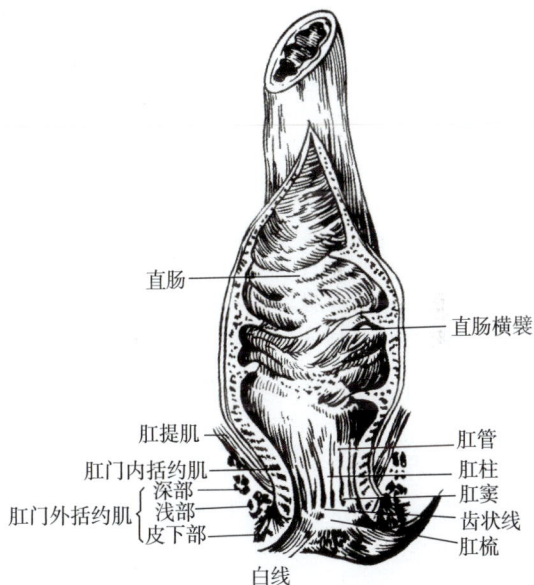

图 2-20　肛管的结构

链接

直肠指检

直肠指检是一项检查直肠肛管疾病的简便而有效的方法，对直肠癌的早期诊断具有重要临床意义。检查方法：检查者右手戴无菌乳胶手套，涂抹润滑剂后，以轻柔下压的动作将示指（食指）缓慢插入肛管；手指逐渐深入的同时，依次评估肛管及直肠壁有无触痛、肿块或波动感，以及肛管直肠狭窄的程度与范围、直肠外肿块与盆腔壁或盆腔内器官的位置关系。必要时可用左手在腹部配合触诊（双合诊），进一步明确肿块性质及活动度。

第三节　消　化　腺

消化腺包括唾液腺、肝、胰及位于消化管壁内的小腺体，主要的功能是分泌消化液、参与对食物的消化。

一、唾　液　腺

口腔内存在两类唾液腺。小唾液腺分布于口腔各部黏膜内（如唇腺、颊腺、腭腺、舌腺）。大唾液腺包括腮腺、下颌下腺和舌下腺三对（图2-21）。

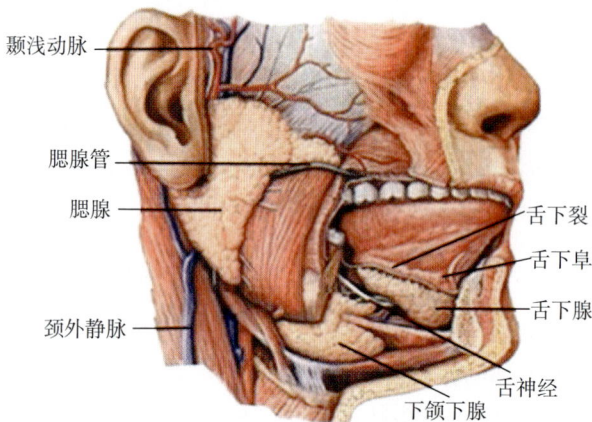

图 2-21　腮腺、下颌下腺和舌下腺

（一）腮腺

腮腺是最大的唾液腺，呈不规则的三角楔形，位于外耳道前下方，上缘达颧弓，下缘至下颌角，前缘至咬肌后部表面。腺体后部较为肥厚，深入下颌后窝内。由腺体前部发出的腮腺管，在颧弓下方一横指处沿咬肌表面前行，穿过颊肌后开口于上颌第二磨牙相对的颊黏膜处的腮腺管乳头。

（二）下颌下腺

下颌下腺呈卵圆形，位于下颌下三角内，其边界为下颌骨下缘和二腹肌前、后缘之间。下颌下腺导管开口于舌下阜。

（三）舌下腺

舌下腺细长而略扁，位于口底舌下襞的深面。其大导管与下颌下腺管汇合或单独开口于舌下阜，小导管直接开口于舌下襞表面。

二、肝

肝是人体中最大的消化腺，成人的肝约重1.5kg，正常肝脏呈楔形，红褐色，质软而脆。肝具有分泌胆汁、参与代谢、解毒和防御等功能，胚胎时期还有造血功能。

（一）肝的位置与形态

肝大部分位于右季肋区和腹上区，小部分位于左季肋区。肝的上界与膈穹隆一致，右侧相当于右锁骨中线与第5肋的交点，左侧相当于左锁骨中线与第5肋间隙的交点。肝的下界右侧与右肋弓一致，正常情况下不超过右肋弓下缘；中部可达剑突下约3cm；左侧被左肋弓遮盖。肝有膈面（上面）和脏面（下面）两个面（图2-22、图2-23）。

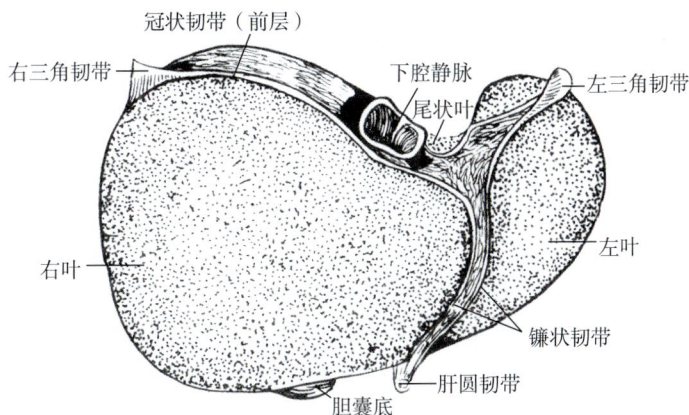

图 2-22 肝膈面观

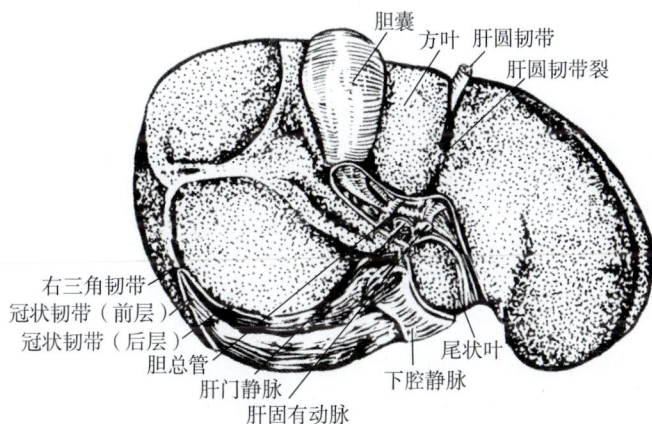

图 2-23 肝脏面观

1. 膈面　以镰状韧带为界分为左、右两叶。

2. 脏面　有呈"H"形的两纵一横沟，将肝分为左叶、右叶、方叶和尾状叶。

（1）左纵沟：前部有肝圆韧带，后部有静脉韧带。

（2）右纵沟：前部为胆囊窝（容纳胆囊），后部有下腔静脉通过。

（3）横沟：又称肝门，是肝左管、肝右管、肝固有动脉、肝门静脉、神经和淋巴管等出入的部位。

考点与重点　肝的位置与形态

医者仁心

吴孟超：攻克肝癌难题，奠基肝胆外科

上世纪50年代，国内的医学水平无法解决肝癌术中大出血的难题，这导致肝癌与死亡画上了等号。1958年，吴孟超等3人决定从肝脏的基本结构出发，研究清楚肝脏内部血管的分布情况。经过无数次试验，他们将乒乓球的材料溶解，而后把这种溶液注射到肝脏血管中，接着用盐酸腐蚀肝脏表面组织，再用刻刀一点点镂空清理……最终，肝脏血管分布清晰地呈现在世人眼前。在此模型的基础上，吴孟超"三人攻关小组"首次提出了肝脏结构的"五叶四段"解剖理论。

　　1960年，吴孟超主刀完成了我国第一例肝脏肿瘤切除手术，实现了中国外科在这一领域零的突破。吴老翻译了中国第一部肝外科教材《肝胆外科入门》，出版了我国第一部《肝脏外科学》医学专著，创立了肝脏外科的关键理论和技术体系，建立了我国肝脏外科的学科体系。

（二）肝的微细结构

　　肝表面被覆致密结缔组织被膜，被膜在肝门处随肝固有动脉、肝门静脉和肝管伸入肝实质，将肝分隔为许多肝小叶。肝小叶间为肝门管区。

　　1.肝小叶　是肝结构和功能的基本单位，呈多面棱柱状。肝小叶中央有一纵行的中央静脉。肝细胞以中央静脉为中心，向四周略呈放射状排列，形成肝板。肝板的横切面称为肝索。肝索由肝细胞构成，肝细胞体积较大，呈多边形。肝索与肝索之间的空隙称肝血窦。相邻两肝细胞之间有胆小管。胆小管可将肝细胞分泌的胆汁汇集至肝小叶周边的小叶间胆管内（图2-24）。

　　2.肝门管区　在相邻的几个肝小叶之间有较多的结缔组织，内有小叶间动脉、小叶间静脉和小叶间胆管，此区域称为肝门管区（图2-25）。小叶间胆管的管径小，管壁由单层立方上皮构成。小叶间动脉的管径小而圆，管壁厚，有少量的环形平滑肌。小叶间静脉管腔大而不规则，管壁薄，着色较浅。

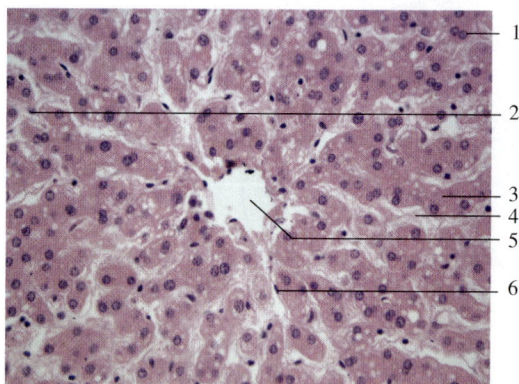

1.双核肝细胞；2.肝巨噬细胞；3.肝索；4.肝血窦；
5.中央静脉；6.肝血窦内皮

图2-24　肝小叶的结构

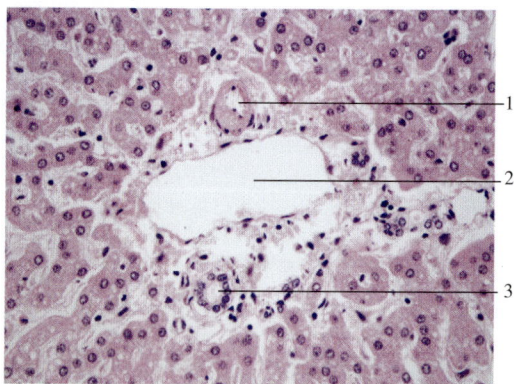

1.小叶间动脉；2.小叶间静脉；3.小叶间胆管

图2-25　肝门管区

（三）肝内血液循环

　　肝的血液供应来源于肝门静脉和肝固有动脉。两者入肝后反复分支，分别形成小叶间静脉和小叶间动脉，其血液最终均汇入肝血窦。肝血窦内的血液为混合血，经肝血窦流向中央静脉。若干中央静脉离开肝小叶后汇集成小叶下静脉，小叶下静脉最终汇集成肝静脉出肝（图2-26）。

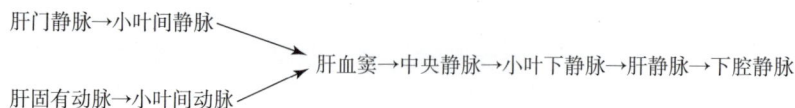

肝门静脉→小叶间静脉

肝固有动脉→小叶间动脉

肝血窦→中央静脉→小叶下静脉→肝静脉→下腔静脉

图2-26　肝的血液循环

（四）胆囊与输胆管道

　　1.胆囊

　　（1）位置：胆囊位于右季肋区，肝下方的胆囊窝内，其容积为40～60mL。

　　（2）形态分部：呈梨形，分为胆囊底、胆囊体、胆囊颈和胆囊管四部分（图2-27）。

（3）主要功能：储存和浓缩胆汁。

（4）胆囊底的体表投影：位于右锁骨中线与右肋弓交点稍下方。

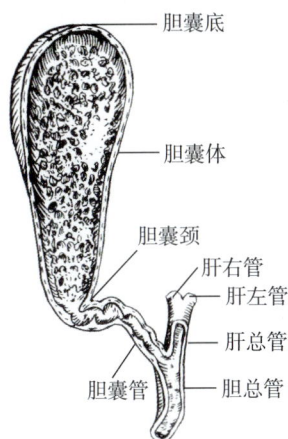

图 2-27 胆囊的结构

考点与重点 胆囊底的体表投影

链接

胆囊位置分部及胆囊底的体表投影

胆囊似梨形，位于右肋中；

胆囊窝内藏，底体接管颈；

右锁交肋弓，胆囊底投影；

结石或炎症，此处有压痛。

2. 输胆管道 是将胆汁输送至十二指肠的管道。输胆管道包括肝内胆管和肝外胆管两部分（图 2-28）。肝内的胆小管汇入小叶间胆管，小叶间胆管逐渐汇合成肝左管和肝右管，两管出肝门后汇合成肝总管。肝总管与胆囊管汇合形成胆总管。胆总管与胰管汇合后形成略膨大的肝胰壶腹，最终开口于十二指肠大乳头。

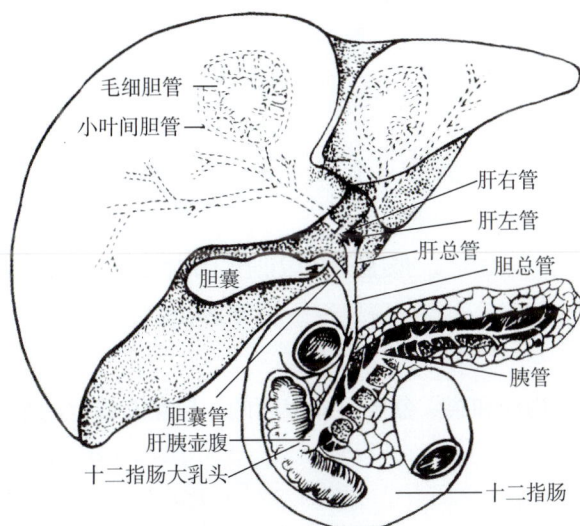

图 2-28 输胆管道

胆汁的分泌和排泄途径如图 2-29 所示。

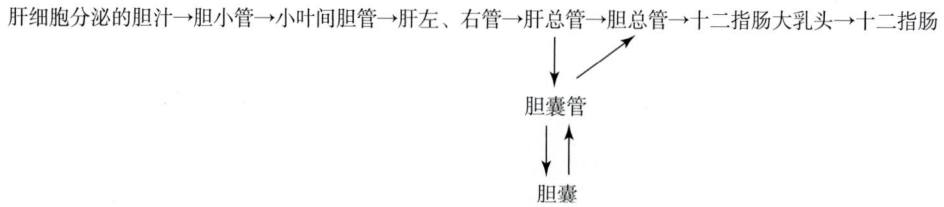

肝细胞分泌的胆汁→胆小管→小叶间胆管→肝左、右管→肝总管→胆总管→十二指肠大乳头→十二指肠

胆囊管

胆囊

图 2-29　胆汁的分泌和排泄途径

三、胰

胰是人体的第二大消化腺，横跨于第 1、2 腰椎的前方，可分为头、体、尾三部分。胰实质内有一条自胰尾向胰头走行的管道，称为胰管（图 2-14）。

胰实质由外分泌部和内分泌部两部分组成。外分泌部的腺细胞分泌胰液，胰液经各级导管流入胰管，胰管与胆总管共同开口于十二指肠。内分泌部是散在于外分泌部之间的细胞团，称为胰岛（图 2-30），其分泌的激素直接进入血液和淋巴，主要参与糖代谢的调节。

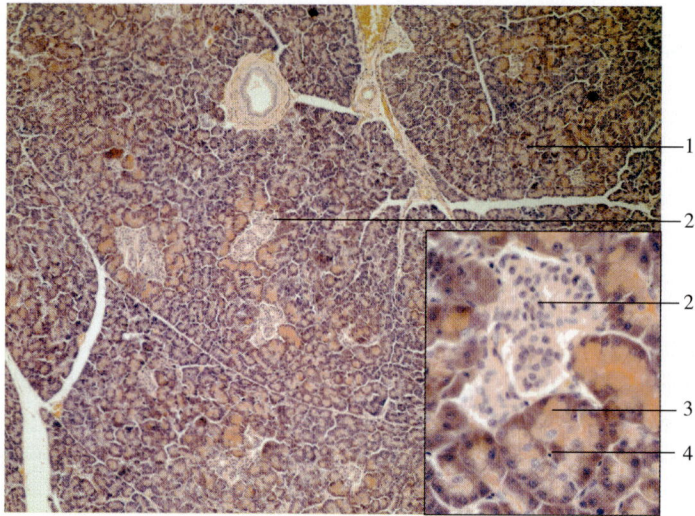

1. 外分泌部；2. 胰岛；3. 腺泡；4. 泡心细胞

图 2-30　胰岛

第四节　腹　膜

一、腹膜与腹膜腔的概念

（一）腹膜的概念

腹膜是衬覆于腹、盆腔壁内面和腹、盆腔脏器表面的一层相互移行的浆膜。根据分布部位不同，可分为壁腹膜和脏腹膜两部分。

（二）腹膜腔的概念

腹膜腔是由脏腹膜和壁腹膜相互移行围成的潜在性间隙。腹膜腔内含有少量浆液，可减少脏器活动时的摩擦。男性腹膜腔为完全封闭的腔隙；女性腹膜腔则通过输卵管腹腔口，经输卵管、子宫、阴道与外界相通（图 2-31）。

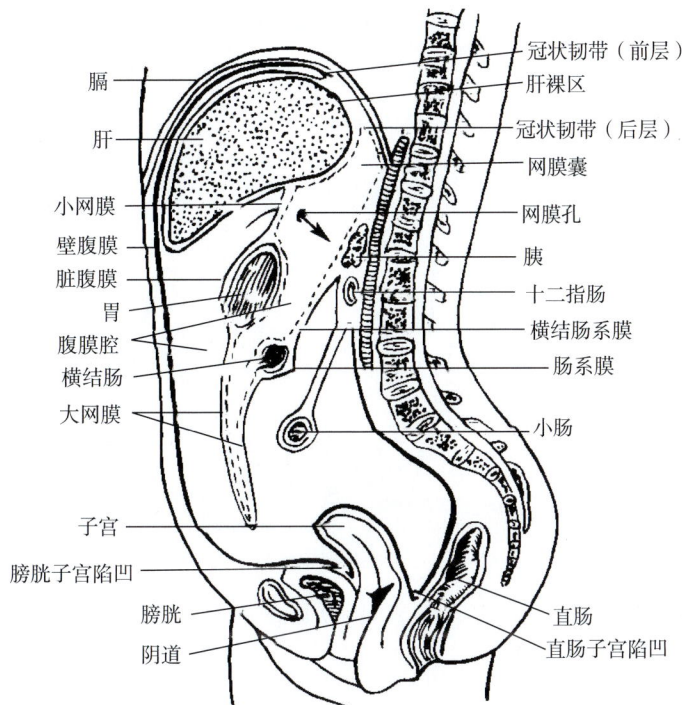

图 2-31　腹膜的配布（女性腹腔正中矢状面）

二、腹膜与脏器的关系

腹、盆腔的脏器根据被覆腹膜的范围可分为三类。

（一）腹膜内位器官

此类器官表面几乎完全被腹膜覆盖，活动度较大。主要器官包括：胃、十二指肠上部、空肠、回肠、阑尾、横结肠、乙状结肠、脾、卵巢和输卵管等。

（二）腹膜间位器官

此类器官表面大部分被腹膜覆盖，活动度较小。主要器官包括：升结肠、降结肠、肝、膀胱和子宫等。

（三）腹膜外位器官

此类器官仅一面被腹膜覆盖，活动度极低。主要器官包括：胰、肾、输尿管和肾上腺等。

三、腹膜形成的结构

（一）网膜

1. 小网膜　是连接于肝门与胃小弯、十二指肠上部之间的双层腹膜结构。其右侧部分称为肝十二指肠韧带，内有胆总管、肝固有动脉和肝门静脉等结构通过；左侧部分称为肝胃韧带。

2. 大网膜　是连接胃大弯和横结肠之间的四层腹膜结构，呈"围裙"状悬挂于横结肠和小肠前方。大网膜内含脂肪、血管和淋巴管等，活动度较大，具有限制炎症蔓延的作用（图 2-32）。

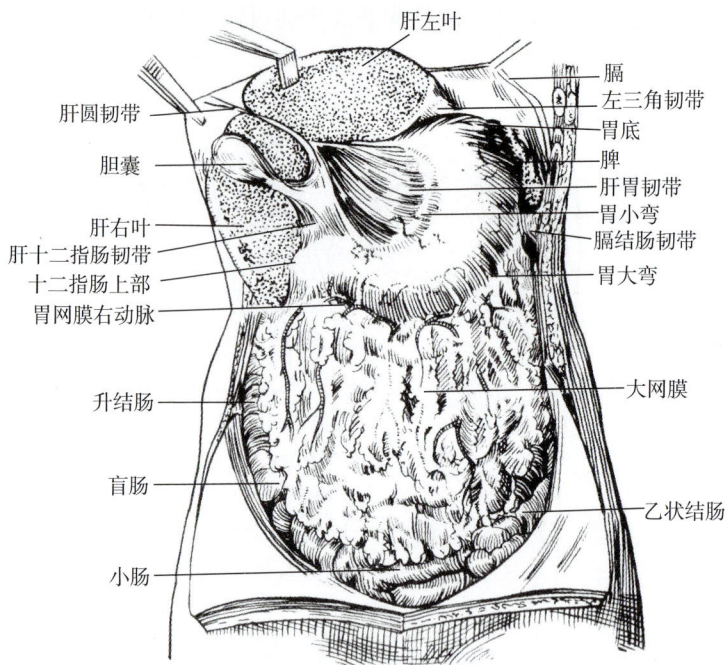

图 2-32　大网膜

（二）韧带

韧带是连接腹壁与脏器或脏器与脏器之间的腹膜结构。肝的韧带主要包括镰状韧带、肝圆韧带和冠状韧带等。脾的韧带主要包括胃脾韧带、脾肾韧带和膈脾韧带等。

（三）系膜

系膜是将肠管固定于腹后壁的双层腹膜结构。肠系膜是将空肠和回肠固定于腹后壁的双层腹膜结构。横结肠系膜是将横结肠固定于腹后壁的横位腹膜结构。乙状结肠系膜是将乙状结肠固定于盆壁的腹膜结构。阑尾系膜是将阑尾连接于肠系膜下端的双层腹膜结构。

（四）腹膜陷凹

腹膜陷凹是腹膜在盆腔器官之间形成的凹陷。男性主要有直肠膀胱陷凹；女性主要有膀胱子宫陷凹和直肠子宫陷凹。

？ 思 考 题

1. 简述消化系统的组成。
2. 阑尾炎的压痛点（麦氏点）位于什么部位？
3. 简述肝的位置与形态特征。

本章数字资源

第三章　呼吸系统

患者为男婴，一岁。因咳嗽两天，出现呼吸困难伴喉鸣。临床表现包括鼻翼煽动、口唇发绀及脉搏增快。诊断为上呼吸道急性炎症，黏膜肿胀导致呼吸道部分梗阻。经吸氧等多种方法治疗后，发绀症状加重，后行气管造口术，症状得以缓解。

问题： 1. 气管造口术应在何处进行？
2. 气管造口术需经过哪些解剖层次？

呼吸系统的主要功能是完成机体与外界环境之间的气体交换，由呼吸道和肺两部分组成（图3-1）。呼吸道包括鼻、咽、喉、气管和支气管，是气体进出肺的通道。临床上将鼻、咽、喉统称为上呼吸道，将气管及其各级支气管称为下呼吸道。肺由支气管反复分支形成的支气管树及其末端的肺泡共同构成，是进行气体交换的场所。

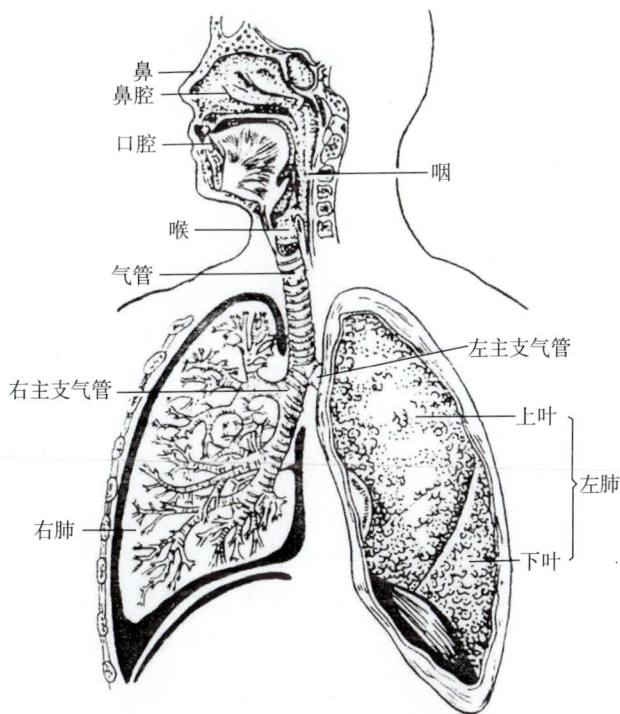

图3-1　呼吸系统概观

第一节 呼 吸 道

一、鼻

鼻是呼吸道的起始部分，并具有嗅觉功能，由外鼻、鼻腔和鼻旁窦三部分组成。

（一）外鼻

外鼻位于面部中央，以鼻骨和鼻软骨为支架，表面覆盖皮肤和少量皮下组织（图3-2）。外鼻自上而下分为鼻根、鼻背和鼻尖。鼻根位于两眼之间，鼻背为中央的隆起部，鼻尖为下端最突出的部分，鼻尖两侧向外膨隆的部分称为鼻翼。

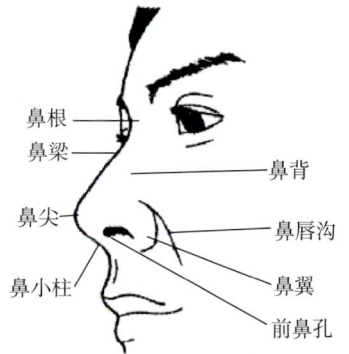

（二）鼻腔

鼻腔位于颅前窝下方和硬腭上方，以骨性鼻腔和软骨为基础，内衬黏膜和皮肤（图3-3）。鼻腔被鼻中隔分为左、右两腔，每侧鼻腔前部经鼻孔与外界相通，后部经鼻后孔与咽腔相通。以鼻阈为界，每侧鼻腔可分为鼻前庭和固有鼻腔两部分。

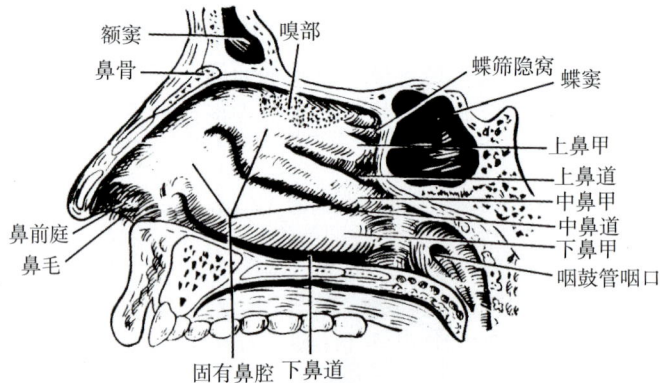

图 3-2 外鼻

图 3-3 鼻腔内侧壁

1.鼻前庭 是由鼻翼所围成的扩大的空间，内面衬以皮肤，上面生有鼻毛，对吸入的气体有清洁过滤的作用。鼻前庭缺少皮下组织，皮肤与软骨膜紧密相贴，所以发生疖肿时，疼痛非常剧烈。

2.固有鼻腔 为鼻前庭后方的鼻腔主体部分，由骨和软骨构成支架并覆以黏膜。外侧壁有上、中、下三个鼻甲，各鼻甲下方的通道分别称为上鼻道、中鼻道和下鼻道。中、上鼻道有鼻旁窦开口，下鼻道有鼻泪管开口。内侧壁为鼻中隔，由骨性鼻中隔和鼻中隔软骨构成，因鼻中隔多偏向左侧，临床经鼻腔插管时右侧通道更易操作。

固有鼻腔黏膜分为嗅部和呼吸部：嗅部黏膜分布于上鼻甲及对应鼻中隔区域，呈淡黄色，含嗅细胞司嗅觉功能；呼吸部黏膜覆盖其余区域，呈粉红色，富含毛细血管和黏液腺，具有加温、湿化及净化空气的作用。鼻中隔前下部黏膜血管丰富且表浅，约90%的鼻出血发生于该区，临床称为易出血区。

（三）鼻旁窦

鼻旁窦由骨性鼻旁窦衬以黏膜构成，共4对，依其所在骨的位置而命名为上颌窦、额窦、蝶窦和筛窦，其中筛窦依窦口部位又分前、中、后3群。上颌窦、额窦和筛窦的前、中群开口于中鼻道，筛窦的后群开口于上鼻道，蝶窦开口于上鼻甲的后上方的蝶筛隐窝（图3-4）。鼻旁窦对发音有共鸣作用，也能协助调节吸入空气的温度和湿度。

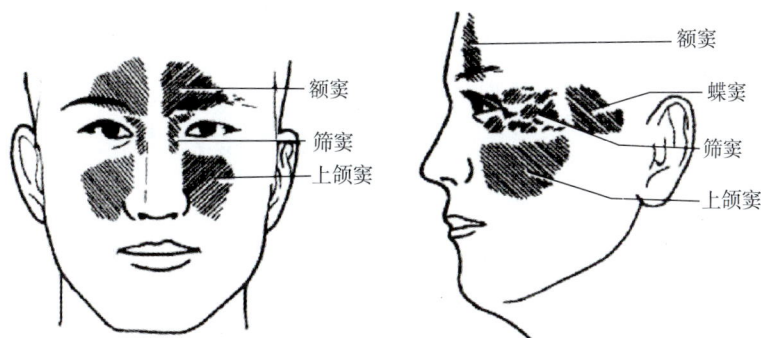

图 3-4 鼻旁窦

鼻旁窦黏膜经窦口与鼻腔黏膜相延续，故鼻腔炎症可蔓延至鼻旁窦。上颌窦为最大鼻旁窦，因其开口位置高于窦底，炎症时脓液引流困难，易形成窦内积脓。

考点与重点 鼻旁窦的位置与开口

链接

上颌窦穿刺

上颌窦由上壁、下壁、内侧壁、前壁和后壁围成。上壁即眶下壁，骨质较薄，因此上颌窦炎症或癌肿可经此壁侵入眶腔。下壁（底壁）即上颌骨的牙槽突，牙根与窦底仅隔薄层骨质或仅隔黏膜，因此牙根感染常波及上颌窦。前壁即上颌骨体前面的尖牙窝，向内略凹陷，此处骨质较薄，是上颌窦手术的常用入路。后壁较厚，与翼腭窝相邻。内侧壁即鼻腔的外侧壁，相当于中鼻道和下鼻道的大部分区域，在下鼻甲附着处的下方，骨质较薄，是上颌窦积脓时进行穿刺的进针部位。

二、咽

详见消化系统。

三、喉

喉既是呼吸管道，又是发音器官，主要由喉软骨和喉肌构成。

（一）喉的位置

喉位于颈前正中，平对第3～6颈椎，女性略高于男性，小儿略高于成人。喉上借喉口通咽，向下延续为气管，前方被皮肤、筋膜和舌骨下肌群覆盖，后方毗邻喉咽部，两侧与颈部大血管、神经和甲状腺侧叶相邻。由于喉借韧带和肌肉连于舌骨，故吞咽和发音时喉可上下移动。

（二）喉的结构

喉以软骨为支架，借关节、韧带及纤维膜连接，内衬黏膜，并有喉肌附着。

1. 喉的软骨 包括甲状软骨、环状软骨、会厌软骨和杓状软骨（图3-5）。

（1）甲状软骨：是最大的喉软骨，位于舌骨下方、环状软骨上方，构成喉的前外侧壁。甲状软骨由左、右两个软骨板在前正中线处愈合而成，愈合处上端向前突出，称为喉结，在成年男性尤为明显，是重要的体表标志。喉结上缘有一凹陷，称为甲状软骨切迹。两板后缘游离，向上、下各伸出一对突起，上方的突起称为上角，借韧带与舌骨相连；下方的突起称为下角，与环状软骨构成环甲关节。甲状软骨可在冠状轴上做前倾和复位运动，从而紧张或松弛声带。

（2）环状软骨：位于甲状软骨下方，由前部低窄的环状软骨弓和后部高阔的环状软骨板构成。环状软骨是喉和气管中唯一完整的环形软骨，对保持呼吸道通畅具有重要作用。环状软骨弓平对第6颈椎，是颈部的重要标志。

（3）杓状软骨：为一对，位于环状软骨板上方，呈三棱锥形，尖向上，底朝下，底与环状软骨板构成环杓关节。杓状软骨可沿垂直轴做旋转或侧移运动，使声门裂开大或缩小。杓状软骨底向前方的突起称为声带突，有声韧带附着；外侧较钝的突起称为肌突，有喉肌附着。

（4）会厌软骨：呈树叶状，上圆下尖，位于甲状软骨后上方。上缘游离，尖端借韧带连于甲状软骨切迹后下方。吞咽时，喉上升并前移，会厌封闭喉口，防止食物误入气管。

2. 喉肌　由若干块骨骼肌构成，附着于喉软骨表面。根据功能可分为两类：一类作用于环甲关节，调节声韧带的紧张度；另一类作用于环杓关节，控制声门裂的宽度（图3-6）。

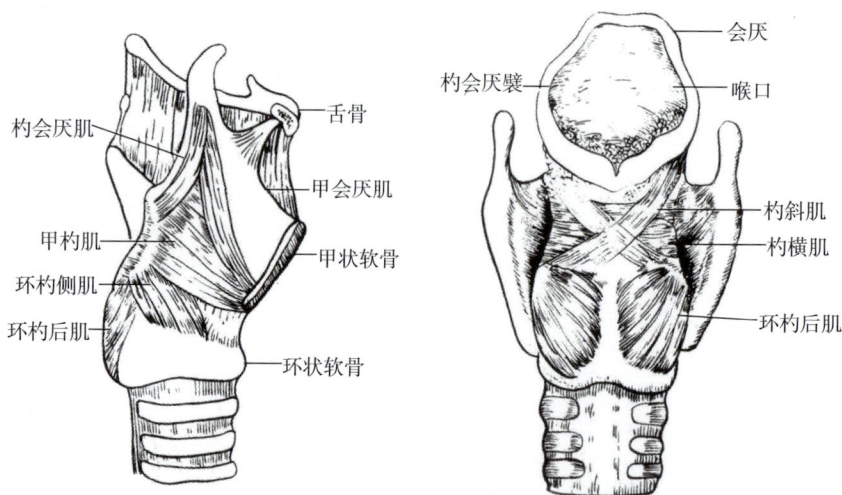

图 3-5　喉的软骨

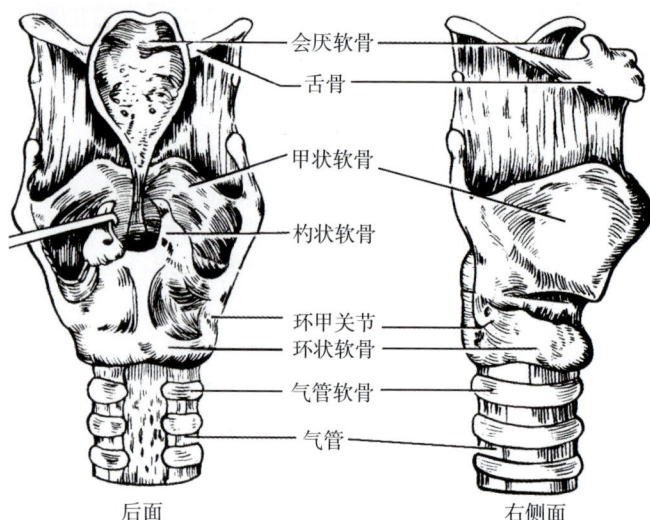

图 3-6　喉肌

3. 喉腔　是以喉软骨为支架围成的内腔，内衬黏膜，与咽、舌及气管的黏膜相延续。喉黏膜极为敏感，受异物刺激时可引起咳嗽反射，将异物（如灰尘、细菌等）以痰的形式咳出。喉的入口称为喉口。喉腔外侧壁有上、下两对呈矢状位的黏膜皱襞（图3-7）。上方的一对称前庭襞，左右前庭襞之间的裂隙称前庭裂；下方的一对称声襞，左右声襞之间的裂隙称声门裂，是喉腔最狭窄的部位。当气流通过时，可振动声带并产生声音。声带由声襞及其深面的声韧带和声带肌共同构成。

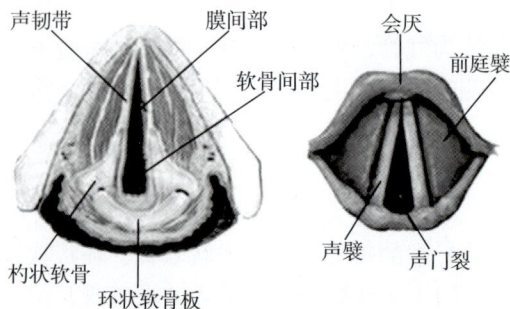

图 3-7　喉腔横切面

喉腔借前庭裂和声门裂分为上、中、下三部分：从喉口至前庭裂平面的部分称喉前庭；前庭裂平面至声门裂平面之间的部分为喉中间腔（其向两侧延伸至前庭襞与声襞之间的隐窝称喉室）；声门裂平面至环状软骨下缘的部分称声门下腔，向下与气管相通。此处黏膜下组织疏松，炎症时易发生水肿。幼儿喉腔较狭小，水肿时更易导致气道阻塞，引发呼吸困难。因此小儿上呼吸道感染时，可能出现呼吸困难甚至窒息。

考点与重点 喉腔的分部与形态结构

四、气管和主支气管

气管和主支气管是连于喉与肺之间的管道，管壁由上皮组织、软骨组织、平滑肌和结缔组织构成。

（一）气管

气管呈圆筒状，后壁略扁平，长度为9～12cm，因年龄和性别而异。气管由16～20个"C"形的透明软骨环构成支架，各软骨环缺口向后。该缺口由平滑肌和结缔组织构成的膜壁封闭，相邻软骨环之间借韧带相连。气管软骨环起支架作用，使管腔保持开放，有利于呼吸道畅通。气管上端连接环状软骨，平第6颈椎下缘，沿食管前面向下延伸至胸骨角平面（第4胸椎下缘），分为左、右主支气管。气管分叉处称为气管杈，其内面形成向上凸起的纵嵴，呈半月形，称为气管隆嵴。气管隆嵴通常略偏向左侧，是气管镜检查的重要标志（图3-8）。

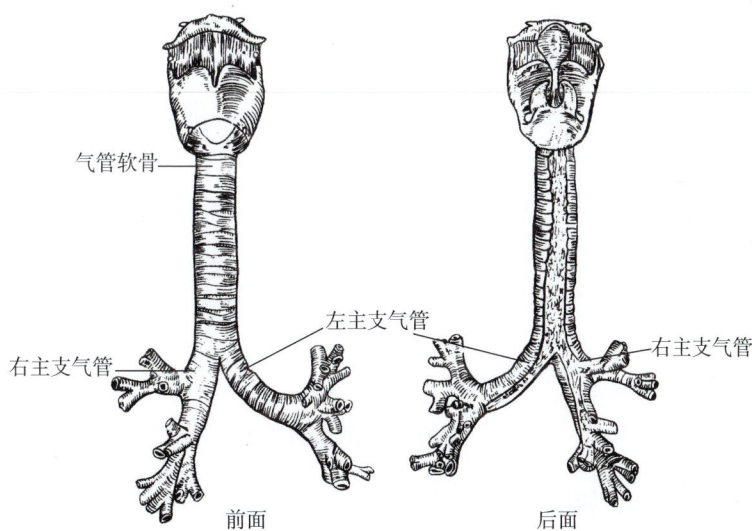

图3-8　气管与主支气管

根据行程和位置，气管可分为颈部和胸部两部分。颈部位置表浅，在颈静脉切迹上方可以触及。前面除舌骨下肌群外，在第2～4气管软骨环的前方有甲状腺峡，两侧邻近颈部大血管和甲状腺侧叶，后方贴近食管。气管切开术常在第3～5气管软骨环处施行。胸部较长，位于上纵隔内，两侧胸膜腔之间，前方有胸腺、左头臂静脉和主动脉弓，后方紧贴食管。

（二）主支气管

主支气管是指从气管杈至肺门之间的管道，左右各一，各自向外下方走行，分别经左、右肺门进入肺。左主支气管细长，走向倾斜；右主支气管短粗，走向较为陡直，因此进入气管的异物最容易进入右主支气管。

考点与重点 左、右主支气管的差别

（三）气管与主支气管的微细结构

气管和主支气管管壁由内向外依次分为黏膜层、黏膜下层和外膜3层（图3-9）。

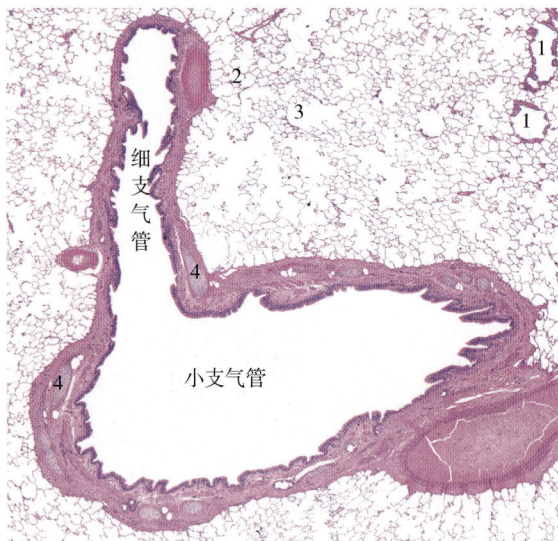

图3-9　气管的微细结构

1. 黏膜层　由上皮和固有层组成。上皮为假复层纤毛柱状上皮，内含大量杯状细胞。固有层由结缔组织构成，含有小血管、弹性纤维和散在的淋巴组织。

2. 黏膜下层　由疏松结缔组织构成，与固有层和外膜无明显界限，内含较多的混合性气管腺。气管腺以浆液性腺为主，分泌较稀薄的液体，有利于纤毛的正常摆动。

3. 外膜　较厚，由疏松结缔组织、透明软骨和气管腺构成。软骨环之间借韧带相连。软骨环缺口处由结缔组织填充，内含混合腺和平滑肌束，构成气管后壁。

第二节　肺

一、肺的位置和形态

肺位于胸腔内，纵隔两侧，膈肌上方，左右各一。肺组织内含大量气体及丰富弹性纤维，故质地柔软、富有弹性，呈海绵状。肺表面光滑湿润。肺的颜色可因年龄和职业因素而有所差异。幼儿肺呈淡红色；随年龄增长，由于吸入空气中尘埃沉积，颜色逐渐变为灰暗甚至蓝黑色；长期大量吸烟者肺可呈棕黑色。受肝脏和心脏位置影响，右肺较左肺短而宽，左肺则相对扁窄且略长。

肺呈圆锥形，具有一尖、一底、三面和三缘（图3-10）。肺上端钝圆称为肺尖，向上经胸廓上口突入颈根部，高出锁骨内侧1/3段2～3cm。临床在此处穿刺时需注意避免损伤胸

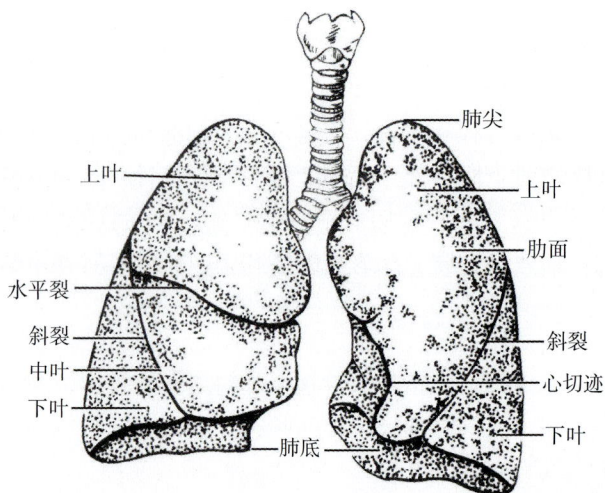

图3-10　肺

膜顶及肺尖。肺底与膈肌相接触，又称膈面，其形态与膈肌穹隆一致。外侧面隆凸，与肋骨及肋间隙紧密相邻，故称为肋面。

内侧面与纵隔相邻，称为纵隔面。纵隔面中部近中央处有一长椭圆形凹陷，称为肺门，是主支气管、肺动脉、肺静脉、神经及淋巴管进出肺的部位。这些结构被结缔组织包裹成束，统称为肺根（图 3–11）。肺前缘锐利，右肺前缘近乎垂直，左肺前缘下部可见明显的心切迹。肺后缘钝圆，位于脊柱两侧。肺下缘锐利，为肋面与膈面的分界处。

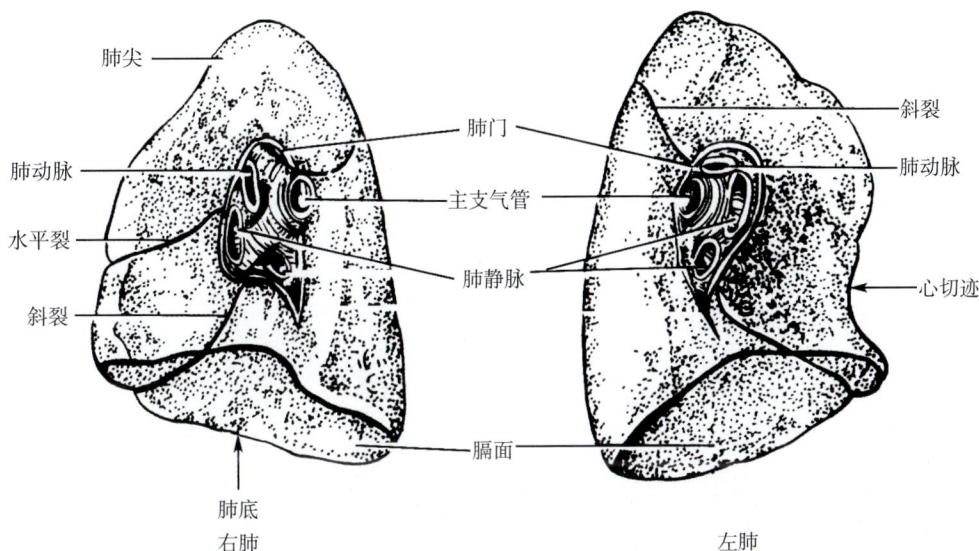

图 3–11　肺的纵隔面

链接

大叶性肺炎

　　大叶性肺炎主要由肺炎链球菌引起，病变可累及一个肺段、一个大叶或整侧肺，是以肺泡内弥漫性纤维素渗出为主的急性炎症。病变起始于局部肺泡，并迅速蔓延至一个肺段或整个大叶，多见于肺下叶。临床上起病急骤，常以高热、恶寒为首发症状，继而出现胸痛、咳嗽、咳铁锈色痰及呼吸困难等表现。其病理变化可分为充血水肿期、红色肝变期、灰色肝变期和溶解消散期。本病好发于青壮年男性，若及时治疗，病程约为1周，体温可骤降，症状逐渐消失；若未及时处理，可能并发脓胸、败血症或中毒性休克，甚至导致死亡。

二、肺段支气管和支气管肺段

主支气管进入肺门后分为肺叶支气管，其中左肺2支、右肺3支，分别进入相应的肺叶。肺叶支气管再分支即为肺段支气管。

每个肺段支气管及其分布区域的肺组织在结构和功能上均为一个独立的单位，构成1个支气管肺段，简称为肺段。支气管肺段呈圆锥形，尖端朝向肺门，底部朝向肺的表面。临床上常以肺段为单位进行定位诊断和肺段切除术。

三、肺的微细结构

肺组织分为肺实质和肺间质两部分。肺实质即肺内支气管的各级分支及其终末的大量肺泡（图3–12），肺泡是进行气体交换的场所；肺间质即肺内的结缔组织、血管、神经和淋巴管等。主支气管由肺门入肺后反复分支，愈分愈细，当管径至 1mm 时，称为细支气管。细支气管继续分支至管径为 0.5mm 时，则为终末细支气管。终末细支气管仍继续分支，直至与肺泡相连。每根细支气管及其所属分支和肺泡，组成一个肺小叶。肺小叶呈锥形，尖端朝向肺门，底部朝向肺的表面。每个肺叶内有 50 ～ 80 个肺小叶。肺小叶是肺的结构单位，临床上小儿常见的支气管肺炎就是以肺小叶为中心的病变，故又称小叶性肺炎。肺实质根据其功能不同，可分为导气部和呼吸部。

（一）导气部

导气部是指主支气管入肺后至终末细支气管的各级分支，包括肺叶支气管、肺段支气管、小支气管、细支气管和终末细支气管，是肺内气体传送的通道，无气体交换功能。导气部向末端走行过程中，管径随分支越变越小，管壁亦相应变薄，微细结构也发生相应变化，具体表现：①上皮变薄，纤毛、杯状细胞和腺体逐渐减少，最后消失。②外膜中的软骨组织逐渐变成间断的软骨片，最终完全消失；而平滑肌纤维逐渐增多，并形成环行肌层。平滑肌的收缩与舒张可以直接影响支气管口径，从而调节出入肺泡的气体量。

（二）呼吸部

呼吸部由呼吸性细支气管、肺泡管、肺泡囊和肺泡（图 3-13）组成，具有气体交换的功能。

1. 呼吸性细支气管　管壁上出现少量肺泡，管壁上皮为单层立方上皮。在肺泡开口处，单层立方上皮移行为单层扁平上皮。

2. 肺泡管　是呼吸性细支气管的分支。管壁上有大量肺泡，每个肺泡管有 20 ～ 60 个肺泡开口。管壁本身结构很少，呈结节状膨大，膨大内部有被横切的环行平滑肌纤维。肺泡管最后分出几个肺泡囊。

3. 肺泡囊　为若干肺泡的共同开口处。囊壁由肺泡围绕而成。

4. 肺泡　为大小不等的半球形小囊，直径约 0.2mm，由肺泡上皮和基膜构成，开口于肺泡囊、肺泡管和呼吸性细支气管。成人约有 3.5 亿个肺泡，是肺部气体与血液进行气体交换的场所。

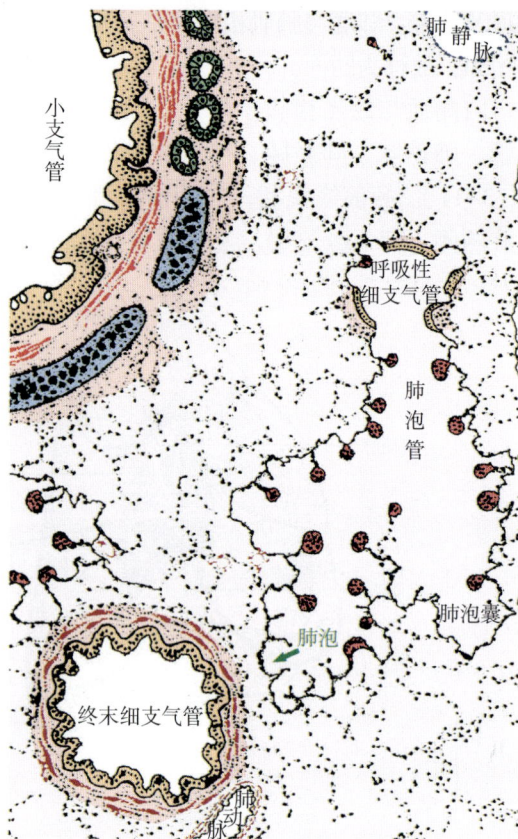

图 3-12　肺的微细结构

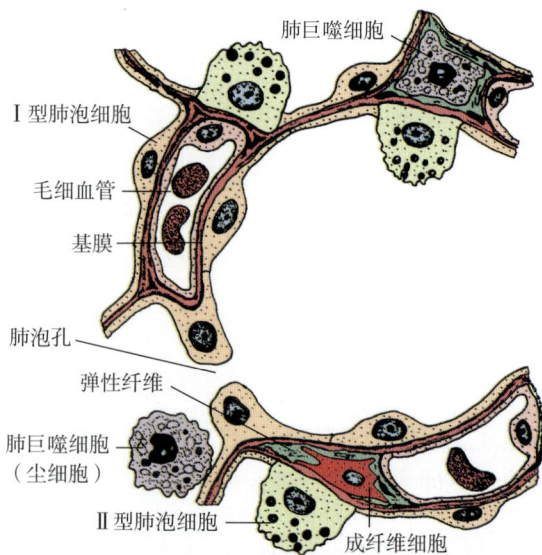

图 3-13　肺泡结构模式图

（1）肺泡上皮细胞：为单层上皮，由Ⅰ型和Ⅱ型两种类型的细胞构成。Ⅰ型肺泡细胞是肺泡上皮的主要细胞，细胞扁平，覆盖肺泡表面积的 95%，是进行气体交换的部位。Ⅱ型肺泡细胞体积较大，细胞呈立方形或圆形，散在凸起于Ⅰ型肺泡细胞之间，覆盖肺泡 5% 的表面积，能分泌一种磷脂类物质，称为肺泡表面活性物质，具有降低肺泡表面张力、稳定肺泡直径的作用。

（2）肺泡隔：相邻肺泡之间的薄层结缔组织，称为肺泡隔，内含丰富的毛细血管网、弹性纤维、成纤维细胞、肺巨噬细胞及肥大细胞等。肺泡隔中的毛细血管紧贴肺泡上皮，有利于肺泡内的 O_2 与血液中的 CO_2 进行交换。肺泡隔的弹性纤维使肺泡具有弹性。肺巨噬细胞能吞噬吸入的灰尘、细菌、异物及渗出的红细胞，吞噬大量灰尘后的肺巨噬细胞，称为尘细胞。

（3）肺泡孔：相邻肺泡间有小孔相通，这些小孔称为肺泡孔，具有平衡肺泡内气压的作用。肺部感染时，肺泡孔也是炎症蔓延的通道。

（4）呼吸膜：肺泡与血液间气体交换所通过的结构，又称气–血屏障。由肺泡表面液体层（含表面活性物质）、Ⅰ型肺泡细胞与基膜、薄层结缔组织、毛细血管基膜与内皮构成。当肺纤维化或肺水肿时，气–血屏障增厚，影响气体交换，导致机体缺氧（图3–14）。

考点与重点 肺泡的结构与功能

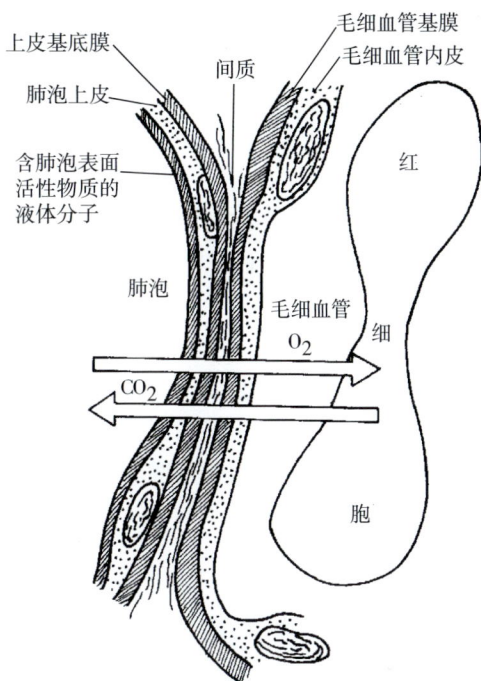

图3–14 呼吸膜

第三节 胸 膜

一、胸膜与胸膜腔

胸膜是覆盖于肺表面和胸腔内面的薄而光滑的浆膜，可分为脏胸膜和壁胸膜两层。脏胸膜被覆于肺表面（图3–15），并深入肺裂内。壁胸膜覆盖于胸壁内面、膈上面和纵隔两侧面。脏胸膜与壁胸膜在肺根部相互移行，围成两个完全封闭的潜在腔隙，称为胸膜腔。正常情况下，胸膜腔内呈负压，仅含少量浆液，可减少呼吸时脏胸膜与壁胸膜之间的摩擦。

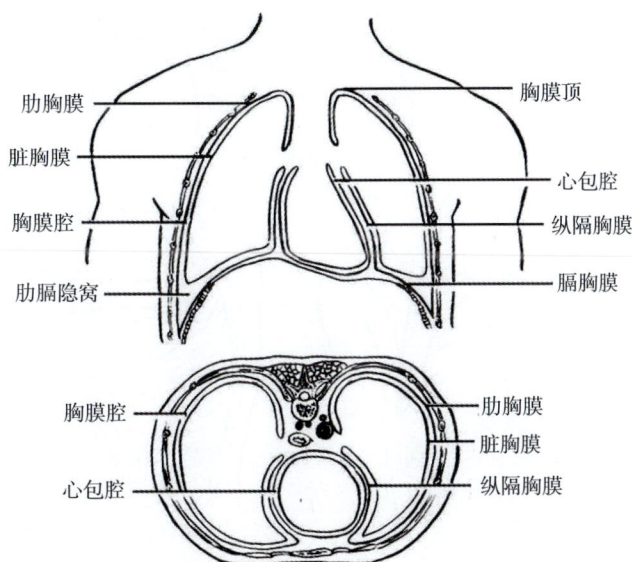

图3–15 胸膜与胸膜腔示意图

二、胸膜分部与胸膜隐窝

（一）胸膜分部

脏胸膜紧贴于肺表面，与肺实质紧密相连，故又称肺胸膜。壁胸膜根据其所在部位可分为四部分：覆盖肺尖上方的部分称为胸膜顶；衬于胸壁内面的部分称为肋胸膜；覆盖于膈上面的部分称为膈胸膜；贴附于纵隔两侧的部分称为纵隔胸膜。

（二）胸膜隐窝

壁胸膜相互移行转折处的胸膜腔存在间隙，即使在深吸气时，肺缘也无法完全充满此空间，这些间隙称为胸膜隐窝。其中最大且重要的是肋膈隐窝。肋膈隐窝（肋膈窦）由肋胸膜与膈胸膜返折形成（图 3-15），呈半月形，是胸膜腔的最低部位，深吸气时肺下缘仍不能伸入其中。胸腔积液常积聚于此。

三、肺和胸膜的体表投影

（一）肺的体表投影

肺的体表投影包括肺前缘和肺下缘的投影。

两肺前缘的投影起自肺尖，向内下方斜行，经胸锁关节后方，至胸骨角平面处两侧互相靠近。右肺前缘由此下行至第 6 胸肋关节处移行为肺下缘；左肺前缘下行至第 4 胸肋关节处，沿第 4 肋软骨向外下方延伸，至第 6 肋软骨中点处移行为左肺下缘。

两肺下缘的投影大致相同：右侧起自第 6 胸肋关节，左侧起自第 6 肋软骨中点，两侧均向外下行，在锁骨中线与第 6 肋相交、腋中线与第 8 肋相交、肩胛线与第 10 肋相交，近脊柱处平对第 10 胸椎棘突（图 3-16）。深呼吸时，肺下缘可上下移动 2～3cm，此现象临床称为肺缘移动度。

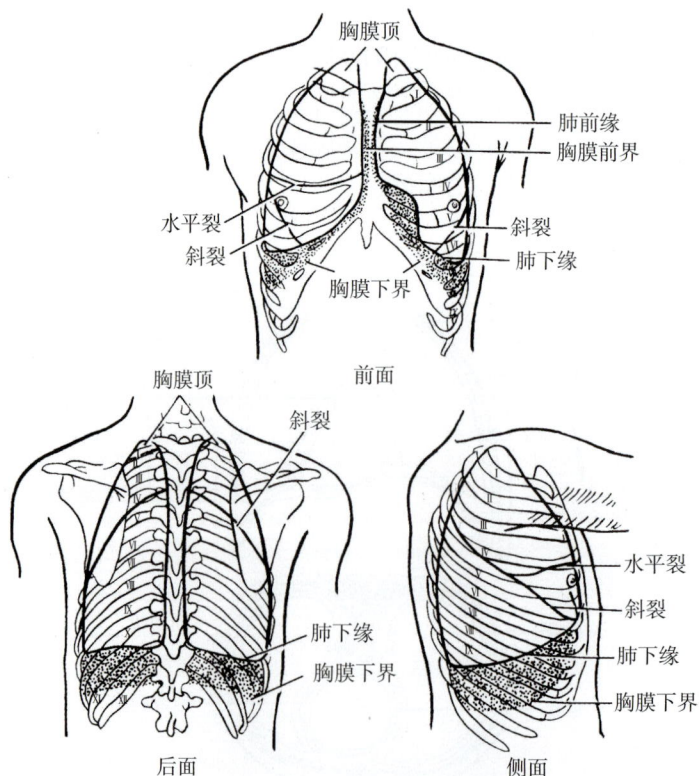

图 3-16　肺和胸膜的体表投影

（二）胸膜的体表投影

胸膜顶和前界的投影与肺尖和肺前缘基本一致。两侧胸膜下界的投影较两肺下缘低约两个肋间隙。肺下缘与胸膜下界的体表投影对比见表 3-1。

表 3-1　肺与胸膜下界的体表投影

部位	锁骨中线	腋中线	肩胛线	脊柱两旁
肺下缘	第 6 肋	第 8 肋	第 10 肋	第 10 胸椎棘突
胸膜下界	第 8 肋	第 10 肋	第 11 肋	第 12 胸椎棘突

考点与重点　胸膜的体表投影

第四节　纵　隔

纵隔是左、右纵隔胸膜之间的全部器官和组织的总称。其前界为胸骨，后界为脊柱胸段，两侧界为纵隔胸膜，上界达胸廓上口，下界至膈（图 3-17）。

通常以胸骨角至第 4 胸椎体下缘的平面为界，将纵隔分为上纵隔和下纵隔两部分。下纵隔再以心包为界分为前、中、后三部分。胸骨与心包前面之间为前纵隔；心包、心及出入心的大血管根部所在区域为中纵隔；心包后面与脊柱胸段之间为后纵隔。

上纵隔内主要含有胸腺、头臂静脉、上腔静脉、主动脉弓及其分支、迷走神经、膈神经、食管胸部、气管胸部和胸导管等。前纵隔内含有少量淋巴结和疏松结缔组织。中纵隔为纵隔下部最宽阔的部分，其内含有心包和心、升主动脉、上腔静脉、肺动脉干及其分支、肺静脉、膈神经和气管杈等。后纵隔内含有胸主动脉、奇静脉和半奇静脉、迷走神经、食管胸部和胸导管等。

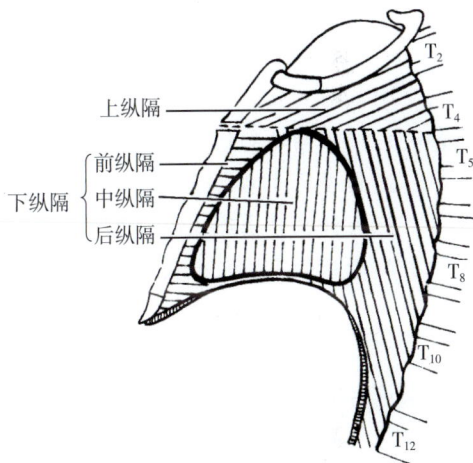

图 3-17　纵隔

❓ 思 考 题

1. 上呼吸道包括哪些结构？
2. 简述鼻旁窦的位置及其开口部位。
3. 简述左、右主支气管的解剖学差异及其临床意义。

本章数字资源

第四章　泌尿系统

孔某，男，18岁。在上课时突感右腰部剧痛，疼痛向下腹和会阴部放射。呕吐胃内容物一次，继之出现肉眼血尿。立即将其送往医院。近两个月来感到右腰部有轻微疼痛。体格检查：体温37.5℃，心率90次/分，呼吸18次/分，血压120/85mmHg。急性痛苦面容，辗转不安，大汗淋漓。心肺检查无明显阳性体征。腹部检查无特殊发现。右腰部明显叩击痛。辅助检查：①尿常规检查：血尿。②B超检查：左肾正常，右肾肾盂轻度扩张；右输尿管上段见1.5cm×1.1cm结石。诊断：右侧输尿管上段结石。

问题： 1. 泌尿系统的组成包括哪些器官？

2. 患者突发右腰部剧痛的原因是什么？

3. 为什么会出现肉眼血尿？

4. 输尿管有哪几处狭窄？尿路结石易滞留于哪些部位？

泌尿系统由肾、输尿管、膀胱和尿道组成（图4-1）。其主要功能是排出机体新陈代谢过程中产生的废物（如尿素、尿酸等）及多余的水分和某些无机盐，以维持机体内环境的稳态。肾脏是泌尿系统中最重要的器官，能够持续生成尿液；尿液经输尿管输送至膀胱暂时贮存，当贮存量达到一定程度时，可引发排尿反射，最终经尿道排出体外。

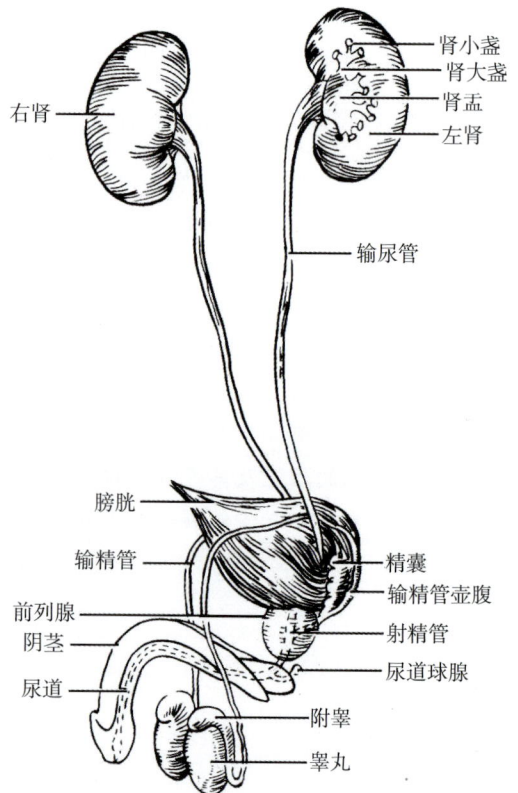

图4-1　男性泌尿（生殖）系统

第一节 肾

一、肾的形态

肾是成对的红褐色实质性器官，表面光滑，质地柔软，形似蚕豆。肾可分为上、下两端，前、后两面以及内、外侧两缘。肾的上、下两端均较钝圆。肾前面略凸，后面平坦，紧贴腹后壁。肾外侧缘隆凸，内侧缘中部凹陷，称为肾门。肾门是肾血管、肾盂、神经和淋巴管等结构出入的部位，这些出入肾门的结构被结缔组织包裹，统称为肾蒂（图4-2）。由肾门向肾内凹陷形成的腔隙称为肾窦，其内容纳肾小盏、肾大盏、肾盂、肾血管、淋巴管、神经及脂肪组织等。

考点与重点 肾门、肾蒂、肾窦

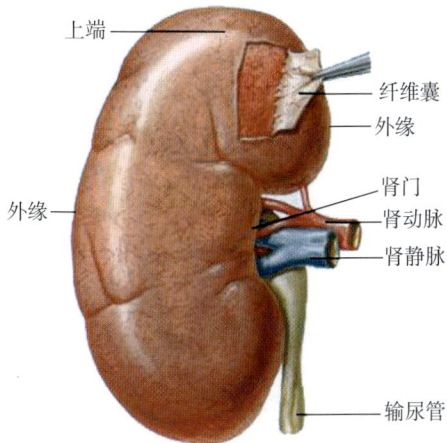

图4-2 肾的形态

二、肾的位置和毗邻

（一）肾的位置

肾左右各一，紧贴腹后壁上部，位于脊柱两侧，属于腹膜外位器官。左肾上端平第11胸椎体下缘，下端平第2腰椎体下缘，第12肋斜过左肾中部的后方。右肾因受肝脏影响，位置较左肾低约半个椎体，故第12肋斜过右肾上部的后方（图4-3）。肾门约平第1腰椎体平面，距前正中线约5cm。在腰背部，肾门的体表投影位于竖脊肌外侧缘与第12肋所形成的夹角内，临床称为肾区（图4-4）。当肾脏发生病变时，该区域可出现压痛和叩击痛。

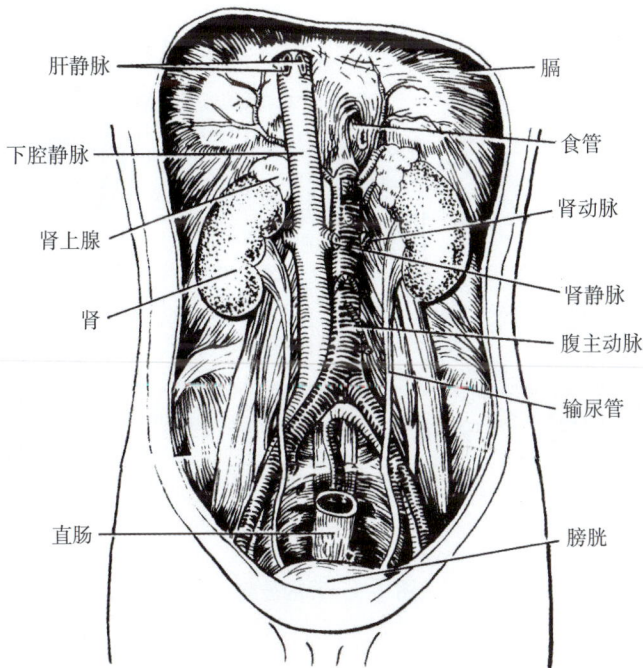

图4-3 肾的位置

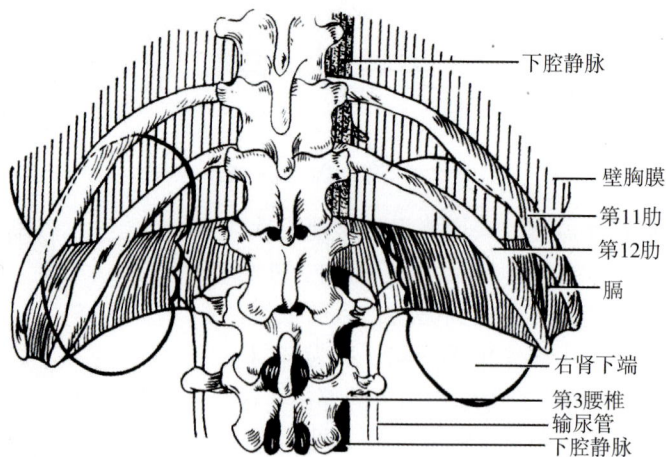

图 4-4 肾门的体表投影与肋脊角

> 下腔静脉
> 壁胸膜
> 第11肋
> 第12肋
> 膈
> 右肾下端
> 第3腰椎
> 输尿管
> 下腔静脉

考点与重点 肾区

（二）肾的毗邻

肾上方与肾上腺相邻。左肾前上部毗邻胃底后面，中部与胰尾和脾血管接触，下部与空肠和结肠左曲相邻；右肾前上部毗邻肝脏，下部与结肠右曲相接，内侧邻接十二指肠降部；两肾后面与腰大肌、腰方肌相邻。

三、肾的被膜

肾表面包被三层被膜，由内向外依次为纤维囊、脂肪囊和肾筋膜（图4-5）。纤维囊与肾实质连接疏松，易于剥离，但当肾脏发生病变时，纤维囊可与肾实质发生粘连而不易剥离。肾脏正常位置的维持主要依赖被膜，此外肾血管、邻近器官和腹内压等因素也起固定作用。若肾的固定装置发育不良，可能导致肾移位。

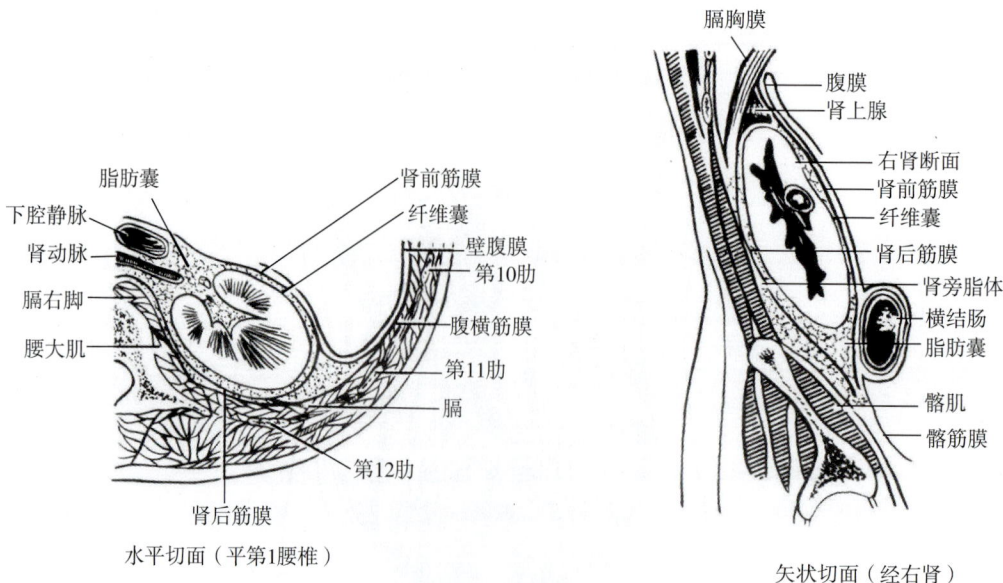

水平切面（平第1腰椎）

矢状切面（经右肾）

图 4-5 肾的被膜

考点与重点 肾的被膜

四、肾的剖面结构

在肾的冠状切面上，可见肾实质分为肾皮质和肾髓质两部分（图4-6）。

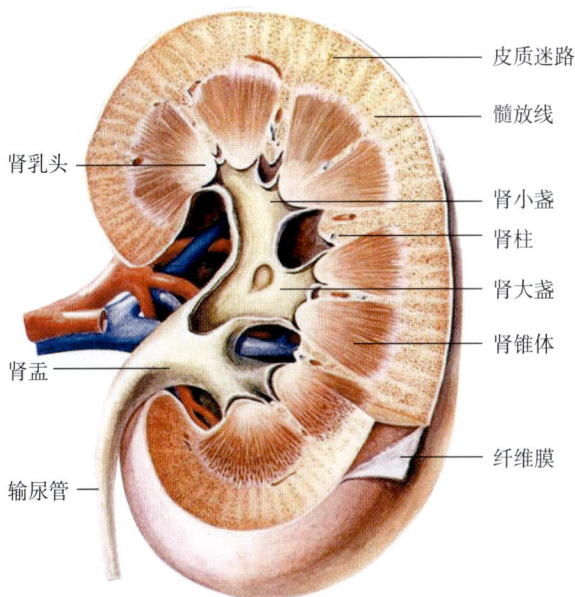

图4-6 肾的冠状切面

（一）肾皮质

肾皮质位于肾实质外周，血供丰富。新鲜标本呈红褐色，内含大量颗粒状肾小体。肾皮质伸入髓质的部分称为肾柱。

（二）肾髓质

肾髓质位于肾实质中央，血供相对较少，呈淡红色，主要由15～20个肾锥体构成。肾锥体呈圆锥形，底部朝向肾皮质，尖端突向肾窦，称为肾乳头。肾乳头顶端有多个肾乳头孔，为乳头管开口。包绕肾乳头的漏斗状膜性管道称为肾小盏。每2～3个肾小盏汇合成1个肾大盏，每侧肾有2～3个肾大盏。肾大盏最终汇集成前后扁平、漏斗状的肾盂。肾盂出肾门后逐渐变细，移行为输尿管。

五、肾的组织结构

肾实质主要由大量弯曲走行的泌尿小管构成，这些结构与尿的生成有关。泌尿小管之间的少量结缔组织、血管和神经等构成肾间质。泌尿小管的组成如下（图4-7）。

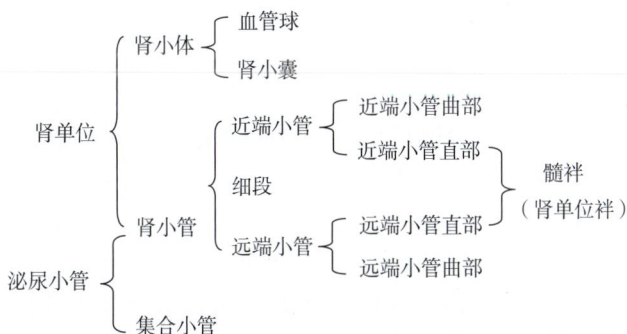

图4-7 肾单位与泌尿小管的组成

（一）肾单位

肾单位是肾结构和功能的基本单位，每个肾有 100 万～ 150 万个肾单位。每个肾单位由肾小体和肾小管两部分组成（图 4-8）。

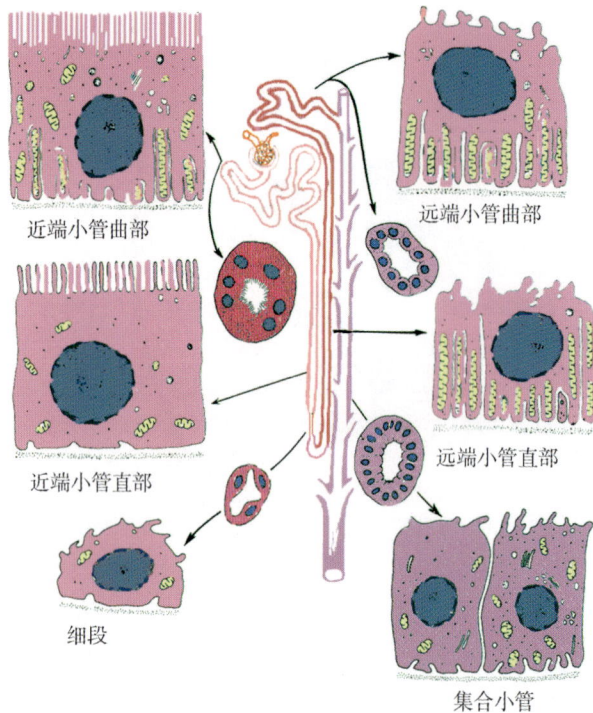

图 4-8　肾单位和集合小管

1. 肾小体　位于肾皮质内，呈球形，由肾小球和肾小囊构成（图 4-9）。

（1）肾小球（血管球）：是由入球微动脉与出球微动脉之间盘曲成球状的毛细血管团。入球微动脉粗短，出球微动脉细长。这种结构使毛细血管内维持较高的血压，有利于原尿的形成。肾小球的毛细血管壁由内皮细胞和基膜构成，内皮细胞的无核部分有许多小孔，有利于血液中小分子物质的滤出。

（2）肾小囊：是肾小管起始端膨大并凹陷形成的双层盲囊。囊壁分为脏层和壁层，两层之间的腔隙称为肾小囊腔，与肾小管相通。肾小囊的壁层为单层扁平上皮，脏层由突起的足细胞构成，其突起相互穿插嵌合，贴附于肾小球毛细血管的外面。突起之间存在宽约 25 nm 的裂孔，裂孔上覆盖有薄层的裂孔膜。

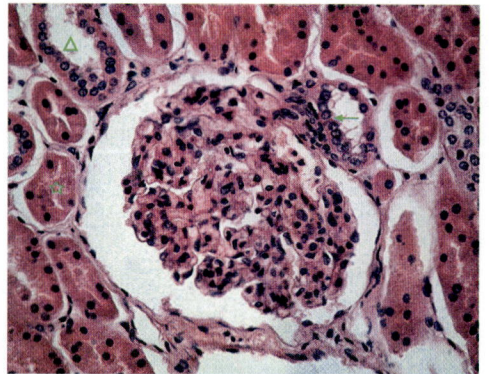

△ 远曲小管；☆ 近曲小管；↑ 致密斑
图 4-9　肾皮质微细结构

肾小球毛细血管的有孔内皮细胞、基膜和足细胞的裂孔膜共同构成滤过膜（滤过屏障），对血液具有滤过作用（图 4-10、图 4-11）。当血液流经肾小球时，除大分子物质外，血浆中的大部分成分均可通过滤过膜进入肾小囊腔，形成超滤液（原尿）。

2. 肾小管　是一条长而弯曲的上皮性管道，起始于肾小囊，由肾皮质延伸至肾髓质，再返回肾皮质，最终汇入集合管。根据肾小管的位置、形态和功能，可依次分为近端小管、细段和远端小管三部分。近端小管和远端小管均可分为曲部和直部。近端小管直部、细段和远端小管直部共同构成"U"形结构，称为髓袢（肾单位袢）。

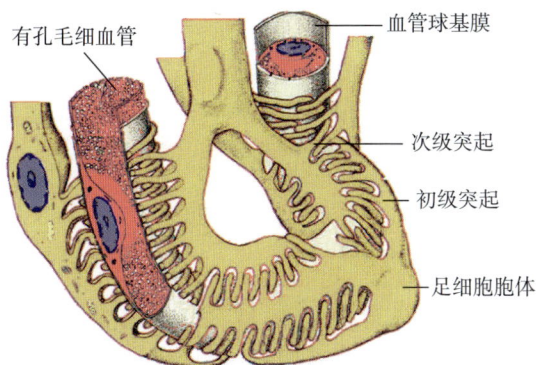

图4-10　足细胞与毛细血管立体模式图

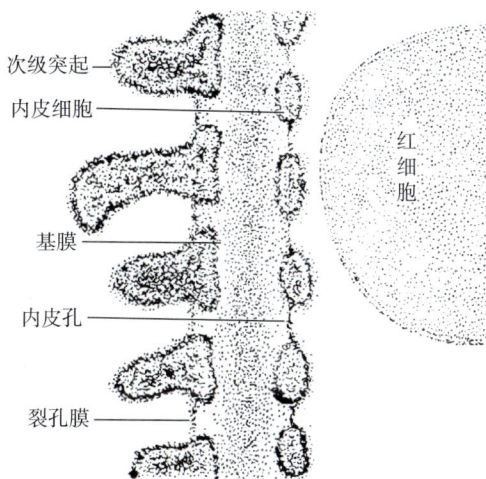

图4-11　滤过膜模式图

（1）近曲小管：即近端小管曲部，是肾小管中最长且最粗的一段，管壁较厚，管腔较小且不规则。其管壁与肾小囊壁层相延续，由单层立方或锥体形细胞构成，细胞界限不清，游离面具有刷状缘。近曲小管是重吸收的主要部位（图4-8、图4-9）。

（2）髓袢：分为降支和升支。近端小管直部和远端小管直部的管壁均为单层立方上皮，其间的细段为单层扁平上皮。髓袢的功能是减缓原尿在肾小管中的流速，以利于水分和无机盐的重吸收。

（3）远曲小管：即远端小管曲部，其较短，管腔较大，盘曲于肾小体附近。其管壁由单层立方上皮构成，细胞界限较清晰，游离面无刷状缘。远曲小管具有重吸收和分泌功能（图4-8、图4-9）。

（二）集合小管

集合小管（图4-8）续接于远曲小管末端，自肾皮质行向肾髓质。当到达髓质深部后，陆续与其他集合小管汇合，最终形成管径较粗的乳头管，开口于肾乳头。其管壁上皮细胞由单层立方上皮逐渐转变为单层柱状上皮。集合小管具有重吸收原尿中水和无机盐的功能。

（三）球旁复合体

球旁复合体由球旁细胞和致密斑等组成（图4-12）。

1.球旁细胞　是入球微动脉近肾小球处管壁的平滑肌细胞分化而成的立方形或多边形细胞。球旁细胞能分泌肾素。肾素在血液中经过复杂的生化反应后，可导致血压升高。某些肾病伴随的高血压与肾素分泌异常有关。

2.致密斑　是远曲小管邻近肾小球一侧的管壁上皮细胞分化形成的高柱状、排列紧密的椭圆形结构。一般认为，致密斑是钠离子感受器，能感受小管液中钠离子浓度的变化，并将信息传递至球旁细胞，从而调节肾素的分泌。

考点与重点　肾单位、滤过膜、球旁复合体

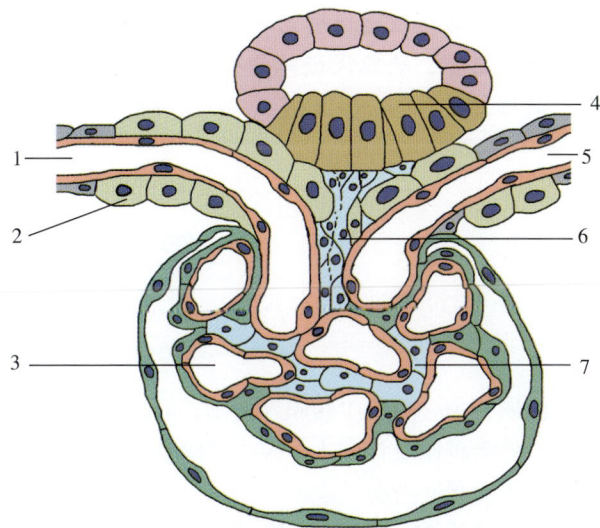

1.入球微动脉；2.球旁细胞；3.毛细血管；4.致密斑；5.出球微动脉；
6.球外系膜细胞；7.球内系膜细胞

图4-12　球旁复合体模式图

六、肾的血液循环

肾的血液循环有两大作用：一是营养肾组织，二是参与尿的生成。

肾的血液循环具有以下特点：①肾动脉直接起于腹主动脉，血管粗短，血流量大，流速快；②入球微动脉粗短，出球微动脉细长，因此血管球内压力较高，有利于血浆滤出并生成原尿；③出球微动脉在肾小管周围形成第二次毛细血管网，其压力较低，有利于肾小管和集合管的重吸收作用；④直小血管与髓袢伴行，有利于髓袢和集合管的重吸收及尿液的浓缩。

链接

肾囊封闭术

肾囊封闭术是临床上通过穿刺方法将普鲁卡因等药物注入肾脂肪囊，以达到镇痛等治疗目的的一项技术。该技术主要用于治疗急性无尿、功能性尿潴留、麻痹性肠梗阻、术后腹胀及肾绞痛等疾病。

1. 部位选择　穿刺点位于腰部第 12 肋骨下缘，竖脊肌外侧缘与髂嵴之间的区域；或选择第 1 腰椎棘突外侧 5cm 处，此处为进入肾脏的较短径路。操作时，需在竖脊肌外侧缘与第 12 肋交点下方约 1cm 处进行局部麻醉。

2. 穿经结构　穿刺针由浅入深依次经过皮肤、浅筋膜、背阔肌、胸腰筋膜、腹横肌起始腱膜、腰方肌、肾旁脂肪及肾后筋膜，最终刺入肾脂肪囊后部。

医者仁心

关注世界肾脏日，关注肾健康

国际肾脏病学会和国际肾脏基金联合会共同倡议设立世界肾脏日。自 2006 年起，每年 3 月的第 2 个星期四被确定为世界肾脏日，旨在提高公众对慢性肾脏病的认识，并强调慢性肾脏病的早期检测和预防的重要性。

尿毒症是急、慢性肾衰竭的终末期阶段。目前，尿毒症的治疗方法包括血液透析、腹膜透析，以及有条件者可选择的肾脏移植。我国器官捐献的供需比例约为 1 : 30，每年仍有约 30 万需要器官移植的患者在等待重生的机会。

器官捐献是一项充满爱心与社会责任的行为，它不仅能够挽救生命、推动医学研究和医疗技术进步，还能促进社会观念的转变，对个人、家庭及社会产生深远影响。让我们共同努力，鼓励更多人参与器官捐献，以实际行动践行对生命的尊重，承担起社会责任。

第二节　输尿管道

一、输尿管

输尿管为一对位于腹膜外的细长肌性管道，自肾盂起始后，首先沿腹后壁腰大肌表面下行，至小骨盆上口处跨越髂血管进入盆腔，再沿盆腔侧壁弯曲向前，在膀胱底的外上角斜穿膀胱壁，最终以输尿管口开口于膀胱底内面。

输尿管长 25 ～ 30cm，管径粗细不等，全长有三处狭窄：第一处为输尿管起始处；第二处为与髂血管交叉处；第三处为斜穿膀胱壁处。当尿路结石下降时，易嵌顿于狭窄处，引起排尿困难和剧烈绞痛。

考点与重点　输尿管三处狭窄及临床意义

二、膀 胱

膀胱是一个贮存尿液的囊状肌性器官，具有较大的伸缩性。成人膀胱容量一般为300～500mL，女性膀胱容量较男性小，新生儿膀胱容量约为成人的1/10。

（一）膀胱的形态、位置和毗邻

1.膀胱的形态 膀胱形态因其充盈程度不同而异。充盈时呈卵圆形；空虚时呈三棱锥体形（图4-13）。膀胱可分为尖、底、体、颈四部分：尖部朝向前上方，称为膀胱尖；底部近似三角形，朝向后下方，称为膀胱底；膀胱尖与底之间的部分称为膀胱体；最下部称为膀胱颈，其下端有尿道内口，与尿道相通。

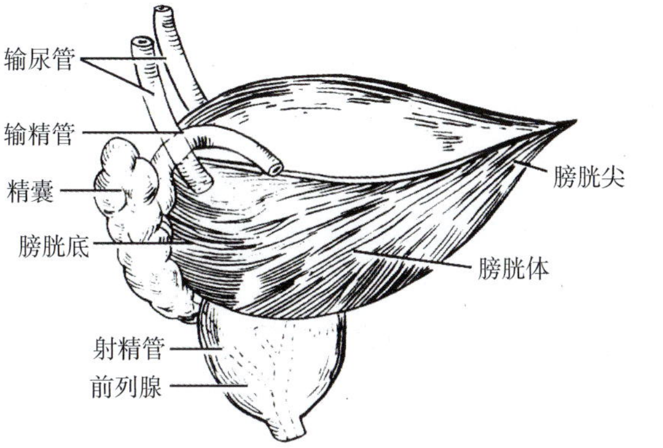

图4-13 膀胱外形（男性）

2.膀胱的位置和毗邻 成人膀胱位于盆腔前部，前方为耻骨联合。在男性，膀胱后方与精囊、输精管末端和直肠相邻；在女性，则与子宫颈和阴道相邻。膀胱颈在男性下方与前列腺相邻，在女性则紧贴尿生殖膈。膀胱上面有腹膜覆盖，男性上方与小肠相邻，女性上方则有子宫覆盖（图4-14、图4-15）。膀胱空虚时，膀胱尖不超过耻骨联合上缘；充盈时，膀胱尖上升至耻骨联合以上，腹前壁折向膀胱的腹膜也随之向上移位，使膀胱前下壁直接与腹前壁相贴。因此，当膀胱充盈时，在耻骨联合上缘进行膀胱穿刺，穿刺针可不经腹膜腔而直接进入膀胱。

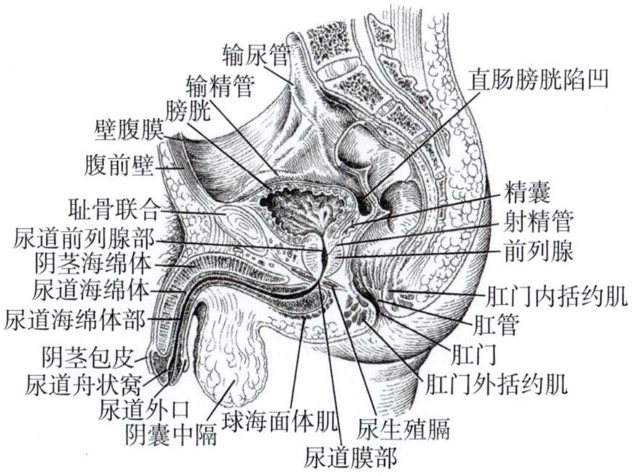

图4-14 男性盆腔正中矢状切面

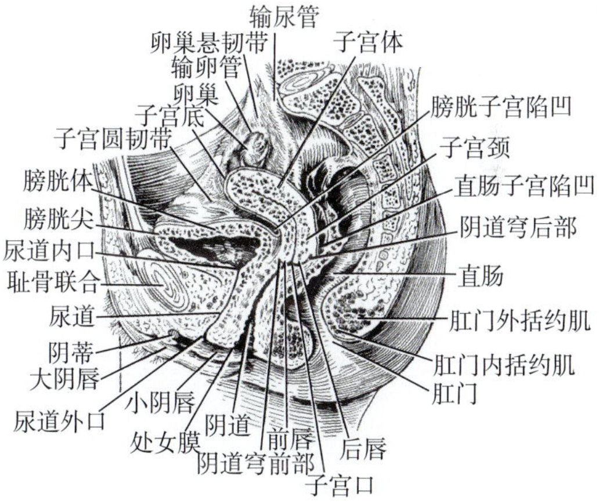

图4-15 女性盆腔正中矢状切面

（二）膀胱壁的构造

膀胱壁由黏膜、肌层和外膜三层构成。

1.黏膜 黏膜的上皮为变移上皮。膀胱空虚时，黏膜因肌层收缩而形成许多皱襞；充盈时皱襞消失。但在膀胱底内面，两输尿管口与尿道内口之间的三角形区域，无论膀胱处于空虚或充盈状态，黏膜表面始终光滑无皱襞，此区称为膀胱三角（图4-16）。膀胱三角是肿瘤和结核的好发部位，也是膀胱镜检查时寻找输尿管口的重要标志。

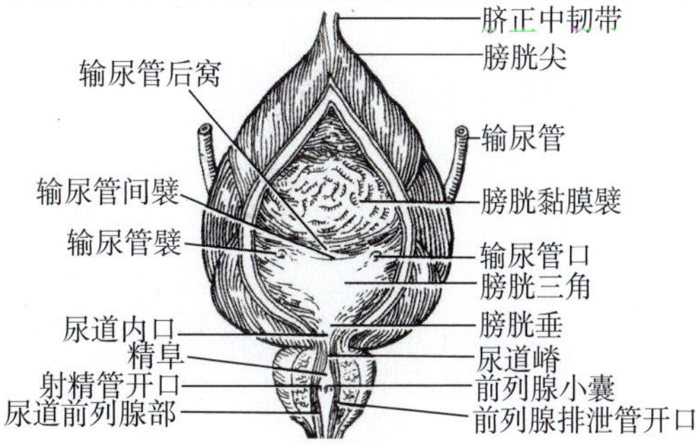

图4-16 膀胱三角

2. 肌层 由平滑肌构成。在尿道内口处有环形的膀胱括约肌（尿道内括约肌）。

3. 外膜 膀胱上面为浆膜（脏腹膜），其余部分为纤维膜。

考点与重点 膀胱三角

三、尿　　道

尿道是膀胱通向体外的排尿管道。男、女性尿道存在显著差异：男性尿道具有排尿与排精功能，将在男性生殖系统中详述；女性尿道长 3～5cm，紧贴阴道前壁，起于膀胱的尿道内口，穿过尿生殖膈，以尿道外口开口于阴道前庭。由于女性尿道与阴道相邻，且具有短、宽、直的特点，故易发生逆行性尿路感染。

考点与重点 女性尿道的特点

？ 思 考 题

1. 在肾的冠状切面上可见哪些重要结构？
2. 简述膀胱的形态特征。
3. 简述输尿管的三个生理性狭窄及其临床意义。

本章数字资源

第五章　生殖系统

📋 案例

严某，男，72岁。主诉5年前开始出现排尿困难、尿等待、尿线变细及尿滴沥症状，于多家医院就诊，均诊断为"前列腺增生症"，经口服药物、静脉给药（具体药物不详）及局部治疗后疗效欠佳。2天前因急性尿潴留就诊于我院。入院查体：前列腺指诊示腺体Ⅲ度肿大，质地坚硬，压痛阳性，中央沟消失。肾功能检测示血尿素氮升高。泌尿系超声检查显示：前列腺体积6.2cm×6.4cm×6.3cm，呈球形突入膀胱；膀胱残余尿量3.6cm×5.0cm×5.6cm；双侧肾盂中度积水。临床诊断：前列腺增生症伴慢性尿潴留（继发肾功能不全）。治疗：行经尿道前列腺切除术，术后排尿通畅，予口服药物及多饮水医嘱。

问题：1. 为什么男性前列腺肥大会引起肾功能损害？
　　　2. 简述前列腺的位置、毗邻、形态及结构。
　　　3. 前列腺增生的首选体格检查方法是什么？

生殖系统分为男性生殖系统和女性生殖系统，其功能是产生生殖细胞、繁殖新个体以及分泌性激素。根据器官所在部位的不同，可分为内生殖器和外生殖器。内生殖器多位于盆腔内，包括产生生殖细胞的生殖腺、输送生殖细胞的输送管道及附属腺体；外生殖器显露于体表，主要为性交器官。

第一节　男性生殖系统

男性生殖系统的内生殖器由生殖腺（睾丸）、输精管道（附睾、输精管、射精管和尿道）及附属腺体（精囊、前列腺、尿道球腺）组成；外生殖器包括阴囊和阴茎（图5-1）。

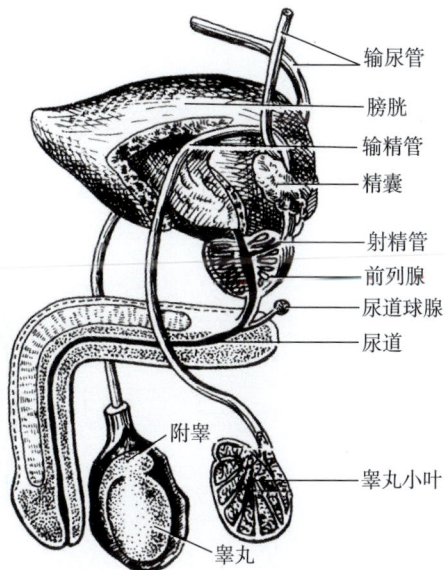

图 5-1　男性生殖系统概观

一、男性内生殖器

（一）睾丸

睾丸是男性生殖腺，具有产生精子和分泌雄激素的功能。

1. 睾丸的形态和位置　睾丸呈扁椭圆形，位于阴囊内，左右各一，分上、下两端，内、外两面，前、后两缘（图 5-2）。后缘有血管、神经和淋巴管出入，并与附睾、输精管起始部相接触。上端被附睾头遮盖，下端及前缘游离。睾丸外侧面较隆凸，与阴囊外侧壁相贴；内侧面较平坦，与阴囊隔相贴。睾丸除后缘外均被覆鞘膜，鞘膜由浆膜构成，分脏、壁两层：脏层紧贴睾丸表面，壁层贴附于阴囊内面。脏、壁两层在睾丸后缘相互移行，围成密闭的鞘膜腔，腔内含少量浆液，起润滑作用。若睾丸在出生前未降至阴囊而停滞于腹腔或腹股沟管内，称为隐睾症。

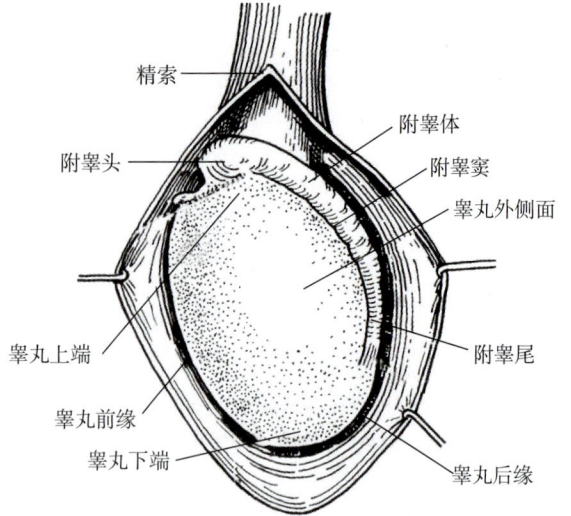

图 5-2　左侧睾丸及附睾

2. 睾丸的微细结构　睾丸表面包被有致密结缔组织构成的白膜，白膜在睾丸后缘增厚形成睾丸纵隔。纵隔的结缔组织呈放射状伸入睾丸实质，将其分隔成许多锥体形的睾丸小叶，每个小叶内含 1～4 条生精小管（精曲小管）。生精小管近睾丸纵隔处变为短而直的直精小管，直精小管进入睾丸纵隔后相互吻合形成睾丸网，最终在睾丸后缘发出十多条睾丸输出小管进入附睾（图 5-3）。生精小管之间的结缔组织称为睾丸间质。

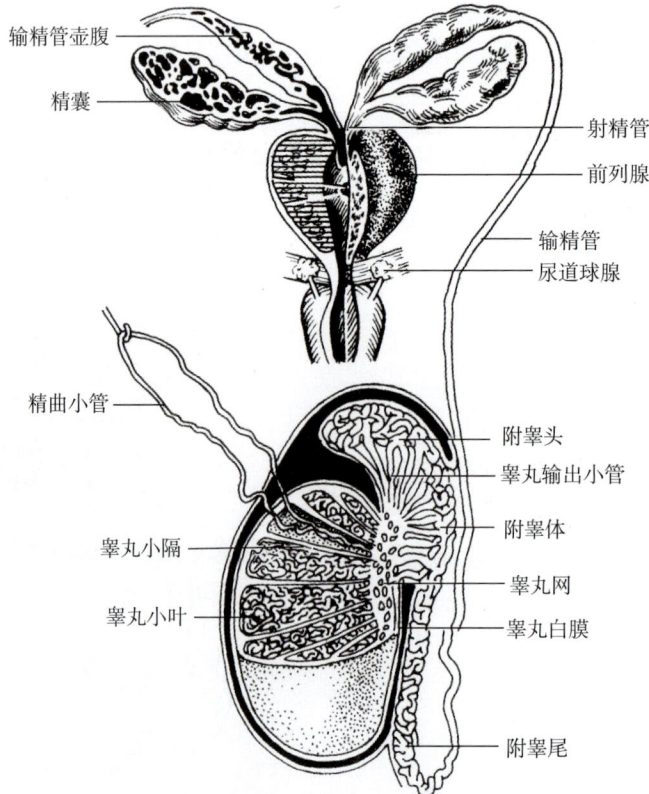

图 5-3　睾丸和附睾的结构及排精途径模式图

（1）生精小管：是产生精子的场所（图 5-4），主要由生精上皮构成。生精上皮由支持细胞和 5 ～ 8 层生精细胞组成，上皮外有较厚的基膜，基膜外侧有胶原纤维和梭形类肌细胞，类肌细胞收缩时可协助精子排出。

1）生精细胞：包括精原细胞、初级精母细胞、次级精母细胞、精子细胞和精子（图 5-4）。

精原细胞：紧贴基膜，体积较小，呈圆形或椭圆形，核染色较深。

初级精母细胞：位于精原细胞近腔侧，体积较大，核大而圆。初级精母细胞经 DNA 复制后完成第一次减数分裂，形成两个次级精母细胞。

次级精母细胞：靠近管腔，核圆形，染色较深，染色体核型为 23，X 或 23，Y。次级精母细胞迅速完成第二次减数分裂，形成两个精子细胞。

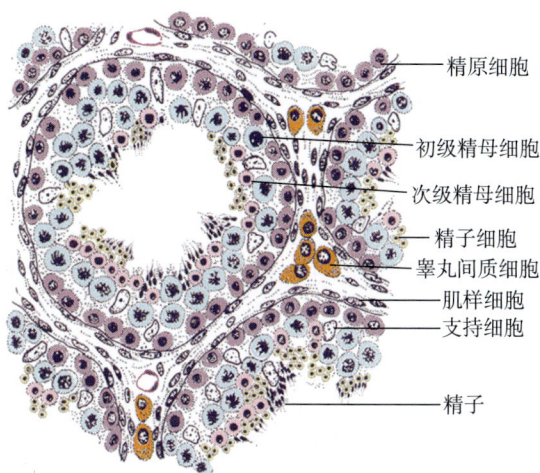

图 5-4　生精小管及睾丸间质模式图

精子细胞：靠近管腔，核小而圆，不再分裂，经形态变化发育为精子。

精子：形似蝌蚪，全长约 60μm，分头、尾两部。头部主要为浓缩的细胞核，核前 2/3 覆盖顶体，内含顶体蛋白酶、透明质酸酶等水解酶。受精时，顶体酶可溶解卵细胞外周结构，对受精起关键作用。尾部为运动装置（图 5-5）。

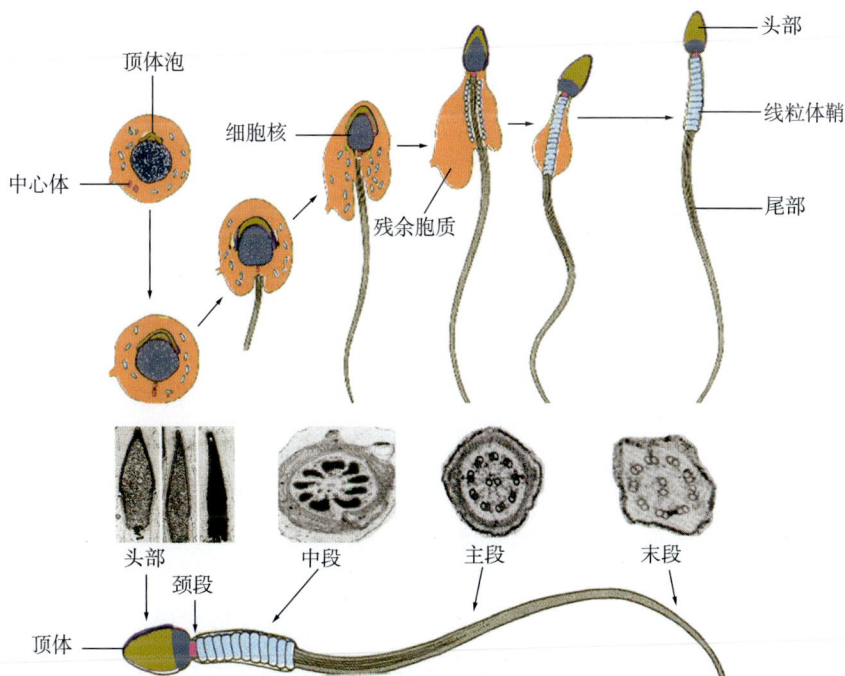

图 5-5　精子形成和精子超微结构示意图

2）支持细胞：呈不规则高柱状或长锥形，底部贴附基膜，顶部伸达管腔，相邻支持细胞间镶嵌各级生精细胞（图 5-4）。其功能包括：支持营养生精细胞、吞噬残余胞质、合成雄激素结合蛋白（维持生精小管内雄激素水平，促进精子发生与成熟）。

（2）睾丸间质：生精小管之间的睾丸间质为疏松结缔组织，除含有丰富的血管、淋巴管和一般的结缔组织细胞外，还存在一种间质细胞。该细胞呈群分布，体积较大，呈圆形或多边形，核圆且居中，胞质嗜酸性较强（图5-4）。间质细胞具有分泌雄激素的功能，雄激素可促进精子发生、男性生殖器官的发育，并维持第二性征和性功能。

考点与重点 *睾丸的形态与位置*

（二）附睾、输精管、射精管、精索

1. 附睾 紧贴于睾丸的上端和后缘，可分为头、体、尾三部分（图5-2）。头部由睾丸输出小管迂曲盘绕形成，输出小管的末端汇合成一条附睾管，依次延续为体部和尾部。附睾管末端移行为输精管。附睾的功能除暂时贮存精子外，其分泌的液体能为精子提供营养，并促进精子进一步成熟。

2. 输精管 是附睾管的直接延续，全长31～32cm，管壁肌层较厚，活体触诊时呈坚韧的圆索状（图5-1、图5-3）。输精管行程较长，可分为四部分。

（1）睾丸部：起自附睾尾端，沿睾丸后缘上行至睾丸上端。

（2）精索部：介于睾丸上端与腹股沟管皮下环之间，此段位置表浅，易于触及，是输精管结扎术的首选部位。

（3）腹股沟管部：穿行于腹股沟管内，临床进行疝修补术时需注意保护该段输精管。

（4）盆部：自腹股沟管腹环延伸至输精管末端，为四部中最长段。该段经腹环进入盆腔，沿骨盆侧壁向后下方走行，跨越输尿管末端前上方至膀胱底后方，其末端膨大形成输精管壶腹（图5-6）。壶腹下端逐渐变细，与精囊排泄管汇合形成射精管。

3. 射精管 由输精管壶腹末端与精囊排泄管汇合而成，长约2cm，斜穿前列腺实质，最终开口于尿道前列腺部。

4. 精索 为成对的柔软圆索状结构，从腹股沟管腹环穿经腹股沟管，出皮下环后延至睾丸上端。其由

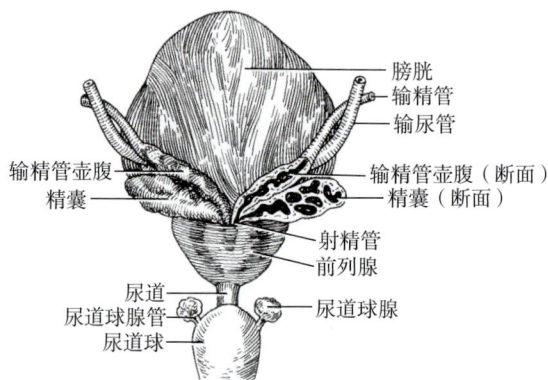

图5-6　精囊、前列腺和尿道球腺

输精管、睾丸动脉、输精管血管、蔓状静脉丛、神经、淋巴管等结构外包三层被膜构成。蔓状静脉丛若发生扩张、迂曲（精索静脉曲张），可影响精子发生和精液质量，是导致男性不育的常见病因之一。

考点与重点 *附睾的形态、输精管的分部*

（三）精囊、前列腺和尿道球腺

1. 精囊 又称精囊腺，为成对的扁椭圆形囊状器官，位于膀胱底后方及输精管壶腹的外侧（图5-6）。左右各一，其排泄管与输精管末端汇合形成射精管。

2. 前列腺 为实质性器官，位于膀胱颈与尿生殖膈之间，包绕尿道起始部（图5-3、图5-6）。其外形呈栗子状，上端宽大称为前列腺底，下端尖细称为前列腺尖，底与尖之间的部分称为前列腺体。前列腺体后面有一纵行浅沟，称为前列腺沟，活体直肠指诊时可触及此沟。

前列腺由腺组织、平滑肌和结缔组织构成，表面包被坚韧的前列腺囊。小儿前列腺体积甚小，腺组织未发育。性成熟期腺组织迅速增生。老年期腺组织退化萎缩，若腺内结缔组织增生，则可能导致前列腺肥大，压迫尿道引起排尿困难。

3. 尿道球腺 为成对的豌豆大小球形腺体，埋藏于尿生殖膈内（图5-6），其细长的排泄管开口于尿道球部。

考点与重点 *前列腺的形态*

（四）男性尿道

男性尿道兼有排尿和排精功能（图5-7、图4-14）。起于膀胱的尿道内口，止于阴茎头的尿道外口，成人尿道长16～22cm，管径为5～7mm，全程可分为三部分，即前列腺部、膜部和海绵体部。临床上将前列腺部和膜部统称为后尿道，海绵体部称为前尿道。

1. 前列腺部 为尿道穿过前列腺的部分，长约3cm，是尿道管径最宽且最易扩张的区段。其后壁存在射精管及前列腺排泄管的开口。

2. 膜部 为尿道穿过尿生殖膈的部分，长约1.5cm，管径狭窄且位置固定，其周围有尿道膜部括约肌（尿道外括约肌）环绕，参与排尿控制。该部位是外伤性尿道断裂的好发部位。

3. 海绵体部 为尿道贯穿尿道海绵体的部分，长12～17cm。位于尿道球内的尿道段管径最宽，称为尿道球部，尿道球腺开口于此。阴茎头内的尿道膨大形成尿道舟状窝。

男性尿道在行程中粗细不一，存在三处狭窄、三处扩大和两个弯曲。三处狭窄分别为尿道内口、尿道膜部和尿道外口。其中，尿道外口最为狭窄，尿道结石易滞留于这些狭窄部位。三处扩大分别位于尿道前列腺部、尿道球部和尿道舟状窝。当自然悬垂时，男性尿道呈现两个弯曲：①第一个弯曲位于耻骨联合下方，呈凹向上方向，称为耻骨下弯，该弯曲距耻骨联合下方约2cm，包含尿道前列腺部、膜部以及海绵体部的起始段；此弯曲位置固定，不可改变。②第二个弯曲位于耻骨联合前下方，呈凹向下方向，处于阴茎根与阴茎体之间，称为耻骨前弯；当将阴茎提向腹前壁时，此弯曲可被拉直。临床进行尿道导尿管插入操作时，即采取此体位，以避免损伤尿道（图4-14）。

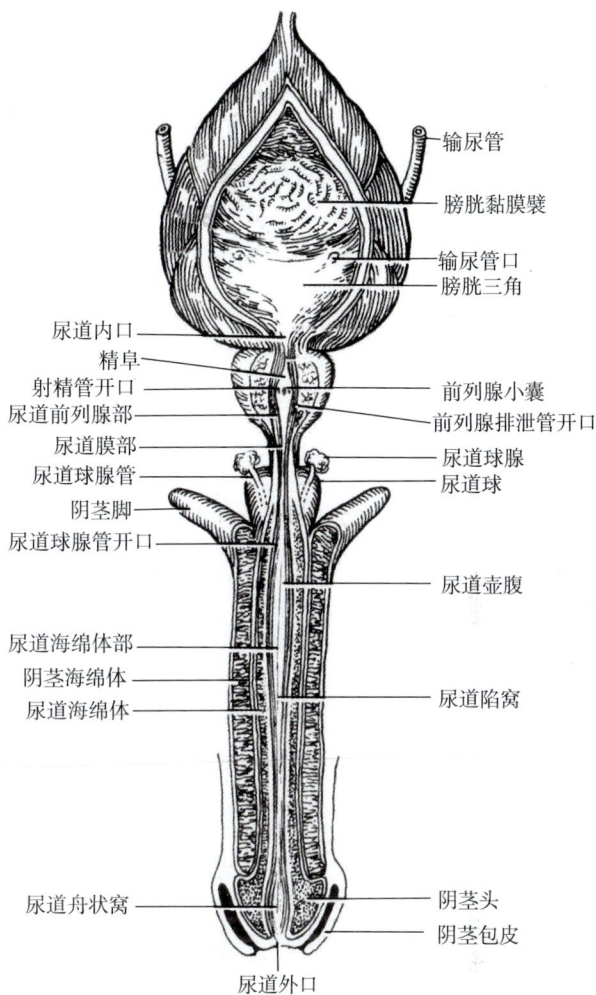

图5-7 膀胱和男性尿道

（标注：输尿管、膀胱黏膜襞、输尿管口、膀胱三角、尿道内口、精阜、射精管开口、尿道前列腺部、尿道膜部、尿道球腺管、阴茎脚、尿道球腺管开口、前列腺小囊、前列腺排泄管开口、尿道球腺、尿道球、尿道壶腹、尿道海绵体部、阴茎海绵体、尿道海绵体、尿道陷窝、尿道舟状窝、阴茎头、阴茎包皮、尿道外口）

考点与重点 男性尿道的分部、狭窄、扩大和弯曲

链接

男性导尿术

操作要点：将阴茎向上提起，使其与腹壁呈60°，此时尿道耻骨前弯消失。轻柔缓慢地插入导尿管，使其顺着尿道的耻骨下弯方向进入。导尿管自尿道外口插入7～8cm时，相当于尿道海绵体部的中段。因该处黏膜上有尿道球腺的开口，开口处形成许多大小不等的尿道陷窝。若导尿管前端顶住陷窝，则会出现阻力，此时轻轻转动导尿管便可顺利通过。当导尿管进入尿道膜部或尿道内口时，可能因狭窄或刺激导致括约肌痉挛，造成进管困难，此时切勿强行插入。导尿管自尿道外口插入约20cm后，可见尿液流出，此时需再继续插入2cm。但切勿插入过深，以免导尿管在膀胱内盘曲。

二、男性外生殖器

（一）阴囊

阴囊是位于阴茎后下方的皮肤囊袋（图5-8）。阴囊壁由皮肤、肉膜、精索外筋膜、提睾肌和精索内筋膜组成。皮肤薄而柔软，颜色深暗。肉膜是阴囊的浅筋膜，内含平滑肌纤维，可随外界温度变化而舒缩，从而调节阴囊内温度，有利于精子的发育与存活。肉膜在正中线上形成阴囊中隔，将阴囊腔分为左右两半，分别容纳一侧的睾丸和附睾。

（二）阴茎

阴茎可分为头、体、根三部分（图5-9）。其中，后端为阴茎根，固定于耻骨下支和坐骨支；中部为阴茎体，呈圆柱形，悬垂于耻骨联合前下方；前端膨大为阴茎头，其尖端有矢状位的尿道外口。

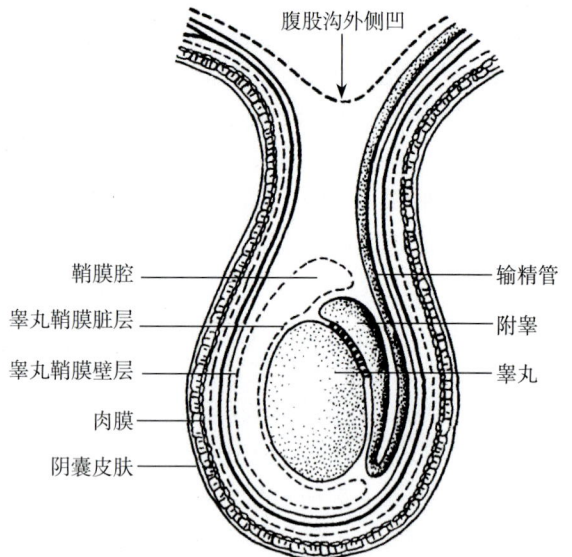

图5-8　阴囊的结构

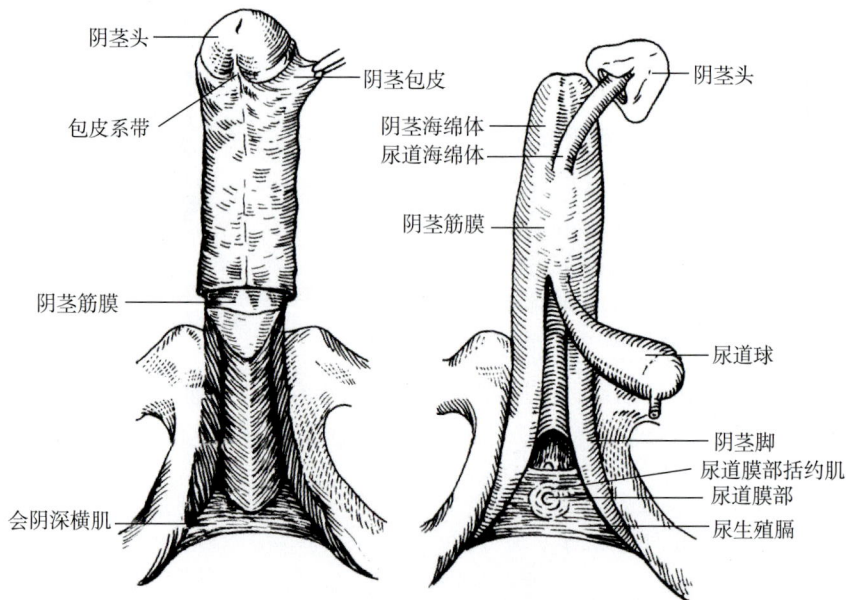

图5-9　阴茎的外形与构造

阴茎由两条阴茎海绵体和一条尿道海绵体构成，外包筋膜和皮肤。阴茎海绵体位于阴茎背侧，左右各一。前端两侧紧密结合并变细，嵌入阴茎头后面的凹陷内；后端两侧分开，分别附着于两侧的耻骨下支和坐骨支。尿道海绵体位于阴茎海绵体腹侧，尿道贯穿其全长，前端膨大形成阴茎头，后端膨大形成尿道球。海绵体为勃起组织，由许多小梁和腔隙组成，这些腔隙与血管直接相通，当腔隙充血时，阴茎即变硬勃起。

阴茎的三个海绵体外共同包被阴茎深筋膜、浅筋膜和皮肤（图5-10）。阴茎皮肤薄而柔软，富有伸展性。皮肤在阴茎头处返折形成双层皱襞，包绕阴茎头称为阴茎包皮。在阴茎头腹侧中线上，包皮与尿道外口下端相连的皮肤皱襞称为包皮系带。进行包皮环切术时需注意避免损伤包皮系带，以免影响阴茎正常勃起功能。幼儿包皮较长，常完全包绕阴茎头，随年龄增长逐渐退缩。若成年后包皮仍完全覆盖阴茎头且无法退缩，则称为包皮过长或包茎。包皮腔内易积存包皮垢，可能引发阴茎头包皮炎，长期刺激还可能增加阴茎癌发病风险。

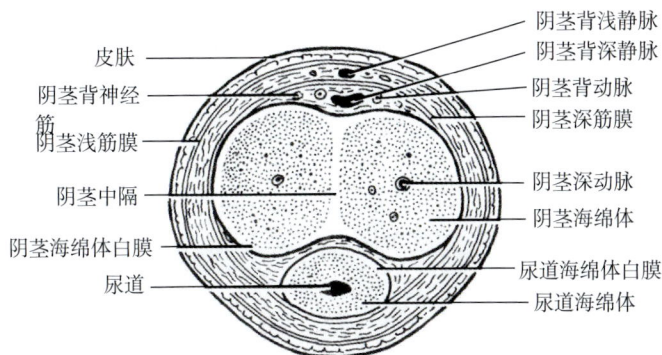

图 5-10　阴茎横切面

第二节　女性生殖系统

女性内生殖器由生殖腺（卵巢）、输送管道（输卵管、子宫、阴道）和附属腺体（前庭大腺）组成（图 4-15、图 5-11）；外生殖器即女阴。

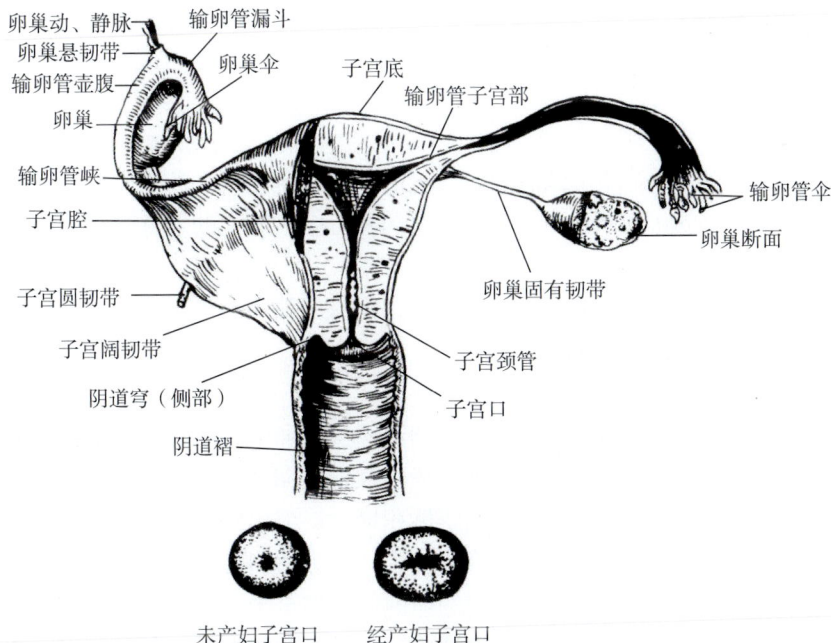

图 5-11　女性内生殖器

一、女性内生殖器

（一）卵巢

卵巢为女性生殖腺，是产生女性生殖细胞和分泌雌性激素的器官。

1. 卵巢的位置和形态　卵巢左右各一，位于子宫两侧、骨盆侧壁的卵巢窝内。卵巢呈扁椭圆形，分为上、下两端，前、后两缘和内、外两个侧面。前缘有血管、神经出入，称为卵巢门。上端借卵巢悬韧带与骨盆相连，下端借卵巢固有韧带与子宫两侧相连（图5-11、图4-15）。卵巢的大小和形态随年龄增长而发生变化。幼女的卵巢较小；性成熟期卵巢体积最大，并因多次排卵而表面形成瘢痕；50岁以后卵巢逐渐萎缩。

2.卵巢的微细结构　卵巢是实质性器官，表面被覆单层扁平或立方上皮，上皮深面为薄层致密结缔组织，称为白膜。卵巢实质的外周部分为卵巢皮质，含有不同发育阶段的卵泡和黄体等；中央部分为卵巢髓质，由疏松结缔组织、血管和神经等构成（图5-12）。

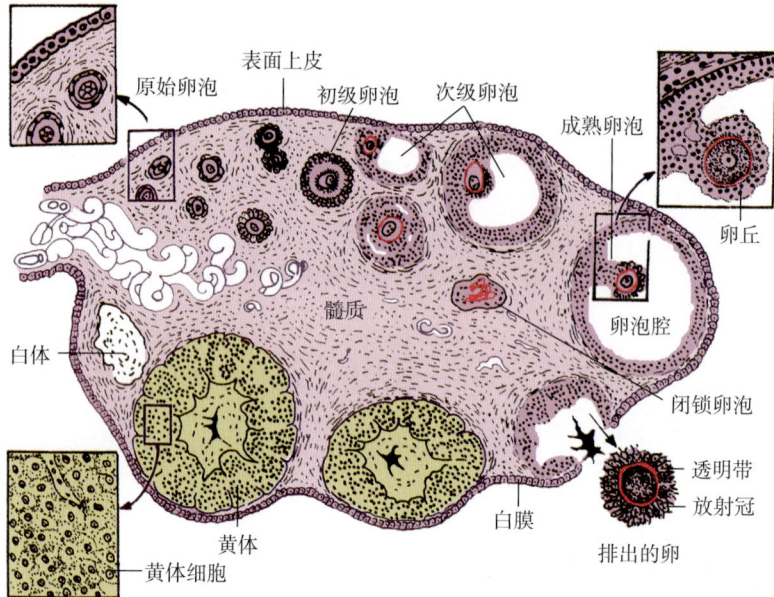

图5-12　卵巢结构模式图

（1）卵泡的发育：卵泡由一个卵母细胞和包绕它的卵泡细胞组成。卵泡发育从胚胎时期开始，至出生时约有原始卵泡100万～200万个，到青春期仅存约4万个。卵泡的发育分为原始卵泡、生长卵泡和成熟卵泡三个阶段。

第一阶段——原始卵泡：原始卵泡位于皮质浅层，由一个初级卵母细胞和周围的一层扁平卵泡细胞组成。初级卵母细胞是卵细胞的幼稚阶段，呈圆形，核大而圆，染色浅，核仁明显。卵泡细胞对卵母细胞具有营养和支持作用。

第二阶段——生长卵泡：生长卵泡可分为初级卵泡和次级卵泡两个阶段。①初级卵泡：由初级卵母细胞及其周围单层或多层的立方或柱状卵泡细胞组成。从青春期开始，在垂体促性腺激素的作用下，每月均有部分原始卵泡开始生长发育。初级卵母细胞体积增大，但仍停留于第一次成熟分裂前期。在初级卵母细胞与卵泡细胞之间出现一层含糖蛋白的嗜酸性膜，称为透明带。随着卵泡生长，卵泡细胞周围的结缔组织形成卵泡膜。②次级卵泡：当初级卵泡的卵泡细胞增至十余层时，细胞间出现含液体的不规则小腔，随后融合形成新月形的卵泡腔，内含卵泡液。紧靠初级卵母细胞的卵泡细胞逐渐变为柱状，围绕透明带呈放射状排列，称为放射冠。随着卵泡液增多，卵泡腔扩大，初级卵母细胞、透明带、放射冠及部分卵泡细胞突入卵泡腔内，形成卵丘。此时卵泡膜分化为两层：内层富含毛细血管和细胞；外层纤维较多，细胞和血管较少。

第三阶段——成熟卵泡：生长卵泡发育至最后阶段时，卵泡细胞停止增殖，但卵泡液急剧增多，体积显著增大，直径可达1.8 cm，并向卵巢表面突出，称为成熟卵泡。在排卵前36～48小时，初级卵母细胞完成第一次成熟分裂，形成一个次级卵母细胞和第一极体。

（2）排卵：成熟卵泡内的卵泡液持续增多，使卵泡进一步向卵巢表面突出，导致局部卵泡壁、白膜和卵巢上皮变薄、结构松散，最终破裂。次级卵母细胞、透明带和放射冠随卵泡液排出卵巢，此过程称为排卵。排卵一般发生于月经周期的第 14 天。通常每月有 15 ~ 20 个原始卵泡开始发育，但仅有一个成熟卵泡完成排卵，且双侧卵巢交替进行。其余卵泡在不同发育阶段退化，称为闭锁卵泡。

卵泡细胞和卵泡膜细胞参与雌激素的合成与分泌。

（3）黄体的形成与退化：排卵后，卵泡壁塌陷，残留的卵泡壁、卵泡膜及血管内陷，形成体积较大、血管丰富的内分泌细胞团，称为黄体。黄体的维持时间取决于卵子是否受精。若卵子未受精，黄体仅维持约 2 周即退化，称为月经黄体；若卵子已受精，黄体继续发育，可维持 6 个月后退化，称为妊娠黄体。黄体退化后，逐渐被结缔组织替代，形成白体。

考点与重点 卵巢的形态、位置

（二）输卵管

输卵管是一对输送卵细胞的弯曲肌性管道（图 5-11）。

1. 输卵管的位置、分部和形态 输卵管连接于子宫底的两侧，包裹在子宫阔韧带上缘内，长 10 ~ 14cm。输卵管内侧端以输卵管子宫口与子宫腔相通，外侧端以输卵管腹腔口开口于腹膜腔。输卵管由内侧向外侧分为四部分。

（1）输卵管子宫部：是输卵管贯穿子宫壁的部分，以输卵管子宫口开口于子宫腔。

（2）输卵管峡：紧邻子宫部的外侧，短而狭窄，管壁较厚，输卵管结扎术常在此处进行。

（3）输卵管壶腹：约占输卵管全长的 2/3，管径较粗且弯曲，血管丰富，卵子通常在此处受精。

（4）输卵管漏斗：是输卵管外侧端的膨大部分，其末端的中央有输卵管腹腔口开口于腹膜腔，卵巢排出的卵子由此进入输卵管。漏斗末端的边缘形成许多细长的指状突起，称为输卵管伞，是手术时识别输卵管的标志性结构。

2. 输卵管的微细结构 输卵管的管壁由黏膜层、肌层和浆膜层三层构成。黏膜上皮为单层柱状上皮。肌层为平滑肌，呈内环行、外纵行排列。

临床上将卵巢和输卵管统称为子宫附件。

考点与重点 输卵管的位置、分部和形态

（三）子宫

子宫是女性孕育胎儿和产生月经的器官。

1. 子宫的形态和分部 子宫为中空性肌性器官，具有显著伸展性。成人未产妇的子宫呈倒置梨形，长 7 ~ 8cm，最宽径约 4cm，厚 2 ~ 3cm。子宫可分为底、体、颈三部分（图 5-11）：①子宫底：位于输卵管子宫口以上的圆凸部分；②子宫颈：为下端变细的部分；③子宫体：介于子宫底与子宫颈之间的部分。

子宫颈下端伸入阴道内的部分称为子宫颈阴道部，是宫颈癌及宫颈病变的好发部位；阴道以上的部分称为子宫颈阴道上部。

子宫颈阴道上部与子宫体相接处较为狭窄，称为子宫峡。非妊娠期子宫峡不明显，长约 1cm；妊娠期子宫峡逐渐伸展变长，可达 7 ~ 11cm，形成子宫下段，产科常在此处施行剖宫取胎术。

子宫内腔分为上、下两部。上部位于子宫体内，称为子宫腔，呈倒置三角形，两侧通输卵管子宫口，下端与子宫颈管相连；下部位于子宫颈内，呈梭形，称为子宫颈管，其上端通子宫腔，下端通阴道，称为子宫口。未产妇的子宫口呈圆形，经产妇的子宫口为横裂状（图 5-11）。

2. 子宫的位置和固定装置 子宫位于小骨盆腔中央，前邻膀胱，后靠直肠，下端接阴道，两侧有输卵管和卵巢。成年女性子宫的正常位置呈轻度前倾前屈位。前倾指子宫长轴向前倾斜，与阴道间形成凹

向前的弯曲。前屈指子宫颈与子宫体构成开口向前的角度。

子宫的正常位置依赖盆底肌的承托和韧带的固定。子宫的韧带包括有以下几种（图5-13）。

（1）子宫阔韧带：为子宫两侧延伸至骨盆侧壁的双层腹膜皱襞，上缘游离并包绕输卵管，前层覆盖子宫圆韧带，后层包被卵巢，内含血管、神经、淋巴管及结缔组织，可限制子宫向两侧移位。

（2）子宫圆韧带：由平滑肌和结缔组织构成的圆索状结构，起自子宫前侧壁、输卵管子宫口下方，经腹股沟管止于大阴唇皮下，是维持子宫前倾的主要结构。

（3）子宫主韧带：位于子宫颈两侧与骨盆侧壁之间，由结缔组织和平滑肌构成，可固定子宫颈并防止子宫脱垂。

（4）骶子宫韧带：起自子宫颈后面，向后绕过直肠两侧，固定于骶骨前方，由结缔组织和平滑肌组成，具有维持子宫前屈的作用。

3. 子宫的微细结构   子宫壁很厚，由内向外可分为三层：内膜、肌层和外膜（图5-14）。

（1）内膜：即子宫黏膜，由单层柱状上皮和固有层组成，其中子宫颈阴道部为复层扁平上皮。上皮向固有层内凹陷形成许多单管腺，称子宫腺。固有层由结缔组织构成，其中的星形细胞称基质细胞。内膜固有层内血管丰富，子宫动脉分支进入子宫内膜后，向子宫腔面垂直穿行，至功能层弯曲成螺旋形，称螺旋动脉。

子宫内膜可分为浅表的功能层和深部的基底层，功能层较厚，基底层较薄而致密。在月经周期，功能层可剥脱，而基底层不剥脱。

（2）肌层：由大量平滑肌束及结缔组织构成，肌束间有血管穿行。

（3）外膜：大部分为浆膜结构。

4. 子宫内膜的周期性变化   从青春期开始，子宫底和体的内膜在卵巢激素的作用下，出现周期性变化。

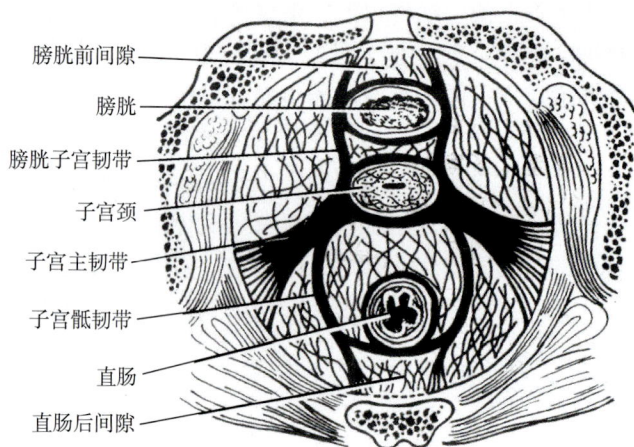

图5-13   子宫的固定装置模式图

膀胱前间隙
膀胱
膀胱子宫韧带
子宫颈
子宫主韧带
子宫骶韧带
直肠
直肠后间隙

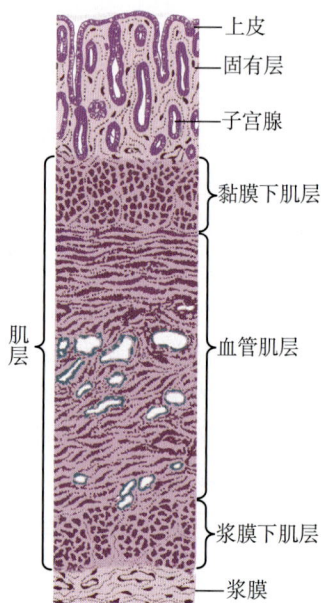

图5-14   子宫的微细结构

上皮
固有层
子宫腺
黏膜下肌层
血管肌层
浆膜下肌层
浆膜
肌层

考点与重点 子宫的形态和分部、子宫的位置和固定装置

（四）阴道

阴道是连接子宫和外生殖器的肌性管道，是性交的器官，也是排出月经和娩出胎儿的通道。

1. 阴道的位置和形态   阴道位于盆腔中央，前方与膀胱底和尿道相邻，后方贴近直肠（图5-11）。阴道上端较宽阔，包绕子宫颈阴道部，两者之间形成环状间隙，称为阴道穹。阴道穹后部较深，与直肠子宫陷凹相邻，两者之间仅隔以阴道后壁及腹膜。阴道下端较狭窄，以阴道口开口于阴道前庭。处女的阴道口周围有处女膜附着，处女膜破裂后，阴道口周围留有处女膜痕。个别女性处女膜较厚且无孔隙，称为处女膜闭锁或无孔处女膜，需进行手术治疗。

2. 阴道黏膜的结构特点   阴道黏膜形成许多横行皱襞。黏膜上皮为复层扁平上皮，在雌激素作用下增生变厚，可增强对病原体侵入的抵抗力。上皮细胞内含糖原，经乳酸杆菌作用分解为乳酸，维持阴道内酸性环境，对阴道具有自净作用。

二、女性外生殖器

女性外生殖器又称女阴，包括以下各部分（图5-15）。

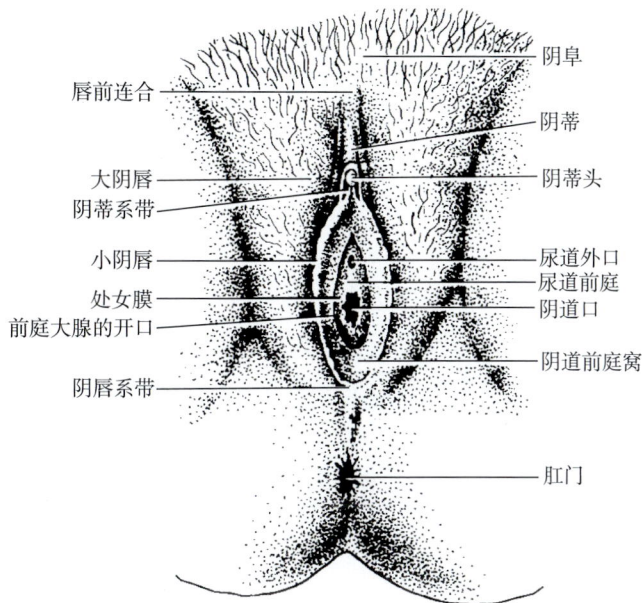

图 5-15　女性外生殖器

（一）阴阜

阴阜为耻骨联合前方的皮肤隆起，皮下富含脂肪组织，成年女性生有阴毛。

（二）大阴唇

大阴唇为一对纵行隆起的皮肤皱襞，表面富有色素沉着，部分女性长有阴毛。大阴唇的前、后端左右互相连合，分别称为唇前连合和唇后连合。

（三）小阴唇

小阴唇位于大阴唇内侧，为一对无阴毛分布的薄层皮肤皱襞，表面光滑湿润。

（四）阴道前庭

阴道前庭是位于两侧小阴唇之前的裂隙，其前部有较小的尿道外口，后部有较大的阴道口，阴道口两侧有前庭大腺的开口。

（五）阴蒂

阴蒂位于尿道外口的前方，由两个阴蒂海绵体组成，相当于男性的阴茎海绵体。暴露于外部的阴蒂头富含神经末梢，为性敏感器官。

（六）前庭球

前庭球与男性尿道海绵体同源，呈马蹄形，分为左、右外侧部和中间部。外侧部膨大，位于大阴唇皮下组织深部；中间部狭窄，连接于阴蒂体与尿道外口之间。

（七）前庭大腺

前庭大腺是女性的附属腺体，左右各一，位于阴道口的两侧、前庭球的后端，形如豌豆。前庭大腺分泌的黏液可润滑阴道口，腺管开口于处女膜环外侧、小阴唇中后 1/3 交界处的阴道前庭侧壁。

第三节　乳房和会阴

一、乳　房

男性乳房不发达，女性乳房于青春期后开始发育生长，妊娠和哺乳期具有分泌功能。

（一）乳房的位置和形态

乳房位于胸前部，覆盖于胸大肌和胸筋膜表面（图 5-16）。在胸大肌表面的深筋膜与乳腺体后方包膜之间存在乳腺后间隙，其内含有疏松结缔组织，无大血管分布。隆乳术时常将假体（如硅胶等）植入此间隙，以实现乳房隆起。成年未生育女性乳房呈半球形，乳房中央为乳头，其顶端有输乳管开口。乳头周围环形的色素沉着区称为乳晕。

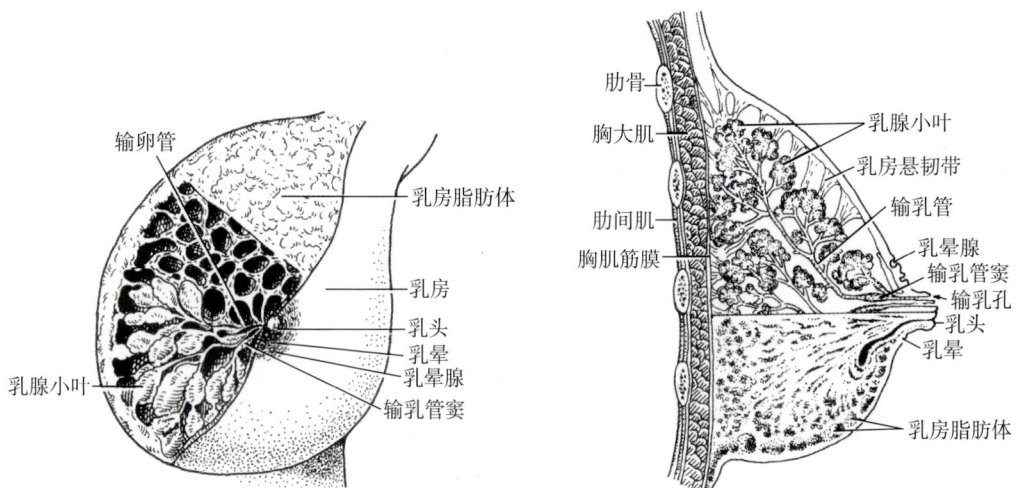

图 5-16　女性乳房

（二）乳房的内部结构

乳房主要由乳腺、致密结缔组织和脂肪组织构成。乳腺位于皮肤与胸肌筋膜之间，被致密结缔组织和脂肪组织分隔为 15～20 个乳腺叶。每个乳腺叶均有一条输乳管，乳腺叶和输乳管呈放射状排列于乳头周围。因此，在实施乳房手术时，应优先选择放射状切口，以最大限度减少对乳腺叶和输乳管的损伤。乳房皮肤、胸肌筋膜与乳腺之间连接有许多纤维结缔组织束，称为乳房悬韧带（Cooper 韧带），对乳房起支撑作用。当乳腺癌组织浸润时，乳房悬韧带挛缩并牵拉皮肤，形成特征性的皮肤凹陷，此为乳腺癌的重要临床表现。

二、会　阴

会阴有广义和狭义之分。

广义会阴是指封闭小骨盆下口的所有软组织。其境界呈菱形（图 5-17），前界为耻骨联合下缘，后界为尾骨尖，两侧为耻骨下支、坐骨支、坐骨结节和骶结节韧带。以两侧坐骨结节的连线为界，可将会阴分为前、后两个三角形的区域：前方为尿生殖三角（区），男性有尿道通过，女性有尿道和阴道通过；后方为肛门三角（区），有肛管通过。

狭义会阴在男性是指阴茎根后端与肛门之间的狭小区域。在女性即产科会阴，是指阴道后端与肛门之间狭小区域的软组织，解剖学上称这一区域为会阴中心腱。产妇分娩时应注意保护此区，以免造成会阴撕裂。

图 5-17　女性会阴分区

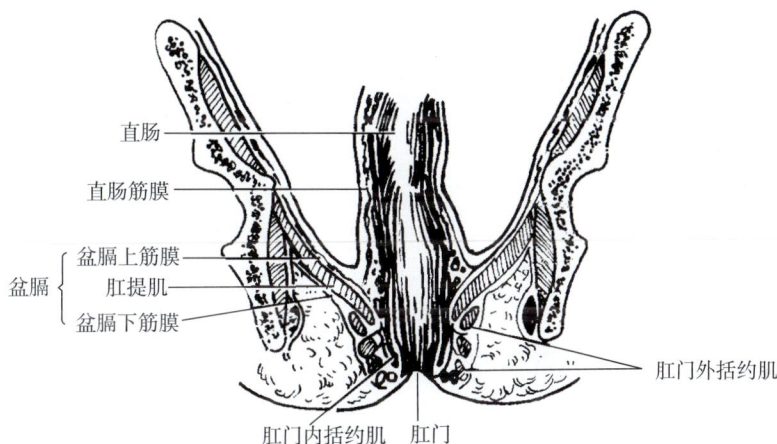

1.肛门三角的肌

（1）肛提肌：为一对四边形的薄扁肌。其起自骨盆侧壁，止于直肠及会阴中心腱至尾骨尖的连线上。其主要作用是加强和提起盆底，承托盆腔器官，并对肛管和阴道有括约作用。

（2）肛门外括约肌：为环绕肛门的骨骼肌，可随意收缩以括约肛门。

盆膈上、下筋膜与肛提肌共同构成盆膈，作为盆腔的底，中央有直肠通过（图 5-18）。

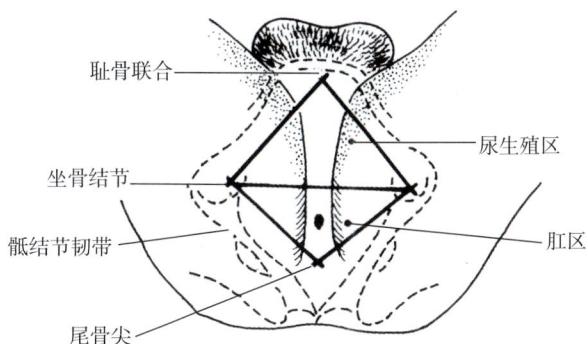

图 5-18　盆腔冠状切面模式图

2.尿生殖三角的肌

可分为浅、深两层。浅层肌包括会阴浅横肌、球海绵体肌和坐骨海绵体肌；深层肌包括会阴深横肌和尿道膜部括约肌。

（1）会阴深横肌：肌束横行，固定于两侧坐骨支之间，在中线两侧纤维相互交错，封闭尿生殖三角的后部，一部分止于会阴中心腱，收缩时可加强会阴中心腱的稳固性。

（2）尿道膜部括约肌：位于会阴深横肌前方，肌束包绕尿道膜部。女性包绕尿道和阴道，又称尿道阴道括约肌，可紧缩尿道和阴道。尿生殖膈上、下筋膜与会阴深横肌、尿道膜部括约肌共同构成尿生殖膈，中央有尿道通过，女性尚有阴道近端穿行。

❓ 思 考 题

1. 男性输精管结扎和女性输卵管结扎常选择什么部位进行？说明其解剖学依据。

2. 临床上为男性患者导尿时需要经过哪些狭窄和弯曲？

3. 简述子宫的正常位置及其固定装置。

本章数字资源

第六章 心血管系统

📋 案例

40岁的赵先生长期熬夜且饮食不健康，尤其偏爱高脂食物。近期他时常感到头晕，一次在搬重物时突然晕倒。被紧急送往医院后，医生通过血管造影检查发现，赵先生的冠状动脉存在严重的粥样硬化斑块，部分血管腔明显狭窄。

问题： 1.从解剖结构角度看，心脏内的血液如何通过冠状动脉及其分支滋养心肌组织？

　　　　2.赵先生冠状动脉狭窄会导致心肌组织的血液灌注发生哪些改变？

循环系统包括心血管系统和淋巴系统。心血管系统是一个封闭而连续的管道系统，血液在其中循环流动。淋巴系统是辅助静脉回流的管道系统。

第一节 概　　述

一、心血管系统的组成

心血管系统由心和血管组成（图6-1）。

1.心　是心血管系统的动力泵，为推动血液流动的肌性器官。心呈中空结构，分为左心房、右心房、左心室和右心室四个腔室。两心房之间由房间隔分隔，两心室之间由室间隔分隔，左右半心互不相通；同侧心房与心室之间通过房室口相连。房室口和动脉口周围均存在由结缔组织构成的纤维环，环上附有瓣膜，分别称为房室瓣和动脉瓣。瓣膜可顺血流方向开放，逆血流方向关闭，从而保证血液在心内的定向流动。

2.动脉　是输送血液离开心室的血管，由心室发出，在走行过程中逐渐分支为大动脉、中动脉、小动脉和微动脉，其管径逐级变细，最终移行为毛细血管。

3.毛细血管　是连接微动脉与微静脉的微细血管网络。毛细血管分布广泛，数量众多，管壁薄且通透性高，血流速度缓慢，是血液与组织液进行物质交换的主要场所。

4.静脉　是输送血液返回心房的血管，起始于毛细血管的静脉端，在回流过程中不断接受属支，逐渐汇集成微静脉、小静脉、中静脉和大静脉，其管径逐级增粗，最终注入心房。

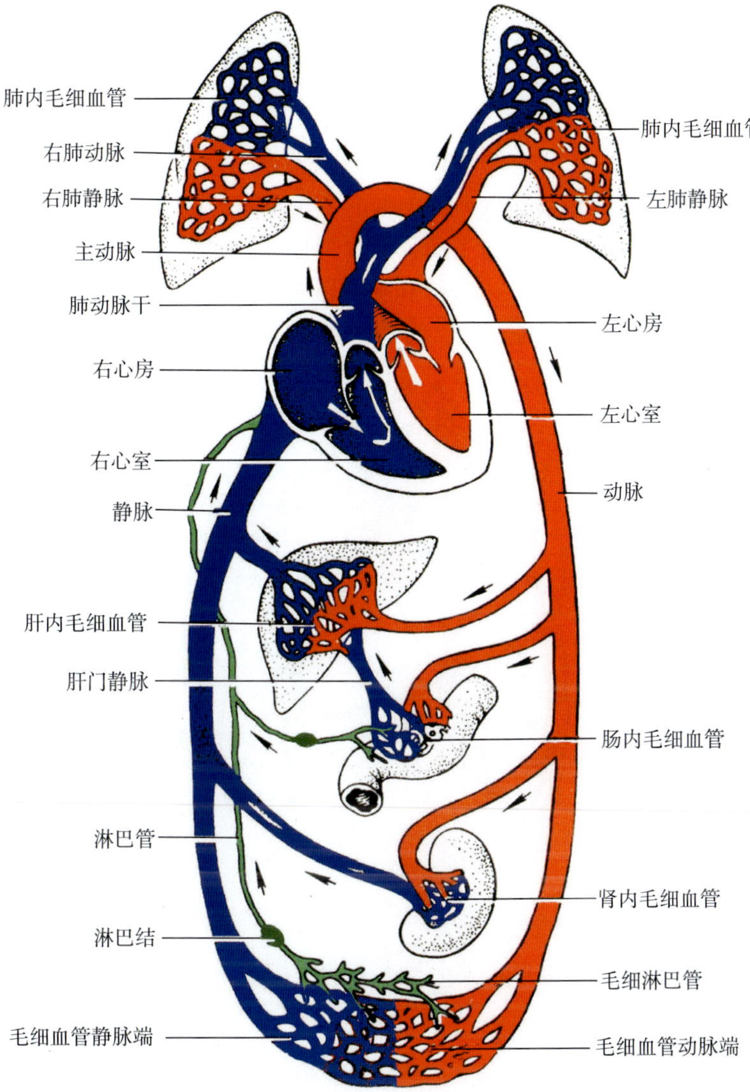

肺内毛细血管

右肺动脉

右肺静脉

主动脉

肺动脉干

右心房

右心室

静脉

肝内毛细血管

肝门静脉

淋巴管

淋巴结

毛细血管静脉端

肺内毛细血管

左肺静脉

左心房

左心室

动脉

肠内毛细血管

肾内毛细血管

毛细淋巴管

毛细血管动脉端

图 6-1　血液循环示意图

二、血液循环路径

血液由心室射出，流经动脉、毛细血管、静脉，最后返回心房，这种周而复始的流动，称为血液循环。根据其循环路径可分为体循环和肺循环两部分。

1. 体循环　心室收缩时，血液从左心室射入主动脉，流经主动脉及其各级分支到达全身毛细血管，血液在此与周围组织、细胞进行气体和物质交换，再经各级静脉汇聚成上、下腔静脉和冠状窦返回右心房。体循环的特点是流程长、范围广，血液流经全身各部，故又称大循环。其主要功能是将动脉血转变为静脉血，即将含氧量高和营养物质丰富的动脉血输送到毛细血管网进行物质交换，供全身各组织和细胞利用，并将含二氧化碳量高及其他代谢产物的静脉血运回心脏。

2. 肺循环　心室收缩时，血液从右心室射入肺动脉，经肺动脉及其分支到达肺毛细血管网，进行气体交换，再经肺静脉返回左心房。肺循环的特点是流程短，血液只流经肺，故又称小循环。其主要功能是实现气体交换，使静脉血转变为动脉血。

第二节　心

一、心的位置、形态和结构

1. 心的位置　心位于胸腔的中纵隔内，约 2/3 在正中线左侧，1/3 在正中线右侧（图 6-2）。两侧为肺和纵隔胸膜，下方为膈的中心腱，后方与主动脉和食管相邻，前面小部分与胸骨下份和左侧第 3～6 肋软骨相邻。心大部分被肺和胸膜覆盖，未被肺和胸膜覆盖的部分称为心裸区。为避免损伤胸膜和肺，临床上心内注射常在胸骨左缘第 4 肋间隙进针，将药物注入右心室内。

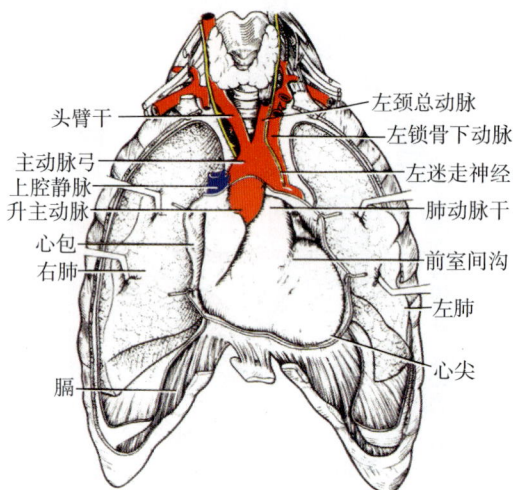

图 6-2　心的位置

2. 心的形态　外形略呈倒置的圆锥形，大小与本人拳头相近，分为一尖、一底、两面、三缘和三沟（图 6-3、图 6-4）。

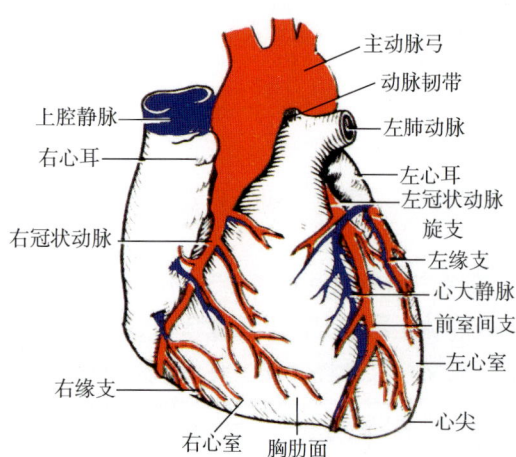

图 6-3　心前面观

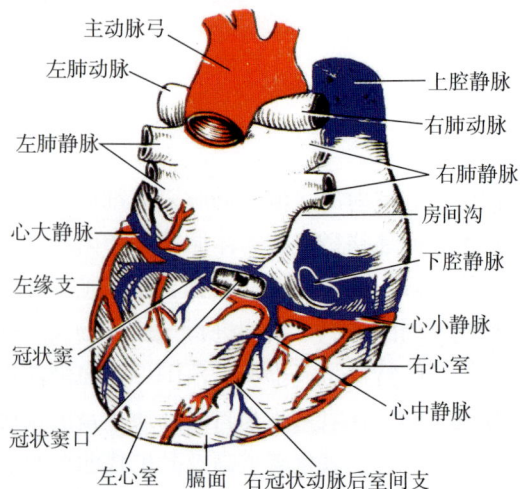

图 6-4　心下面观

3. 心的结构

（1）心尖：钝圆，朝向左前下方，由左心室构成，与左胸前壁贴近，其体表投影位于左侧第 5 肋间隙、锁骨中线内侧 1～2cm 处，此处可触及心尖搏动。

（2）心底：朝向右后上方，较平坦，大部分由左心房、小部分由右心房构成，与出入心的大血管相连。上、下腔静脉注入右心房；左、右两对肺静脉注入左心房。

（3）两面：心的前面又称胸肋面，与胸骨及肋软骨相邻，大部分由右心房和右心室构成，小部分由左心室和左心耳构成。心的下面又称膈面，较平坦，隔心包与膈相邻，由左、右心室构成。

（4）三缘：下缘近水平位，由右心室和心尖构成；右缘垂直向下，主要由右心房构成；左缘圆钝，向左下倾斜，主要由左心耳和左心室构成。

（5）三沟：心的表面靠近心底处有一条近似环形的沟，称为冠状沟。该沟呈冠状位，为心房和心室在心表面的分界标志，沟前方被肺动脉干中断，前室间沟位于胸肋面，是从冠状沟向心尖延伸的浅沟；后室间沟位于膈面，是从冠状沟向心尖延伸的浅沟。前、后室间沟是左、右心室在心表面的分界标志。

考点与重点 心的位置、形态和结构

二、心　腔

1. 右心房　构成心的右上部，壁薄腔大（图6-5）。其左前下方的突出部分称右心耳，内面有许多平行排列的肌性隆起，称梳状肌。右心房有三个入口和一个出口。三个入口分别为上腔静脉口开口于右心房上壁，下腔静脉口开口于右心房下壁，冠状窦口位于下腔静脉口与右房室口之间，为一略呈圆形的小开口；它们分别引导上半身、下半身和心壁的静脉血流入右心房。一个出口为右房室口，位于右心房前下部，通向右心室。在右心房后内侧壁，房间隔的下部，有一椭圆形浅窝，称卵圆窝，是胚胎时期卵圆孔的遗迹，多在出生后1岁左右闭合，若未闭合，则属于先天性心脏病的一种，即房间隔缺损。在右心房的右侧壁，有一条肌性隆起称界嵴。

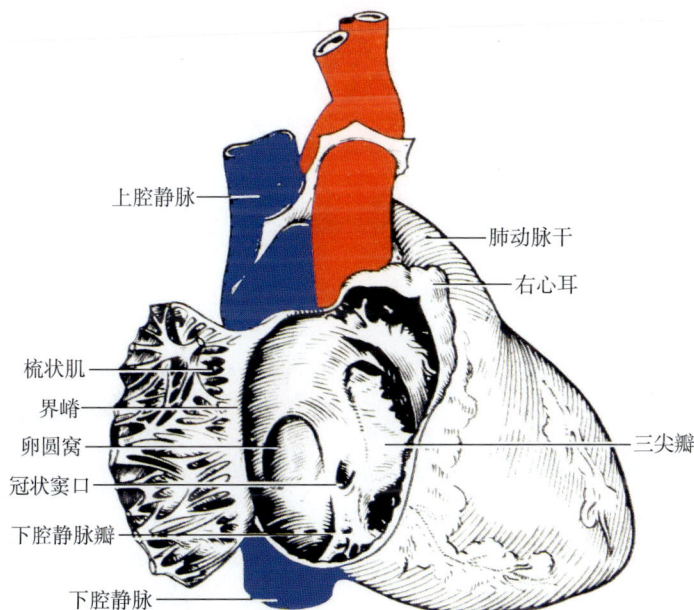

图6-5　右心房

2. 右心室　位于右心房的左前下方，构成心胸肋面的大部分。有一入口和一出口（图6-6、图6-7）。入口为右房室口，口周缘的纤维环上附着有三片三角形瓣膜，称三尖瓣。出口为肺动脉口，通向肺动脉干。肺动脉口周缘的纤维环上附着有三个袋口向上的半月形瓣膜，称肺动脉瓣。三尖瓣和肺动脉瓣的作用是防止血液逆流。在右房室口与肺动脉口之间的室壁上，有一弓形隆起称室上嵴，以室上嵴为界可将右心室分为右下方的流入道和左上方的流出道两部分。流出道向上逐渐变细，形似圆锥，称动脉圆锥。

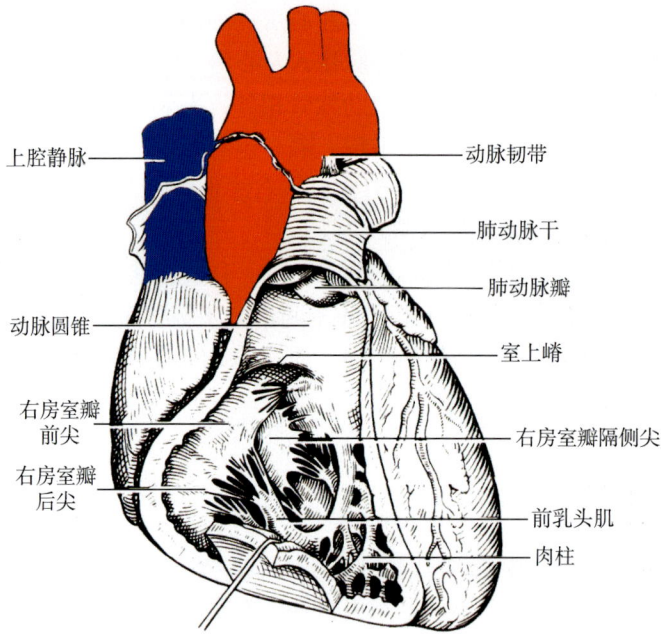

图 6-6　右心室

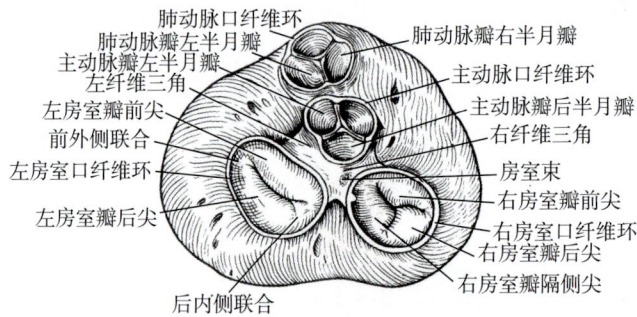

图 6-7　心的瓣膜

3. 左心房　位于右心房的左后方，构成心底的大部分。左心房向右前方的突起称左心耳，内面也有发达的梳状肌。左心房有四个入口和一个出口。四个入口分别为左、右上肺静脉口和左、右下肺静脉口，位于左心房后部两侧，将肺静脉的血液导入左心房。一个出口为左房室口，位于左心房的前下部，通向左心室（图 6-8）。

4. 左心室　大部分位于右心室的左后下方，其前下部构成心尖和心的左缘，有一入口和一出口。室壁厚 9～12mm，约为右心室壁的三倍。入口即左房室口，房室口周围的纤维环上附着有两片瓣膜，称二尖瓣，分别为前尖瓣和后尖瓣。以前尖瓣为界可将左心室分为后方的流入道和前方的流出道。出口为主动脉口，周围的纤维环上附着有三个

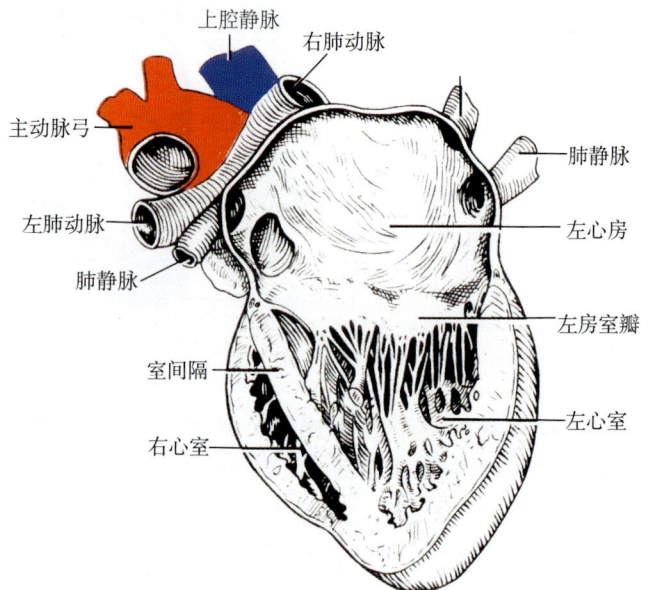

图 6-8　左心房、左心室

袋口向上的半月形瓣膜，称主动脉瓣。每个瓣膜与主动脉壁之间形成的窦腔称主动脉窦，在左、右主动脉窦的动脉壁上分别有左、右冠状动脉的开口。

考点与重点 四个心腔的入口、出口及特点

三、心的构造

1. 心壁 从内向外分为三层：心内膜、心肌层和心外膜（图6-9）。

（1）心内膜：为衬于心房和心室壁内表面的一层光滑薄膜。心内膜在左、右房室口、主动脉口和肺动脉口处向内折叠形成瓣膜，瓣膜是风湿病的好发部位。心内膜由内向外可分为三层：①内皮：由单层扁平上皮构成，与血管内皮相延续；②内皮下层：位于内皮基膜外侧，由结缔组织构成，含较多弹性纤维；③心内膜下层：由疏松结缔组织构成，内含血管、神经及心传导系统的分支。

（2）心肌层：是心壁的主要组成部分，分为心房肌和心室肌。两部分肌纤维分别附着于心纤维环，互不相连，故心房肌和心室肌可非同步收缩。

（3）心外膜：即心包脏层，为浆膜结构。其浅层为间皮，深层含少量结缔组织，内有血管和神经分布。

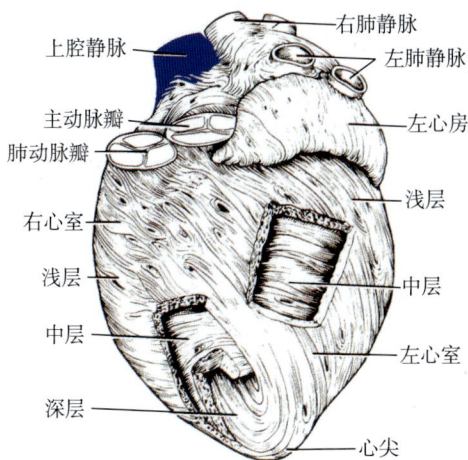

图6-9　心壁的构造

2. 心间隔 包括房间隔与室间隔，分别分隔左、右心房与左、右心室。

（1）房间隔：位于左、右心房之间，由两层心内膜及其间的结缔组织与心房肌构成。其右心房面中下部有卵圆窝，为房间隔最薄弱处，是房间隔缺损的好发部位。

（2）室间隔：位于左、右心室之间，由心内膜和心肌构成，分为肌部和膜部。室间隔膜部为不规则膜性结构，位于心房与心室交界处，是室间隔缺损的常见发生部位。

四、心的传导系统

心的传导系统位于心壁内，由特殊分化的心肌细胞构成，能产生和传导冲动，维持心脏节律性运动，包括窦房结、房室结、房室束及其分支（图6-10）。

1. 窦房结 是心脏正常起搏点，位于上腔静脉与右心耳交界处的心外膜深面，呈长椭圆形，由起搏细胞团及结缔组织构成。它能自动产生节律性冲动，直接传导至左右心房，并通过节间束传至房室结。由窦房结主导的心律称为窦性心律。

2. 房室结 位于冠状窦口与右房室口之间的心内膜深面，呈扁椭圆形。房室结既可传导窦房结的冲动，亦能自主产生兴奋，但正常情况下仅传递窦房结冲动至房室束及其分支。其功能为延搁冲动传导，确保心房与心室顺序收缩。

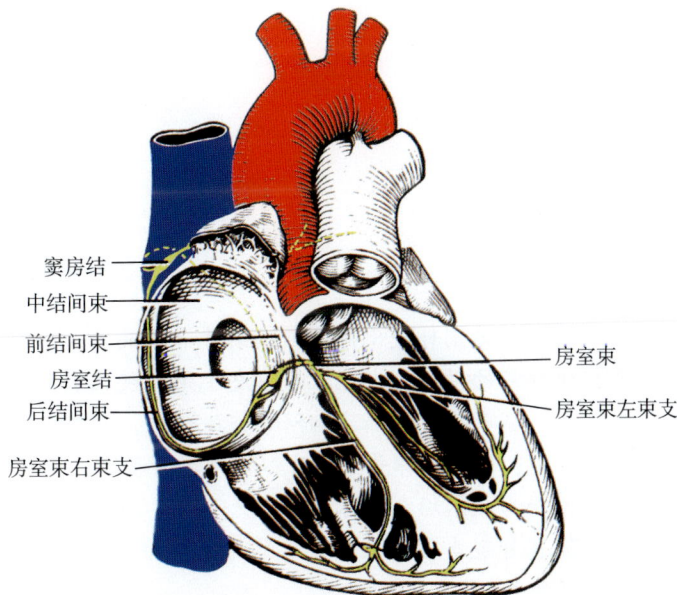

图6-10　心的传导系统

3. 房室束及其分支　房室束又称希氏束，起自房室结远端，沿室间隔下行至肌部上缘分为左、右束支。左右束支在室间隔两侧心内膜深面分支为浦肯野纤维（Purkinje 纤维），最终分布于心室肌层及乳头肌，与普通心室肌细胞连接。

五、心 的 血 管

营养心的动脉为左、右冠状动脉，而回流的静脉大部分经冠状窦口汇入右心房，仅有极少部分直接流入左、右心房或左、右心室。

1. 动脉　右、左冠状动脉分别起于升主动脉根部。

（1）右冠状动脉：沿冠状沟向右下绕心的右缘至心的膈面，主干延续为后室间支，沿后室间沟下行。右冠状动脉主要分布于右心房、右心室、室间隔后 1/3、部分左心室后壁、房室结和窦房结等处。

（2）左冠状动脉：主干短而粗，向左前方行至冠状沟，随即分为前室间支和旋支。前室间支沿前室间沟下行，其分支主要分布于左、右心室前壁和室间隔前 2/3。旋支沿冠状沟左行，绕过心左缘至左心室膈面，主要分布于左心房、左心室左侧面、膈面和窦房结等处。

2. 静脉　心的静脉血大部分回流至冠状窦。冠状窦位于冠状沟后部，借冠状窦口开口于右心房。冠状窦的主要属支包括心大静脉、心中静脉和心小静脉。

六、心　　包

心包为包裹心及大血管根部的锥体形纤维浆膜囊，分为外层的纤维层和内层的浆膜层（图 6-11）。纤维层为坚韧的结缔组织囊，上部与大血管的外膜相延续，下部附着于膈的中心腱。浆膜层薄而光滑，位于纤维心包内面，分为脏层和壁层。壁层衬于纤维心包内面，脏层即心外膜。脏层和壁层在出入心的大血管根部相互移行，两层之间的潜在性腔隙称为心包腔，内含少量浆液，起润滑作用，可减少心脏搏动时的摩擦。

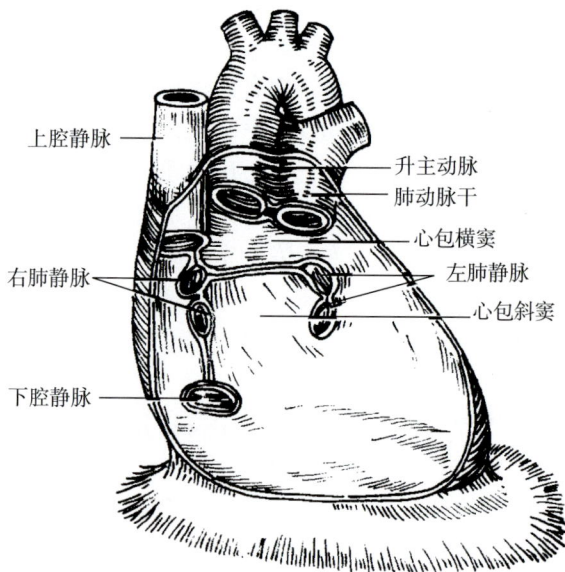

上腔静脉
升主动脉
肺动脉干
心包横窦
右肺静脉
左肺静脉
心包斜窦
下腔静脉

图 6-11　心包

链接

冠心病

冠状动脉粥样硬化性心脏病简称冠心病，是一种缺血性心脏病。冠状动脉（冠脉）是向心脏提供血液的动脉，当冠状动脉发生粥样硬化引起管腔狭窄或闭塞时，可导致心肌缺血、缺氧或坏死，从而出现胸痛、胸闷等临床症状，此类心脏病称为冠心病。那么，什么是冠状动脉粥样硬化呢？冠状动脉是专门为心脏供血的动脉，其功能类似于"水管"。水管会因杂质逐渐沉积在管壁而形成水垢，动脉血管也是如此。血液中的某些物质（如血脂）沉积在血管壁内形成斑块（因其外观类似小米粒，故称为粥样斑块），斑块使血管管腔狭窄、管壁变硬，阻碍血流通过，最终导致心肌缺血缺氧。

七、心的体表投影

成人心的体表投影通常可通过胸前壁 4 个点及其连线表示（图 6-12）。

1. 左上点 位于左侧第 2 肋软骨下缘，距胸骨左缘 1.2cm 处。

2. 右上点 位于右侧第 3 肋软骨上缘，距胸骨右缘约 1cm 处。

3. 左下点 位于左侧第 5 肋间隙，左锁骨中线内侧 1～2cm（距前正中线 7～9cm）处。

4. 右下点 位于右侧第 6 胸肋关节处。

左、右上点连线为心上界，左、右下点连线为心下界，右上、下点连线为心右界，左上、下点连线为心左界。

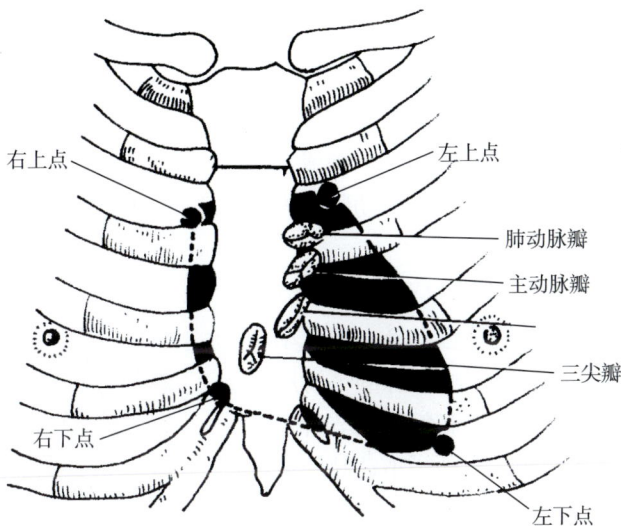

图 6-12 心的体表投影

考点与重点 心的体表投影

第三节 血 管 概 述

一、血管吻合与侧支循环

人体的血管除通过动脉 – 毛细血管 – 静脉的方式相连通外，动脉与动脉之间、静脉与静脉之间，甚至动脉与静脉之间，还可借助血管支（吻合支或交通支）相互连接，形成血管吻合。血管吻合具有缩短血液循环时间、保障器官血液供应及调节局部血流量的作用。

此外，部分血管主干在走行过程中会发出与其平行的侧副支，这些侧副支与同一主干远端发出的返支相互吻合（图 6-13）。在生理状态下，侧副支管径较细，血流量较小。

当血管主干发生阻塞时，侧副支可逐渐增粗，血流通过扩张的侧支吻合到达阻塞远端的血管主

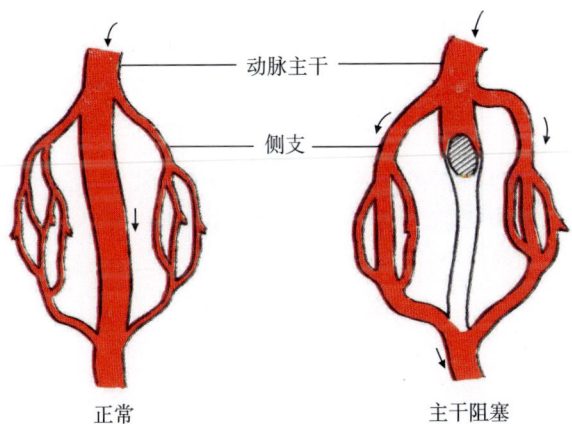

图 6-13 侧支吻合与侧支循环

干，从而使血管受阻区域的血液供应得到不同程度的代偿恢复。这种侧支循环的建立，对维持器官在病理状态下的血液供应具有重要生理意义。

二、血管的构造

血管分为动脉、静脉和毛细血管三类。动脉和静脉按管径可分为大、中、小、微四级，各级之间逐渐移行，无明显分界。大动脉和大静脉与心脏直接相连，管径最粗，如主动脉、肺动脉、上腔静脉、下腔静脉等。除大动脉和大静脉外，凡有解剖学名称的动、静脉均为中等动、静脉，如肱动脉、肱静脉等。小动、静脉管径小于 1mm，其中与毛细血管相连的小动、静脉分别称为微动脉和微静脉。

1. 动脉　管壁较厚，分为内膜、中膜、外膜三层（图 6-14、图 6-15、图 6-16）。

（1）内膜：位于管壁最内层，最薄且表面光滑，可减少血液流动的阻力，由内皮、内皮下层和内弹性膜构成。内皮为单层扁平上皮，衬于血管腔内表面，其光滑特性利于血液流动，并能分泌抗凝血物质防止血液凝固。内皮下层为薄层结缔组织，含少量胶原纤维、弹性纤维及平滑肌。内弹性膜由弹性蛋白（弹性纤维）构成，切片中呈波浪状，是内膜与中膜的分界标志。中动脉的内弹性膜较明显，其他动脉则不明显。

（2）中膜：管壁最厚，由弹性纤维和平滑肌等构成。大动脉的中膜以弹性纤维为主，故称弹性动脉。中、小动脉的中膜以平滑肌为主，称肌性动脉。中动脉的平滑肌发达，含 10~40 层环行平滑肌，通过收缩和舒张调节管径大小，从而控制局部血流量，又称调节动脉。小动脉的平滑肌较薄（3~4 层），微动脉更少。由于小动脉和微动脉管径小，其平滑肌舒缩可直接影响外周血流阻力及血压，因此被称为外周阻力血管。

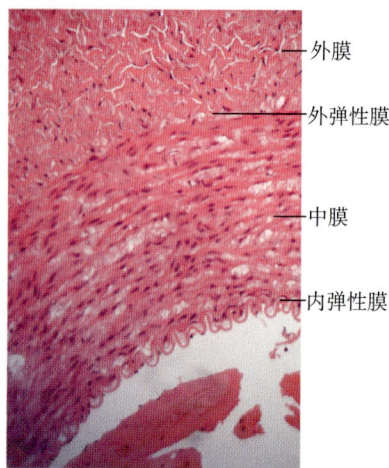

外膜
外弹性膜
中膜
内弹性膜

图 6-14　大动脉光镜像（低倍）

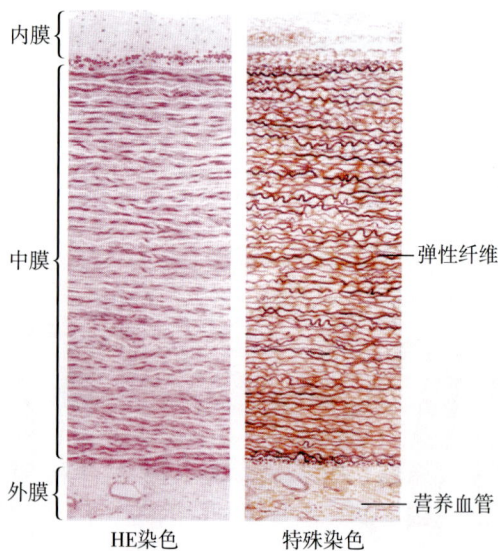

内膜
中膜
外膜
弹性纤维
营养血管
HE染色　　特殊染色

图 6-15　中动脉光镜像

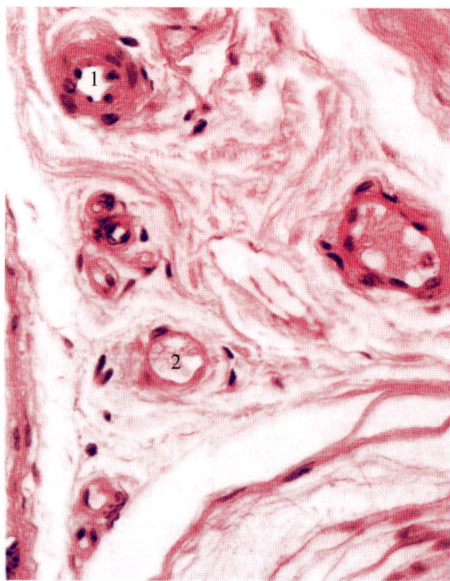

1. 微动脉；2. 微静脉

图 6-16　微动脉和微静脉光镜像（高倍）

（3）外膜：管壁较厚，由结缔组织构成，内有神经和血管。

2. 静脉　与同级动脉相比，静脉管腔大、管壁薄，管径较粗。管壁分内膜、中膜和外膜，但三层分界不明显（图6-17）。内膜最薄，由内皮和结缔组织构成；中膜较薄，含稀疏环形平滑肌；外膜最厚，由结缔组织构成，含神经和营养血管，大静脉外膜还有纵行平滑肌。

3. 毛细血管　主要由内皮和基膜构成（图6-18）。毛细血管数量最多，分布广，常互相吻合成网。其管径细、壁薄、通透性高，部分毛细血管内皮细胞存在小孔，利于血液与周围组织进行物质交换。

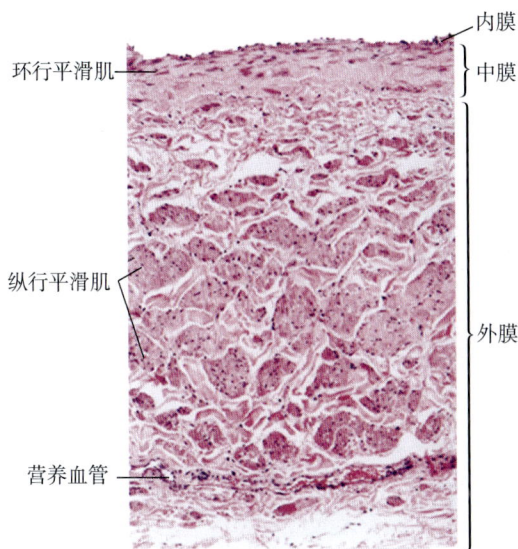

图6-17　大静脉光镜像（低倍）

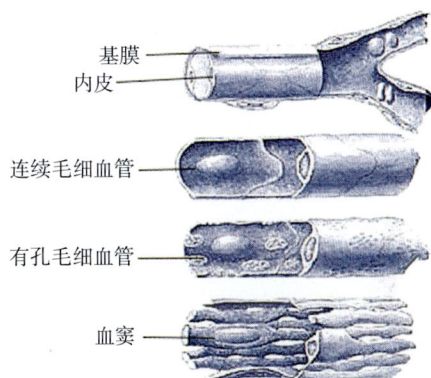

图6-18　毛细血管类型

此外，肝、脾、骨髓及部分内分泌腺中的毛细血管腔大、壁薄且粗细不均，称为血窦。

三、微　循　环

微循环是指血液从微动脉到微静脉之间的循环过程（图6-19）。作为血液循环的基本功能单位，微循环由微动脉、后微动脉、毛细血管前括约肌、真毛细血管、通血毛细血管（直捷通路）、动-静脉吻合支（动静脉短路）和微静脉等组成，包含三条循环路径（图6-20）。

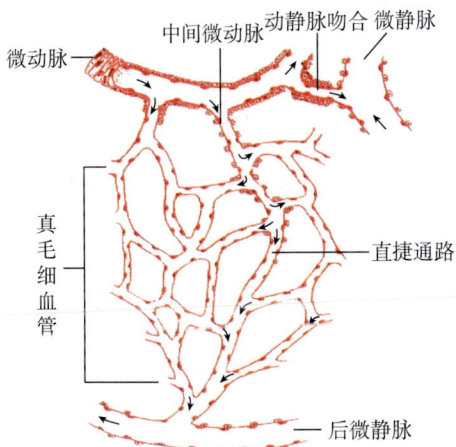

图6-19　微循环模式图

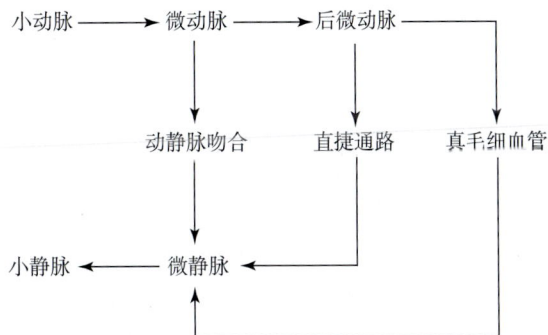

图6-20　微循环途径

第四节　肺循环的血管

一、肺循环的动脉

肺循环的动脉包括肺动脉干及其分支。肺动脉干自右心室发出，分为左、右肺动脉，分别经左、右肺门进入左、右肺。左、右肺动脉在肺内逐级分支，最后形成毛细血管网包绕肺泡。肺动脉内流动的是静脉血（图 6-21）。

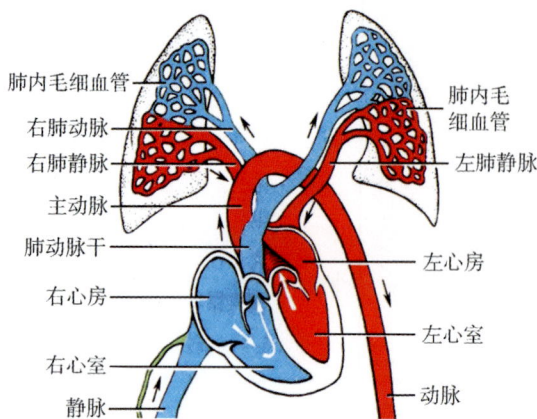

图 6-21　肺循环的血管

肺动脉分叉处与主动脉弓下缘之间有一结缔组织索，称为动脉韧带，是胚胎时期动脉导管的遗迹，出生后闭锁。若动脉导管在出生后 6 个月仍未闭锁，则称为动脉导管未闭，此为常见的先天性心脏病之一，可通过结扎术治疗。

二、肺循环的静脉

肺循环的静脉即肺静脉。肺静脉起自肺泡周围的毛细血管网，在肺内逐级汇合成小静脉，最后于肺门处分别形成左肺上、下静脉和右肺上、下静脉出肺，注入左心房。肺静脉内流动的是动脉血。

考点与重点　肺循环的途径

第五节　体循环的血管

一、体循环的动脉

体循环的动脉一般呈对称分布。躯干动脉分为脏支和壁支，其行程多位于身体的屈侧、深部或相对安全的部位，通常以最短距离到达所分布的器官。动脉的配布形式与所供血器官的形态、大小及功能相适应，如关节周围的动脉网，以及胃、肠的动脉环或动脉弓等。

（一）主动脉

体循环的动脉主干是主动脉（图 6-22）。主动脉由左心室发出，起始段向右上方走行，随后呈弓形弯向左后方，沿脊柱左侧下行，穿过膈的主动脉裂孔进入腹腔，至第 4 腰椎体下缘分为左、右髂总动脉。根据其行程，主动脉可分为升主动脉、主动脉弓和降主动脉三段。降主动脉以膈为界，分为胸主动脉和腹主动脉。

考点与重点　体循环的途径

1. 升主动脉 起自左心室，初始段向右前上方走行，至右侧第2胸肋关节处移行为主动脉弓。升主动脉起始部发出左、右冠状动脉，分布于心脏。

2. 主动脉弓 为升主动脉的延续。主动脉弓的凸侧从右向左依次发出头臂干、左颈总动脉和左锁骨下动脉三大分支。头臂干粗短，向右上方走行，至右侧胸锁关节后方分为右颈总动脉和右锁骨下动脉。主动脉弓壁内存在压力感受器，可感知血压变化。在主动脉弓稍下方，有2～3个粟粒样小体，称为主动脉体。主动脉体是化学感受器，能感知血液中 CO_2 浓度的变化。

3. 降主动脉 以膈的主动脉裂孔为界，分为胸主动脉和腹主动脉。胸主动脉是胸部的动脉主干，腹主动脉是腹部的动脉主干。降主动脉在第4腰椎体水平分支为左、右髂总动脉，后者在骶髂关节处分为髂内动脉和髂外动脉。髂内动脉是盆部的动脉主干，髂外动脉主要为下肢的动脉主干。

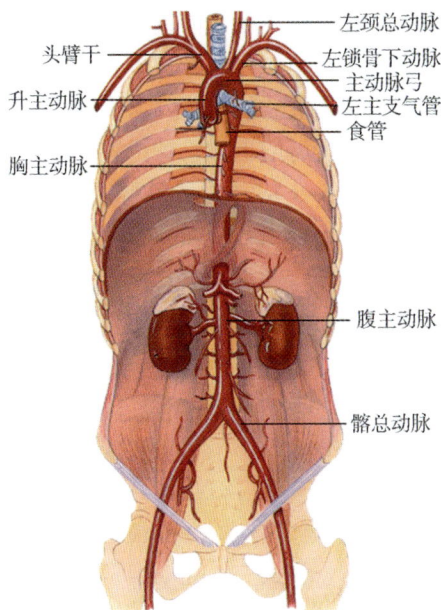

图 6-22 主动脉及分支

（二）头颈部的动脉

1. 颈总动脉 头颈部的动脉主干是左、右颈总动脉（图6-23）。左颈总动脉起于主动脉弓，右颈总动脉起于头臂干。两侧颈总动脉在胸锁关节的后方进入颈部，沿气管和喉的外侧上行，至甲状软骨上缘分为颈内动脉和颈外动脉。颈总动脉末端及颈内动脉起始处稍膨大，称为颈动脉窦。颈动脉窦壁内有压力感受器，能感受血压的变化。在颈总动脉分叉处的后方，有一扁椭圆形小体，称为颈动脉小体，属于化学感受器，其功能与主动脉体相同。

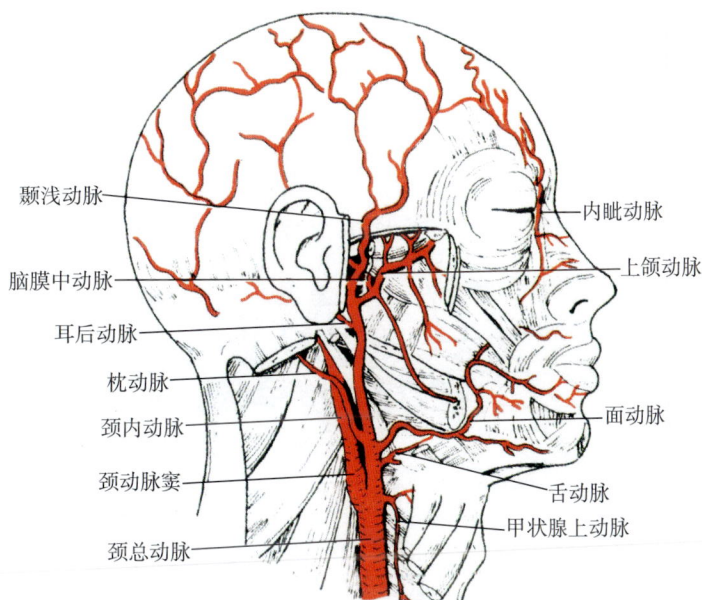

图 6-23 颈外动脉及分支

2. 颈内动脉 由颈总动脉发出后，在颈部无分支，垂直向上行至颅底，进入颅腔，分布于脑和视器等结构。

3. 颈外动脉 起自颈总动脉，在胸锁乳突肌深面上行，进入腮腺实质内分为上颌动脉和颞浅动脉。颈外动脉的主要分支：①面动脉：自颈外动脉发出，经下颌下腺深面前行，绕过下颌骨至面部，经口角、鼻翼外侧上行至内眦，称为内眦动脉。面动脉沿途分支分布于下颌下腺、腭扁桃体和面部等处。在咬肌前缘与下颌骨下缘交界处，其位置表浅，易于触及搏动。当头面部出血时，可在此处将面动脉压向下颌骨体以止血（表6-1）。②颞浅动脉：经颧弓根部浅层上行，分布于腮腺及颞部、顶部、额部的软组织。在耳屏前上方，其位置表浅，可触及搏动。当颅顶软组织出血时，可在耳屏前上方压迫颞浅动脉止血（表6-1）。③上颌动脉：经下颌支深面行向前内，分布于口腔、鼻腔和硬脑膜等处。其分布于硬脑膜的分支称为脑膜中动脉，向上经棘孔入颅，分为前、后两支。前支行经翼点深面，当颞骨骨折时易受损伤，导致硬膜外血肿。

表 6-1　动脉压迫止血点简表

动脉名称	压迫止血点	主要止血范围
颈总动脉	胸锁乳突肌前缘与喉结交界稍下方，环状软骨平面，向后压向第6颈椎横突	头颈部
面动脉	咬肌前缘与下颌骨下缘交界处，压向下颌骨下缘	面部
颞浅动脉	耳屏前面稍上方、颧弓根部，压向颧弓	头前外侧部
锁骨下动脉	锁骨中点上方，向下压向第1肋骨	上肢
肱动脉	肱二头肌内侧沟，压向肱骨	前臂及手部
指动脉	手指根部两侧，压向指骨	手指
股动脉	腹股沟韧带中点稍下方，压向耻骨（常需双手拇指重叠按压）	下肢
足背动脉	踝关节前方（内、外踝连线中点），向深部按压	足部

4. 锁骨下动脉　呈弓状越过胸膜顶前方，向外上经胸廓上口进入颈根部，至第1肋外侧缘处移行为腋动脉（图6-24）。锁骨下动脉分支分布于脑、脊髓、颈部、胸前壁、心包、膈及腹前壁上部等处。其主要分支如下。

（1）椎动脉：向上穿过第6至第1颈椎的横突孔，经枕骨大孔入颅腔，分支分布于脑和脊髓．

（2）胸廓内动脉：在胸骨外侧缘约1cm处沿第1～6肋软骨内面下行，穿膈后移行为腹壁上动脉．

（3）甲状颈干：为一短动脉干，发出甲状腺下动脉至甲状腺。

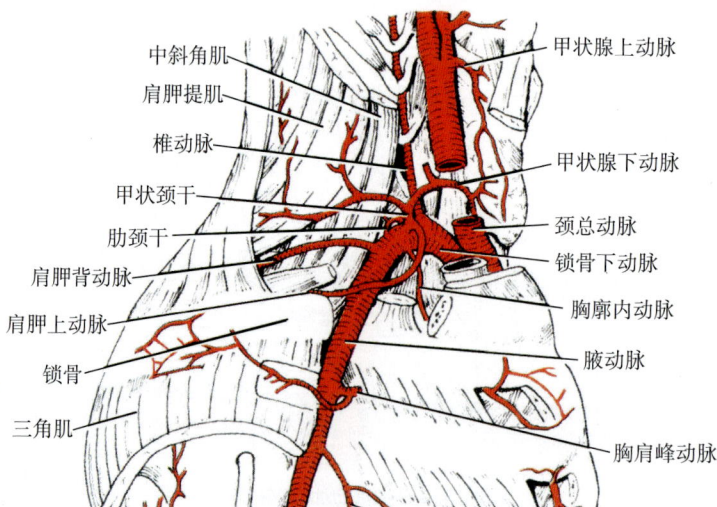

图 6-24　锁骨下动脉及分支

（三）上肢的动脉

1. 腋动脉　为锁骨下动脉的延续，行于腋窝深部，至臂部移行为肱动脉（图6-25）。腋动脉主要分支分布于肩部、胸前外侧壁及乳房等处。

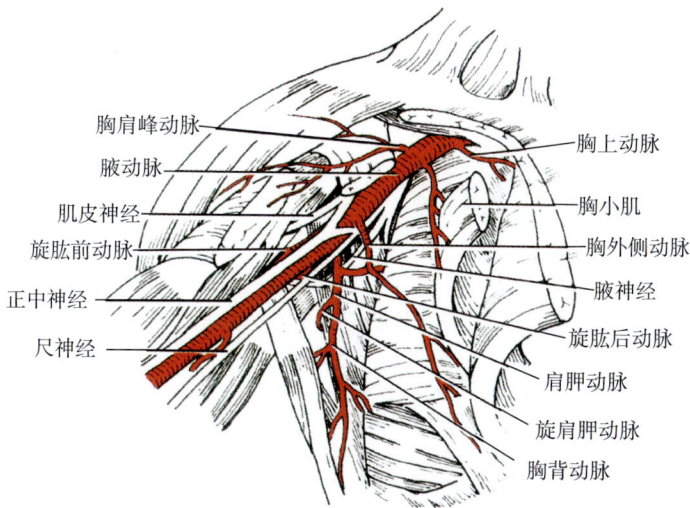

图 6-25　腋动脉及分支

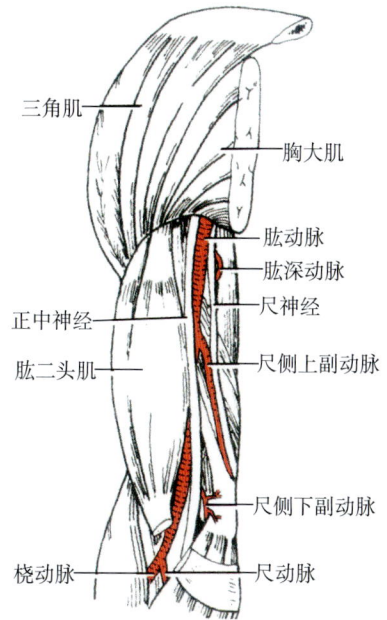

图 6-26　肱动脉及分支

2. 肱动脉　沿肱二头肌内侧缘下行至肘窝，在肘窝深部分为桡动脉和尺动脉（图 6-26）。在肘窝内上方、肱二头肌腱内侧可触及肱动脉搏动，此处是测量血压时的听诊部位。

3. 桡动脉和尺动脉　分别沿前臂肌前群的桡侧和尺侧下行，经腕部至手掌（图 6-25）。桡动脉在腕上部位置表浅，是临床诊脉和测量脉搏的常用部位。

4. 掌浅弓和掌深弓　由尺动脉和桡动脉的终支及分支相互吻合而成。从弓发出指掌侧固有动脉，沿手指掌面两侧行向指尖（图 6-27、图 6-28）。当手指出血时，可在指根两侧压迫止血。

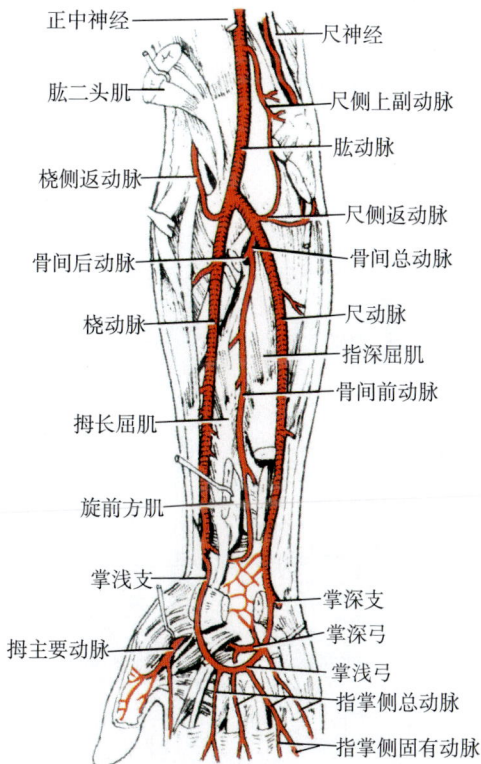

图 6-27　前臂的动脉

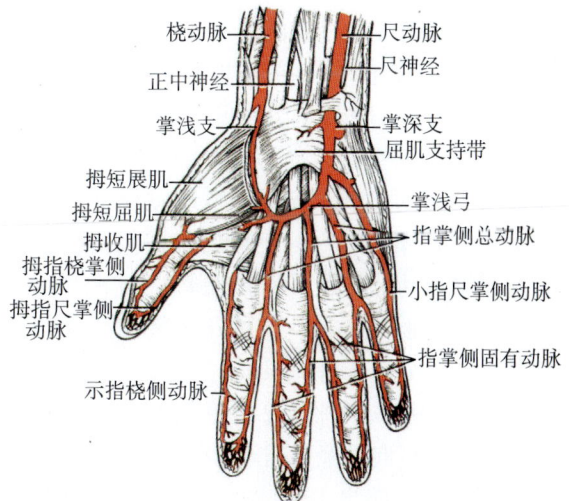

图 6-28　手的动脉（掌侧浅层）

（四）胸部的动脉

胸部的动脉主干是胸主动脉（图 6-29），其分支可分为脏支和壁支。

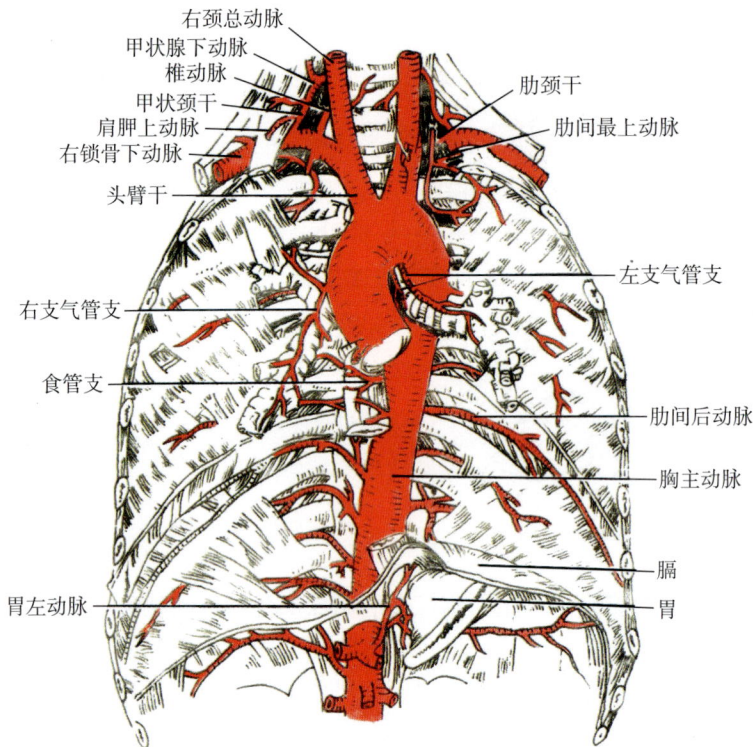

图 6-29　胸主动脉及分支

1. 壁支　主要包括 9 对肋间后动脉和 1 对肋下动脉，分布于胸壁、腹壁、背部和脊髓等部位。

2. 脏支　主要包括支气管支、食管支和心包支，分布于气管、支气管、食管和心包等器官。

临床上，根据肋间血管的走行特点，进行胸膜腔穿刺时，在胸壁侧部应选择在两个肋之间进针，而在胸壁后部穿刺时，应在肋骨上缘进针，以避免损伤肋间血管。

（五）腹部的动脉

腹主动脉是腹部动脉的主干（图 6-30），其分支可分为脏支和壁支两类：

1. 壁支　较细小，主要包括 4 对腰动脉，分布于脊髓、腰部和腹前外侧壁等部位。

2. 脏支　较粗大，分为成对脏支和不成对脏支两类。成对脏支包括肾上腺中动脉、肾动脉和睾丸（卵巢）动脉；不成对脏支包括腹腔干、肠系膜上动脉和肠系膜下动脉。

（1）肾上腺中动脉：约平第 1 腰椎高度起自腹主动脉，分布于肾上腺。

（2）肾动脉：约平第 2 腰椎高度起自腹主动脉侧壁，横行向外经肾门入肾。

（3）睾丸（卵巢）动脉：较细长，自肾动脉稍下方起于腹主动脉前壁，沿腰大肌前面行

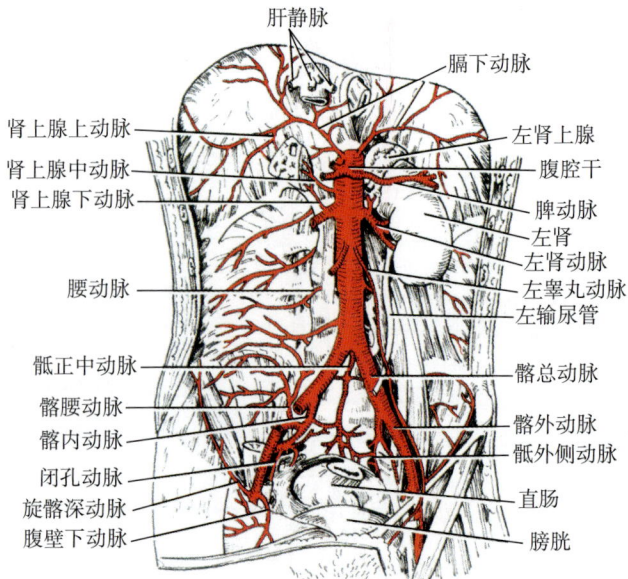

图 6-30　腹主动脉及分支

向外下方，经腹股沟管入阴囊，分布于睾丸和附睾。该动脉在女性体内称为卵巢动脉，主要分布于卵巢和输卵管。

（4）腹腔干：为一粗短动脉干（图6-31），在主动脉裂孔稍下方发自腹主动脉前壁，分为胃左动脉、肝总动脉和脾动脉三支。①胃左动脉：分布于食管下段、贲门及胃小弯左侧部的胃壁。②肝总动脉：向右行走，分为肝固有动脉和胃十二指肠动脉。肝固有动脉分支分布于肝、胆囊和胃小弯右侧的胃壁；胃十二指肠动脉分支分布于胃大弯右侧部胃壁、大网膜右侧部、十二指肠和胰。其中，胆囊动脉由肝固有动脉右支发出。③脾动脉：分支分布于胰、脾、胃大弯左侧部胃壁以及大网膜左侧部（图6-32）。

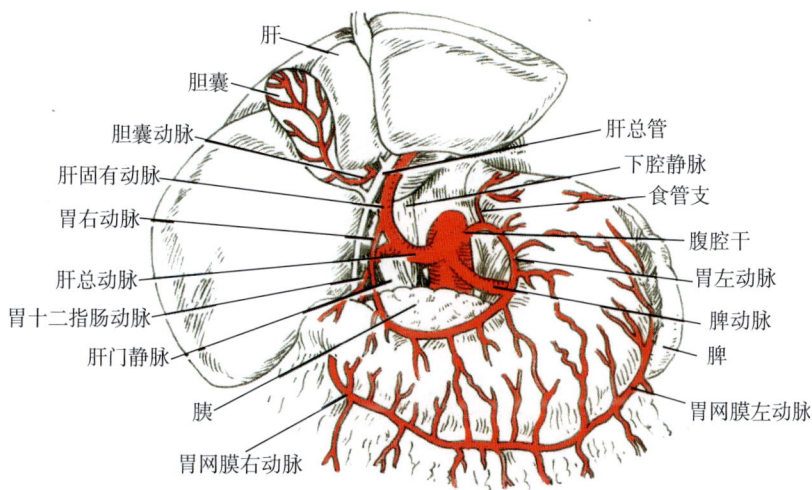

图 6-31 腹腔干及其分支（前面）

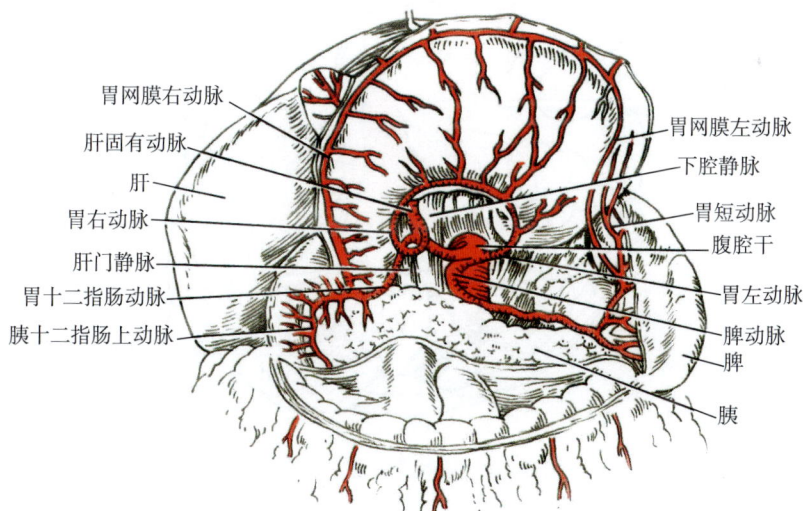

图 6-32 腹腔干及其分支（胃翻向上）

（5）肠系膜上动脉：起自腹腔干稍下方的腹主动脉前壁，向下经胰头和十二指肠水平部之间进入小肠系膜根，行向右下方至右髂窝（图6-33）。主要分支分布于十二指肠以下的小肠、盲肠、阑尾、升结肠和横结肠。

（6）肠系膜下动脉：约平第3腰椎高度起自腹主动脉前壁，向左下方行走（图6-34）。主要分支分布于降结肠、乙状结肠和直肠上部。其终末支分布于直肠上部，称为直肠上动脉。

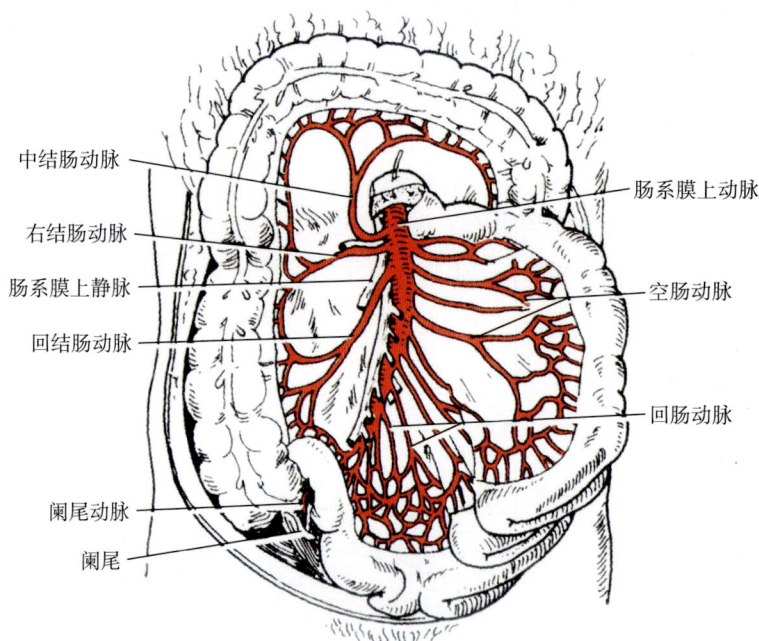

图 6-33　肠系膜上动脉及其分支

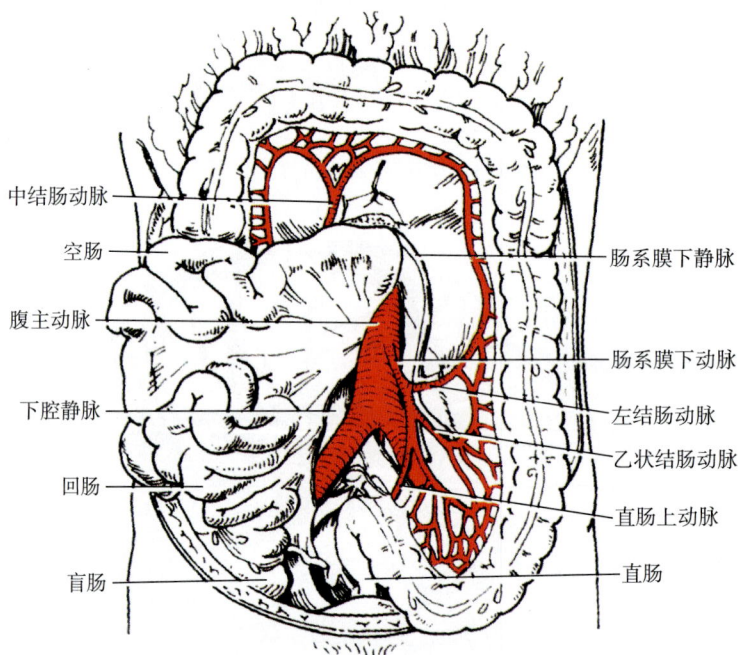

图 6-34　肠系膜下动脉及其分支

（六）盆部的动脉

降主动脉在第4腰椎体下缘平面分为左、右髂总动脉，沿腰大肌内侧行向外下，至骶髂关节前方分为髂内动脉和髂外动脉（图 6-35、图 6-36）。

1. 髂内动脉　较为粗短，分为壁支和脏支。壁支分布于臀部、股内侧部、髋关节及会阴部等处。脏支分布于盆腔脏器，主要包括直肠下动脉、子宫动脉和阴部内动脉。①直肠下动脉：分布于直肠下部；②子宫动脉：走行于子宫阔韧带内，在子宫颈外侧约 2cm 处跨越输尿管前方，分布于子宫、阴道、输卵管和卵巢；③阴部内动脉：分布于肛门、会阴部和外生殖器。

2. 髂外动脉　髂外动脉沿腰大肌内侧缘下行，经腹股沟韧带中点稍内侧的深面进入股前部，移行为股动脉。髂外动脉在腹股沟韧带上方发出腹壁下动脉，该动脉向内上方走行，进入腹直肌鞘，分布于腹直肌，并与腹壁上动脉相吻合。

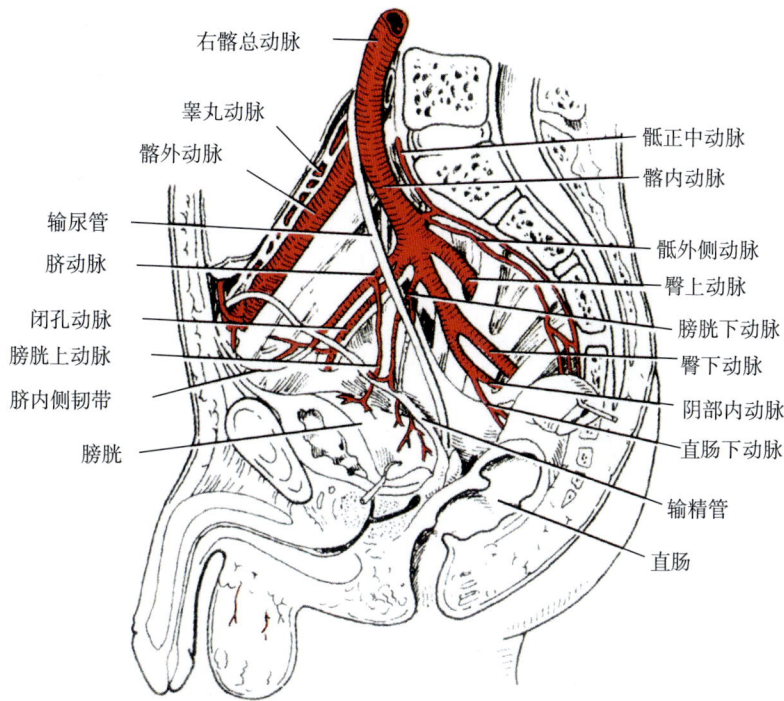

图 6-35 髂内、外动脉及其分支（男性）

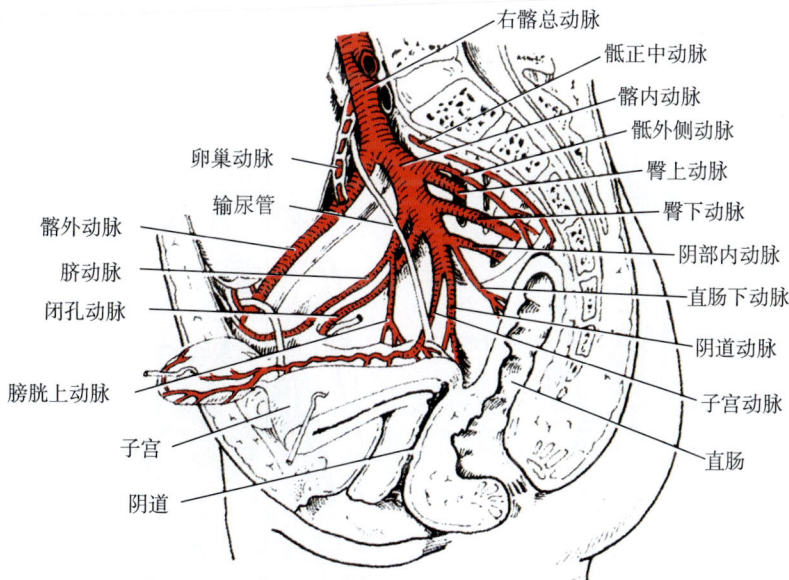

图 6-36 髂内、外动脉及其分支（女性）

（七）下肢的动脉

1. 股动脉 是下肢的动脉主干（图 6-37），在股三角内下行，继而转向后方，进入腘窝移行为腘动脉。股动脉沿途分支分布于股部。在腹股沟韧带中点稍内侧的下方，股动脉位置表浅，可触及搏动。当下肢大出血时，可在腹股沟韧带中点稍内侧处触及搏动点，向耻骨压迫股动脉以达到止血目的。

2. 腘动脉 在腘窝深部下行，至腘窝下部分为胫前动脉和胫后动脉（图 6-38）。

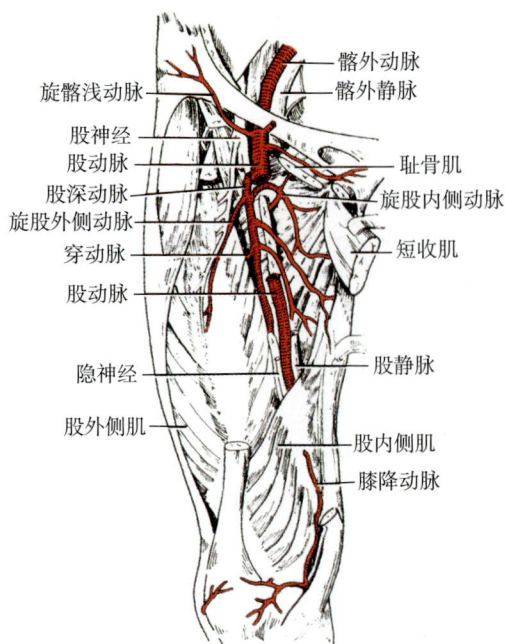

图 6-37　股动脉及其分支

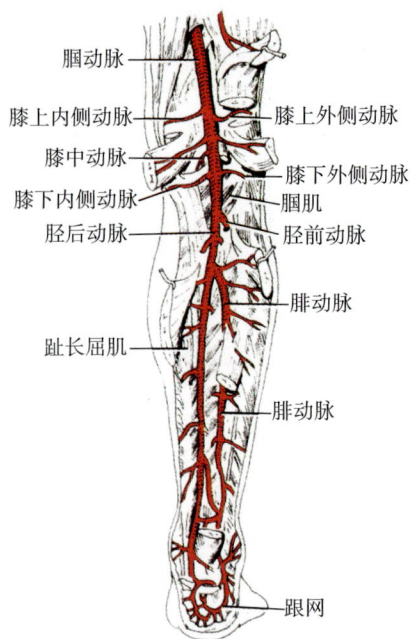

图 6-38　小腿的动脉（后面）

3. 胫前动脉与足背动脉　胫前动脉向前穿小腿骨间膜下行，至足背移行为足背动脉。胫前动脉分支分布于小腿前群肌。足背动脉位置表浅，在踝关节前方、内外踝连线的中点处可触及搏动（图 6-39）。

4. 胫后动脉与足底内、外侧动脉　胫后动脉在小腿后群肌的浅、深两层之间下行，经内踝后方进入足底，分为足底内侧动脉和足底外侧动脉。胫后动脉分支分布于小腿后群肌和外侧群肌，足底内、外侧动脉分布于足底及足趾（图 6-40）。

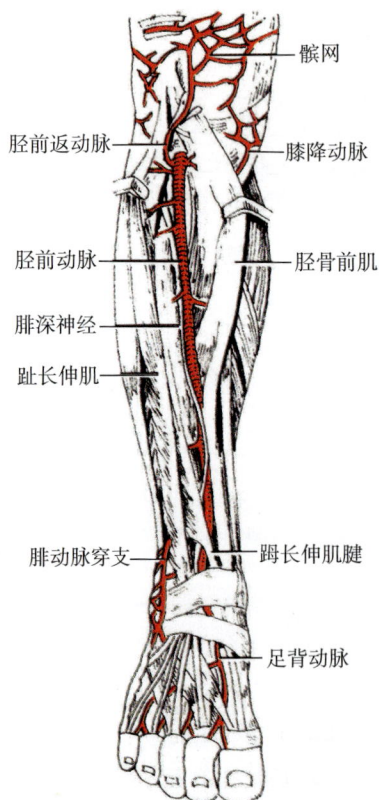

图 6-39　小腿的动脉（前面）

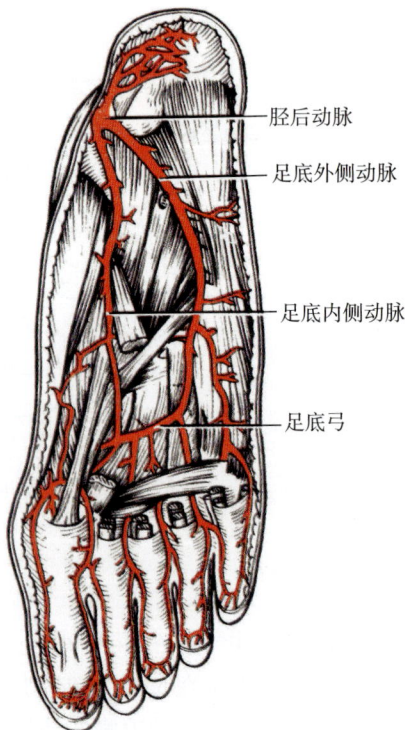

图 6-40　足底动脉

二、体循环的静脉

静脉在结构和配布上与动脉有许多相似之处，但功能不同。静脉具有下列特点：①静脉起始于毛细血管，在向心回流的过程中，不断接受属支，管径由细逐渐变粗；②静脉的数量多，管壁薄，管腔大，血流缓慢；③静脉之间有丰富的吻合，浅静脉之间、深静脉之间、浅静脉与深静脉之间均存在广泛的交通，浅静脉常吻合形成静脉网，深静脉常在某些器官周围吻合成静脉丛；④中等静脉管壁内面常有半月形向心开放的静脉瓣，可防止血液反流，在重力影响较大的下肢静脉中，静脉瓣较多。

体循环的静脉分为浅静脉和深静脉。浅静脉位于浅筋膜内，较大的浅静脉可透过皮肤看到，又称皮下静脉。临床上常经浅静脉进行注射、输液、输血、采血或插入导管等操作。深静脉位于深筋膜深面，多与同名动脉伴行，又称伴行静脉。

体循环的静脉包括上腔静脉系、下腔静脉系和心静脉系（详见心的静脉）。

（一）上腔静脉系

上腔静脉系的主干是上腔静脉，由左、右头臂静脉汇合而成，沿升主动脉的右缘下行，注入右心房。上腔静脉主要收集头颈部、上肢、胸壁和部分胸腔器官的静脉血（图6-41）。

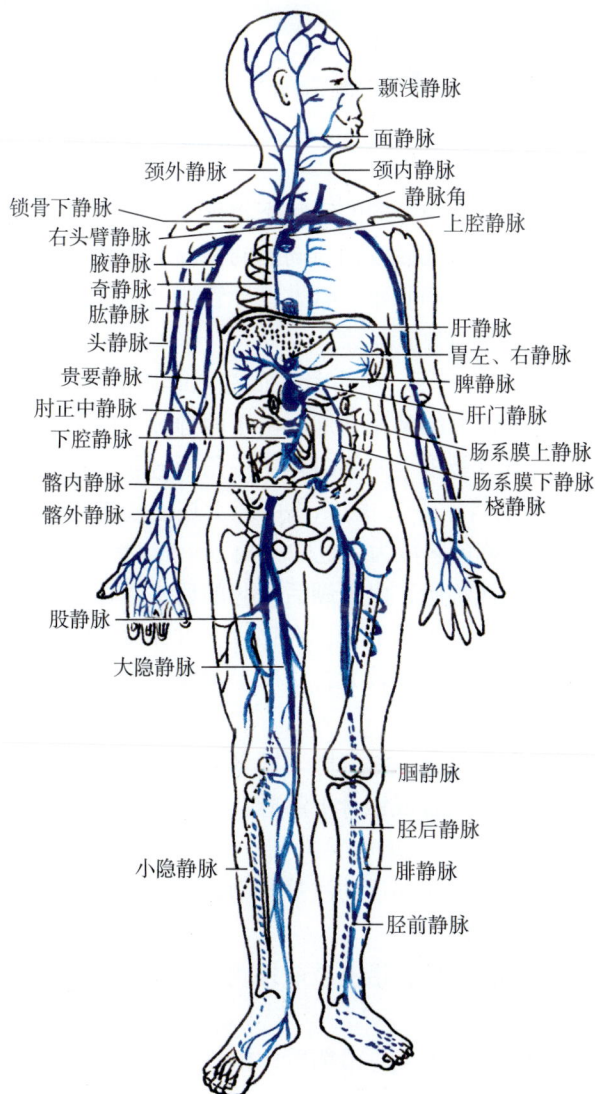

图 6-41　全身静脉模式图

1.头颈部的静脉　头颈部每侧有两条静脉干，即颈内静脉和颈外静脉（图6-42）。

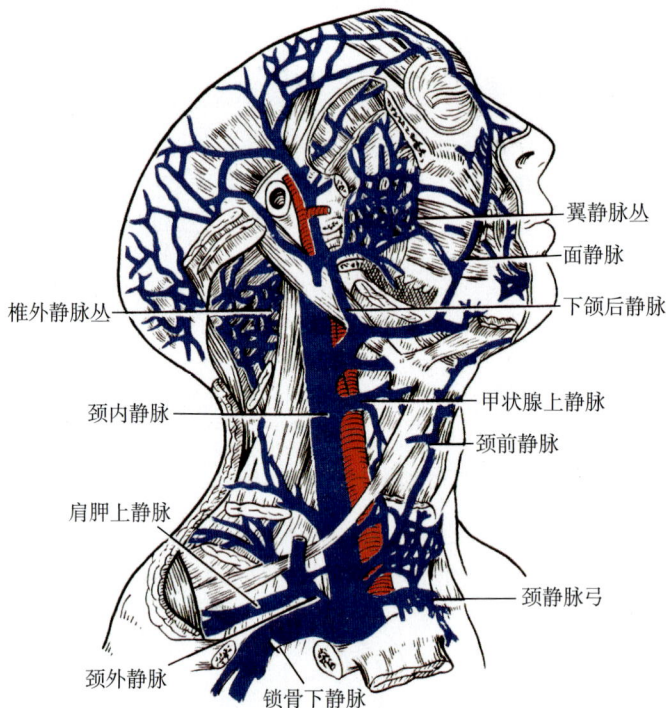

图 6-42　头颈部的静脉

（1）颈内静脉：在颅底颈静脉孔处与颅内的乙状窦相延续，向下与颈内动脉和颈总动脉伴行，至胸锁关节的后方，与同侧的锁骨下静脉汇合成头臂静脉。汇合处形成的夹角称为静脉角，有淋巴导管注入。颈内静脉在颅外的重要属支包括面静脉和锁骨下静脉。

面静脉起自内眦静脉，与面动脉伴行，至舌骨平面注入颈内静脉。面静脉通过内眦静脉、眼静脉与颅内海绵窦相交通。由于面静脉在口角以上一般无静脉瓣，故面部（尤其是鼻根至两侧口角的三角形区域）发生化脓性感染时，若处理不当（如挤压等），病原体可经上述途径进入颅内而引起颅内感染，因此临床上称该区域为"危险三角"。

（2）颈外静脉：是颈部最大的浅静脉，由下颌后静脉的后支、耳后静脉和枕静脉汇合而成，沿胸锁乳突肌表面下行，在锁骨上方穿深筋膜注入锁骨下静脉。颈外静脉位置表浅且管径较大，临床上常作为小儿静脉穿刺采血的部位。

2.上肢的静脉　分为深静脉和浅静脉。深静脉与同名动脉伴行，收集同名动脉分布区域的静脉血，最后汇合成锁骨下静脉。上肢的浅静脉包括以下几种（图6-43）。

（1）手背静脉网：位于手背皮下，由邻近的浅静脉吻合形成，位置表浅，是临床静脉穿刺输液的常用部位。

（2）头静脉：起自手背静脉网的桡侧，沿上肢前外侧上行，注入腋静脉或锁骨下静脉。

（3）贵要静脉：起自手背静脉网的尺侧，沿前臂内侧皮下上行，在臂中部注入肱静脉。

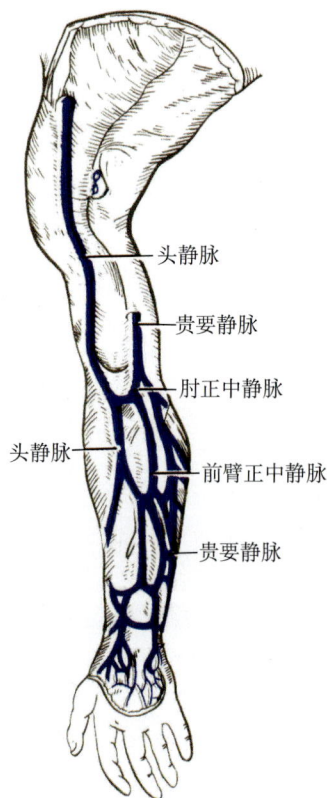

图 6-43　上肢的浅静脉

（4）肘正中静脉：斜行于肘窝皮下，连接头静脉与贵要静脉。

3. 胸部的静脉 主干为奇静脉。奇静脉沿脊柱右侧上行，至第 4 胸椎水平向前跨越右肺根上方，注入上腔静脉，主要收集胸壁、食管、气管及支气管等部位的静脉血。

考点与重点 上腔静脉的属支

（二）下腔静脉系

下腔静脉系的主干是下腔静脉。下腔静脉在第 4 ～ 5 腰椎椎体右前方由左、右髂总静脉汇合而成，沿腹主动脉右侧上行，经肝的后缘向上，穿经膈的腔静脉裂孔入胸腔，注入右心房（图 6-44），沿途收集下肢、盆部和腹部的静脉血。

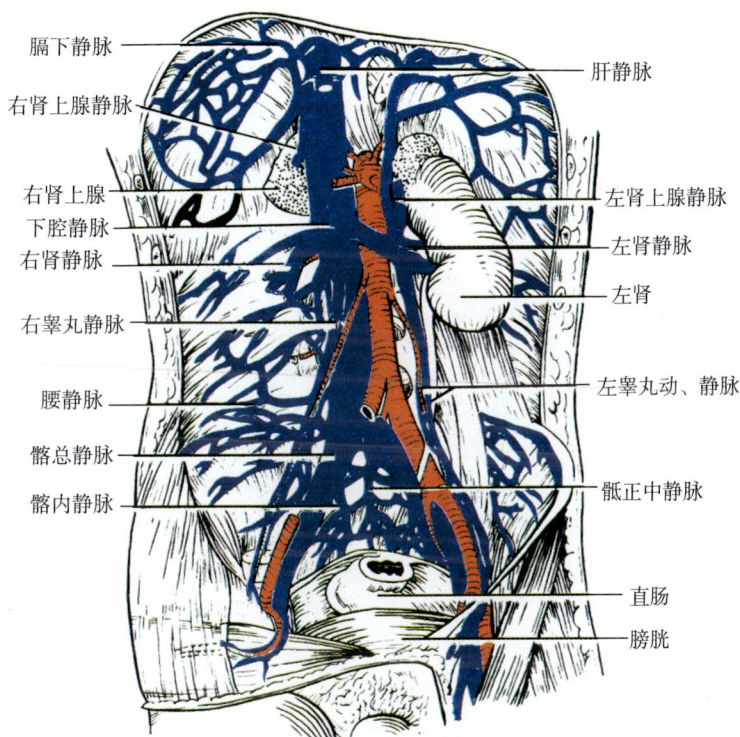

图 6-44　下腔静脉及其属支

1. 下肢的静脉 分为深静脉和浅静脉。

（1）下肢的深静脉：从足底至小腿的深静脉均与同名动脉伴行，每条动脉伴行两条静脉。胫前静脉和胫后静脉上行至腘窝汇合成一条腘静脉。腘静脉上行延续为股静脉。股静脉上行至腹股沟韧带的深面移行为髂外静脉。

（2）下肢的浅静脉：主要有两条，即大隐静脉和小隐静脉（图 6-45）。①大隐静脉：是人体内最长的浅静脉，起自足背静脉弓的内侧端，经内踝前方，沿小腿和大腿的内侧上行，在腹股沟韧带下方注入股静脉。内踝前方的大隐静脉位置表浅，是临床静脉输液或切开的常用部位。②小隐静脉：起于足背静脉弓的外侧端，经外踝后方，沿小腿后面上行至腘窝，注入腘静脉。

2. 盆部的静脉（图 6-44）

（1）髂外静脉：是股静脉的直接延续，主要收集腹前壁下部和下肢的静脉血。

（2）髂内静脉：髂内静脉及其属支均与同名动脉伴行，收集范围与髂内动脉的分布范围一致，但盆腔器官周围或壁内常形成静脉丛，如直肠静脉丛、子宫静脉丛和膀胱静脉丛等。

（3）髂总静脉：位于髂总动脉后内侧，由同侧髂内静脉与髂外静脉汇合而成。左、右髂总静脉于第

5 腰椎平面汇合成下腔静脉。

3.腹部的静脉 直接或间接地注入下腔静脉,主要包括肾静脉、睾丸(卵巢)静脉、肝静脉和肝门静脉。其中,肾静脉、肝静脉、右睾丸(或卵巢)静脉直接注入下腔静脉,而左睾丸(或卵巢)静脉向上呈直角汇入左肾静脉。肝静脉位于肝内,是肝血流的唯一流出道,由肝小叶下静脉汇合而成,包括肝左静脉、肝中静脉和肝右静脉,三者于腔静脉沟处注入下腔静脉。

肝门静脉位于肝门处,为一粗而短的静脉干,长 6～8cm,由肠系膜上静脉和脾静脉在胰头与胰体交界处的后方汇合而成。肠系膜下静脉通常汇入脾静脉,肝门静脉向上经肝十二指肠韧带内走行,至肝门处分为左、右两支,分别进入肝左叶和肝右叶。肝门静脉是肝脏的两条入肝血管之一(另一条为肝固有动脉),主要收集腹腔内不成对器官(除肝脏外)的静脉血,其功能是将肠道吸收营养物质后的静脉血输送至肝脏进行代谢。

肝门静脉的主要属支包括脾静脉、肠系膜上静脉、肠系膜下静脉、胃左静脉、胃右静脉、胆囊静脉和附脐静脉等(图 6-46)。

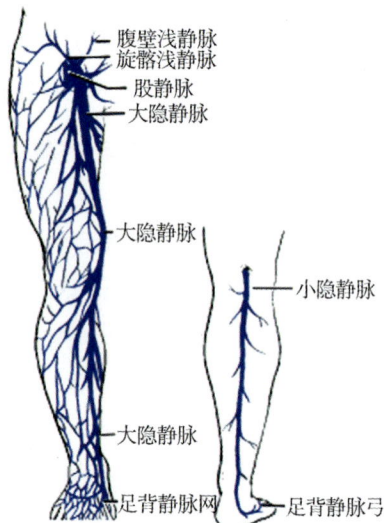

图 6-45 下肢浅静脉

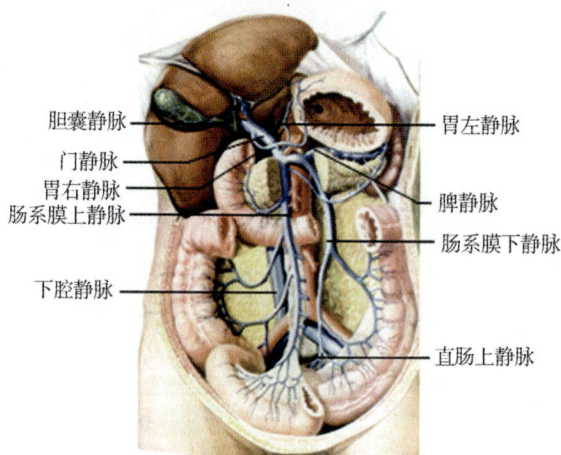

图 6-46 肝门静脉及其属支

考点与重点 肝门静脉的属支

肝门静脉及其属支通常被称为肝门静脉系,它与上、下腔静脉系之间存在多处吻合,其中最具临床意义的吻合有以下三处:①食管静脉丛:胃左静脉通过食管静脉丛与奇静脉的属支相吻合,形成肝门静脉与上腔静脉之间的交通通路;②直肠静脉丛:肠系膜下静脉的属支直肠上静脉通过直肠静脉丛与髂内静脉的属支直肠下静脉相吻合,形成肝门静脉与下腔静脉之间的交通通路;③脐周静脉网:位于脐周皮下组织内,通过胸、腹壁的浅静脉分别汇入腋静脉和股静脉,形成肝门静脉与上、下腔静脉之间的交通通路(图 6-47)。

正常情况下,食管腹段和直肠之间的腹腔内脏器官静脉血经肝门静脉回流至肝脏,入肝后通过肝静脉汇入下腔静脉。若因肝硬化等病因导致肝门静脉血液回流受阻,血流可逆流至食管、直肠及脐周三个部位的静脉吻合支,引发吻合支细小静脉曲张甚至破裂出血。具体表现为食管静脉丛曲张破裂可导致呕血;直肠静脉丛曲张破裂可引发便血;脐周静脉网曲张则表现为脐周及腹前壁静脉迂曲扩张。

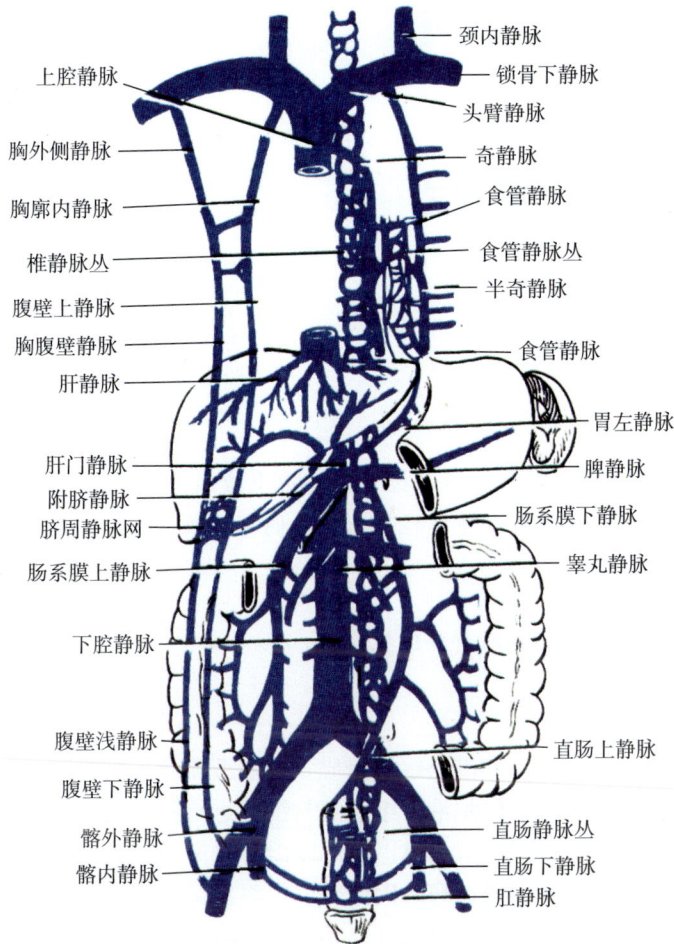

图 6-47　肝门静脉与上、下腔静脉间的交通支

考点与重点 肝门静脉与上、下腔静脉间的交通支

？ 思 考 题

1. 简述肺循环的途径。
2. 简述肝门静脉系的组成结构。

本章数字资源

第七章 淋巴系统

📋 案例

宋某，女性，32岁，医护工作者。诉其经常出现中上腹或左上腹疼痛。查体发现左锁骨上淋巴结肿大，伴随恶心、呕吐、食欲减退及体重减轻等症状，偶有头晕、心悸、面色苍白等表现。经医院诊断为胃癌伴左锁骨上淋巴结转移。

问题： 左锁骨上淋巴结的收集范围包括哪些区域？

淋巴系统由淋巴管道、淋巴器官和淋巴组织组成。当血液流经毛细血管动脉端时，部分水和营养物质经毛细血管壁进入组织间隙，形成组织液。组织液与细胞进行物质交换后，大部分经毛细血管静脉端回流入静脉，小部分则进入毛细淋巴管成为淋巴。淋巴沿各级淋巴管道向心流动，流经淋巴组织和淋巴器官，最后注入静脉，此过程称为淋巴循环。因此，淋巴系统可作为心血管系统的辅助系统。此外，淋巴器官和淋巴组织还具有产生淋巴细胞、过滤淋巴和参与免疫应答的功能。

第一节 淋巴管道

淋巴管道分为毛细淋巴管、淋巴管、淋巴干和淋巴导管（图7-1）。

一、毛细淋巴管

毛细淋巴管是淋巴管道的起始部分，它以膨大的盲端起于组织间隙，彼此相互吻合成毛细淋巴管网。毛细淋巴管的结构特点是管壁仅由一层呈叠瓦状邻接的内皮细胞构成，基膜不完整，通透性较大，因而大分子物质、癌细胞和细菌等较易进入毛细淋巴管。

二、淋巴管

淋巴管由毛细淋巴管汇合而成。其管壁结构与小静脉相似，但管径较细、管壁较薄。淋巴管内含有丰富的瓣膜，可防止淋巴逆流。淋巴管可分为浅淋巴管和深淋巴管两类。淋巴管在向心流动过程中，通常需要经过一个或多个淋巴结。

三、淋巴干

淋巴干由全身各部的淋巴管经过淋巴结后汇合形成。全身共有9条淋巴干：左、右颈干，左、右锁骨下干，左、右支气管纵隔干，左、右腰干和单一的肠干。

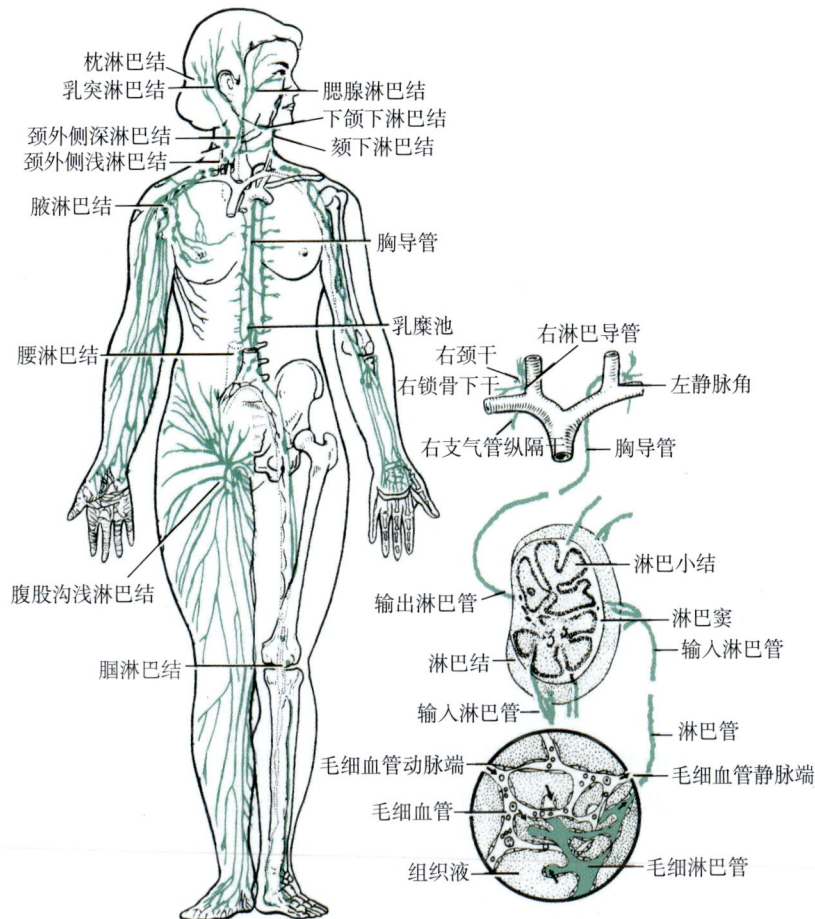

枕淋巴结
乳突淋巴结
腮腺淋巴结
下颌下淋巴结
颈外侧深淋巴结
颏下淋巴结
颈外侧浅淋巴结
腋淋巴结
胸导管
乳糜池
右淋巴导管
右颈干
左静脉角
右锁骨下干
腰淋巴结
右支气管纵隔
胸导管
淋巴小结
输出淋巴管
淋巴窦
输入淋巴管
淋巴结
输入淋巴管
淋巴管
毛细血管动脉端
毛细血管静脉端
毛细血管
腹股沟浅淋巴结
腘淋巴结
组织液
毛细淋巴管

图 7-1 全身浅、深淋巴管和淋巴结

四、淋 巴 导 管

全身淋巴干最终汇合成两条淋巴导管，即胸导管和右淋巴导管，分别注入左、右静脉角（图 7-2）。

1. 胸导管（左淋巴导管） 是全身最大的淋巴导管，起始于第 1 腰椎前方的乳糜池。乳糜池为胸导管起始部的囊状膨大，由左、右腰干和肠干汇合而成。胸导管向上经膈的主动脉裂孔进入胸腔，沿食管后方、脊柱前方上行，至颈根部呈弓状弯向左侧并注入左静脉角。胸导管在注入左静脉角前，还接收左颈干、左锁骨下干和左支气管纵隔干。胸导管收集下肢、盆部、腹部、左半胸部、左上肢和左半头颈部的淋巴，约占全身 3/4 的淋巴液。

2. 右淋巴导管 长度较短，由右颈干、右锁骨下干和右支气管纵隔干汇合而成，注入右静脉角。右淋巴导管收集右上肢、右半胸部和右半头颈部的淋巴，约占全身 1/4 的淋巴液。

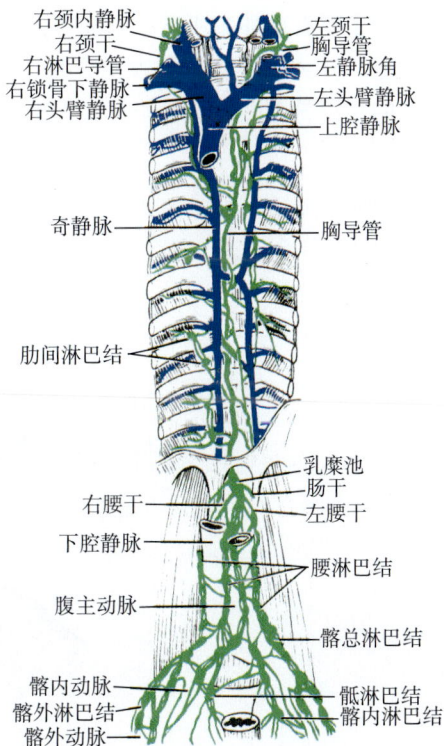

右颈内静脉
左颈干
右颈干
胸导管
右淋巴导管
左静脉角
右锁骨下静脉
左头臂静脉
右头臂静脉
上腔静脉
奇静脉
胸导管
肋间淋巴结
乳糜池
右腰干
肠干
左腰干
下腔静脉
腰淋巴结
腹主动脉
髂总淋巴结
髂内动脉
骶淋巴结
髂外淋巴结
髂内淋巴结
髂外动脉

图 7-2 胸导管和右淋巴导管

第二节 淋巴器官

淋巴器官主要由淋巴组织构成，包括淋巴结、脾、胸腺等。

一、淋巴结

1. 淋巴结的形态   淋巴结为灰红色扁椭圆形小体，质软，常群集分布。淋巴结一侧隆凸，有数条输入淋巴管进入；另一侧凹陷称为淋巴结门，有血管、神经及 1～2 条输出淋巴管出入。淋巴结多沿血管周围分布，主要收集相应部位的淋巴液。

2. 淋巴结的微细结构   淋巴结表面覆有结缔组织构成的被膜，被膜分支深入淋巴结内形成小梁，小梁分支并相互连接成网，构成淋巴结的支架，网眼内充满淋巴组织。淋巴结的实质分为浅层皮质和深层髓质。

（1）皮质：由浅至深分为浅皮质区和深皮质区，两者界限不明显。浅皮质区淋巴组织密集成团，形成淋巴小结，主要由 B 淋巴细胞构成。在病毒、细菌等抗原刺激下，B 淋巴细胞增殖分化，形成生发中心，产生新的 B 淋巴细胞。深皮质区为弥散淋巴组织，主要由 T 淋巴细胞构成，可介导细胞免疫应答。

（2）髓质：由条索状的髓索构成，髓索分支相互连接成网，内含 B 淋巴细胞、浆细胞和巨噬细胞。

3. 淋巴结的功能

（1）造血功能：淋巴结内的淋巴细胞可增殖分化，形成新的淋巴细胞。

（2）滤过功能：淋巴流经淋巴结时，巨噬细胞可吞噬其中的细菌或异物，起到滤过作用。

（3）免疫应答：抗原刺激下，B 淋巴细胞可转化为浆细胞并分泌抗体；T 淋巴细胞可分化为效应细胞，参与细胞免疫。

4. 全身重要的淋巴结群   淋巴结多沿血管成群分布，并接受相应区域的淋巴回流。当某器官或部位发生病变（如感染或肿瘤）时，病原体或肿瘤细胞可经淋巴管转移至淋巴结，导致淋巴结肿大。因此，掌握淋巴结的位置及引流范围对临床诊断和治疗具有重要意义。

（1）头颈部的淋巴结群：头部主要有下颌下淋巴结，收集面部和口腔的淋巴，注入颈外侧深淋巴结。颈部主要有颈外侧浅淋巴结和颈外侧深淋巴结，收集枕部、耳后部、颈浅部及头颈部、胸壁上部等处的淋巴，注入胸导管和右淋巴导管（图 7-3）。胃癌或食道癌患者的癌细胞可经胸导管逆流至深部淋巴结中的左锁骨上淋巴结，若其肿大提示肿瘤转移。

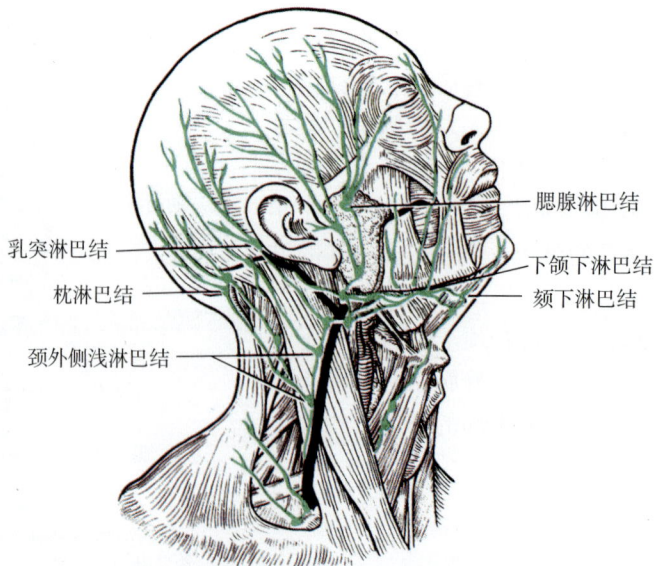

图 7-3 头颈部浅淋巴管和淋巴结

（2）上肢的淋巴结群：上肢的淋巴结主要为腋淋巴结（图7-4）。腋淋巴结位于腋窝疏松结缔组织内，沿腋血管及其分支排列，收纳上肢、胸壁前外侧及乳房等处的淋巴，输出管形成锁骨下干，左侧注入胸导管，右侧注入右淋巴导管。乳腺癌患者的癌细胞常转移到腋淋巴结。

（3）胸部的淋巴结群：位于胸骨旁及胸腔脏器的周围（图7-5、图7-6）。胸壁的浅淋巴管大部分注入腋淋巴结，深淋巴管分别注入沿肋间后血管排列的肋间淋巴结和沿胸廓内血管排列的胸骨旁淋巴结等。胸腔脏器的淋巴结主要有位于肺门处的支气管肺淋巴结（肺门淋巴结）、气管支气管淋巴结、气管旁淋巴结、纵隔前淋巴结等。这些淋巴结的输出管相互汇合成左、右支气管纵隔干，分别注入胸导管和右淋巴导管。

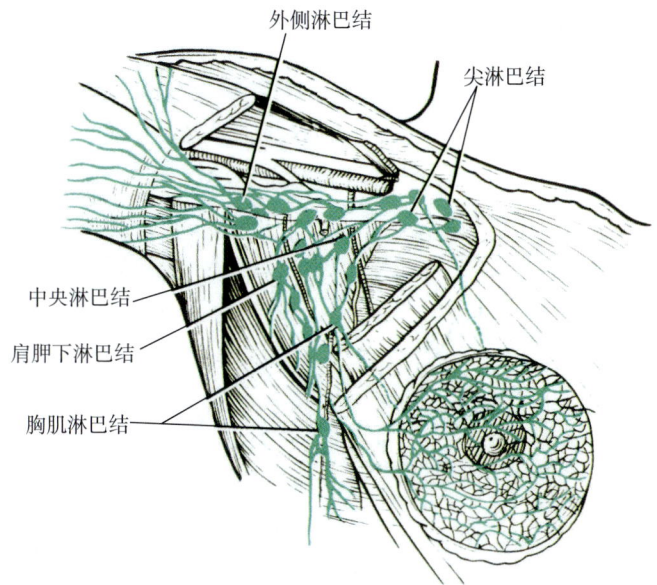

图 7-4　腋淋巴结和乳房淋巴管

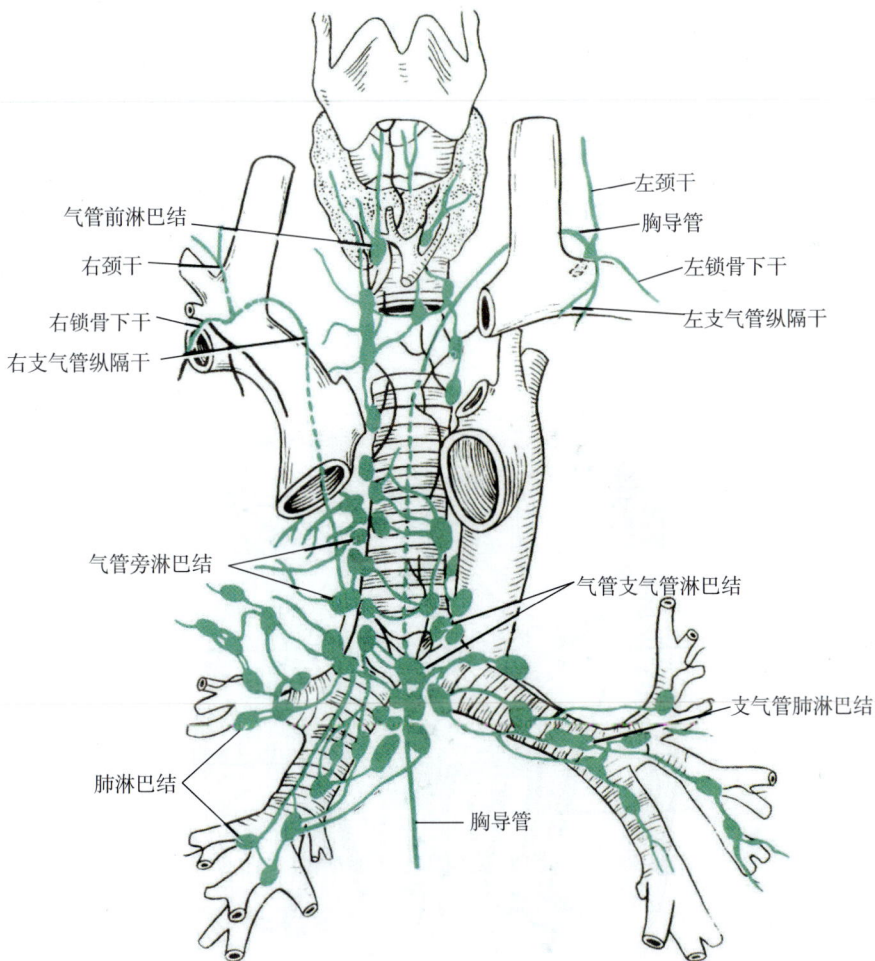

图 7-5　气管、支气管和肺的淋巴结

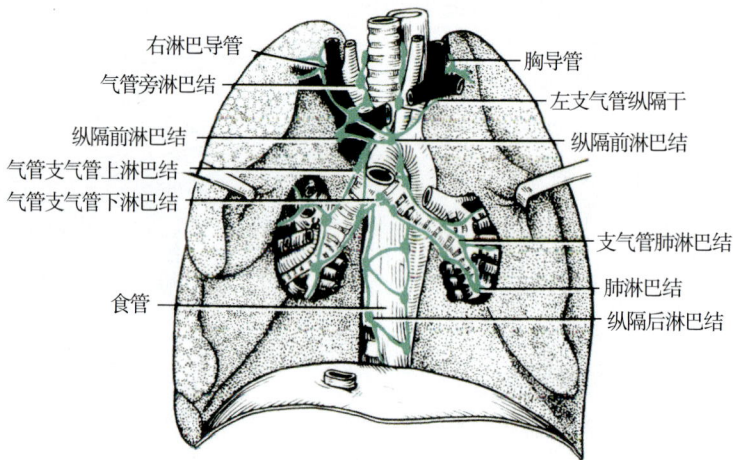

图 7-6 胸腔脏器淋巴结

（4）腹部的淋巴结群：腹部淋巴结群主要有腰淋巴结、腹腔淋巴结和肠系膜上、下淋巴结（图 7-7），这些淋巴结收纳腹部、盆部和下肢等处的淋巴，其输出管汇合成左、右腰干及肠干，最终注入乳糜池。

（5）盆部的淋巴结群：沿髂内、外血管及髂总血管排列，分别称为髂内淋巴结、髂外淋巴结和髂总淋巴结（图 7-8）。这些淋巴结收纳同名动脉分布区的淋巴，最后经髂总淋巴结的输出管注入腰淋巴结。

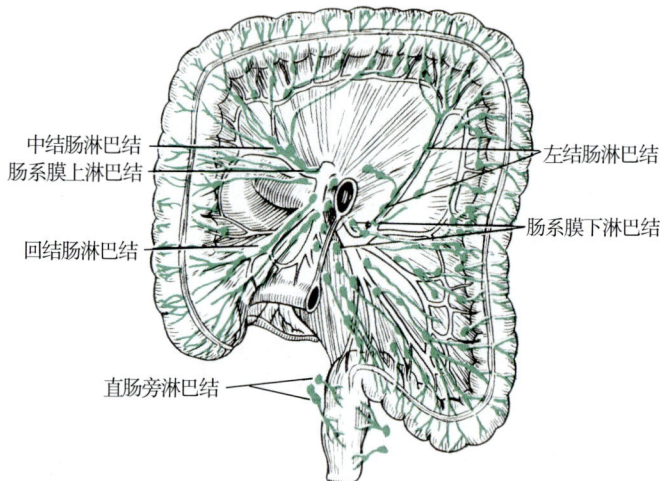

图 7-7 沿肠系膜上、下动脉分布的淋巴结

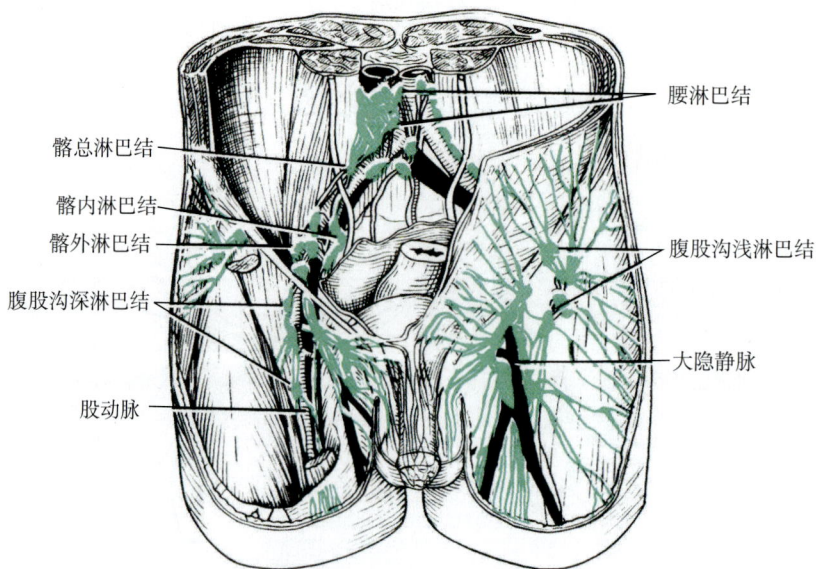

图 7-8 腹股沟及盆部的淋巴结

（6）下肢的淋巴结群：主要有腹股沟浅淋巴结和腹股沟深淋巴结，这些淋巴结收纳腹前外侧壁下部、臀部、会阴及下肢等处的淋巴，其输出管注入髂外淋巴结。

考点与重点　*全身重要的淋巴结群*

二、脾

1. 脾的位置　脾是人体最大的淋巴器官，位于左季肋区，与第 9～11 肋相对应，其长轴方向与第 10 肋基本一致（图 7-9）。在正常情况下，于左肋弓下不能触及脾。脾与左肾、左肾上腺、胃底、胰腺、膈、结肠左曲相邻。

2. 脾的形态　脾为椭圆形的实质性器官，呈暗红色，质地软而脆，重约 150g。脾分为膈面与脏面、上缘与下缘、前端与后端。膈面平滑隆凸，朝向外上方，与膈相贴。脏面凹陷，近中央处为脾门，是血管、神经和淋巴管出入之处。脾的下缘钝厚，上缘较锐利，有 2～3 个切迹，称为脾切迹，是临床上触诊脾脏的标志。

3. 脾的微细结构　脾的表面覆盖有由致密结缔组织构成的被膜，内含少量平滑肌。被膜分支深入脾内，形成小梁，小梁及其分支相互连接成网，构成脾的支架。脾的实质分为红髓和白髓两部分，均由淋巴组织构成。

图 7-9　脾的位置

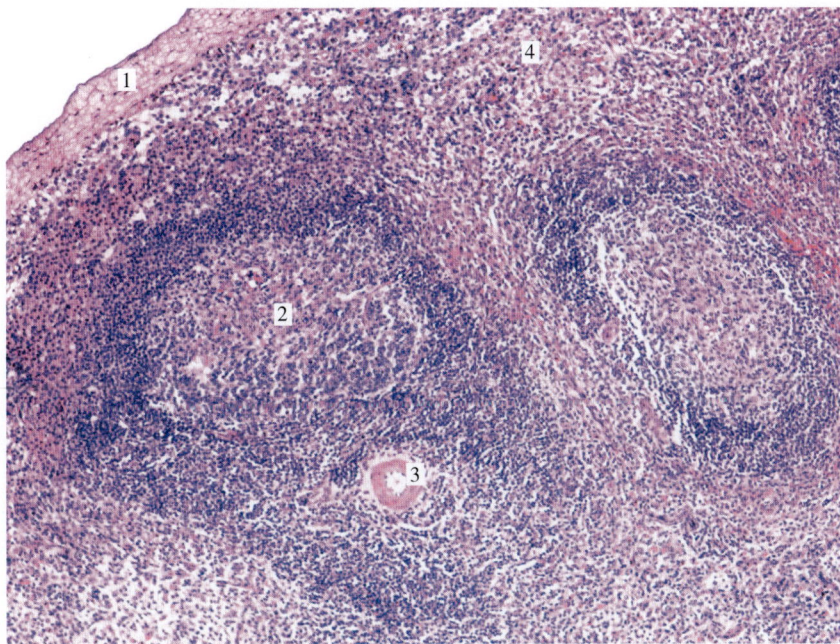

（1）白髓：散在分布于红髓内，包括动脉周围淋巴鞘和淋巴小结。动脉周围淋巴鞘呈圆筒状，主要由 T 淋巴细胞围绕中央动脉形成。淋巴小结呈球形，位于动脉周围淋巴鞘一侧，形态与淋巴结内的淋巴小结相似，主要由 B 淋巴细胞构成。

（2）红髓：由脾索和脾窦构成。脾索呈索状，分支相互连接成网，内含许多 B 淋巴细胞、网状细胞、巨噬细胞和红细胞等。脾窦位于脾索之间，是形态不规则的腔隙，窦内有较多的巨噬细胞（图 7-10）。

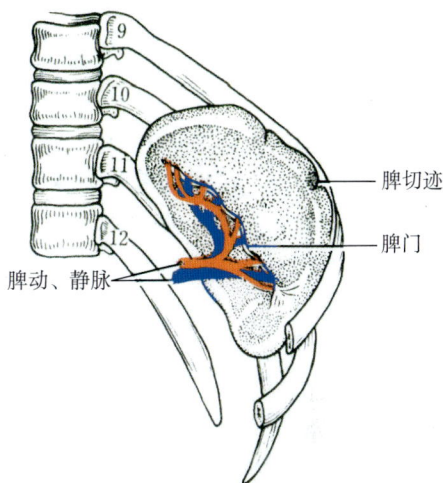

1. 被膜；2. 淋巴小结；3. 中央动脉；4. 红髓

图 7-10　脾光镜像（低倍）

4. 脾的功能

（1）造血功能：脾可促进淋巴细胞增殖。在某些病理状态下，脾具有产生多种血细胞的能力。

（2）储存血液：红髓是储存红细胞和血小板的部位。在机体需要时，可通过被膜内平滑肌的收缩，将储存的血细胞释放入血液循环。

（3）过滤血液：脾内的巨噬细胞可吞噬血液中的细菌等异物，也可吞噬体内衰老的红细胞以及血小板，从而起到过滤血液的作用。然而，当脾功能亢进时，可能因吞噬过度而导致血细胞减少。

（4）参与免疫：当细菌、病毒等抗原物质侵入机体时，可引发脾内 T、B 淋巴细胞的免疫应答。

考点与重点 脾的位置、形态和功能

链接

脾功能亢进

　　脾功能亢进是血液系统的一种疾病，简称脾亢，是指由各种疾病引起的脾脏肿大和血细胞减少的一种综合征，可分为原发性和继发性脾亢。原发性脾功能亢进主要指病因不明的脾功能亢进；继发性脾功能亢进是指在原发病基础上并发的脾亢，临床上以继发性脾功能亢进居多。继发性脾功能亢进常见的病因包括感染性疾病，如布鲁菌病、梅毒、病毒性肝炎等。引起继发性脾功能亢进的常见病因还有遗传性球形红细胞增多症、自身免疫性溶血性贫血、结缔组织疾病（如系统性红斑狼疮）、脾脏疾病（如脾囊肿、脾肿瘤）、海绵状血管瘤等。对于继发性脾功能亢进，应针对原发疾病进行治疗，并可根据病情采取脾栓塞、脾切除等治疗措施。充血性脾大是由门脉高压引起的。

三、胸　　腺

1. 胸腺的位置　　胸腺位于胸骨柄后方，上纵隔的前部（图 7-11）。其上端有时可延伸至颈根部，达甲状腺下缘。

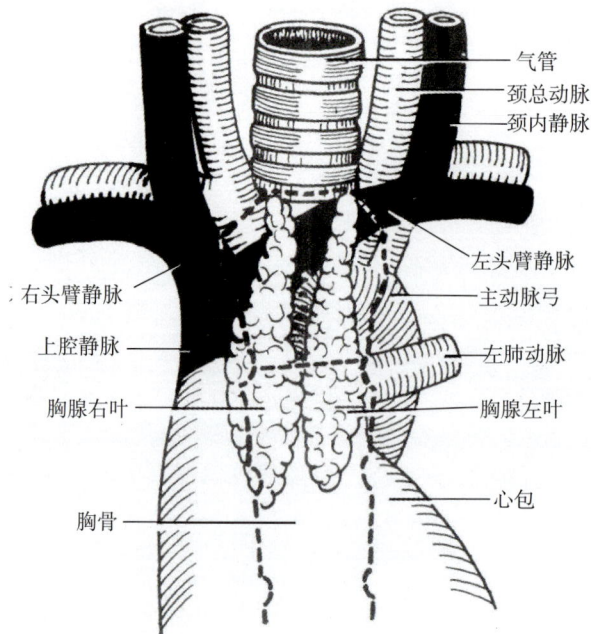

图 7-11　胸腺

2.胸腺的形态 呈锥体形，分为左、右两叶，重约30g。新生儿和幼儿的胸腺相对较大，青春期发育至顶峰，此后逐渐萎缩退化。成人胸腺的腺组织多被结缔组织替代。

3.胸腺的功能 胸腺具有内分泌功能，能分泌胸腺素。胸腺素可促使骨髓产生的淋巴干细胞转化为T淋巴细胞，进而参与机体免疫反应。

医者仁心

中国疫苗之父汤飞凡

　　汤飞凡是我国第一代医学病毒学家、免疫学奠基人，被誉为"世界衣原体之父""中国疫苗之父"。他生产了我国自主的青霉素，其研究成果助力中国比世界提前16年消灭天花，因此被赞誉为"东方巴斯德"。

　　汤飞凡两次重建我国最早的生物制品机构——中央防疫处，还创建了中国最早的抗生素生产研究机构以及首个实验动物饲养场。他是世界著名的医学微生物学家，是中国发现重要病原体的第一人，也是迄今为止唯一获此殊荣的中国人。他一度是最接近诺贝尔奖的中国人，在中国疫苗领域，其功绩无人能及。据资料记载，汤飞凡研制出中国自主的狂犬疫苗、白喉疫苗、牛痘疫苗，以及世界首支斑疹伤寒疫苗，使沙眼发病率从近95%降至不足10%。抗战胜利后，他又成功生产出中国自主的卡介苗和丙种球蛋白。新中国成立后，他成功遏制1950年华北鼠疫大流行，并研制出中国的黄热病疫苗。他领导选定的牛痘"天坛毒种"及由他建立的乙醚杀灭杂菌方法，能够在简单条件下制造大量优质牛痘疫苗，为中国提前消灭天花奠定了坚实基础。1961年，中国采用其研究方法成功消灭天花病毒，比全球提前16年。

❓ 思 考 题

1. 简述胸导管的起始、走行、注入部位及收集范围。
2. 简述脾的位置及功能。
3. 简述淋巴管道的组成。

本章数字资源

第八章 感　觉　器

📋 案例

钱某，男，46岁，患有高血压病。近2个月以来，血压逐渐升高，伴有头痛、烦躁、心悸、多汗等症状，2天前出现视物模糊。查体：血压210/115mmHg，心率每分钟170次，心浊音界向左扩大。眼底镜检查：视网膜动脉狭窄、硬化，视网膜水肿，可见棉絮状斑点。诊断为原发性高血压3级。

问题： 眼底镜检查需要经过哪些结构才能看到视网膜？

人们之所以能够听到美妙动听的蝉鸣、悠扬的音乐，闻到花草的芬芳，看到秀美的山川，感知春、夏、秋、冬的季节变化，进而窥知自然世界，这都要归功于人体内许多能够感受体内和外界环境变化的感受器。那么，人体有哪些感受器呢？它们是如何完成这些感觉功能的呢？通过本章的学习，我们能够全面了解它们神秘的结构和神奇的功能。现在，就让我们一同走进"心灵之窗"——眼，再步入"山顶秘洞"——耳，去体验"眼观六路、耳听八方"的美妙感受。

第一节　视　　器

视觉系统包括视觉器官、视神经和视觉中枢。通过视觉系统的活动，人类能够产生视觉感受，从而获得外界物体、文字和图像等形象与色彩的主观映像。人脑获取的信息中，95%以上来自视觉。视觉器官简称视器，即眼，是感受可见光刺激的特殊感觉器官，由眼球和眼副器组成（图8-1）。

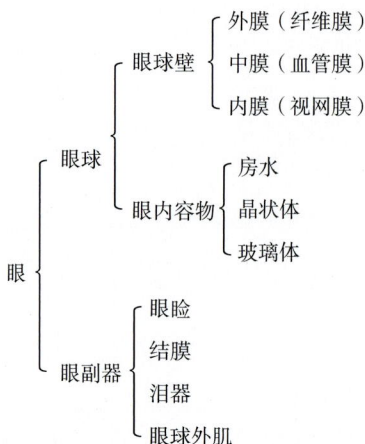

图 8-1　眼的结构

一、眼 球

眼球位于眶内，近似球形，向后经视神经连于脑。眼球包括眼球壁和眼球内容物两部分（图 8-2、图 8-3 ）。

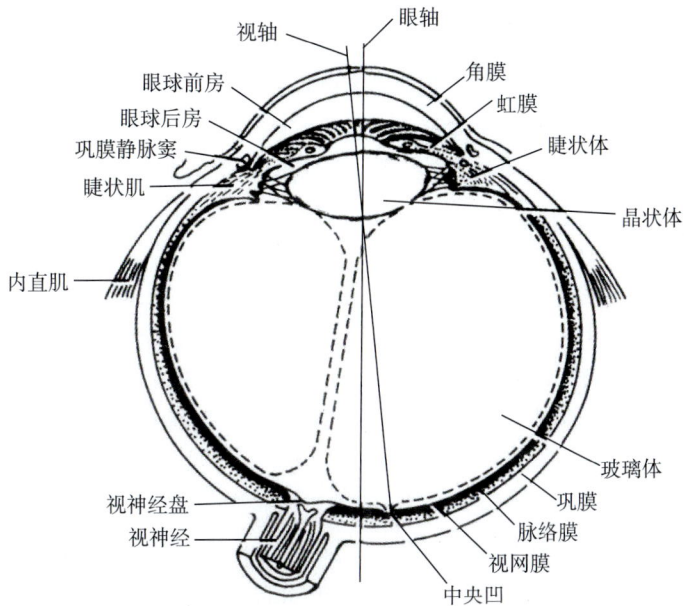

图 8-2　右眼球水平切面示意图

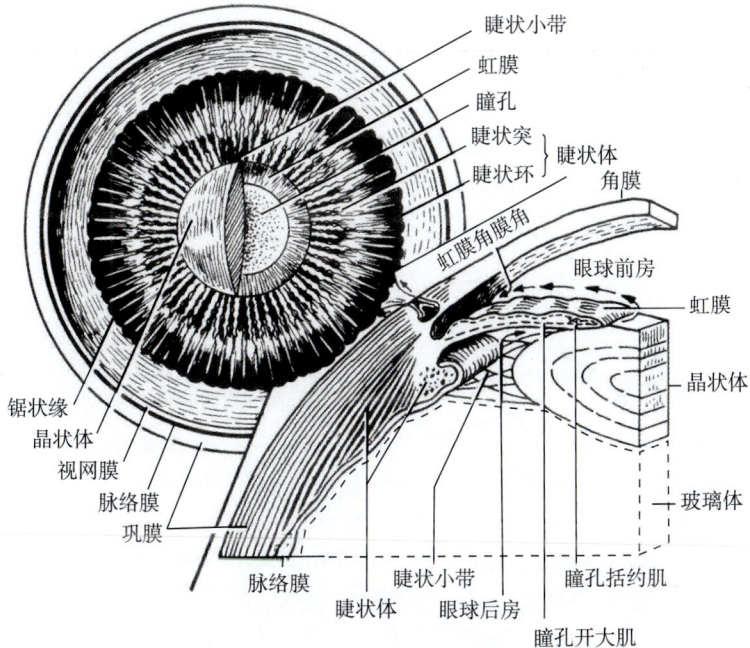

图 8-3　虹膜角膜角示意图

（一）眼球壁

眼球壁分三层，由外向内分别为纤维膜、血管膜和视网膜。

1. 纤维膜（外膜） 位于最外层，由坚韧的致密结缔组织构成，有维持眼球形态和保护眼球内容物的作用。纤维膜可分为角膜和巩膜两部分。

（1）角膜：占纤维膜的前 1/6，略向前凸，无色透明，具有屈光作用。角膜无血管分布，但含有丰富的感觉神经末梢，因此感觉十分灵敏。

（2）巩膜：占纤维膜的后 5/6，呈乳白色，坚韧而不透明。巩膜与角膜交界处有一环形管道，称为巩膜静脉窦。

2. 血管膜（中膜） 位于眼球壁的中层，由疏松结缔组织构成，含有丰富的血管和色素细胞，呈棕黑色，具有营养眼球组织和遮光的作用。血管膜由前向后分为虹膜、睫状体和脉络膜三部分。

（1）虹膜：位于角膜后方，为圆盘状薄膜。其颜色存在种族和个体差异，黄种人多呈棕色。虹膜中央的圆形孔洞称为瞳孔，是光线进入眼球的唯一通道。虹膜内含有两种不同排列方向的平滑肌——瞳孔括约肌和瞳孔开大肌，分别控制瞳孔的缩小与扩大，从而调节进入眼内的光线量。

链接

眼与健康

眼睛是心灵之窗，同时也是反映自身健康状况的一个重要风向标。若巩膜颜色变为淡灰色，可能提示存在消化不良问题；巩膜上出现蓝斑，可能提示有寄生虫感染；若巩膜发黄，则提示可能存在肝胆疾病。这些眼部表现对选择适宜的检查方法及辅助诊断某些疾病等方面均具有一定的应用价值。

（2）睫状体：位于虹膜后方，表面有放射状突起称为睫状突。睫状突发出睫状小带与晶状体相连。睫状体内含睫状肌，该肌通过收缩与舒张牵动睫状小带，可调节晶状体曲度从而改变折光能力。睫状体同时具有分泌房水的功能。

（3）脉络膜：占血管膜后 2/3 部分，由富含血管和色素细胞的疏松结缔组织构成，具有营养眼球和遮光作用。其外层与巩膜疏松连接，内层紧贴视网膜，后部有视神经穿过。

3. 视网膜（内膜） 为眼球壁的最内层，分为视部和盲部两部分。盲部贴附于虹膜和睫状体内面，无感光作用；视部贴附于脉络膜内面，具有感光作用。在视网膜视部，视神经起始处有一白色圆盘状隆起，称为视神经盘（或称视神经乳头），视神经、视网膜中央动脉和静脉由此出入。该处无感光细胞，因而无感光功能，称为生理性盲点。在视神经盘颞侧约 3.5mm 处有一黄色小区，称为黄斑，其中央凹陷处称为中央凹，是视力（包括辨色力和分辨力）最敏锐的部位（图 8-4）。

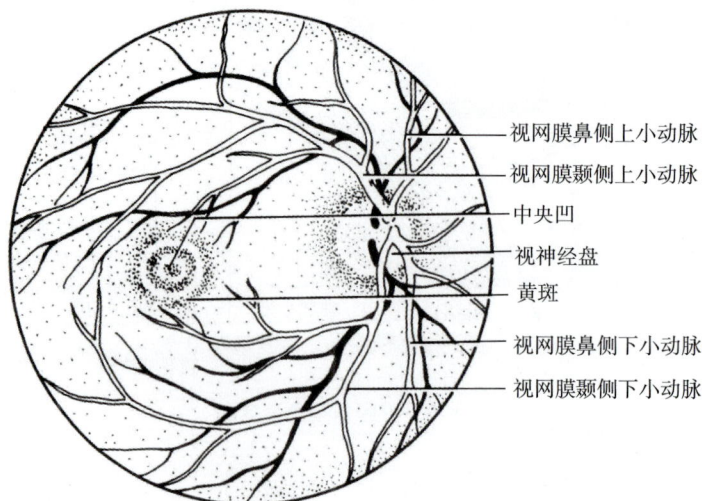

图 8-4　眼底示意图

视网膜为高度特化的神经组织，细胞排列规整，分为 4 层，由外向内依次为色素上皮层、视细胞层、双极细胞层和节细胞层（图 8-5）。

（1）色素上皮层：由单层立方上皮细胞构成，细胞内含有大量色素颗粒，可防止强光对视细胞的损害。

（2）视细胞层：由视细胞构成。视细胞又称感光细胞，是感受光线的神经元，分为视锥细胞和视杆细胞两种。视锥细胞主要分布于视网膜的中央部，尤其在中央凹处分布最为密集，是视觉最敏锐的区域。视杆细胞主要分布于视网膜的周围部。

（3）双极细胞层：由双极神经元构成，是连接视细胞与节细胞的中间神经元。

（4）节细胞层：由多极神经元构成，其树突与双极细胞形成突触，轴突向视神经盘处集中，穿出眼球形成视神经。

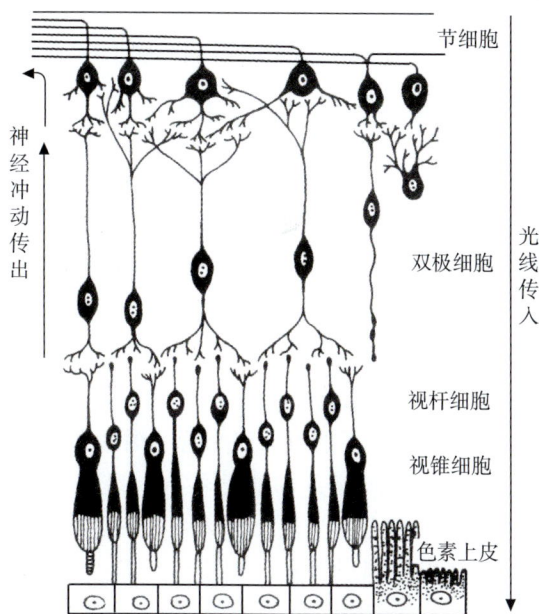

图 8-5 视网膜神经细胞示意图

（二）眼球内容物

眼球内容物包括房水、晶状体和玻璃体（图 8-2）。它们均无血管分布，呈无色透明状。角膜、房水、晶状体和玻璃体这四种透明结构共同构成眼的屈光系统，能够使外界物体在视网膜上形成清晰的物像。

1. 房水 为无色透明的液体，充满于眼房内。眼房是位于角膜与晶状体之间的腔隙，以虹膜为界分为前房和后房，两者经瞳孔相通。前房的周缘为虹膜与角膜之间形成的夹角，称为虹膜角膜角（图 8-3），该结构与巩膜静脉窦相邻。

房水由睫状体产生，首先进入后房，经瞳孔流入前房，然后通过虹膜角膜角进入巩膜静脉窦，最终汇入眼静脉，这一过程称为房水循环。房水具有营养角膜和晶状体以及维持眼内压的作用。当房水回流受阻时，会引起眼内压升高，导致视网膜受压而出现视力减退甚至失明，临床上称为青光眼。

2. 晶状体 位于虹膜与玻璃体之间的双凸透镜状透明结构。晶状体无色透明，富有弹性，其周缘借睫状小带与睫状体相连。晶状体的曲度可随睫状肌的舒缩而改变。长时间视近物时，睫状肌会因持续收缩而疲劳，长期如此可能导致调节功能减退，从而形成近视。晶状体可因疾病或外伤而发生混浊，影响光线通过，导致视力下降，这种情况称为白内障。

3. 玻璃体 为无色透明的胶状物质，填充于晶状体与视网膜之间，其中水分含量约占 99%，具有屈光作用和支撑视网膜的功能。

考点与重点 眼球的形态、结构

二、眼 副 器

眼副器包括眼睑、结膜、泪器、眼球外肌和眶内结缔组织等，有保护、支持和运动眼球的作用。

1. 眼睑 位于眼球前方，主要功能为保护眼球，分为上睑和下睑，二者之间的裂隙称睑裂，其内、外侧角分别称内眦和外眦。眼睑的游离缘称睑缘，睑缘的前缘生有睫毛，睫毛根部的皮脂腺称睑缘腺。若皮脂腺导管阻塞并发炎肿胀，称睑腺炎（麦粒肿）。眼睑的后缘有睑板腺的开口，若导管受阻，可形成睑板腺囊肿（霰粒肿）。眼睑由外向内由皮肤、皮下组织、肌层、睑板和结膜五层构成。皮下组织疏松，易发生水肿。睑板由致密结缔组织构成，内含睑板腺，其分泌物可润滑睑缘并防止泪液外溢。

考点与重点 眼睑的形态、结构

2. 结膜 是一层富有血管和神经末梢的透明薄膜，覆盖眼睑内表面的称睑结膜，覆盖巩膜表面的称球结膜。二者移行反折处分别形成结膜上穹和结膜下穹。当睑裂闭合时，两穹隆合成结膜囊。

考点与重点 结膜的形态、结构

3. 泪器 由泪腺和泪道构成（图 8-6）。

（1）泪腺：位于眶上壁前外侧的泪腺窝内，其排泄管开口于结膜上穹。泪腺分泌的泪液通过瞬目运动涂布于眼球表面，具有润滑、清洁角膜及冲洗结膜囊的作用。多余泪液经泪点进入泪小管。泪液中含溶菌酶，具有杀菌作用。

（2）泪道：包括泪点、泪小管、泪囊和鼻泪管。①泪点：上、下睑缘近内眦处各有一乳头状突起，顶部的小孔即泪点，为泪小管入口；②泪小管：起于泪点，分为上泪小管和下泪小管，向内侧汇合后开口于泪囊；③泪囊：位于泪囊窝内，上端为盲端，下端移行为鼻泪管；④鼻泪管：管腔内衬黏膜，下端开口于下鼻道外侧壁前部。

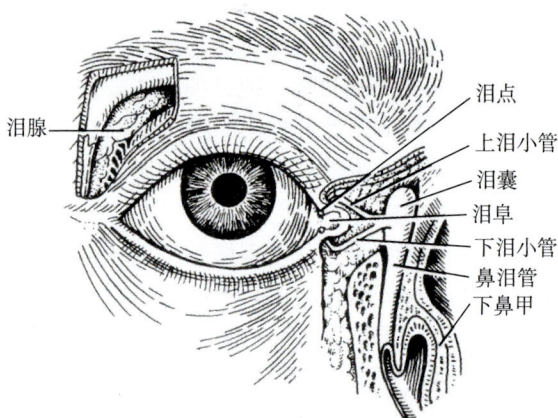

图 8-6 泪器示意图

4. 眼球外肌 配布于眼球周围，均为骨骼肌，共有 7 块（图 8-7）。

（1）上睑提肌：收缩时提起上睑，开大睑裂。

（2）上直肌：收缩时可以使眼球转向上内方。

（3）下直肌：收缩时可以使眼球转向下内方。

（4）内直肌：收缩时可以使眼球转向内侧。

（5）外直肌：收缩时可以使眼球转向外侧。

（6）上斜肌：收缩时可以使眼球转向下外侧。

（7）下斜肌：收缩时可以使眼球转向上外侧。

眼球的正常运动是由上直肌、下直肌、内直肌、外直肌、上斜肌、下斜肌这 6 块眼球外肌协同作用的结果。

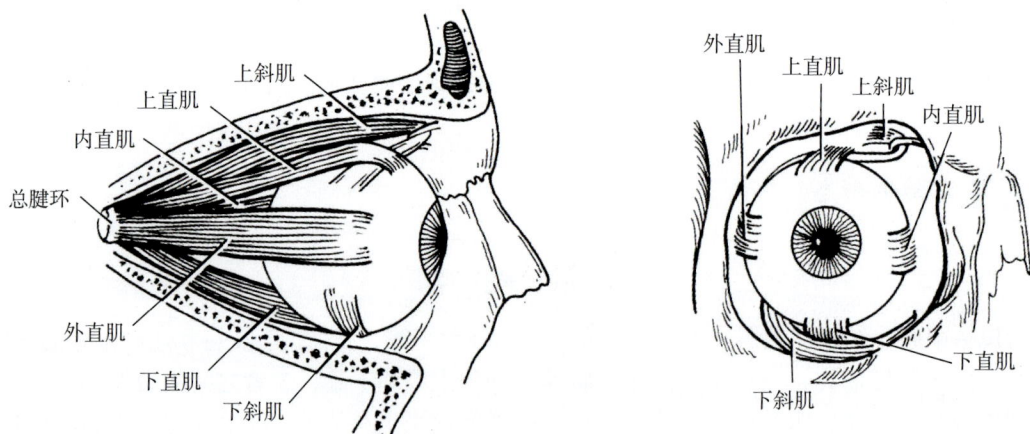

图 8-7 眼球外肌（右眼）

考点与重点 眼球外肌的作用

三、眼的血管和神经

眼的血管和神经示意图如下（图8-8）。

1. 动脉 眼的血液供应主要来自眼动脉。眼动脉在颅腔内自颈内动脉发出后，伴视神经穿视神经管入眶，分支供应眼球、眼球外肌、泪腺和眼睑等。其中最重要的分支为视网膜中央动脉，该动脉在视神经盘处穿入并分布至视网膜各部，营养视网膜内层。临床常用眼底镜观察此动脉的形态，以帮助诊断动脉硬化等疾病。

2. 静脉 眼静脉与同名动脉伴行，最终汇入视网膜中央静脉，经眼上静脉、眼下静脉向后穿眶上裂入颅腔，注入海绵窦。眼上静脉和眼下静脉无静脉瓣，向前与面静脉相吻合，因此面部感染可经此途径侵入颅内。

3. 神经 分布于眼的神经较多：视神经司视觉传导；交感神经支配瞳孔开大肌；副交感神经支配睫状肌和瞳孔括约肌；动眼神经、滑车神经和展神经共同支配眼球外肌。

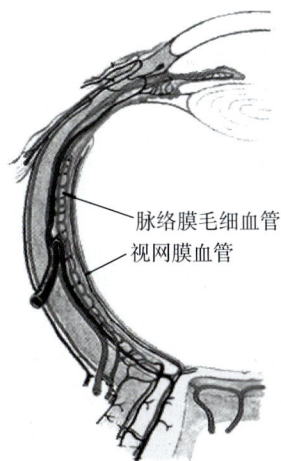

脉络膜毛细血管
视网膜血管

图8-8 眼的血管和神经示意图

医者仁心

眼科院士黎晓新：眼眸里的医学坚守

世界上有近30万名眼科医生，国际眼科科学院院士全球限定70人，我国有5人入选，来自厦门大学附属厦门眼科中心医院的黎晓新教授是中国五位国际眼科科学院院士之一。

黎晓新教授发表论文315篇，其中SCI论文116篇。她从医40余年，专注于视网膜玻璃体手术和眼底疾病的研究与治疗，完成了该领域多个国内首例手术，并推动了玻璃体视网膜领域新技术在国内的普及；同时担任多种国际杂志的审稿人。2007年，她荣获世界眼科学会亚太区"最佳临床教师金苹果奖"；2008年，获得中华眼科杰出成就奖；2009年，荣获宋庆龄儿科医学奖；2011年，其相关成果获准直报国家科技进步一等奖。她数十年如一日坚守在眼科临床一线，为眼科诊疗事业作出杰出贡献，是推动中国眼科行业发展的重要引领者。

第二节 前 庭 蜗 器

位听器又称耳，其功能是感受听觉和位置觉。耳由外耳、中耳和内耳三部分组成。内耳又称迷路，包括耳蜗、前庭和半规管（图8-9、图8-10）。外耳和中耳具有收集和传导声波的功能，内耳含有听觉感受器和位置觉感受器。

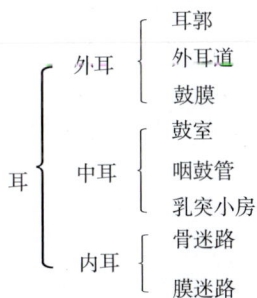

```
          ┌ 耳郭
    外耳 ┤ 外耳道
          └ 鼓膜
          ┌ 鼓室
耳 ┤ 中耳 ┤ 咽鼓管
          └ 乳突小房
    内耳 ┤ 骨迷路
          └ 膜迷路
```

图8-9 耳的结构组成

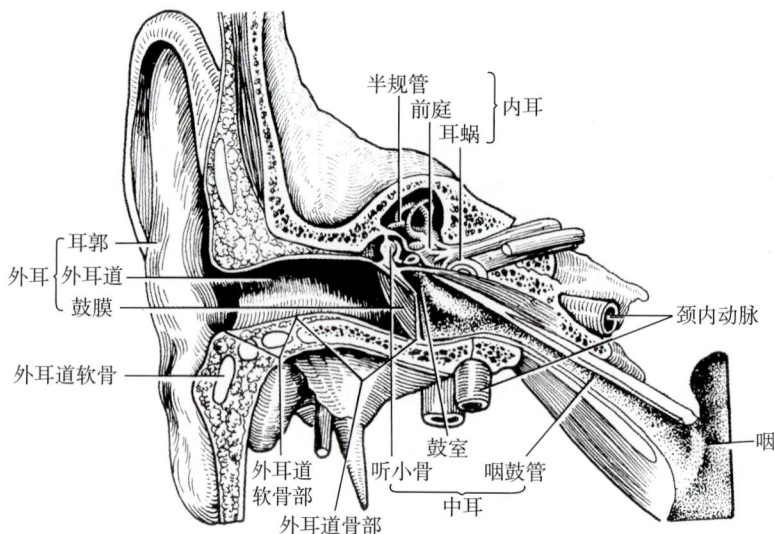

图 8-10　前庭蜗器示意图

一、外　耳

外耳包括耳郭、外耳道和鼓膜三部分。

1.耳郭　位于头部两侧，大部分以弹性软骨为支架，外覆皮肤和薄层皮下组织。耳郭中部的深凹为外耳门，通向外耳道。外耳门前方有一突起，称为耳屏。耳郭下部无软骨的部分为耳垂，可作为临床采血的部位。耳郭具有收集声波和判断声波来源方向的作用（图 8-11）。

2.外耳道　是连接外耳门至鼓膜之间的一段弯曲管道，成人长 2.0～2.5cm，分为外侧 1/3 的软骨部和内侧 2/3 的骨部。检查鼓膜时，需将耳郭向后上方牵拉，使外耳道变直，方可观察到鼓膜。外耳道皮肤与软骨和骨紧密相连，皮下组织较少，因此发生疖肿时易压迫神经，引起剧烈疼痛。外耳道皮肤内有耵聍腺，可分泌耵聍，对鼓膜具有保护作用。外耳道的主要功能是传导声波。

3.鼓膜　位于外耳道与中耳鼓室之间，为一椭圆形半透明薄膜。鼓膜中央向内侧凹陷，称为鼓膜脐，与锤骨柄末端相连。鼓膜上方约 1/4 区域为松弛部，下方约 3/4 区域为紧张部。活体观察鼓膜时，可见其前下部有一锥形反光区，称为光锥。当鼓膜发生病变时，光锥可能变形或消失（图 8-12）。

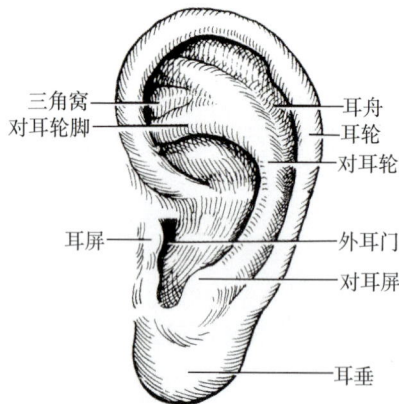

图 8-11　耳郭示意图

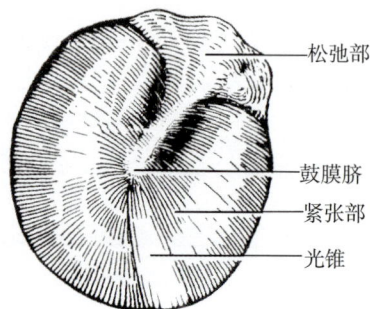

图 8-12　鼓膜示意图

考点与重点　外耳的形态、结构

链接

鼓膜的震动

鼓膜的紧张部可随声波振动，从而将声波转化为机械振动，经听小骨传递至内耳。若鼓膜受损，将影响其振动功能，导致听力下降。

二、中 耳

中耳位于外耳和内耳之间，包括鼓室、咽鼓管、乳突小房。

1. 鼓室 是位于鼓膜与内耳之间的一个不规则含气小腔，形态大体呈六面体。鼓室壁分为上壁、下壁、前壁、后壁、外侧壁和内侧壁六部分。其中外侧壁主要由鼓膜构成，内侧壁与内耳相邻。内侧壁后部有两处开口，分别为前庭窗和蜗窗：前庭窗被镫骨底封闭，蜗窗由第二鼓膜覆盖。鼓室前壁借咽鼓管与鼻咽部相通，后壁通过乳突窦与乳突小房相连。

鼓室内有三块听小骨，由外向内依次为锤骨、砧骨和镫骨（图8-13）。锤骨柄附着于鼓膜，镫骨底封闭前庭窗，砧骨通过关节连接锤骨与镫骨。三块听小骨通过关节相互连结，形成听小骨链（图8-14）。

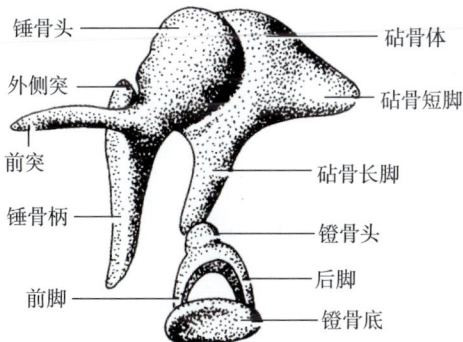

图8-13 听小骨示意图

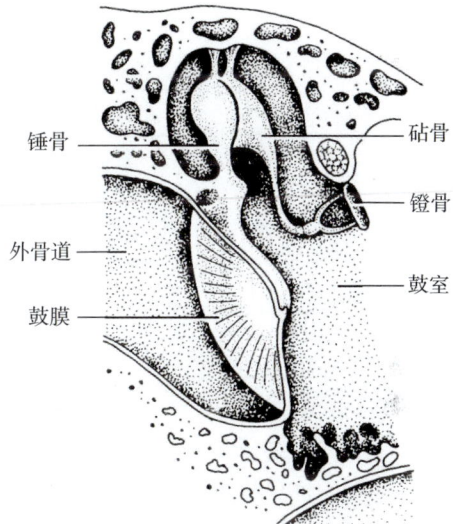

图8-14 听小骨示意图（切面）

2. 咽鼓管 是连通鼻咽部与鼓室的管道，内衬黏膜。其咽口通常处于闭合状态，当吞咽、打呵欠或张口时开放。咽鼓管的主要功能是调节鼓室内外气压平衡，维持鼓膜正常振动。小儿咽鼓管具有管腔较宽、长度较短、走行接近水平的特点，因此上呼吸道感染易通过咽鼓管蔓延至鼓室，引发中耳炎。

3. 乳突小房和乳突窦 乳突窦是连接乳突小房与鼓室的腔隙，乳突小房为颞骨乳突内蜂窝状的含气小腔，彼此相互贯通。

考点与重点 鼓室、咽鼓管的位置、形态和结构

链接

慢性化脓性中耳炎

慢性化脓性中耳炎是常见的耳部致聋性疾病之一，以反复耳流脓、鼓膜穿孔及听力下降为主要临床表现。由于中耳与乳突解剖结构的特殊性，炎症易向鼓室各壁扩散，可能引发严重并发症。

慢性化脓性中耳炎的治疗原则为清除病灶、通畅引流，以及恢复或重建听力功能，具体治疗方案需根据患者病情制定。若患者存在鼓膜穿孔伴大量脓性分泌物，需首先使用过氧化氢溶液进行外耳道冲洗，同时配合氧氟沙星滴耳液局部用药，并联合口服抗生素治疗。待炎症控制、鼓膜穿孔愈合且病灶完全清除后，方可视为治疗结束。

三、内　耳

内耳位于鼓室的内侧，嵌入颞骨的骨质内，由一系列复杂的管道组成，故又称迷路。迷路分为骨迷路和膜迷路，骨迷路为骨性隧道，膜迷路是位于骨迷路内的膜性管道。膜迷路内含有内淋巴，膜迷路与骨迷路之间充满外淋巴，内、外淋巴互不相通。位置觉感受器和听觉感受器位于膜迷路内。

1. 骨迷路　由后外向前内分为相互连通的骨半规管、前庭和耳蜗三部分（图 8-15）。

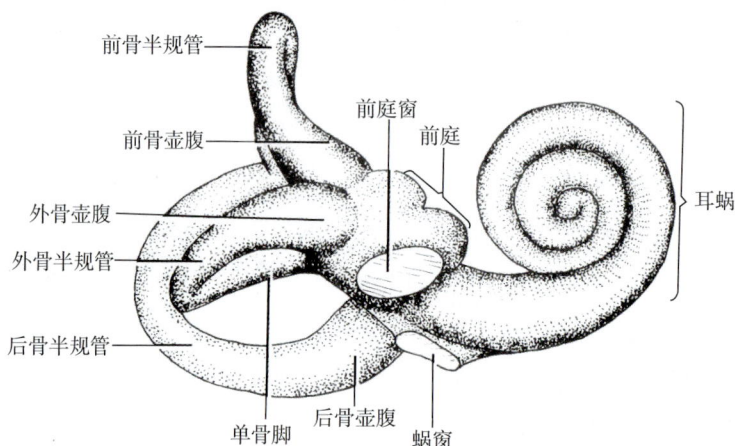

图 8-15　骨迷路示意图

（1）骨半规管：为三个相互垂直的"C"形小管，分别称为前、后、外骨半规管。每个骨半规管有两个脚，其中细的称单骨脚，膨大的称壶腹骨脚，膨大部称为骨壶腹。前、后骨半规管的单骨脚合成一个总骨脚，故三个骨半规管共有 5 个孔开口于前庭。

（2）前庭：位于骨迷路的中部，为不规则的腔隙。前庭的外侧壁即鼓室的内侧壁，此处有前庭窗和蜗窗。

（3）耳蜗：形似蜗牛壳，由一条蜗螺旋管围绕蜗轴旋转两圈半构成。蜗轴向蜗螺旋管伸出骨螺旋板，骨螺旋板与膜迷路的蜗管相连，二者共同将蜗螺旋管分隔为顶侧的前庭阶和近蜗底侧的鼓阶（图 8-16）。鼓阶起于蜗窗（被第二鼓膜封闭），前庭阶与鼓阶在蜗顶借蜗孔相通。

2. 膜迷路　为套于骨迷路内的封闭膜性管或囊，形似骨迷路，也由相互连通的三部分构成，由后外侧向前内侧分别为膜半规管、椭圆囊和球囊、蜗管（图 8-17）。

图 8-16　耳蜗示意图

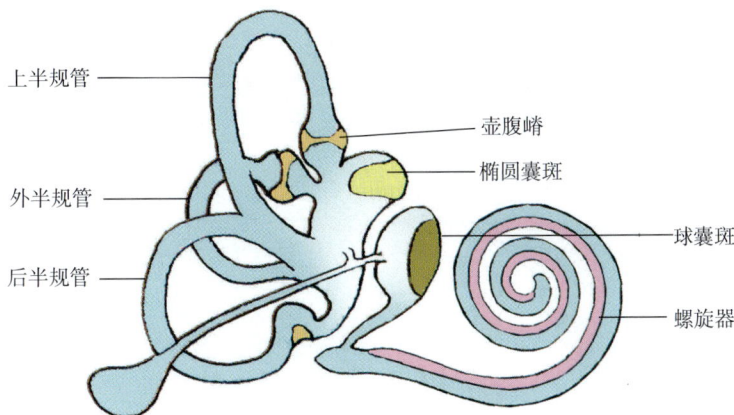

图 8-17 右侧膜迷路示意图

（1）膜半规管：位于骨半规管内，两者形状相似，但膜半规管管径较小。其在骨壶腹内相应的膨大部分称为膜壶腹。每个膜壶腹内均有一个隆起，称壶腹嵴，为位置觉感受器，可感受旋转运动的刺激。

（2）椭圆囊和球囊：是位于前庭内的两个相互连通的小囊。椭圆囊以5个开口连通膜半规管，球囊借一细管与蜗管相连。两囊壁的内面均存在位置觉感受器，分别称为椭圆囊斑和球囊斑，可感受直线变速运动的刺激。

（3）蜗管：位于蜗螺旋管内，盘绕蜗轴旋转两圈半。其顶端为盲管，下端借小管与球囊相通。在耳蜗的切面上，蜗管呈三角形，有上壁（前庭膜）、下壁（基底膜）和外侧壁（与蜗螺旋管外侧壁相贴）。基底膜上有由毛细胞、支持细胞和盖膜等结构构成的螺旋器（Corti 器），为听觉感受器（图 8-18）。

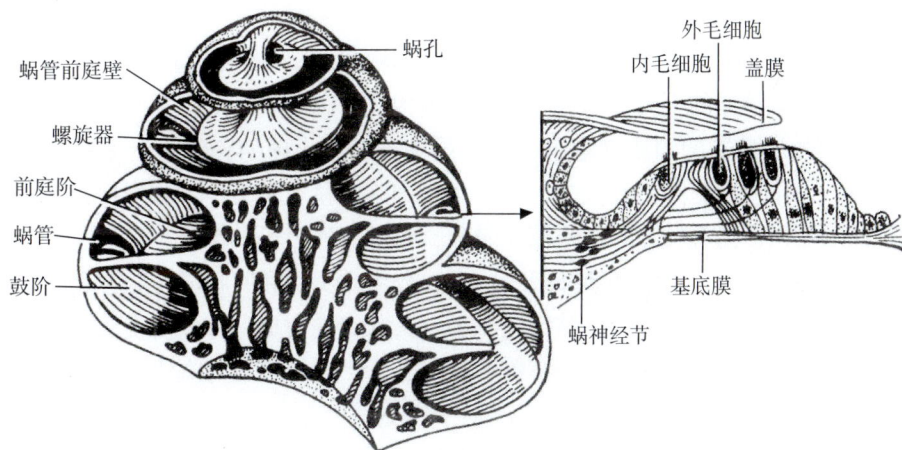

图 8-18 蜗管示意图

第三节 皮 肤

皮肤是人体最大的器官，覆盖于身体表面。成人皮肤面积约占体重的16%，其表面积因身高、体重而异，一般为 $1.2 \sim 2.0m^2$，厚度为 $1.5 \sim 4.0mm$。皮肤具有屏障、保护、感觉、吸收、排泄、调节体温和参与免疫应答等多种功能。当皮肤受到严重破坏时，可危及生命。

一、皮肤的结构

皮肤由表皮和真皮两部分组成（图 8-19）。表皮是皮肤的浅层，为角化的复层扁平上皮；真皮位于表皮的深面，由致密结缔组织构成。

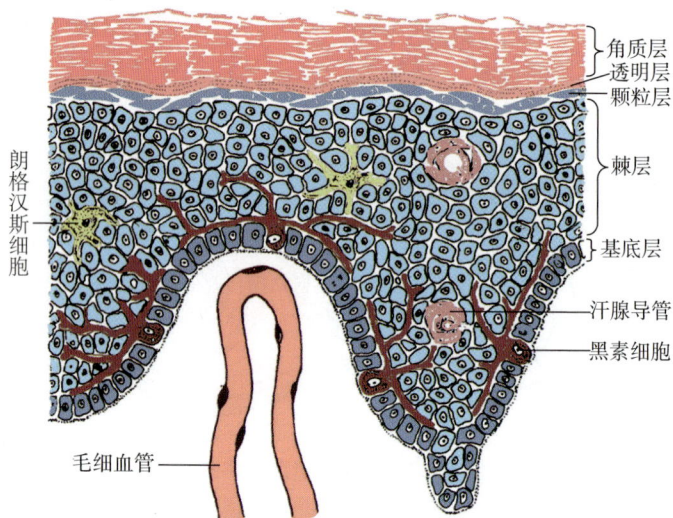

图 8-19　皮肤结构示意图

1.表皮　无血管，但表皮细胞间有明显的间隙，从基膜渗透来的组织液可在细胞间隙内流动，与表皮细胞进行物质交换。身体各部的表皮薄厚不一，但由深入浅均由 5 层构成（图 8-19）。

（1）基底层：为附着于基膜上的一层矮柱状或立方形细胞，称基底细胞，具有较强的分裂增殖能力，新生的细胞逐渐向表层推移，依次转化成其他各层细胞。在基底层细胞之间散在分布着一些黑素细胞，此种细胞的多少可决定皮肤颜色的深浅。

（2）棘层：位于基底层的上方，由 4～10 层多边形的棘细胞组成。细胞表面有许多细小的棘状突起，故称棘细胞。

（3）颗粒层：位于棘层的上方，由 3～5 层梭形细胞构成。

（4）透明层：位于颗粒层的上方，由数层扁平细胞构成。细胞质呈均质透明状，细胞核已消失。

（5）角质层：由数层扁平的角质细胞组成。角质细胞为干、硬的死细胞，无核，无细胞器；细胞质内充满角质蛋白，是角质细胞的主要成分。浅层角质细胞的桥粒消失，细胞连接松散，脱离后形成皮屑。角质层细胞虽已死亡，仍有较强的耐摩擦和耐酸、耐碱等屏障保护作用。

2.真皮　位于表皮的深面，由致密结缔组织构成，分为乳头层和网状层，二者之间无明显界限。

（1）乳头层　为与表皮相连的部分，结缔组织呈乳头状突向表皮，称真皮乳头。乳头内有丰富的毛细血管和感受器，如游离神经末梢和触觉小体等。真皮乳头扩大了表皮与真皮的接触面，使两者连接牢固，并有利于表皮从真皮组织液中吸取营养。

（2）网织层　位于乳头层的深部，较厚，与乳头层无明显分界。此层结构较致密，粗大的胶原纤维束互相交织成网状，并含许多弹性纤维，使皮肤具有较强的韧性和弹性。网织层内有许多细小的血管、淋巴管、神经及汗腺、皮脂腺和毛囊，可见环层小体。

二、皮肤的附属器

皮肤的附属器包括毛发、皮脂腺、汗腺和指（趾）甲等（图 8-20）。

1.毛发　是上皮组织的衍生物，人体皮肤除了手掌和足底等处外，均有毛发分布，分毛干和毛根两部分。露在皮肤外的部分称毛干，埋在皮肤内的部分称毛根，包在毛根外面的上皮及结缔组织形成的鞘称毛囊，毛根和毛囊末端膨大称毛球，毛球是毛发的生长点。毛球基部凹陷，结缔组织随神经和毛细血管突入其内，形成毛乳头，有营养毛发的作用。毛囊的一侧附有一束平滑肌连接真皮浅层，称立毛肌，收缩时可使毛发竖立。毛发有一定的生长周期，定期脱落和更新。

2. 皮脂腺　位于毛囊和立毛肌之间，开口于毛囊上段或皮肤表面。皮脂腺分泌皮脂，对皮肤和毛发具有滋润和保护作用。皮脂腺的分泌受性激素的调节，青春期分泌旺盛。

3. 汗腺　属于单管状腺，分泌部在真皮深部或皮下组织内盘曲成团，导管由真皮上行，穿过表皮，开口于皮肤表面。汗腺的分泌液称汗液，具有排泄水分和废物、调节体温、参与水和电解质代谢等作用。

4. 指（趾）甲　位于手指（或足趾）末节的背面，由排列紧密的角质层形成。它的前部露出于体表称甲体，甲体的近端埋在皮肤内称甲根，甲体深面的皮肤称甲床，甲根附着处的甲床上皮称甲母质，该处的上皮基底层细胞分裂活跃，是甲的生长区。甲体两侧的皮肤皱襞称甲襞，甲体与甲襞之间的浅沟称甲沟，甲沟易被细菌感染，形成甲沟炎。

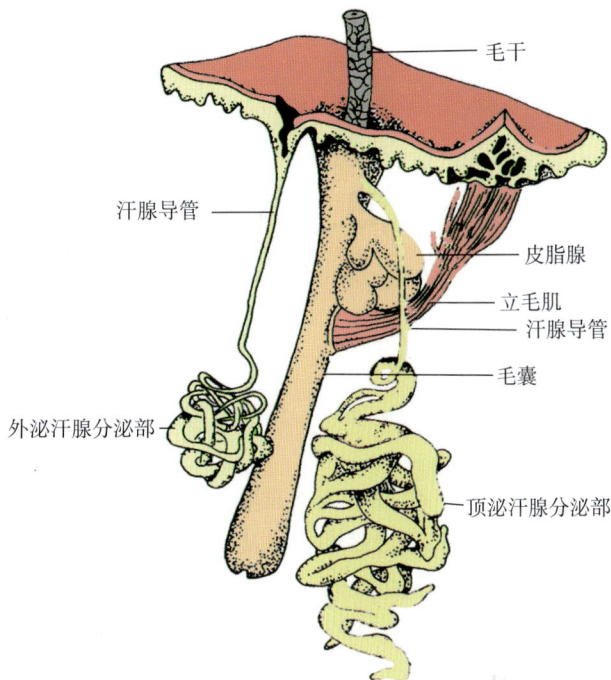

毛干

汗腺导管

皮脂腺

立毛肌

汗腺导管

毛囊

外泌汗腺分泌部

顶泌汗腺分泌部

图 8-20　皮肤附属器示意图

链接

痤　疮

　　痤疮俗称"青春痘"，又叫"面疱""粉刺""酒刺""暗疮"等，是最常见的毛囊皮脂腺的慢性炎症性皮肤病。因皮脂腺管与毛孔的堵塞，皮脂外流不畅所致。自青春发育期后几乎每个人都在脸上或其他部位长过痤疮。有些人的痤疮数量少、时间短，一般在25岁以后自然趋向痊愈，因此不必过于担心；而有些人的痤疮数量较多，表现为丘疹、黑头、疤、结节、囊肿甚至瘢痕，常常有碍美观。他们可能会胡乱求医或自己乱治，导致病情恶化，产生更多的瘢痕，遗憾终生。

❓ 思 考 题

1. 简述房水的产生及循环途径。
2. 内耳中有哪些感受器？

本章数字资源

第九章 神经系统

📋 案例

申某，男，67岁。高血压病25年，现因大便时突然晕倒，被家人发现后急诊入院。体格检查：右侧上、下肢的肌张力过高，腱反射亢进。两侧额纹对称，两眼闭合如常，右鼻唇沟变浅，口角歪向左侧，伸舌时舌尖偏向右侧。右侧半身感觉丧失。两眼视野右侧半均看不到物体。急诊CT检查：左侧脑（内囊）出血。临床诊断：高血压、左侧脑（内囊）出血、三偏综合征。

问题：1. 内囊的血管供应特点与出血的关系是什么？
　　　2. 从解剖结构角度看，内囊出血与三偏综合征的发生有何关联？

第一节　概　　述

神经系统是人体各系统中结构和功能最复杂并起主导作用的调节系统。人类基本的生命活动都在神经系统的协调控制下完成。神经系统既能控制和调节体内各器官、系统的活动，使人体成为一个有机整体；又能对体内、外环境变化作出迅速而恰当的适应性反应，从而维持机体内环境的相对稳定。人类在长期从事劳动、语言交流和社会活动过程中，大脑皮质高度发展，具有复杂的思维和意识活动，使人类远超其他动物，不仅能被动地适应环境变化，还能主动地认识和改造世界。

神经系统的复杂功能与其特殊的形态结构密切相关。神经系统的细胞通过相互连接形成高度整合的结构网络，同时将全身各器官组织联系在一起。在这种结构基础上，机体通过各类反射活动完成多种复杂的生理功能。

通过本章学习，你将能够深入理解神经系统的组成、形态结构及其功能，同时也会对神经系统如何调节机体各系统功能产生探索兴趣。

一、神经系统的区分

神经系统按其所在位置可分为中枢神经系统和周围神经系统，二者在结构和功能上是一个整体（图9-1、图9-2）。

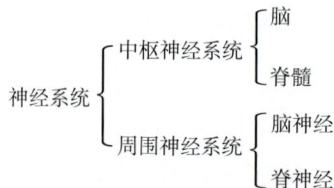

神经系统 ┤ 中枢神经系统 ┤ 脑 / 脊髓 ；周围神经系统 ┤ 脑神经 / 脊神经

图 9-1　神经系统的组成

中枢神经系统包括脑和脊髓，分别位于颅腔和椎管内；周围神经系统包括脑神经和脊神经。脑神经与脑相连，脊神经与脊髓相连。周围神经还可根据分布对象的不同，分为躯体神经和内脏神经：躯体神经分布于体表、骨、关节和骨骼肌；内脏神经分布于内脏、心血管、平滑肌和腺体。此外，按功能可分为感觉神经和运动神经。内脏运动神经支配心肌、平滑肌和腺体，其活动不受主观意志控制，故又称自主神经或植物神经，可进一步分为交感神经和副交感神经。感觉神经将神经冲动自感受器传向中枢，又称传入神经；运动神经将神经冲动自中枢传向周围效应器，又称传出神经。

神经系统主要由神经组织构成。神经组织包含两种主要细胞成分，即神经细胞（神经元）和神经胶质细胞。神经元是神经系统结构和功能的基本单位，具有感受刺激和传导神经冲动的功能；神经胶质细胞是辅助细胞，主要对神经元起支持、营养、保护和修复作用。神经元分为胞体和突起两部分：胞体是神经元的代谢中心，突起为胞体向外延伸的部分，按形态分为树突和轴突。树突主要接收信息，轴突则传导胞体发出的冲动至其他神经元或效应细胞，如肌细胞、腺细胞等（图9-3）。神经元较长的突起由神经胶质细胞形成的髓鞘和神经膜包裹，称为神经纤维。

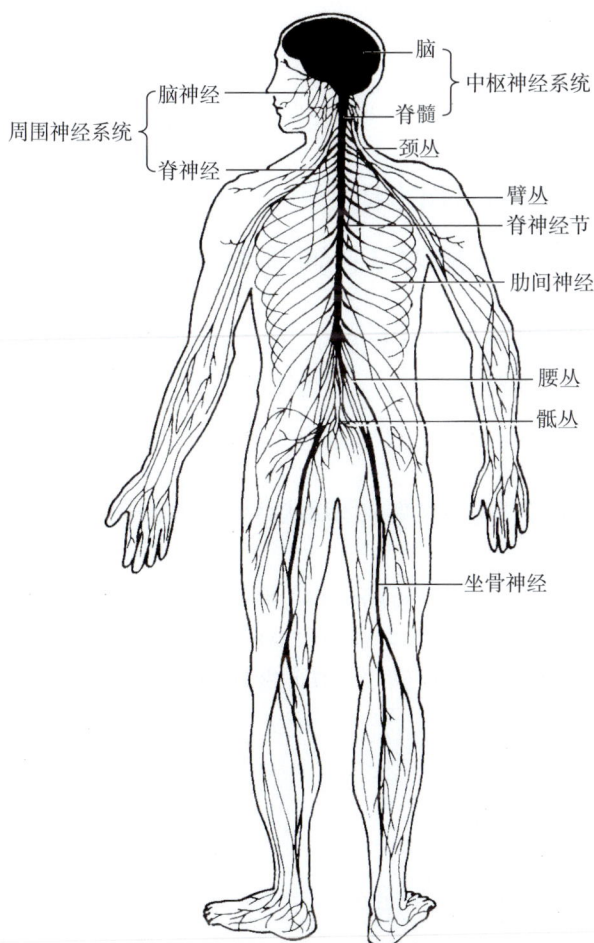

图 9-2　神经系统的概况

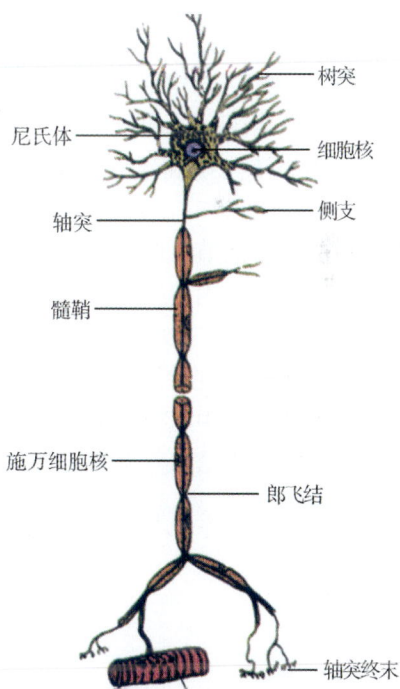

图 9-3　神经元模式图

二、神经系统的活动方式

神经系统的功能活动十分复杂。在调节机体活动的过程中，神经系统对内、外环境的各种刺激作出的规律性反应称为反射，这是神经系统的基本活动方式。反射活动的结构基础是反射弧。反射弧由感受器、传入神经、神经中枢、传出神经和效应器五个部分组成（图9-4）。整个神经系统是由亿万个神经元组成的庞大而复杂的信息网络系统，通过各类反射活动来维持机体内环境的稳态及机体与外环境的协调统一。

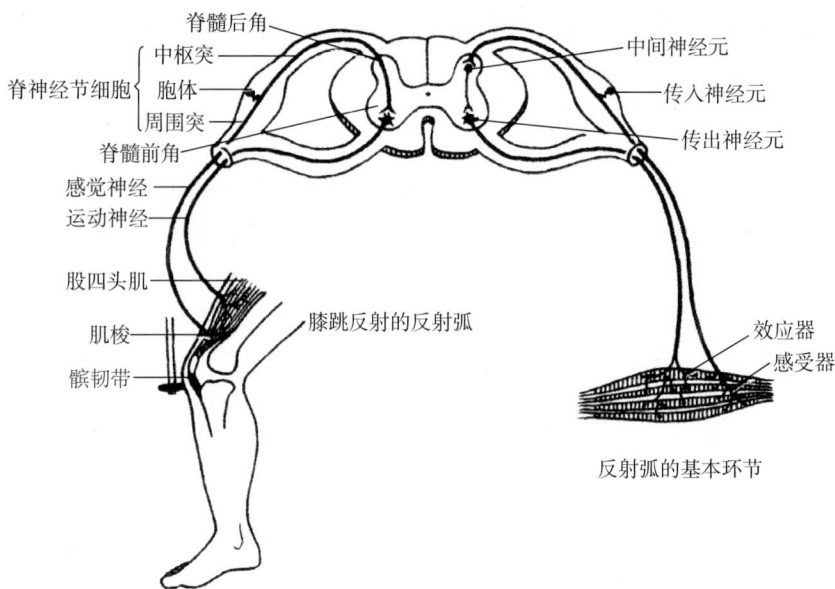

图 9-4　反射弧示意图

三、神经系统的常用术语

在中枢神经系统和周围神经系统中，神经元胞体及其突起在不同部位的集聚方式存在差异，因而采用不同的术语进行命名。

1. 灰质和白质　在中枢神经系统内，神经元胞体及其树突聚集的部位，在新鲜标本上呈现灰暗色泽，称为灰质。分布于大脑和小脑表面的灰质层，特称为皮质。在中枢神经系统内，神经纤维聚集的部位，在新鲜标本上因髓鞘富含脂质而呈现白亮色泽，称为白质。位于大脑和小脑深部的白质，称为髓质。

2. 神经核和神经节　形态结构与功能相似的神经元胞体聚集成团块状结构，位于中枢神经系统内的称为神经核，位于周围神经系统内的则称为神经节。

3. 纤维束和神经　在中枢神经系统内，具有相同起源、走行路径和功能的神经纤维聚集成束，称为纤维束（或传导束）。在周围神经系统内，由结缔组织包绕的神经纤维聚集形成的束状结构，称为神经。

4. 网状结构　在中枢神经系统内，神经纤维纵横交错形成网状，其间散在分布有神经元胞体或小型核团，这种特殊组织结构称为网状结构。

考点与重点　*神经系统的常用术语*

第二节　中枢神经系统

一、脊　髓

脊髓是中枢神经系统的低级组成部分，通过 31 对脊神经实现节段性连接。脊髓与脑的各部分之间存在广泛的纤维联系。在正常生理状态下，脊髓的活动主要受脑的高级调控，但同时脊髓本身也能独立完成某些反射活动。

（一）脊髓的位置和外形

脊髓位于椎管内，外包覆三层被膜。其上端在枕骨大孔处与延髓相延续，下端在成人平对第 1 腰椎体下缘（新生儿约平对第 3 腰椎体下缘）。基于这一解剖特点，临床腰椎穿刺通常选择在第 3～4 腰椎或第 4～5 腰椎间隙进行，以避免损伤脊髓组织。

脊髓呈前后略扁的圆柱形，长 40～45cm，最宽处横径为 1.0～1.2cm，全长有两处膨大，即颈膨大和腰骶膨大。颈膨大对应第 4 颈髓节段至第 1 胸髓节段，发出支配上肢的神经纤维。腰骶膨大对应第 2 腰髓节段至第 3 骶髓节段，发出支配下肢的神经纤维。由于人类上肢运动功能较下肢更为精细复杂，颈膨大的形态学表现较腰骶膨大更为显著（图 9-5）。脊髓下端逐渐变细形成圆锥状结构，称为脊髓圆锥。由软脊膜延续形成的终丝（无神经组织的结缔组织细索）向下附着于尾骨背面，对脊髓起固定作用。

脊髓表面有 6 条纵行的沟或裂。前面正中的深沟称为前正中裂；后面正中的浅沟称为后正中沟。脊髓两侧前后各有 1 条浅沟，分别称为前外侧沟和后外侧沟，沟内分别连有脊神经前根和后根（图 9-6）。

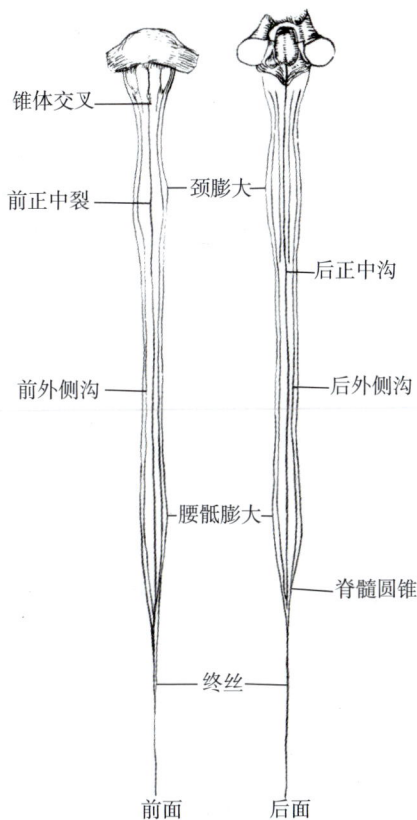

图 9-5　脊髓的外形

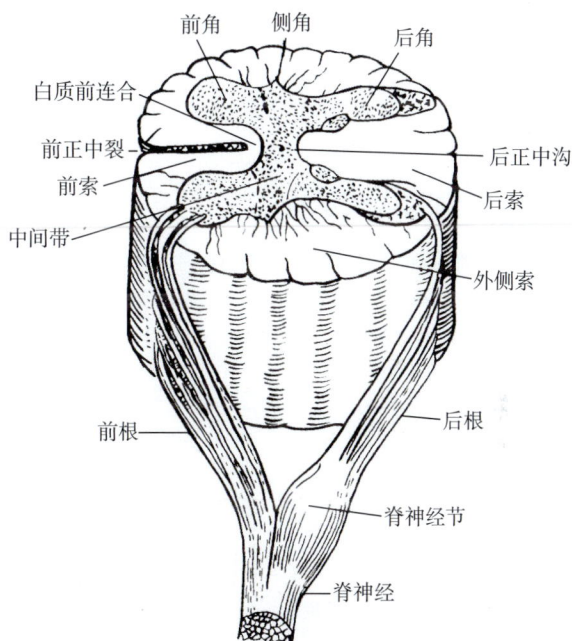

图 9-6　脊髓结构示意图

脊髓两侧连有 31 对脊神经，每对脊神经所对应的脊髓段称为一个脊髓节段。因此，脊髓可分为 31 个节段，包括颈髓 8 节（C1～C8）、胸髓 12 节（T1～T12）、腰髓 5 节（L1～L5）、骶髓 5 节（S1～S5）和 1 个尾节（Co）。成人脊髓的长度与椎管的长度不一致，因此脊髓的各个节段与相应的椎骨不在同一水平。成人上颈髓节段（C1～C4）大致平对同序数椎骨，下颈髓节段（C5～C8）和上胸髓节段（T1～T4）约平对同序数椎骨的上 1 块椎骨，中胸髓节段（T5～T8）约平对同序数椎骨的上 2 块椎骨，下胸髓节段（T9～T12）约平对同序数椎骨的上 3 块椎骨，腰髓节段约平对第 10～12 胸椎，骶髓和尾髓节段约平对第 1 腰椎。了解脊髓节段与椎骨的对应关系，对判断脊髓损伤的平面及手术定位具有重要的临床意义。由于脊髓的相对缩短，腰、骶、尾部的脊神经根在穿出相应椎间孔形成脊神经前，需在椎管内垂直下行一段距离。这些脊神经根在脊髓圆锥下方围绕终丝聚集成束，形成马尾（图 9-7）。

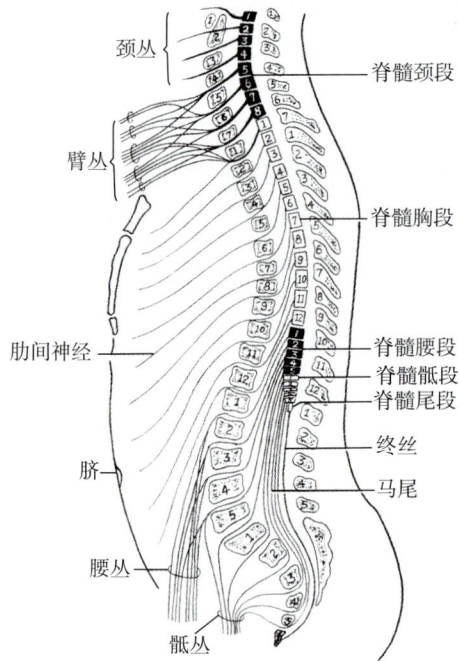

图 9-7　脊髓圆锥与马尾

（二）脊髓的内部结构

在新鲜脊髓的横切面上，可见脊髓由中央颜色较深的灰质和周围颜色较浅的白质构成（图 9-6、图 9-8）。灰质的中央有贯穿脊髓全长的纵行管道，称为中央管。此管向上与第四脑室相通，内含脑脊液。

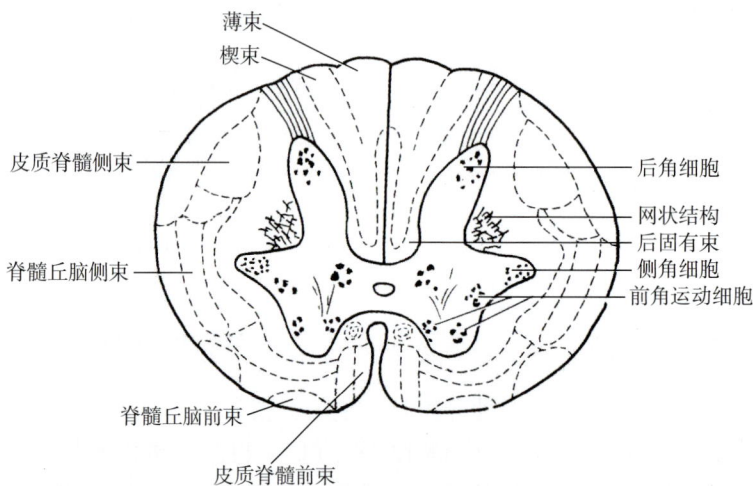

图 9-8　脊髓的横切面

1. 灰质　在横切面上呈蝶形或"H"形，左右对称。每侧灰质的前部膨大，称为前角（柱）；后部狭长，称为后角；在脊髓的第 1 胸节至第 3 腰节的前、后角之间还有向外突出的侧角（柱）。中央管前、后的灰质分别称为灰质前连合和灰质后连合，连接两侧的灰质。

（1）前角：内含躯体运动神经元，其轴突组成脊神经前根。神经元分为内、外侧两群：内侧核群支配躯干肌，外侧核群支配四肢肌。根据前角运动神经元的形态和功能可将其分为大、小两型：大型细胞为 α 运动神经元，支配骨骼肌的随意运动；小型细胞为 γ 运动神经元，参与肌张力的调节。

（2）后角：内含联络神经元（中间神经元），接受来自脊神经后根传入的感觉冲动。后角的细胞分群较多。后角边缘区由少数大型细胞组成，称为缘层，也称后角边缘核。缘层前方是由小型神经细胞组成的胶状质，贯穿脊髓全长，主要参与脊髓节段间的联系。胶状质前方主要由大、中型细胞组成的后角固有核，其发出的纤维上行至背侧丘脑。后角基部内侧有一团大型细胞称为胸核（背核），仅见于颈 8 至腰 2 节段，发出的纤维组成同侧的脊髓小脑后束。

（3）侧角：内含交感神经节前神经元，其轴突加入脊神经前根。神经元由中、小型细胞组成，仅见于胸 1～腰 3 脊髓节段，是交感神经的低级中枢。在脊髓骶 2～4 节段无侧角，但在相当于侧角位置处有由小型神经元组成的核团，称为骶副交感核，是副交感神经在脊髓的低级中枢。

2. 白质 借纵沟分为三个索：前正中裂与前外侧沟之间为前索，前外侧沟与后外侧沟之间为外侧索，后外侧沟与后正中沟之间为后索。灰质前连合前方的白质称为白质前连合，有纤维横向跨越。在后角基底部外侧与白质之间，灰质与白质混合交织，称为网状结构，在颈部较为明显。各索由纵行排列、长短不等的纤维束组成。在白质中，向上传递神经冲动的传导束称为上行（感觉）纤维束，向下传递神经冲动的传导束称为下行（运动）纤维束。

（1）上行纤维束：主要有薄束和楔束、脊髓丘脑束等。

1）薄束和楔束：位于后索内，均由起自脊神经节的中枢突组成，经脊神经后根进入脊髓后索后直接上行。由同侧第 5 胸节以下的纤维组成薄束，由同侧第 4 胸节以上的纤维组成楔束，向上分别终止于延髓的薄束核和楔束核。薄束和楔束的功能是传导本体感觉（来自肌肉、肌腱和关节等处的位置觉、运动觉和振动觉）和精细触觉（如辨别两点间距离和物体纹理粗细等）。当后索病变或损伤时，患者患侧损伤平面以下的本体感觉和精细触觉会丧失。

2）脊髓丘脑束：位于外侧索的前半部和前索内。脊髓丘脑束主要由脊髓后角发出的纤维组成，大部分纤维斜向经白质前连合交叉并上升 1～2 个脊髓节段至对侧。其中传导痛觉和温度觉的纤维交叉至对侧后，在外侧索前半部上行，组成脊髓丘脑侧束；传导粗触觉和压觉的纤维交叉至对侧后，在前索内上行，组成脊髓丘脑前束。脊髓丘脑束经脑干上行，终止于背侧丘脑。

（2）下行纤维束：主要有皮质脊髓束、红核脊髓束等。

皮质脊髓束是脊髓内最大的下行纤维束，其纤维起自大脑皮质运动区，下行经内囊和脑干，在延髓的锥体交叉处，大部分纤维交叉到对侧后继续下行于脊髓外侧索后部，形成皮质脊髓侧束，其纤维终止于同侧脊髓前角运动神经元。皮质脊髓束的小部分纤维在锥体交叉处不交叉，下行于同侧前索的前正中裂两侧，称为皮质脊髓前束。此束一般不超过胸段，其纤维大部分逐节经白质前连合交叉后终止于对侧前角运动神经元，也有少量纤维不交叉而终止于同侧前角运动神经元。皮质脊髓束的功能是控制骨骼肌的随意运动。

（三）脊髓的功能

1. 传导功能 脊髓通过上行纤维束将脊神经分布区的各种感觉冲动传导至脑。同时，通过下行纤维束将脑发出的神经冲动传导至效应器。

2. 反射功能 脊髓作为某些反射活动的低级中枢，能够完成多种反射，如膝跳反射、肱二头肌反射和排便反射等。在正常情况下，这些反射活动受高位脑中枢的调控。

考点与重点 脊髓的内部结构 – 灰质

链接

脊髓灰质炎

脊髓灰质前角运动神经元炎又称脊髓灰质炎，简称灰髓炎，是由脊髓灰质炎病毒引起的急性传染病。脊髓灰质炎病毒易侵犯小儿腰骶膨大，导致下肢肌软瘫、肌张力减退、肌萎缩及腱反射消失，但感觉功能正常。若病变向上累及颈膨大，可引起上肢肌瘫痪。因本病好发于儿童，故又称"小儿麻痹症"。

二、脑

脑位于颅腔内，由端脑、间脑、中脑、脑桥、延髓和小脑六个部分构成，通常将中脑、脑桥和延髓合称为脑干（图 9-9、图 9-10）。

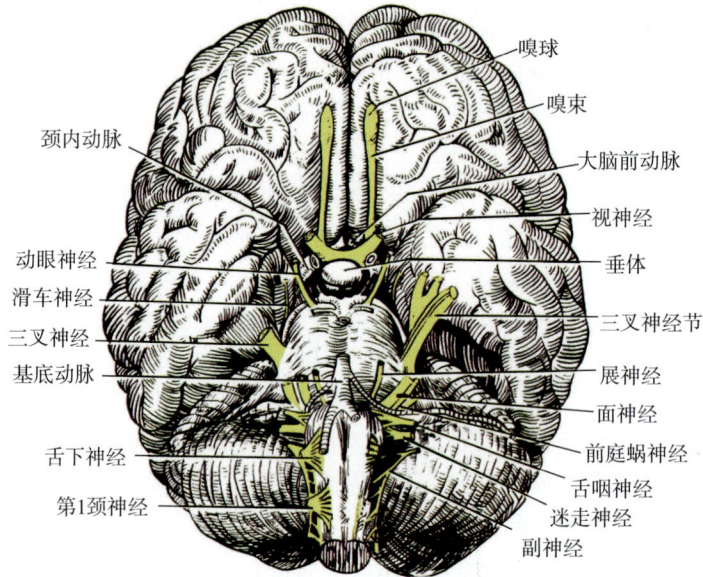

图 9-9   脑的底面

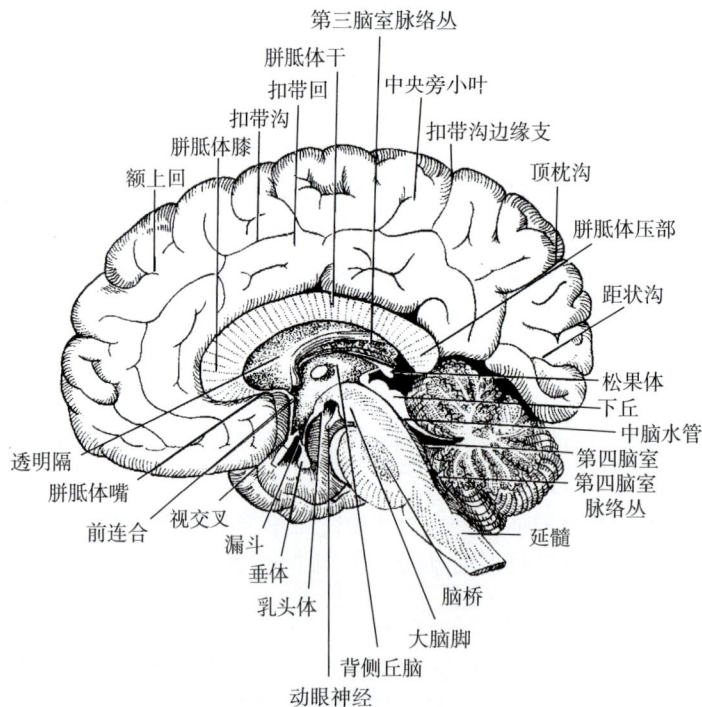

图 9-10   脑的正中矢状切面

（一）脑干

脑干位于枕骨大孔前上方，上接间脑，下续脊髓，后连小脑。脑干自上而下分为中脑、脑桥和延髓三部分。

1. 脑干外形 分为腹侧面和背侧面（图9-11、图9-12）。

（1）腹侧面：延髓的腹侧面上宽下窄，表面沟裂与脊髓相延续。前正中裂两侧的上部各有一纵行隆起，称为锥体，由大脑皮质下行至脊髓的皮质脊髓束构成。在锥体下方，皮质脊髓束的大部分纤维左、右交叉形成浅纹，称为锥体交叉。延髓腹侧面连有舌咽神经、迷走神经、副神经和舌下神经（图9-10）。锥体的外侧有卵圆形隆起，称为橄榄，内含下橄榄核。在锥体和橄榄之间的前外侧沟内，有舌下神经根出脑；在橄榄的后方，自上而下依次有舌咽神经、迷走神经和副神经出入脑。

脑桥的腹侧面宽阔膨隆，称为基底部，其正中线上有纵行浅沟，称为基底沟，内有基底动脉通过。基底部的两侧逐渐缩窄，移行为小脑中脚，由脑桥进入小脑的纤维构成。在小脑中脚与脑桥基底部之间有三叉神经根。脑桥下缘借延髓脑桥沟与延髓分界，沟内中线两侧由内向外依次连有展神经、面神经和前庭蜗神经。

中脑腹侧面有1对粗大的柱状隆起，称为大脑脚，由大量发自大脑皮质的下行纤维束组成。大脑脚底之间的深凹为脚间窝，有动眼神经发出。

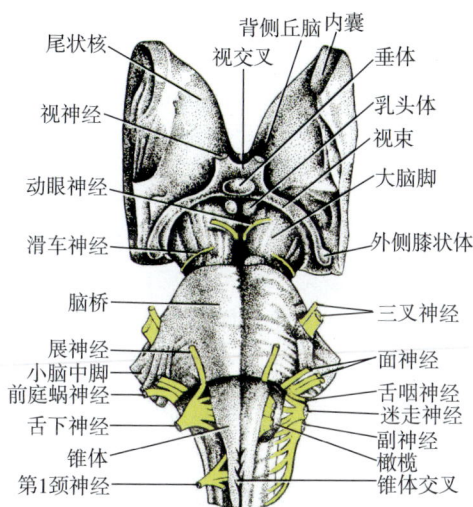

图 9-11 脑干的腹侧面

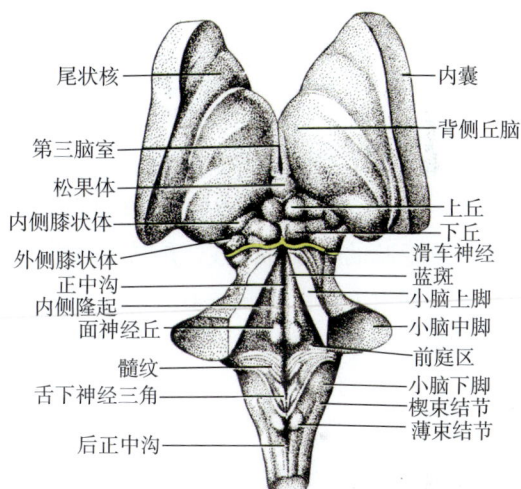

图 9-12 脑干的背侧面

（2）背侧面：延髓下部形似脊髓，其后正中沟外侧有薄束结节和楔束结节，深面分别有薄束核和楔束核。在楔束结节的外上方有隆起的小脑下脚，由进入小脑的神经纤维构成。延髓上部中央管敞开参与组成菱形窝下部。

脑桥的背侧面形成菱形窝的上部，其外侧壁为左、右小脑上脚，两脚之间有薄层的白质板，称为上（前）髓帆，参与构成第四脑室的顶。菱形窝构成第四脑室的底，窝的中部有横行的神经纤维称为髓纹，常作为脑桥和延髓的分界线。

中脑背面有两对圆形突起，上方1对为上丘，是视觉反射中枢；下方1对为下丘，是听觉反射中枢。下丘的下方有滑车神经穿出，这是唯一一从脑干背面发出的脑神经。

2. 脑干的内部结构 远比脊髓复杂，但和脊髓一样由灰质、白质和网状结构组成。

（1）灰质：主要位于背侧部，由于纵横纤维的贯穿，灰质被分隔成许多团块状结构，称为神经核。神经核分为两类：一类与脑神经相连，称为脑神经核；另一类不与脑神经相连，称为非脑神经核。

脑神经核按其功能性质分为四种：躯体感觉核、躯体运动核、内脏感觉核和内脏运动核。躯体感觉核位于内脏感觉柱的腹外侧，包括三叉神经中脑核、三叉神经脑桥核、三叉神经脊束核、前庭神经核和蜗神经核；躯体运动核主要位于正中线两侧，包括动眼神经核、滑车神经核、展神经核、舌下神经核、三叉神经运动核、面神经核、疑核和副神经核；内脏感觉核位于界沟外侧，由孤束核构成；内脏运动核位于躯体运动核的外侧近界沟处，包括动眼神经副核、上泌涎核、下泌涎核和迷走神经背核。

非脑神经核包括薄束核、楔束核、红核和黑质等。薄束核和楔束核分别位于薄束结节和楔束结节的深面，是薄束和楔束的终止核，作为躯干和四肢本体感觉及精细触觉的中继核团；红核位于中脑，接受来自大脑皮质和小脑皮质的传入纤维，参与调节屈肌张力和运动协调；黑质见于中脑全长，是脑内合成多巴胺的主要部位，其神经元内含多巴胺，通过轴突释放至大脑的新纹状体。临床上黑质病变可导致震颤麻痹（帕金森病）。

> **链接**
>
> ### 帕金森病
>
> 　　帕金森病（ParKinson病）也叫震颤麻痹，是一种多见于中老年人的神经系统变性病变，男性略多于女性，隐匿起病，缓慢发展。临床上患者主要表现为静止性麻痹、运动迟缓、肌强直和姿势平衡障碍等运动症状。发病初始常见于一侧上肢，逐渐累及同侧下肢，再波及对侧上肢和下肢。该病主要病理改变为神经系统黑质多巴胺（DA）能神经元变性死亡，但导致黑质多巴胺能神经元变性死亡的原因尚未完全明了。

（2）白质：主要分布于腹侧部和外侧部，由联系端脑、间脑、小脑和脊髓的重要上下行纤维束组成。

上行纤维束主要包括内侧丘系、脊髓丘系和三叉丘系。①内侧丘：由延髓的薄束核和楔束核发出纤维，在中央管腹侧交叉至对侧（内侧丘系交叉），交叉后的纤维形成内侧丘系，经延髓、脑桥和中脑上行至背侧丘脑的腹后外侧核，传导对侧躯干和四肢的意识性本体感觉及精细触觉；②脊髓丘：由脊髓的脊髓丘脑束上行至延髓后形成，终止于背侧丘脑的腹后外侧核，传导对侧躯干及四肢的痛觉、温度觉和粗触觉；③三叉丘系：由三叉神经脊束核和三叉神经脑桥核发出的纤维交叉至对侧上行形成，行于内侧丘系外侧并与之伴行，终止于背侧丘脑的腹后内侧核，传导对侧头面部的触觉、痛觉和温度觉。

下行纤维束主要为锥体束。锥体束起自大脑半球额叶和顶叶皮质，控制骨骼肌的随意运动。其中终止于脊髓前角运动神经元的纤维称为皮质脊髓束；终止于脑干内躯体运动核和内脏运动核的纤维称为皮质核束；锥体束经内囊下行至脑干，在脑桥下端聚合形成锥体。在延髓下部，皮质脊髓束的大部分纤维交叉至对侧下行形成皮质脊髓侧束，小部分纤维不交叉在同侧下行形成皮质脊髓前束。

（3）网状结构：位于脑干中央区，是除脑神经核、非脑神经核团和上下行纤维束以外的区域，由纵横交错的神经纤维和散布其中的大小不等神经元群组成。脑干网状结构与中枢神经系统各部有广泛联系，是非特异性投射系统的结构基础。

3. 脑干的功能

（1）传导功能：上行、下行纤维束均经过脑干，脑干是大脑皮质联系脊髓和小脑的重要结构。

（2）反射功能：脑干内有多个反射活动的低级中枢，在延髓内有调节心血管活动和呼吸运动的"生命中枢"，若这些中枢受损可直接危及生命。在脑桥和中脑内还分别有角膜反射中枢和瞳孔反射中枢等。

（3）其他功能：脑干内的网状结构具有以下功能：通过上行网状激活系统维持大脑皮质觉醒状态；通过抑制性通路调节睡眠 – 觉醒周期；通过网状脊髓束调节骨骼肌张力；参与内脏活动的中枢性调控。

（二）小脑

1. 小脑的位置和外形　小脑连于脑干的背侧，位于颅后窝。小脑中间缩窄的部分称为小脑蚓，两侧膨隆的部分称为小脑半球。半球上面较平坦，中部有横行的深沟，称为原裂（图9–13）。半球下面的前内侧各有一隆起，称为小脑扁桃体，其位置紧邻枕骨大孔和延髓（图9–14）。小脑分为3叶：原裂以前的半球和小脑蚓为前叶；原裂以后及小脑下面的大部分为后叶；小脑下面后外侧裂前方为绒球小结叶。

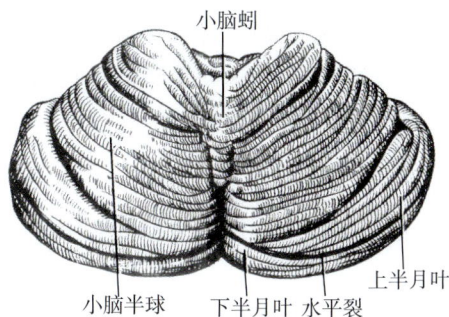

图 9-13 小脑的外形（上面）

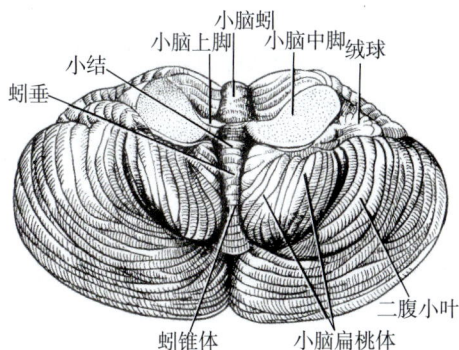

图 9-14 小脑的外形（下面）

2. 小脑的内部结构 小脑表层为灰质，称为小脑皮质；深部为白质，称为小脑髓质；髓质内含有灰质团块，称为小脑核。小脑核包括齿状核、顶核、球状核和栓状核。其中，齿状核接受小脑皮质发出的纤维，其传出纤维终止于中脑红核和背侧丘脑；顶核接受小脑皮质发出的纤维，其传出纤维终止于延髓网状结构和前庭神经核（图 9-15）。

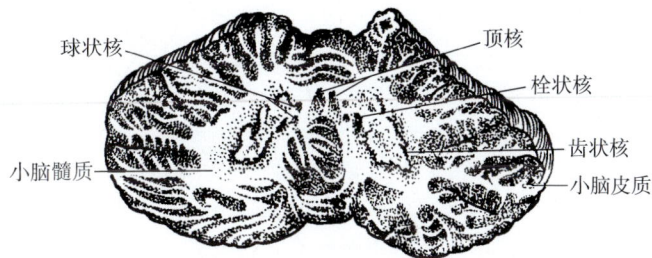

图 9-15 小脑的横切面

3. 小脑的功能 小脑是重要的运动调节中枢。其主要功能为维持身体平衡、调节肌张力和协调肌群的运动。小脑损伤后，患者会出现以下症状：①平衡失调：表现为站立时躯体摇晃不稳，行走时呈醉酒步态；②肌张力减退：肌肉松弛，腱反射减弱；③共济失调：典型表现为指鼻试验时手部震颤且难以准确定位，行走时抬腿过高（跨阈步态），取物时出现辨距不良。

考点与重点 小脑的功能

4. 第四脑室 是位于延髓、脑桥和小脑之间的室腔。其底部为菱形窝，顶部朝向小脑。第四脑室顶的前部由小脑上脚及两脚之间的上髓帆构成，后部由下髓帆和第四脑室脉络组织组成。附着于下髓帆和菱形窝下角之间的室管膜与其表面的软膜、血管共同构成第四脑室脉络组织。部分脉络组织的血管反复分支并缠绕成丛，突入室腔形成第四脑室脉络丛，这是产生脑脊液的主要结构。第四脑室向下连通脊髓中央管，向上连通中脑水管，并通过后正中孔和左、右外侧孔与蛛网膜下隙相通。

（三）间脑

间脑位于中脑和端脑之间，大部分被大脑半球所覆盖。间脑在结构上可分为背侧丘脑、上丘脑、下丘脑、后丘脑和底丘脑五部分，其内部的腔隙称为第三脑室。

1. 背侧丘脑　又称丘脑，由两个卵圆形的灰质团块借丘脑间黏合（中间块）连接而成。其前端的突出部称为丘脑前结节，后端膨大称为丘脑枕。背侧丘脑的背面和内侧面游离，内侧面参与构成第三脑室的侧壁，外侧面连接内囊。

丘脑内部被"Y"形白质纤维板（内髓板）分隔为前核群、内侧核群和外侧核群三部分（图 9-16）。外侧核群又可分为背侧部和腹侧部，腹侧核群由前向后分为腹前核、腹中间核和腹后核。腹后核再分为腹后内侧核和腹后外侧核。腹后内侧核接受对侧头面部的躯体感觉纤维；腹后外侧核接受对侧躯干和四肢的躯体感觉纤维。腹后核发出的纤维称为丘脑中央辐射，投射至大脑皮质的感觉区。

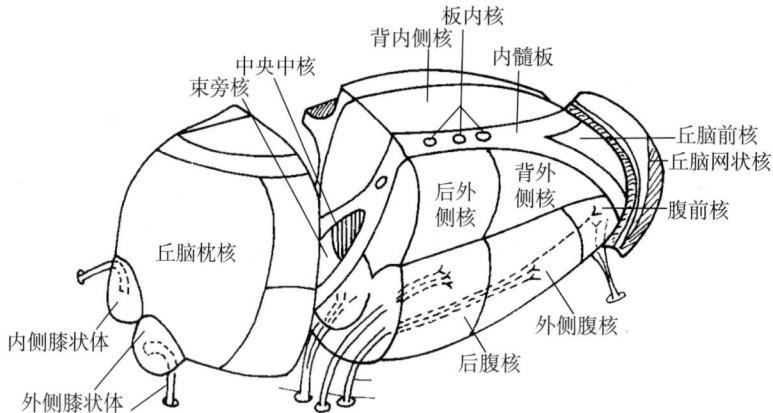

图 9-16　背侧丘脑核团的立体示意图

2. 上丘脑　位于第三脑室顶部的周围，包括松果体、缰三角和丘脑髓纹等结构。松果体为内分泌腺，能分泌褪黑激素，具有抑制性腺发育和调节生物节律的功能。

3. 下丘脑　位于背侧丘脑的前下方，由前向后包括视交叉、灰结节、漏斗和乳头体等结构。下丘脑包含多个核团，其中最重要的是视上核和室旁核（图 9-17）。视上核位于视交叉外端的背外侧，能分泌加压素（抗利尿激素）；室旁核位于第三脑室侧壁的上部，可分泌催产素。这两个核团分泌的激素通过神经元的轴突输送至神经垂体储存，再由神经垂体释放入血发挥作用。

下丘脑是神经内分泌调节中枢，通过下丘脑-垂体联系将神经调节与体液调节相整合。作为皮质下内脏活动调节的高级中枢，下丘脑参与体温、摄食、生殖、水盐代谢和内分泌活动的调节；通过与边缘系统的联系，还参与情

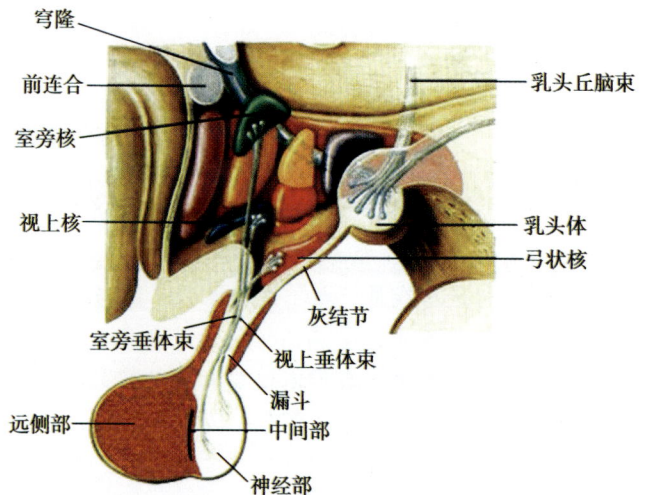

图 9-17　下丘脑的主要核团

绪活动的调节。

4. 后丘脑 位于背侧丘脑后端的外下方（图 9-12、图 9-16），包括一对内侧膝状体和一对外侧膝状体。内侧膝状体是听觉传导通路的中继站，接受来自下丘经下丘臂传入的听觉纤维，发出的纤维组成听辐射，投射至颞叶听觉中枢；外侧膝状体是视觉传导通路的中继站，接受视束的传入纤维，发出的纤维组成视辐射，投射至枕叶视觉中枢。

5. 底丘脑 为间脑与中脑之间的过渡区域，内含底丘脑核、黑质和红核的顶端部分。底丘脑与纹状体、黑质、红核等结构有密切的纤维联系，属于锥体外系的重要组成部分。

6. 第三脑室 是位于间脑正中的矢状裂隙，顶部为脉络组织，侧壁和下壁由背侧丘脑和下丘脑构成。前部借左、右室间孔与侧脑室相通，后部通过中脑水管与第四脑室相通。

（四）端脑

端脑又称大脑，是脑的最高级部位，由左、右大脑半球组成。人类大脑半球高度发育，覆盖间脑和中脑。两侧大脑半球之间的深裂称为大脑纵裂，裂底有连接两侧半球的胼胝体。两侧大脑半球后部与小脑之间的深裂称为大脑横裂。

1. 大脑半球的外形和分叶 大脑半球表面布满深浅不等的沟、裂和隆起的脑回。每侧大脑半球可分为上外侧面、内侧面和下面，并借三条主要沟裂分为五个叶（图 9-18、图 9-19）。

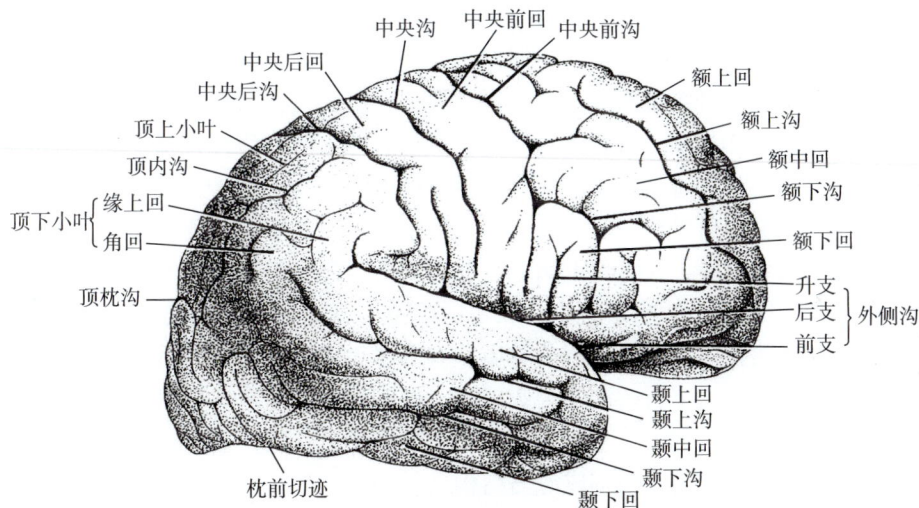

图 9-18 大脑半球上外侧面

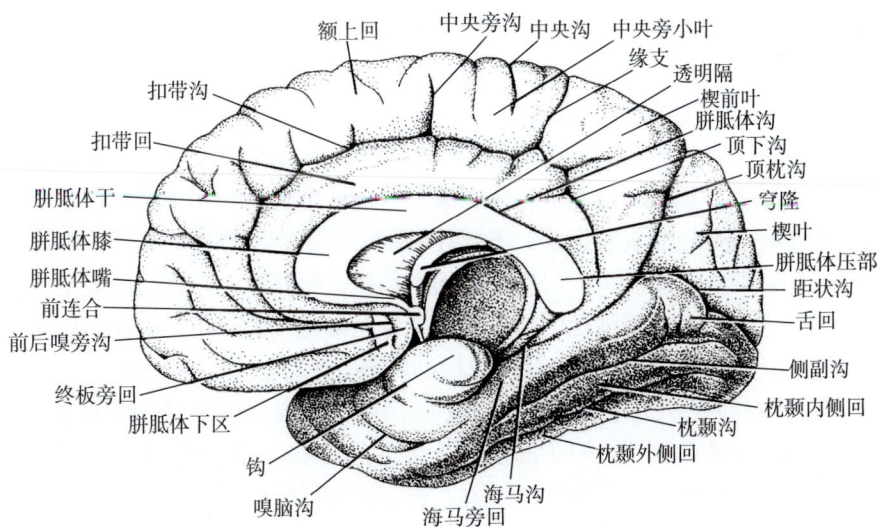

图 9-19 大脑半球内侧面

（1）叶间沟：①外侧沟：位于半球的上外侧面，自前下斜行向后上方；②中央沟：起自半球上缘中点的稍后方，沿上外侧面斜向前下方；③顶枕沟：位于半球内侧面后部，自下斜向后上，并转至背外侧面。

（2）分叶：①额叶：位于外侧沟上方，中央沟前方。②顶叶：位于外侧沟上方，顶枕沟与中央沟之间；③枕叶：位于顶枕沟后下方；④颞叶：位于外侧沟下方；⑤岛叶：隐于外侧沟深处，略呈三角形（图9-20）。

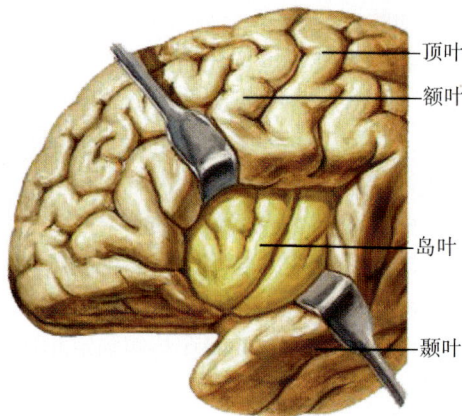

图 9-20　岛叶

2. 大脑半球各面的主要沟和回

（1）上外侧面：在额叶中央沟前方，有一条与之平行的中央前沟，两沟间为中央前回；中央前沟的前方，有两条与半球上缘大致平行的沟，分别称为额上沟和额下沟；两沟将上外侧面额叶其余部分为额上回、额中回和额下回。在顶叶中央沟的后方，也有一条与其平行的沟称中央后沟，两沟之间的脑回称中央后回；中央后沟后方有一条与半球上缘平行的沟称顶内沟，借此将顶叶其余部分为上方的顶上小叶和下方的顶下小叶，顶下小叶中包绕外侧沟后端的部分称缘上回，围绕颞上沟末端的部分称为角回。在颞叶，有两条大致与外侧沟平行的颞上沟和颞下沟，两沟将颞叶分为颞上回、颞中回和颞下回；颞上回转入外侧沟底可见2～3条自外上斜向内下的颞横回。

（2）内侧面：在半球内侧面，中央前、后回自上外侧面延至内侧面的部分融合称为中央旁小叶。在中部有呈前后方向弓形的巨大纤维束断面，称为胼胝体。在胼胝体背面有胼胝体沟，其上方有与之平行的扣带，两者之间的脑回为扣带回；胼胝体沟绕过胼胝体后方，向前移行为海马沟。在胼胝体后下方有呈弓形的距状沟，向后行至枕叶后端，此沟中部与顶枕沟相续，距状沟与顶枕沟之间称楔叶，距状沟下方为舌回。另外在内侧面，可见位于胼胝体周围和侧脑室下角底壁的一圆弧形结构：包括膈区、扣带回、海马旁回、海马和齿状回等，在进化上属于古、旧皮质，合称为边缘叶（图9-19）。

（3）下面：在半球的底面，额叶靠内侧有纵行的嗅束，其前端膨大为嗅球，与嗅神经相连，后端扩大为嗅三角，嗅三角与视束之间的区域称前穿质，有许多小血管穿入脑实质内，颞叶下面有与半球下缘平行的枕颞沟，此沟内侧与之平行的浅沟为侧副沟。侧副沟内侧为海马旁回，海马旁回前端弯曲形成钩。海马旁回内侧为海马沟，沟的上方呈锯齿状的窄细皮质称齿状回，在齿状回外侧，侧脑室下角底壁上有一弓状隆起的海马。海马和齿状回构成海马结构。

3. 大脑半球的内部结构　大脑半球的表层是灰质，称为大脑皮质；其深层是白质，称为大脑髓质。在大脑半球的基底部，包埋于白质中的灰质团块称为基底核。大脑半球内的室腔称为侧脑室。

（1）大脑皮质：是人体神经功能活动的最高级中枢。人类大脑皮质主要由大量神经元及神经胶质细胞组成，据统计，成人大脑皮质约有140亿个神经元。在长期进化过程中，大脑皮质的不同部位逐渐形成接受特定刺激、完成特定反射活动的功能区。

1）第Ⅰ躯体运动区：位于中央前回和中央旁小叶前部，管理对侧半身骨骼肌的随意运动。身体各部在此区的投射特点：①头足倒置：足在上，头在下，但头面部正立。中央前回最上部和中央旁小叶前部控制下肢运动；中部控制躯干和上肢运动；下部控制面、舌、咽、喉运动。②左右交叉：一侧运动区控制对侧肢体运动，但与联合运动有关的肌肉（如面上部肌、咀嚼肌、呼吸肌及躯干、会阴肌）受双侧运动区控制。③投射区大小与运动精细程度相关：运动越精细复杂的部位，其投射区越大，与形体大小无关（图9-21）。该区损伤可导致相应部位骨骼肌运动障碍。

2）第Ⅰ躯体感觉区：位于中央后回和中央旁小叶后部，接受对侧半身感觉冲动（图9-22）。身体各部在此区的投射特点：①头足倒置，但头部正立；②左右交叉；③投射区大小与感觉灵敏度相关：感觉越灵敏的部位，其投射区越大，与形体大小无关。该区损伤可导致对侧半身相应部位感觉障碍。

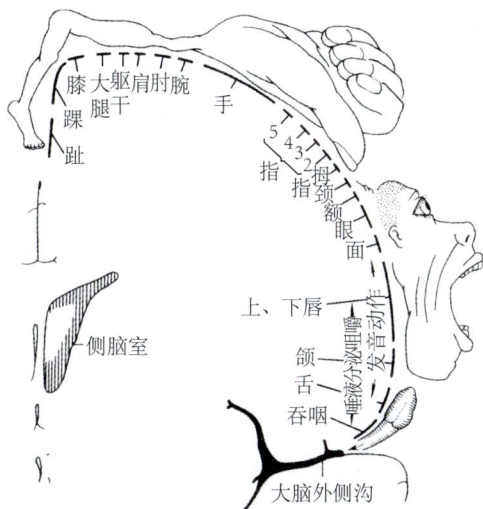

图 9-21 人体各部在大脑皮质运动区的定位

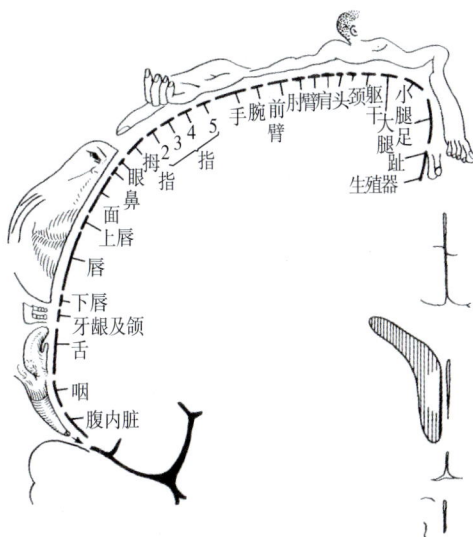

图 9-22 人体各部在大脑皮质感觉区的定位

3）视区：位于枕叶内侧面距状沟两侧的皮质，接受同侧外侧膝状体发出的视辐射纤维。一侧视区接受同侧视网膜颞侧半和对侧视网膜鼻侧半的视觉信息，故一侧视区损伤可导致双眼对侧视野同向性偏盲。

4）听区：位于颞横回，接受内侧膝状体发出的听辐射纤维，传导双耳听觉信息。一侧听区损伤可导致双耳听力下降，但不会引起全聋。

5）嗅区：位于海马旁回前部与钩，接受嗅觉信息。

6）语言区：又称语言中枢，通常在一侧半球上发展，与语言功能有关的半球称为"优势半球"，绝大多数人语言中枢位于左侧半球。语言中枢包括说话、听话、书写和阅读4个区。有关语言的中枢如下：①说话中枢：位于额下回后部，又称 Broca 区，若该区受损，患者的发音器官无异常，能发出声音，但说话不连续，称运动性失语症。②书写中枢：位于额中回后部近中央前回的上肢特别是手的代表区，若该区受损，虽然手部的运动没有障碍，但不能写出正确的文字，称失写症。③听觉性语言中枢：位于颞上回后部，该区能调整自己的语言，听取和理解别人的语言。若该区受损，患者听觉正常，能够听到别人讲话，但不能理解别人说话的意思，自己讲话常错乱而不自知，故不能正确回答问题和正常说话，称感觉性失语症。④阅读中枢：位于角回，靠近视觉中枢，若该区受损，视觉无障碍，但患者不能理解文字符号的意义，称为失读症。

考点与重点 大脑皮质的功能区

医者仁心

失语症护理——人文关怀与专业技能的融合

失语症是一种获得性语言障碍，指由于与语言功能相关的脑组织发生器质性损害，患者对人类交际符号系统的理解和表达能力受损，特别是对语音、语义、字形等语言符号的理解和表达出现障碍。护理人员需注意防范患者的情感爆发，应尽量以温和的态度对待患者，以减轻其窘迫感。与患者交流时，不应假设其完全理解，患者可能通过简单的方式表达，如社会环境、面部表情、姿态等。为避免误解，应运用非语言交流技巧，并使用简短的词组进行解释。

（2）大脑髓质：位于大脑皮质深面，由大量神经纤维束组成，可分为投射纤维、连合纤维和联络纤维三类。

1）联络纤维：是连接同侧大脑半球内各皮质区域的纤维。

2）连合纤维：是连接左右大脑半球的纤维，主要包括胼胝体，这是最大的连合纤维束。

3）投射纤维：包括连接大脑皮质与皮质下结构的上行感觉纤维和下行运动纤维。

这些纤维大部分经过内囊。内囊为一宽厚的白质纤维板，位于背侧丘脑、尾状核和豆状核之间（图 9-23）。在大脑水平切面上（图 9-24），内囊呈向外开口的"＞＜"形，可分为内囊前肢、内囊膝和内囊后肢三部分。

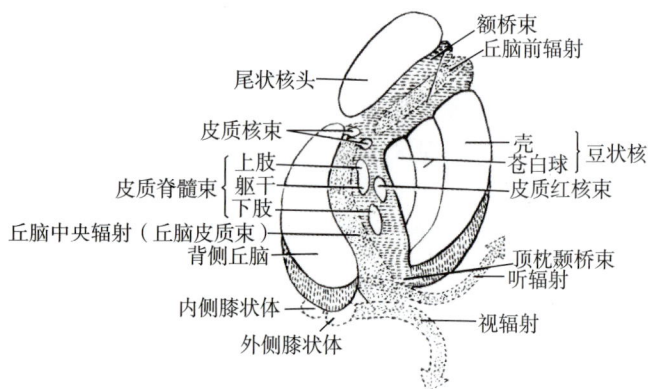

图 9-23　内囊示意图

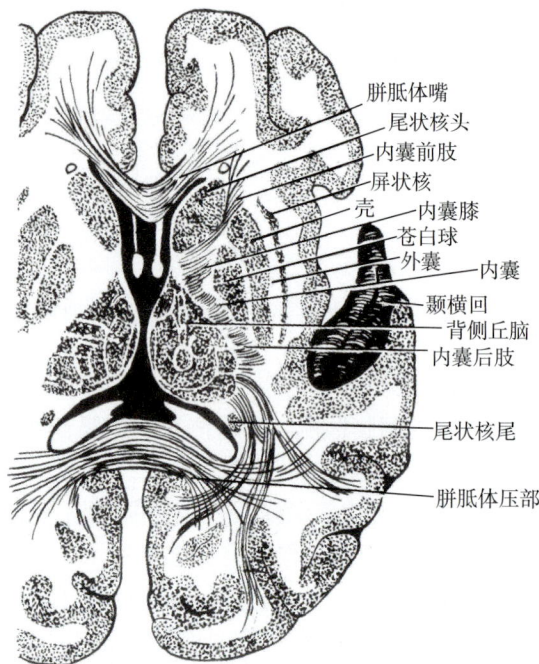

图 9-24　大脑水平切面

内囊前肢位于豆状核与尾状核之间，内有额桥束和丘脑前辐射通过；内囊膝位于前、后肢交界处，有皮质核束通过；内囊后肢位于豆状核与背侧丘脑之间，主要有皮质脊髓束、丘脑中央辐射、视辐射和听辐射通过。

虽然内囊范围狭小，但汇聚了所有进出大脑半球的神经纤维，因此内囊受损时，即使病灶较小，也可导致严重后果。临床常见的内囊出血可表现为"三偏征"：对侧半身感觉障碍、对侧肢体运动障碍及双眼对侧视野偏盲。

（3）基底核：是埋藏于大脑半球基底部髓质内的灰质团块（图 9-25），包括尾状核、豆状核、杏仁体和屏状核。

1）尾状核：呈"C"形弯曲，分头、体、尾三部分，全程伴随侧脑室走行。

2）豆状核：位于尾状核和背侧丘脑外侧，岛叶深部，水平切面呈三角形。豆状核被两个白质薄板分为三部分：外侧部最大称壳，内侧两部分合称苍白球。

在种系发生上，苍白球较古老，称为旧纹状体；尾状核和豆状核的壳发生较晚，称为新纹状体。纹状体是锥体外系的重要结构，主要功能是

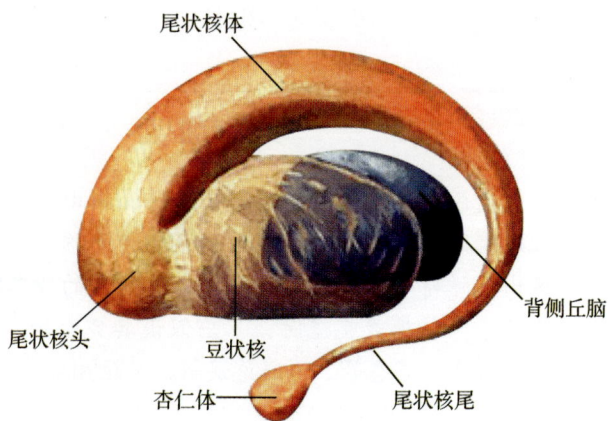

图 9-25　基底核与丘脑的位置关系

调节肌张力和协调骨骼肌运动。

3）杏仁体：连接尾状核尾部，与内脏活动、情绪反应和行为调节有关。

4）屏状核：为岛叶与豆状核之间的一薄层灰质结构。

（4）侧脑室：位于大脑半球内，左右各一，内含脑脊液，略呈"C"形，延伸至半球各叶，可分为四部。中央部位于顶叶，自此向前、后、下发出3个角：前角向前伸入额叶；后角向后伸入枕叶；下角向前下伸入颞叶。侧脑室经室间孔与第三脑室相通。在中央部和下角有侧脑室脉络丛，产生脑脊液（图9-26）。

4.边缘系统　由边缘叶及其相关的皮质和皮质下结构（如杏仁体、下丘脑、上丘脑、背侧丘脑前核和中脑被盖等）共同组成。该系统在进化上属于脑的古老部分，主要参与嗅觉和内脏活动的调节、情绪反应及性行为等，同时还涉及觅食、防御、攻击等个体生存功能以及种族延续功能。

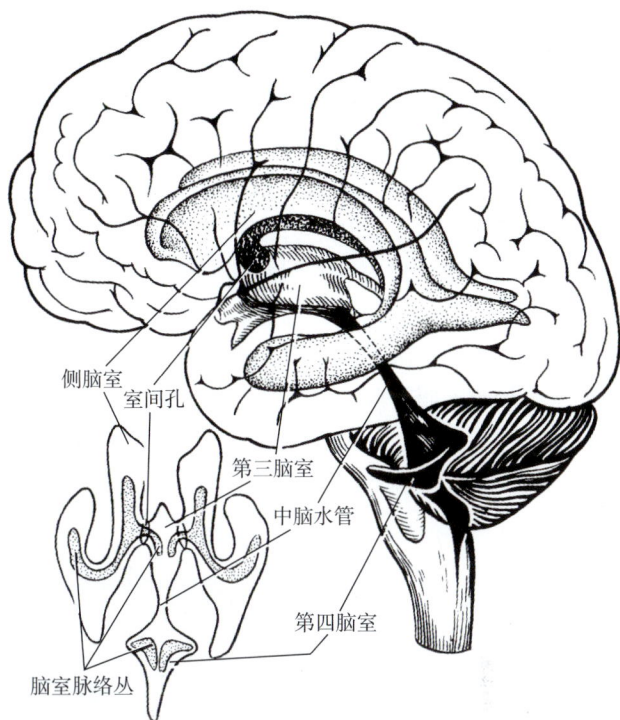

图9-26　脑室投影图

三、脑和脊髓的被膜

脑和脊髓的表面包有3层膜，由外向内依次为硬膜、蛛网膜和软膜。它们对脑和脊髓有保护和支持作用。

（一）硬膜

1.硬脊膜　为厚而坚韧的致密结缔组织膜，呈管状包绕脊髓和脊神经根（图9-27）。硬脊膜上端附着于枕骨大孔边缘，与硬脑膜相延续；下端附着于尾骨。硬脊膜与椎管内面的骨膜之间形成狭窄的腔隙，称为硬膜外隙。该间隙内含有脊神经根、淋巴管、椎内静脉丛、疏松结缔组织和脂肪组织，并呈负压状态。临床硬膜外麻醉即通过向此间隙注射药物，以阻断脊神经根的神经传导。

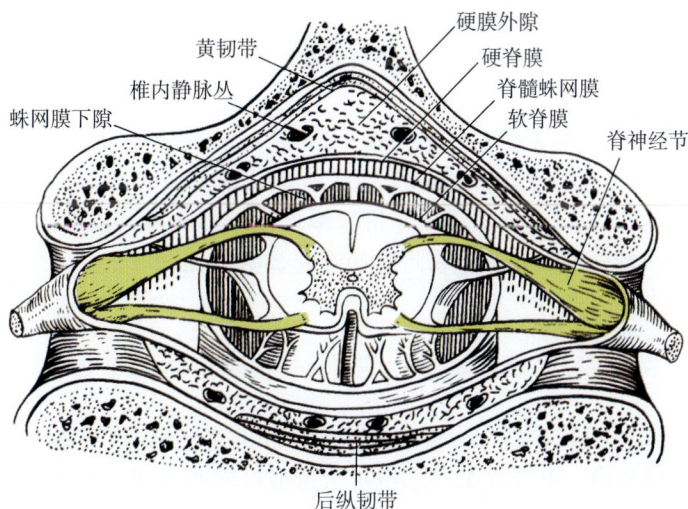

图9-27　脊髓的被膜

2. 硬脑膜　由内外两层厚而坚韧的膜构成，两层间有血管和神经通过。硬脑膜在颅顶部与颅骨结合较疏松，当颅顶骨折时易导致硬脑膜血管破裂，形成硬脑膜外血肿；在颅底部则与颅骨紧密结合，故颅底骨折时易同时撕裂硬脑膜和蛛网膜，导致脑脊液外漏。

硬脑膜内层向内折叠形成若干隔幕，深入脑的裂隙中，具有固定和承托脑的作用。主要结构包括伸入大脑纵裂的大脑镰和伸入大脑横裂的小脑幕。小脑幕前缘游离，形成小脑幕切迹。

硬脑膜在某些部位内、外两层分开，内衬内皮细胞，形成特殊的颅内静脉管道，称硬脑膜窦。较大的窦有上矢状窦、横窦、乙状窦和海绵窦等（图9-28）。硬脑膜窦收集颅内静脉血，并与颅外静脉相通。海绵窦位于蝶骨体的两侧，因形似海绵而得名。窦腔内有颈内动脉和展神经通过。在海绵窦的外侧壁内，自上而下依次有动眼神经、滑车神经、三叉神经的眼神经和上颌神经通过。由于眼静脉直接注入海绵窦，故面部感染可经眼静脉波及海绵窦，若累及上述神经，则出现相应的症状，临床上称为海绵窦综合征。

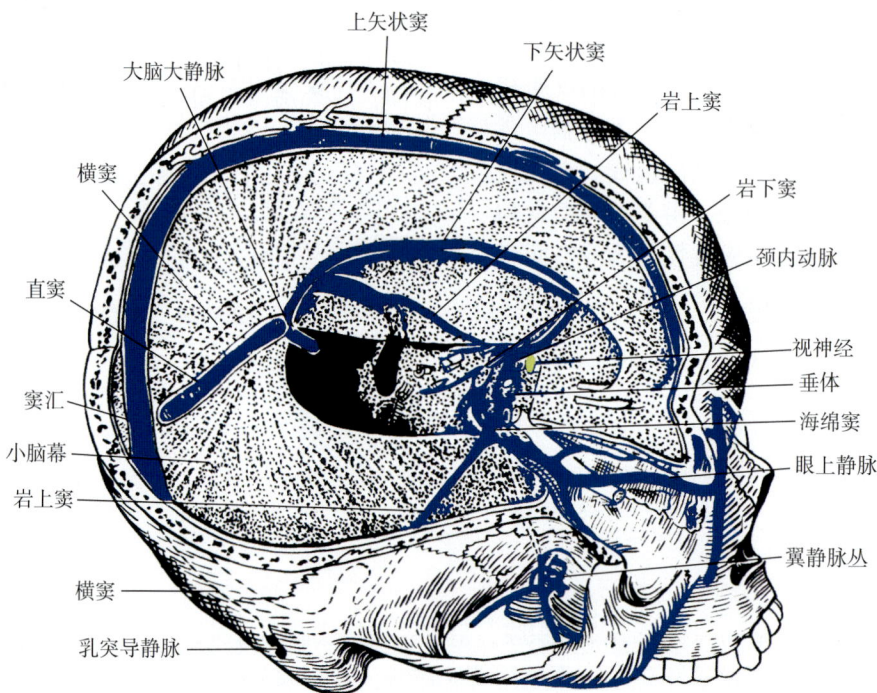

图 9-28　硬脑膜及硬脑膜窦

链接

硬膜外血肿

硬膜外血肿是指血液积聚于颅骨与硬脑膜之间的血肿。该病主要由头部遭受外力直接打击所致，可因颅骨骨折或颅骨局部变形造成硬脑膜动脉、静脉窦损伤出血或板障静脉出血引起。典型临床表现为头部受伤后出现短暂昏迷，清醒后发生颅内压增高症状，继而再次昏迷，并伴有脑疝表现。硬膜外血肿是颅脑损伤中最严重的继发性病变之一。

（二）蛛网膜

蛛网膜位于硬脊膜和硬脑膜的深面，为缺乏血管和神经的半透明薄膜。蛛网膜与软膜之间的腔隙，称蛛网膜下隙，内部充满脑脊液。此隙在某些部位扩大形成蛛网膜下池，主要有小脑延髓池和终池。终池内无脊髓，只有马尾和终丝浸泡在脑脊液当中，临床上常在此处进行穿刺术，抽取脑脊液或注入某些药物。

脑蛛网膜在上矢状窦两侧形成许多颗粒状突起，突入上矢状窦内，称蛛网膜粒。脑脊液通过蛛网膜粒渗入上矢状窦，这是脑脊液回流至静脉的重要途径。

（三）软膜

软膜薄而透明，富含血管，紧贴脑和脊髓的表面且深入其沟、裂中，按位置分为软脑膜和软脊膜。在各脑室的一定部位，软脑膜及其所含的血管与室管膜上皮共同突入脑室形成脉络丛。脉络丛是产生脑脊液的主要结构。

考点与重点 脊髓和脑的被膜

四、脑和脊髓的血管

（一）脑的血管

脑是体内代谢最旺盛的器官，脑的血液供应也极为丰富。人脑仅占体重的 2%，但脑的耗氧量却占全身总耗氧量的 20%，故脑组织对血液供应的依赖性很强，对缺氧极其敏感。任何原因致使脑血流量减少或中断，均可导致脑神经细胞缺氧、水肿甚至坏死，造成严重的神经功能障碍。

1. 动脉 脑的血液供应来源于颈内动脉和椎动脉。颈内动脉主要分布于大脑半球前 2/3 和部分间脑，椎动脉主要分布于大脑半球的后 1/3、部分间脑、脑干和小脑。颈内动脉和椎动脉都发出皮质支和中央支，皮质支营养皮质和浅层髓质，中央支营养间脑、基底核和内囊等（图 9-29）。

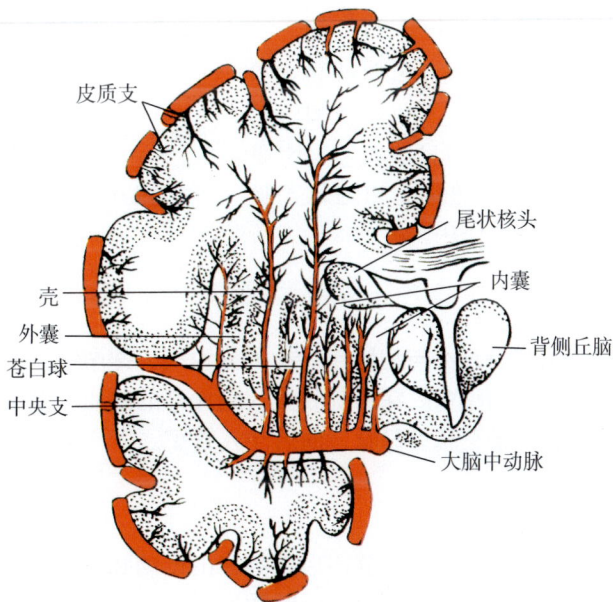

图 9-29 大脑半球内部动脉供应模式图

（1）颈内动脉：起自颈总动脉，向上经颈动脉管入颅腔后，陆续发出分支。其主要分支有眼动脉、大脑前动脉和大脑中动脉等。大脑前动脉向前进入大脑纵裂，与对侧的同名动脉借前交通动脉相连，沿胼胝体的背面向后行（图 9-30），皮质支分布于顶枕沟以前的大脑半球内侧面和额叶底面的一部分以及额、顶两叶上外侧面的上部；中央支供应尾状核、豆状核前部和内囊前肢；大脑中动脉沿外侧沟向后上行，皮质支分布于大脑半球上外侧面顶枕沟以前的大部分和岛叶（图 9-31），其中包括躯体运动中枢、躯体感觉中枢和语言中枢。故该动脉若发生阻塞，将产生严重的功能障碍。大脑中动脉起始段发出一些细小的中央支，垂直向上穿入脑实质，供应尾状核、豆状核、内囊膝及后肢的前上部。其中，沿豆状核外侧上行至内囊的豆状核纹状体动脉（豆纹动脉）较粗大，在动脉硬化和高血压时容易破裂而导致脑出血，出现严重的功能障碍，故又称出血动脉。

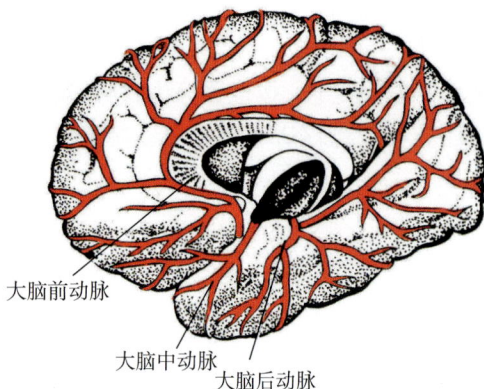

图 9-30　大脑半球内侧面的动脉

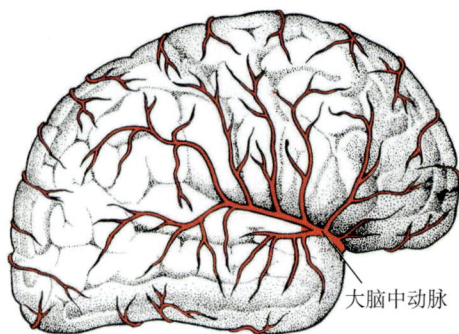

图 9-31　大脑半球上外侧面的动脉

（2）椎动脉：起自锁骨下动脉，向上穿行第 6 至第 1 颈椎的横突孔，经枕骨大孔进入颅腔。在脑桥与延髓交界处，左、右椎动脉汇合成一条基底动脉，后者沿脑桥腹侧面的基底沟上行，至脑桥上缘处分为左、右大脑后动脉两大终支。椎动脉主要供应小脑、延髓、脑桥、间脑大部分区域、颞叶和枕叶的大部分（图 9-32）。

（3）大脑动脉环：又称 Willis 环，位于脑底部，环绕在视交叉、灰结节和乳头体周围，由前交通动脉、两侧大脑前动脉起始段、两侧颈内动脉终末段、两侧后交通动脉和两侧大脑后动脉起始段相互吻合形成的封闭血管环。当构成此环的某一动脉发生阻塞时，可通过大脑动脉环实现血液重新分配，发挥代偿作用。

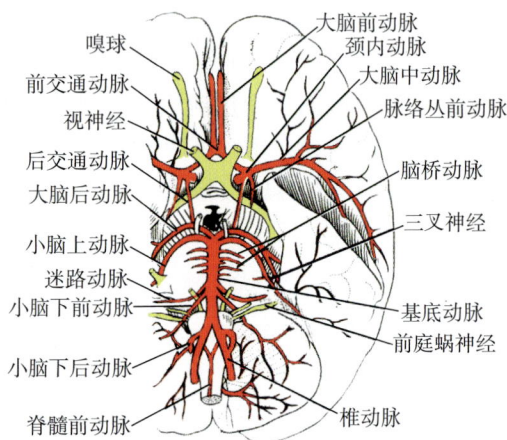

图 9-32　脑底面的动脉

考点与重点　脊髓和脑的动脉

2. 静脉　脑的静脉壁薄而无瓣膜，不与动脉伴行，可分为浅、深两组。浅静脉收集皮质及皮质下髓质的静脉血，并直接注入邻近的硬脑膜窦。深静脉收集大脑深部的髓质、基底核、内囊、间脑、脑室脉络丛等处的静脉血，最后汇合成一条大脑大静脉，向后注入直窦。

（二）脊髓的血管

1. 动脉　脊髓的动脉有两个来源：一是脊髓前后动脉，由椎动脉发出；二是节段性动脉，由颈升动脉、肋间后动脉和腰动脉等发出，以补充脊髓前、后动脉。

（1）脊髓前动脉：左右各一，在延髓腹侧合成单干，沿脊髓前正中裂下行至脊髓末端，沿途接受节段性动脉的增补。

（2）脊髓后动脉：沿左右后外侧沟下行至脊髓末端，沿途接受节段性动脉的补充。

2. 静脉　脊髓的静脉较动脉数量更多且管径更粗。脊髓内的小静脉汇集成脊髓前静脉和脊髓后静脉，通过前根静脉和后根静脉注入硬膜外隙的椎内静脉丛，再经椎外静脉丛回流入心。

五、脑脊液及其循环

脑脊液由各脑室的脉络丛产生，是无色透明的液体，成人平均含量约 150mL，压力为 0.69 ～ 1.76kPa。脑脊液充满脑室系统、蛛网膜下隙和脊髓中央管，对中枢神经系统具有缓冲震荡、保护脑组织、运输代谢产物、提供营养和维持正常颅内压的作用。

脑脊液不断产生和回流，保持动态平衡。侧脑室脉络丛产生的脑脊液经左、右室间孔流入第三脑室，与第三脑室脉络丛产生的脑脊液汇合后，经中脑水管流入第四脑室，再与第四脑室脉络丛产生的脑脊液汇合，最后经第四脑室正中孔和两个外侧孔流入蛛网膜下隙，最终经蛛网膜粒渗入上矢状窦回流入血。脑脊液主要由各脑室脉络丛产生，在脑室系统和蛛网膜下隙中不断循环流动。若脑脊液循环途径发生阻塞，如中脑水管阻塞，可导致脑积水和颅内压升高，进而使脑组织受压移位，甚至形成脑疝。

脑脊液的循环途径如下所示（图 9-33、图 9-34）。

左
右　侧脑室 ——室间孔→ 第三脑室 ——中脑水管→ 第四脑室 ——正中孔／两个外侧孔→ 蛛网膜下隙 —→ 蛛网膜粒 —→ 上矢状窦 —→ 颈内静脉

图 9-33　脑脊液循环途径

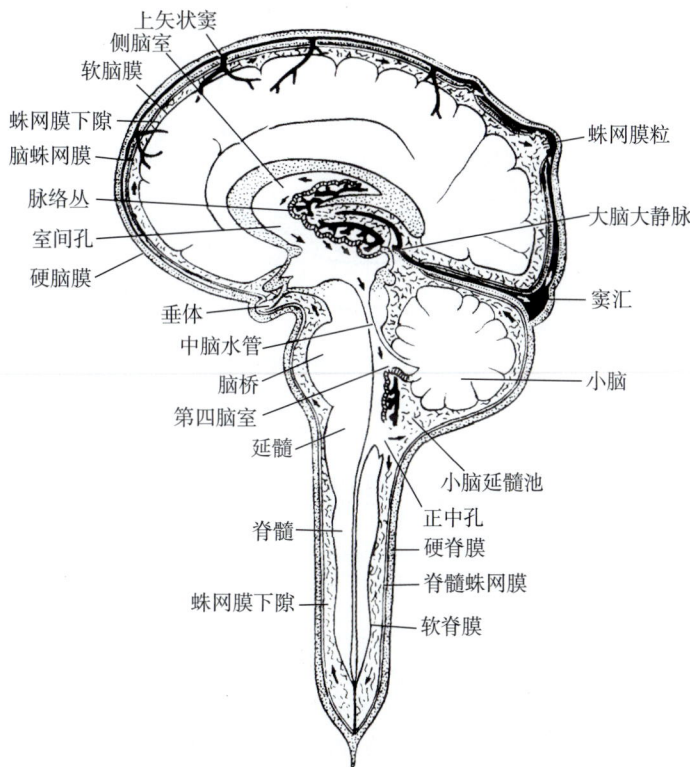

图 9-34　脑脊液循环示意图

链接

先天性脑积水

先天性脑积水也称婴儿性脑积水，其核心病因包括先天性解剖结构畸形，如中脑导水管狭窄或闭锁、小脑扁桃体下疝畸形及第四脑室中孔或侧孔闭锁。临床特征为颅内压持续性增高引发的头颅进行性异常增大，其增大幅度与躯干及四肢生长比例失调。典型体征包括：额部前突、眶顶受压下移导致双眼球下视，眼球向下旋转使巩膜上缘显露，前囟膨隆伴张力增高，其余颅囟亦可扩大，颅骨骨缝增宽，头皮静脉怒张。叩诊头颅时可闻及"破壶音"。该病可继发脑组织退行性改变、脑发育迟滞及四肢中枢性运动功能障碍（以下肢为著），常伴有智力水平下降及体格发育迟缓。视神经受压萎缩可导致永久性失明，严重威胁患儿生命健康及生存质量。

考点与重点　脑脊液循环

六、血脑屏障

在中枢神经系统内，毛细血管内的血液与脑组织细胞之间存在具有选择性通透功能的结构，称为血脑屏障。其结构基础包括脑毛细血管内皮细胞、内皮细胞间的紧密连接、毛细血管基膜，以及神经胶质细胞突起形成的胶质膜等（图9-35）。血脑屏障可选择性阻止血液中的有害物质进入脑组织，同时允许营养物质及代谢产物正常通过，从而维持神经系统内环境的相对稳态。

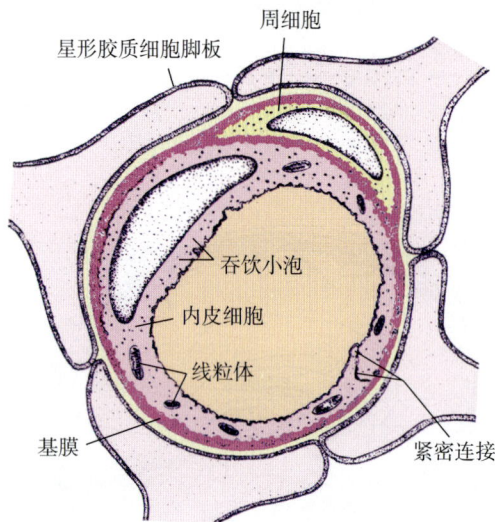

图 9-35 血脑屏障模式图

第三节　周围神经系统

📋 案例

王某，男性，46岁，职业为驾校教练。2022年4月15日，因学员操作失误将油门误作刹车，导致车辆碾压患者躯体。患者随即陷入昏迷，在ICU经过6日治疗后苏醒。苏醒后诊断为右手肱骨骨折、9根肋骨骨折及右手腕运动功能障碍，经专科检查确诊为桡神经损伤。

问题：1. 从桡神经的解剖学结构分析损伤后的临床表现。
　　　2. 桡神经、正中神经、尺神经的皮支在手部分别支配哪些区域？

一、脊　神　经

脊神经连于脊髓，共计31对，即颈神经8对、胸神经12对、腰神经5对、骶神经5对及尾神经1对。每条脊神经均由运动性前根与感觉性后根在椎间孔处汇合形成，故脊神经属于混合性神经。脊神经后根可见膨大的脊神经节，该神经节内含感觉神经元的胞体（图9-36）。

脊神经出椎间孔后立即分为前、后两支。后支细小，分布于躯干背侧的深层肌群及皮肤；前支粗长，主要分布于躯干前外侧及四肢的肌肉、关节和皮肤等区域。除胸神经前支外，其余脊神经前支分别交织形成神经丛，即颈丛、臂丛、腰丛和骶丛。

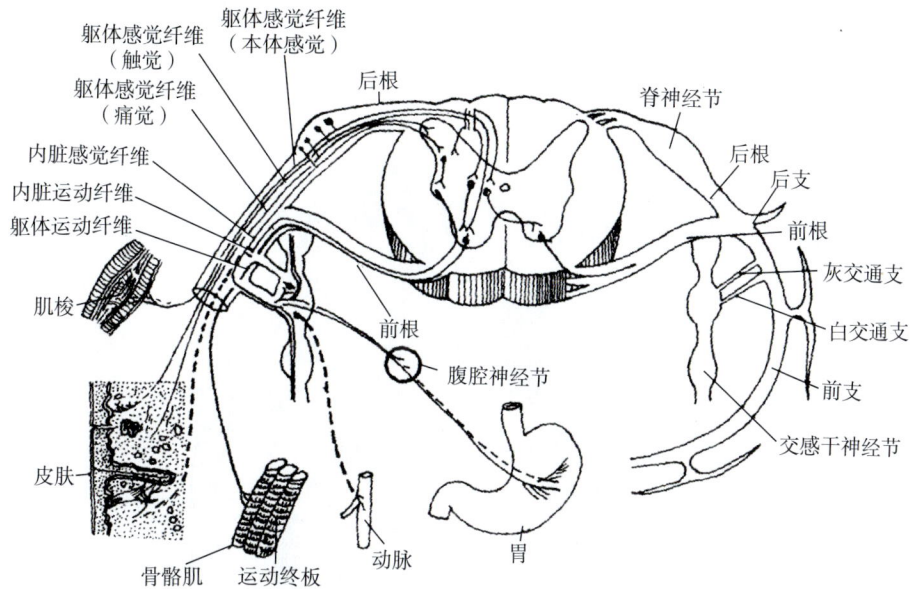

图 9-36　脊神经的组成及其分布示意图

1.颈丛　由第 1～4 颈神经前支组成，位于胸锁乳突肌上部的深面，其主要分支包括皮支和膈神经。

（1）皮支：自胸锁乳突肌后缘中点穿出，呈放射状分布于枕部、颈部、肩部及胸上部的皮肤（图 9-37）。颈部表浅手术时，可在胸锁乳突肌后缘中点行局部阻滞麻醉。

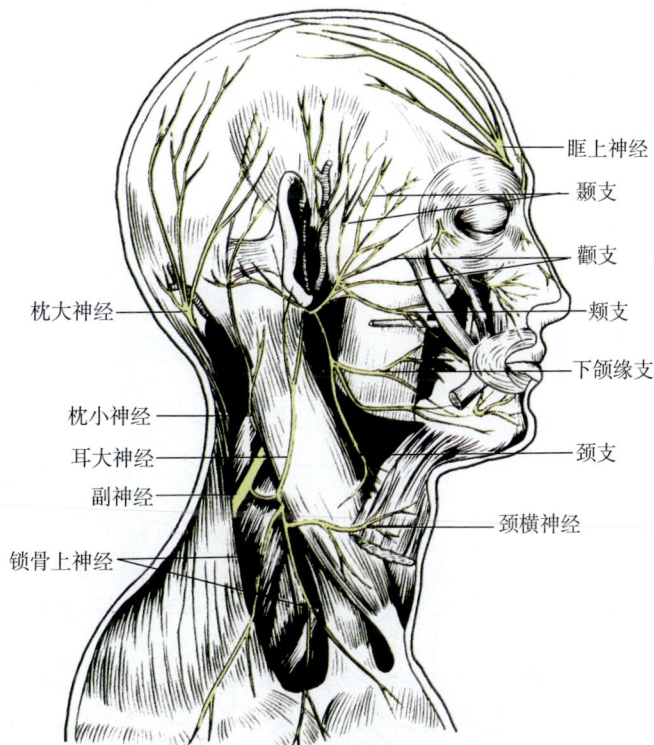

图 9-37　颈丛皮支

（2）膈神经：为颈丛的主要分支（图 9-38）。膈神经经胸廓上口进入胸腔，下行至膈肌，其运动纤维支配膈肌，感觉纤维主要分布于心包、胸膜及膈肌下面的腹膜；右膈神经的感觉纤维还分布于肝、胆囊和胆道。

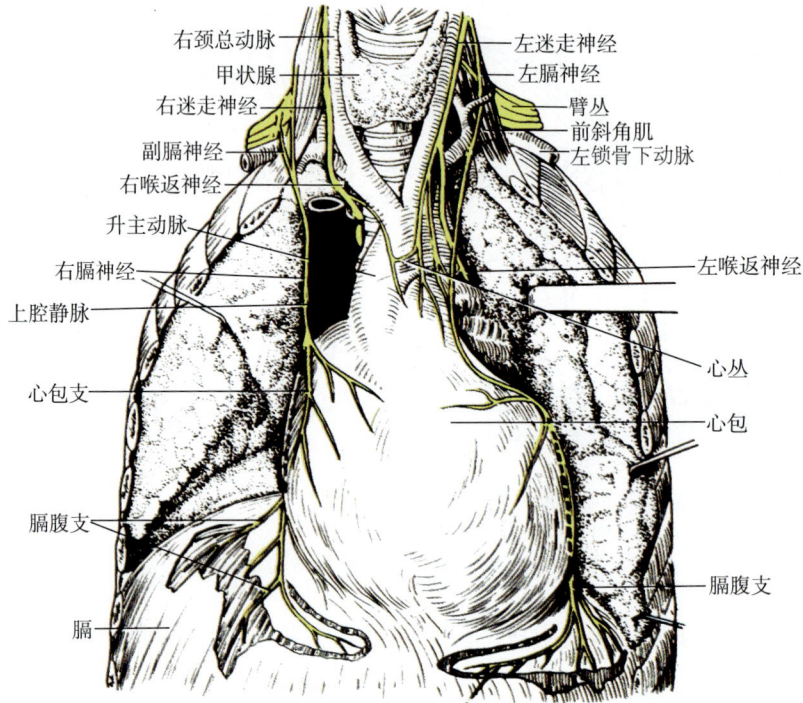

图 9-38   膈神经

2. 臂丛   由第 5～8 颈椎及第 1 胸椎的神经根发出，这些神经根在斜角肌间隙穿出后，经锁骨中点后方进入腋窝，围绕腋动脉分布（图 9-39）。在腋窝内，臂丛的五个神经根先合成上、中、下三干，再由三干发出分支围绕腋动脉形成内侧束、外侧束和后束。这些束再发出分支，主要分布于上肢及部分胸、背浅层肌群。臂丛的主要分支包括胸背神经、胸长神经、腋神经、肌皮神经、正中神经、桡神经和尺神经。

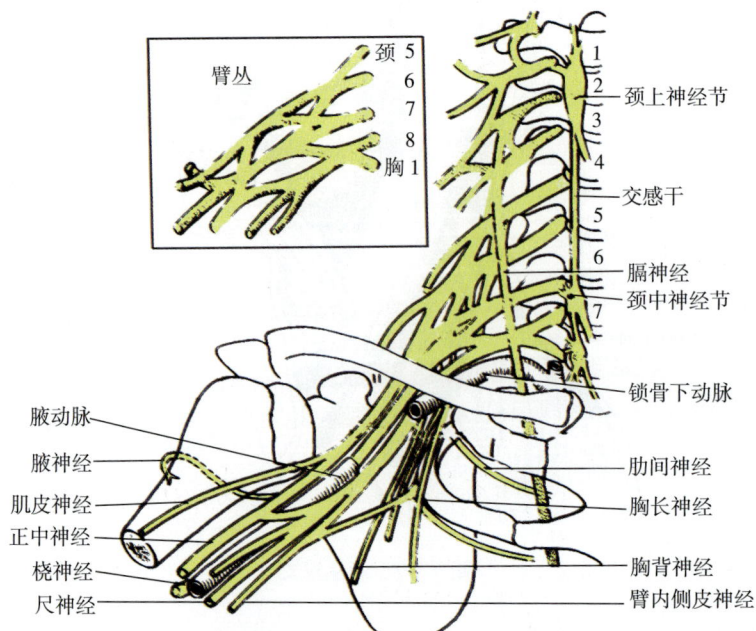

图 9-39   臂丛神经的组成

（1）胸背神经：支配背阔肌。乳腺癌根治术清除淋巴结时需注意避免损伤该神经。

（2）胸长神经：起自后束，沿肩胛骨外侧缘伴肩胛下血管下行，分布于前锯肌。损伤此神经可引起前锯肌瘫痪，表现为"翼状肩胛"，患者上肢上举困难，无法完成梳头动作。

（3）腋神经：发自臂丛后束，伴旋肱后动脉绕肱骨外科颈后方至三角肌深面（图9-40）。其肌支支配三角肌和小圆肌；皮支由三角肌后缘穿出，分布于肩部和臂部上1/3外侧面皮肤。肱骨外科颈骨折、肩关节脱位或腋杖压迫均可导致腋神经损伤。损伤后主要表现为三角肌瘫痪，肩关节外展幅度减小或无法外展，三角肌区皮肤感觉障碍；若三角肌萎缩，肩部失去圆隆外观，肩峰突出，形成"方肩"畸形。

（4）肌皮神经：其肌支支配臂肌前群，如肱二头肌（图9-41）；皮支分布于前臂外侧皮肤。

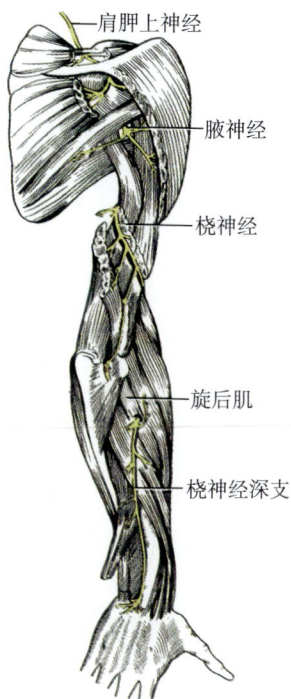

图 9-40　桡神经和腋神经

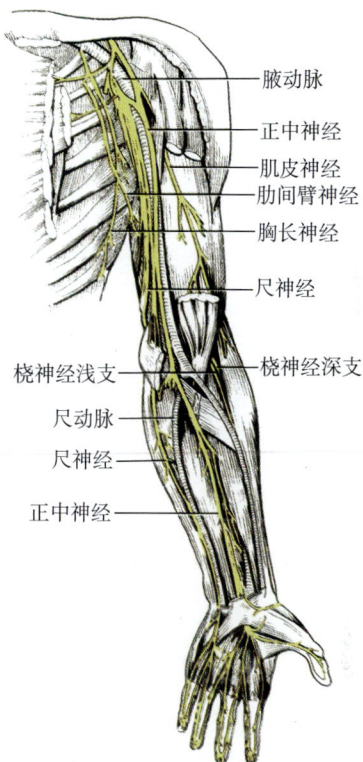

图 9-41　肌皮神经、正中神经和尺神经

（5）正中神经：沿肱二头肌内侧缘伴肱动脉下行至肘窝，在前臂前群浅、深层肌之间下行，经腕管进入手掌（图9-40）。其肌支支配前臂肌前群桡侧大部分、手掌部鱼际肌及中间群的一部分；皮支分布于掌心、鱼际、桡侧三个半指掌面的皮肤（图9-41）。正中神经损伤症状详见表9-1。

表 9-1　脊神经主要分支损伤部位和损伤后的症状

脊神经的分支	易损伤部位	损伤后的症状	图例
腋神经	肱骨外科颈骨折	三角肌瘫痪，臂（肩关节）不能外展	
正中神经	臂部主干	前臂不能旋前、屈腕能力减弱、拇指不能对掌等运动障碍，且相应皮肤区出现感觉障碍；鱼际萎缩，手掌变得平坦，形成"猿手"	猿手

续表

脊神经的分支	易损伤部位	损伤后的症状	图例
尺神经	尺神经沟处	屈腕能力减弱，拇指不能内收；第4、5指的掌指关节过伸而指骨间关节弯曲，形成"爪形手"；相应皮肤区感觉丧失	爪形手
桡神经	肱骨中段骨折；臂中段受压	不能伸腕和伸指、拇指不能外展、前臂旋后作用减弱等运动障碍。由于前臂伸肌瘫痪，抬前臂时出现"垂腕症"；前臂背侧皮肤及手背桡侧半皮肤感觉迟钝	垂腕症
胸神经前支	肋间	相应分布平面的肋间肌、腹肌瘫痪，且皮肤区感觉障碍	
股神经	腹股沟区或骨盆骨折	屈髋无力，不能伸小腿（伸膝关节），行走困难，股四头肌萎缩，髌反射消失；大腿前面、小腿内侧和足内侧缘感觉障碍	
胫神经	腘窝或踝管处	小腿肌后群收缩无力，足不能跖屈和内翻，足呈背屈和外翻位，呈"钩状足"畸形；小腿后部和足底感觉障碍	钩状足
腓总神经	腓骨颈处	小腿肌前群和外侧群收缩无力，足不能背屈和外翻，致足下垂和内翻，行走时呈"跨越步态"，称"内翻马蹄足"；小腿外侧和足背皮肤感觉障碍	内翻马蹄足

（6）尺神经：随肱动脉下行，在臂中部转向后下方，经尺神经沟进入前臂，与尺动脉伴行至手部。其肌支支配前臂肌前群尺侧小部分和部分手内在肌；皮支分布于手掌尺侧一个半指及相应手掌皮肤、手背尺侧两个半指及相应手背皮肤。尺神经损伤症状详见表9-1。

（7）桡神经：沿桡神经沟向外下方行，经前臂背侧浅、深肌群之间下降至手部（图9-42）。其肌支支配臂和前臂肌的后群；皮支分布于臂和前臂背面、手背桡侧两个半指及相应手背皮肤。桡神经损伤症状详见表9-1。

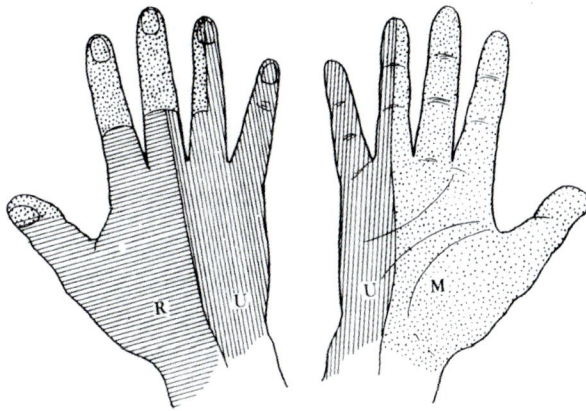

U.尺神经；R.桡神经；M.正中神经

图 9-42　手皮肤的神经分布示意图

（8）腋神经：绕外科颈的后方至三角肌深面。其肌支支配三角肌；皮支分布于肩关节周围的皮肤。腋神经损伤症状详见表 9-1。

手的皮神经分布

手掌尺侧一个半，尺神经支将它管；

其余桡侧三个半，正中神经将它管；

手背皮肌更易记，桡尺神经各一半。

考点与重点　臂丛的组成、位置、主要分支

3.胸神经前支　共 12 对，第 1 ~ 11 对胸神经前支各自行走于相应肋间隙中，称肋间神经；第 12 对胸神经前支行走于第 12 肋下方，称肋下神经。肋间神经和肋下神经的肌支支配肋间肌群及腹前外侧肌群；皮支分布于胸、腹壁皮肤及胸膜、腹膜的壁层，且分布具有明显的节段性（图 9-43）。其分布规律如下：T2 神经节段对应胸骨角平面；T4 神经节段对应乳头平面；T6 神经节段对应剑突平面；T8 神经节段对应肋弓下缘平面；T10 神经节段对应脐平面；T12 神经节段对应脐与耻骨联合上缘连线中点平面。掌握上述神经分布规律，有助于脊髓疾病的定位诊断。

考点与重点　胸神经前支

4.腰丛　由第 12 胸神经前支的一部分、第 1 ~ 3 腰神经前支及第 4 腰神经前支的一部分共同组成，位于腹后壁腰大肌深面（图 9-44）。其主要分支包括股神经和闭孔神经。

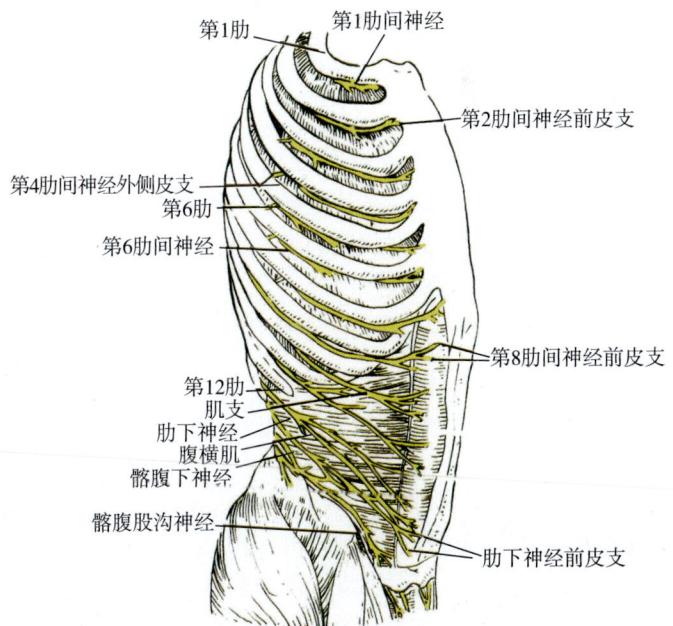

第1肋　第1肋间神经

第2肋间神经前皮支

第4肋间神经外侧皮支
第6肋

第6肋间神经

第8肋间神经前皮支

第12肋
肌支
肋下神经
腹横肌
髂腹下神经
髂腹股沟神经

肋下神经前皮支

图 9-43　躯干皮神经的节段性分布

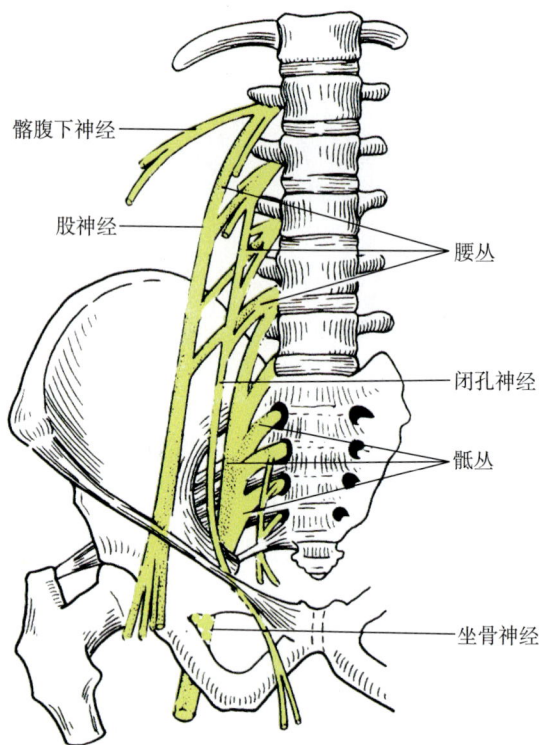

图 9-44　腰丛和骶丛

（1）股神经：经腹股沟韧带深面、股动脉外侧进入股三角。肌支支配股四头肌、缝匠肌等；皮支除分布于大腿前外侧皮肤外，尚有一长支称隐神经，伴随大隐静脉下行，分布于小腿内侧面及足内侧缘皮肤。股神经损伤症状详见表9-1。

（2）闭孔神经：穿闭孔出盆腔，分布于大腿内侧肌群、大腿内侧面皮肤及髋关节。

考点与重点　腰丛的组成、位置、主要分支

5. 骶丛　由第4～5腰神经前支汇合形成的腰骶干和全部骶、尾神经前支共同组成，位于盆腔内骶骨与梨状肌前方，为全身最大的脊神经丛（图9-45）。

（1）臀上神经：经梨状肌上孔出盆腔，支配臀中肌与臀小肌。

（2）臀下神经：经梨状肌下孔出盆腔，支配臀大肌及髋关节。

（3）阴部神经：经梨状肌下孔出盆腔，绕过坐骨棘经坐骨小孔进入坐骨肛门窝，支配肛门外括约肌、肛门周围皮肤及会阴部。

（4）坐骨神经：为全身最粗、最长的神经，经梨状肌下孔出盆腔后，沿臀大肌深面经坐骨结节与大转子连线中点下行至大腿后方，于股二头肌深面下降至腘窝，在腘窝上角分为胫神经和腓总神经（图9-46）。坐骨神经在下行途中发出分支支配髋关节及大腿

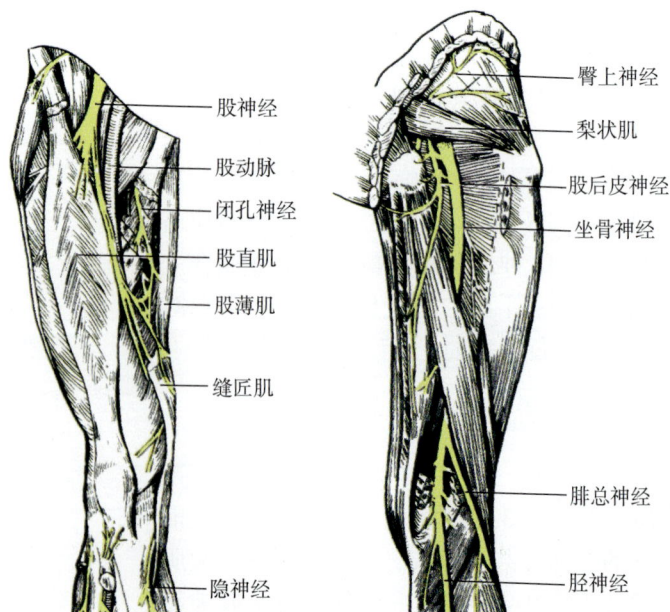

图 9-45　下肢神经（大腿）

后群肌。

1）胫神经：为坐骨神经本干的直接延续，沿小腿三头肌深面伴胫后动脉下行，经内踝后方进入足底，分为足底内侧神经和足底外侧神经。肌支支配小腿后群肌及足底肌；皮支分布于小腿后面及足底皮肤。胫神经损伤症状详见表9-1。

2）腓总神经：沿腘窝外侧缘下行，绕至腓骨颈外下方，分为腓浅神经和腓深神经。其中腓浅神经在腓骨长、短肌之间下行，肌支支配小腿外侧肌群；皮支分布于小腿外侧面、足背及第2～5趾背面的皮肤。腓深神经伴胫前动脉下行达足背，分布于小腿前群肌，足背肌和第1～2趾相对缘的趾背皮肤。腓总神经损伤症状详见表9-1。

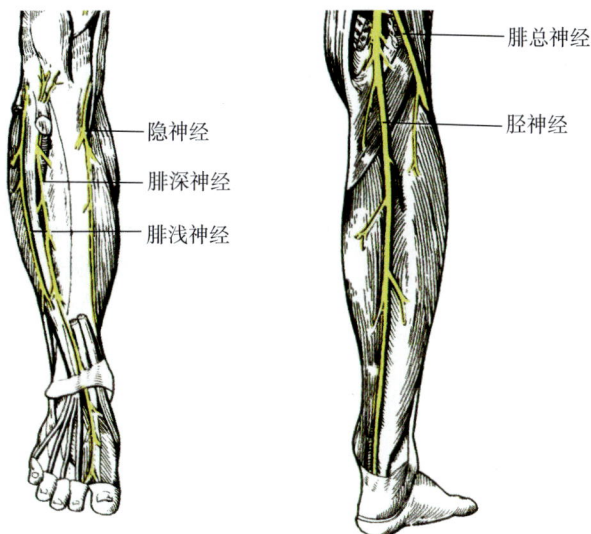

图 9-46　胫神经和腓总神经

考点与重点 骶丛的组成、位置、主要分支

二、脑 神 经

脑神经共12对（图9-47），其排列顺序一般用罗马数字表示。按所含的纤维成分，脑神经分为三类：①感觉性脑神经：Ⅰ、Ⅱ、Ⅷ；②运动性脑神经：Ⅲ、Ⅳ、Ⅵ、Ⅺ、Ⅻ；③混合性脑神经：Ⅴ、Ⅶ、Ⅸ、Ⅹ。

脑神经口诀

一嗅二视三动眼，四滑五叉六外展，

七面八听九舌咽，十迷十一副十二舌下神经全。

（一）感觉性脑神经

1. 嗅神经　始于鼻腔嗅区黏膜的嗅细胞，穿筛孔入颅前窝终止于嗅球，传导嗅觉冲动。

2. 视神经　始于眼球的视网膜，向后经视神经管入颅腔，再经视交叉、视束连于外侧膝状体，传导视觉冲动。

3. 前庭蜗神经　连于脑桥，由前庭神经和蜗神经组成。前庭神经分布于内耳的椭圆囊斑、球囊斑和壶腹嵴，传导平衡觉冲动；蜗神经分布于内耳螺旋器，传导听觉。

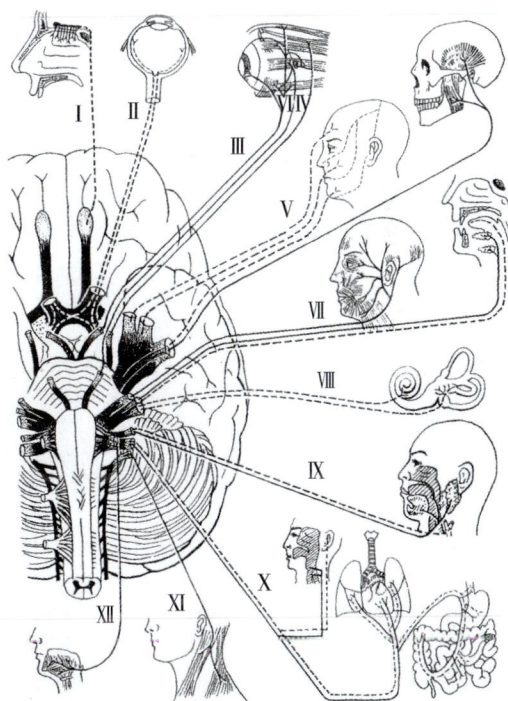

图 9-47　脑神经概况

（二）运动性脑神经

1. 动眼神经　由中脑发出，向前穿海绵窦，经眶上裂入眶（图9-48）。动眼神经含躯体运动纤维和内脏运动纤维（副交感纤维）。其中，躯体运动纤维支配除上斜肌和外直肌以外的眼球外肌；内脏运动纤维支配瞳孔括约肌和睫状肌。

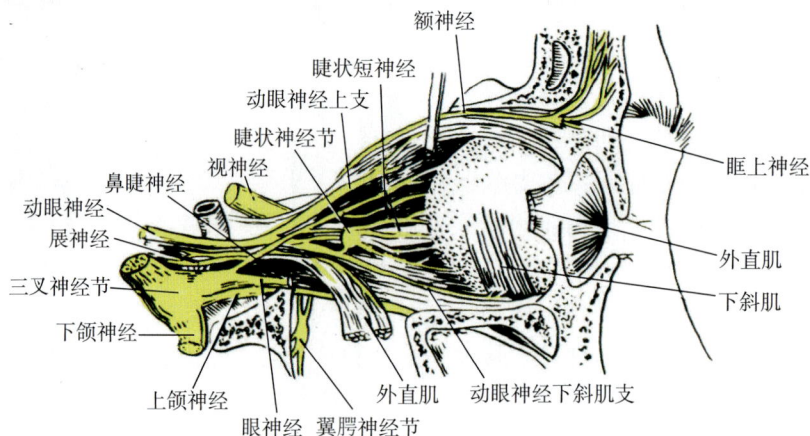

图 9-48　眶内神经外侧面观

2. 滑车神经　由中脑发出、向前穿海绵窦、经眶上裂入眶，支配上斜肌。

3. 展神经　由脑桥发出，穿海绵窦后经眶上裂入眶，支配外直肌。

4. 副神经　由延髓发出，经颈静脉孔出颅，支配胸锁乳突肌和斜方肌。

5. 舌下神经　由延髓发出，经舌下神经管出颅，支配舌肌。

（三）混合性脑神经

1. 三叉神经　连于脑桥，含躯体感觉纤维和躯体运动纤维两种成分。其根部连有三叉神经节（内含假单极神经元，为感觉性神经节），并发出眼神经、上颌神经和下颌神经三大分支（图 9-49）。

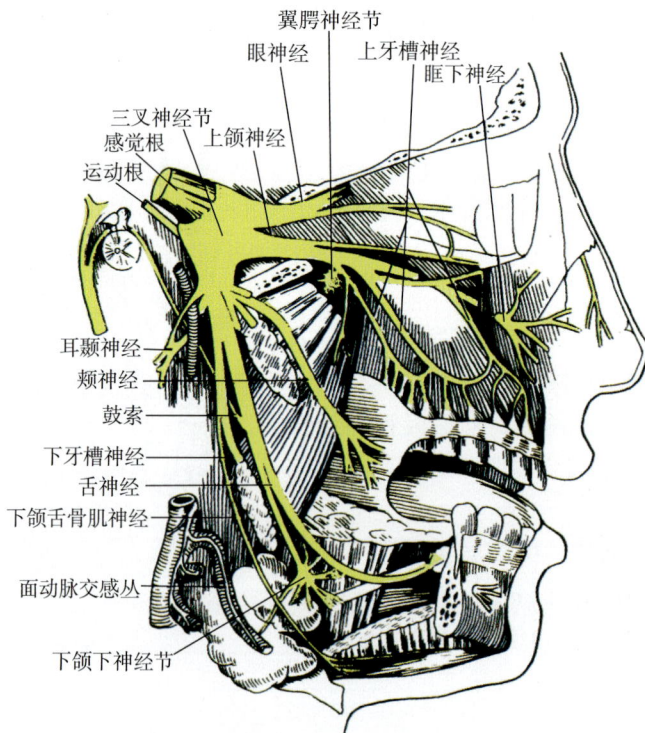

图 9-49　三叉神经

（1）眼神经：经眶上裂入眶，分布于眼球、泪腺、结膜、部分鼻黏膜及鼻背和睑裂以上皮肤。其中一支经眶上孔（或眶上切迹）出眶，分布于额部皮肤，称眶上神经。"压眶反射"即通过压迫眶上神经诱发。

（2）上颌神经：经圆孔出颅腔，穿眶下裂入眶，延续为眶下神经。分布于上颌窦、鼻腔及口腔顶黏膜，上颌牙、牙龈及睑裂与口裂之间皮肤。

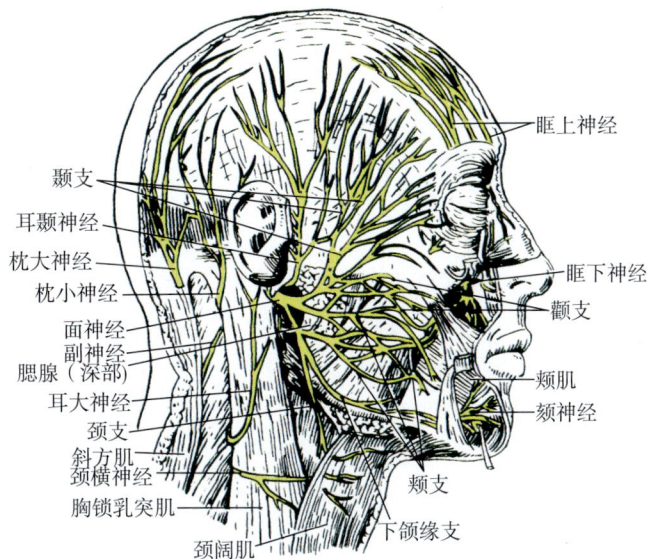

图 9-50　面神经（躯体运动纤维）

（3）下颌神经：为混合性神经，经卵圆孔出颅腔。其运动纤维支配咀嚼肌；感觉纤维分布于下颌牙、牙龈、口腔底黏膜、舌前 2/3 黏膜及颞部、口裂以下皮肤。

2. 面神经　连于脑桥，含躯体运动纤维、内脏感觉纤维和内脏运动纤维。面神经出脑后经内耳门入面神经管，穿茎乳孔出颅，向前穿腮腺实质达面部。其躯体运动纤维支配面肌；内脏感觉纤维分布于舌前 2/3 味觉；内脏运动纤维支配泪腺、舌下腺及下颌下腺的分泌。

> **链接**
>
> 面神经损伤
>
> 　　面神经损伤是临床常见病，其临床表现因损伤部位不同而存在差异。若面神经于颅外段受损，可表现为同侧面肌瘫痪，具体症状包括：患侧额纹消失、眼睑闭合不全、鼻唇沟变浅、口角向健侧偏斜，且无法完成鼓腮、吹口哨等动作。若损伤发生于面神经管内，除上述颅外段损伤症状外，还可合并患侧舌前 2/3 味觉减退或丧失，以及泪腺、舌下腺及下颌下腺分泌功能异常，如泪液减少、口干等。

3. 舌咽神经　连于延髓，经颈静脉孔出颅腔，含有 4 种纤维成分。其中，躯体运动纤维支配咽肌；内脏运动纤维管理腮腺的分泌；内脏感觉纤维和躯体感觉纤维分布于咽与舌后 1/3 的黏膜，传导一般感觉和味觉。由内脏感觉纤维组成的颈动脉窦支，分布于颈动脉窦和颈动脉小球，参与血压和呼吸的反射性调节。

舌的神经分布

舌前三分之二温痛，三叉神经管理；

舌前三分之二味觉，七面神经传递；

舌后三分之一感觉，九舌咽神经包；

舌内舌外肌运动，舌下神经全都管。

4.迷走神经　连于延髓，经颈静脉孔出颅腔，沿食管穿膈达腹腔（图9-51）。迷走神经是行程最长、分布范围最广的脑神经，含4种纤维成分。内脏运动纤维和内脏感觉纤维分布于颈、胸和腹部的多种脏器，如呼吸道、心、肺、肝、脾、胰、肾、胃、结肠左曲以上的肠管，管理这些脏器的运动和感觉；躯体感觉纤维分布于耳郭、外耳道的皮肤和硬脑膜；躯体运动纤维支配软腭肌、咽、喉肌。

迷走神经在颈、胸部的主要分支如下。

（1）喉上神经：沿颈内动脉内侧下行，约在舌骨大角处分为内、外支。内支分布于会厌、舌根及声门裂以上的喉黏膜，传导一般感觉及味觉（部分区域）。外支支配环甲肌，参与声带紧张度调节。

（2）颈心支：与交感神经分支共同构成心丛，分布于心，参与心脏活动调节，如心率、心肌收缩力。

（3）喉返神经：左、右喉返神经返回的路径不同。左喉返神经绕主动脉弓上行；右喉返神经绕右锁骨下动脉上行，返回至颈部。在颈部，两侧喉返神经沿气管与食管之间的沟内上行，分支分布于除环甲肌外的所有喉肌（如杓状肌、环杓后肌等）和声门裂以下的喉黏膜，参与喉肌运动及声带内收/外展。

12对脑神经的性质、分布范围及损伤后的主要表现见表9-2。

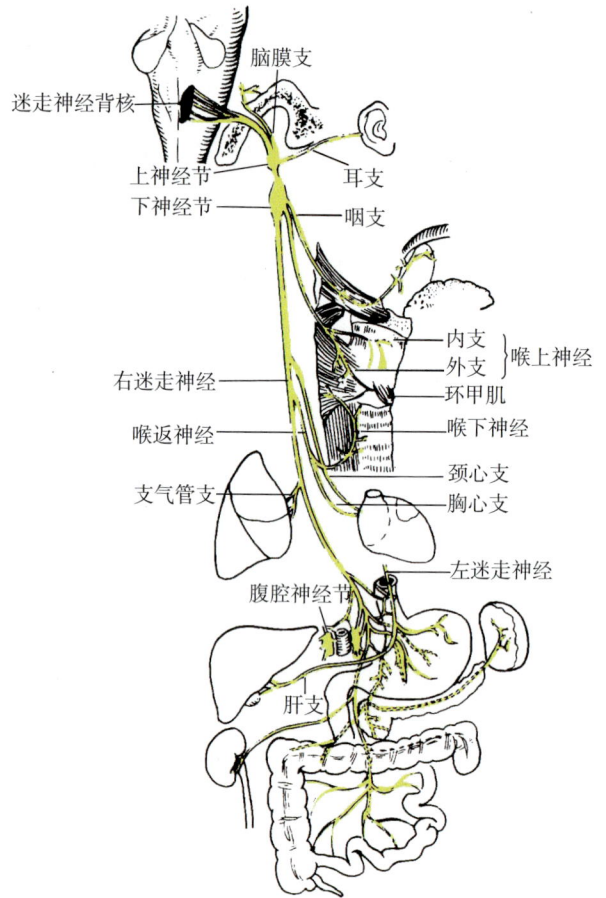

图 9-51　迷走神经

表 9-2　脑神经顺序、名称、分布及损伤后的主要表现

顺序和名称	性质	分布	损伤后主要表现
Ⅰ 嗅神经	感觉性	鼻腔嗅黏膜	嗅觉障碍
Ⅱ 视神经	感觉性	眼球视网膜	视觉障碍
Ⅲ 动眼神经	运动性	上直肌、下直肌、内直肌、下斜肌、上睑提肌、瞳孔括约肌、睫状肌	眼外斜视、上睑下垂、瞳孔对光反射消失
Ⅳ 滑车神经	运动性	上斜肌	眼不能向外下方斜视
Ⅴ 三叉神经	混合性	头面部皮肤、眼球及眶内结构、口腔鼻腔黏膜、舌前2/3黏膜、牙及牙龈、咀嚼肌	头面部感觉障碍、角膜反射消失、咀嚼肌瘫痪
Ⅵ 展神经	运动性	外直肌	眼内斜视
Ⅶ 面神经	混合性	面肌、颈阔肌、泪腺、下颌下腺、舌下腺、鼻腔及腭腺体、舌前2/3味蕾	面肌瘫痪（额纹消失、眼睑闭合不全、口角歪向健侧）、分泌障碍、舌前2/3味觉障碍
Ⅷ 前庭蜗神经	感觉性	壶腹嵴、球囊斑、椭圆囊斑、螺旋器	眩晕、眼球震颤、听力障碍
Ⅸ 舌咽神经	混合性	咽肌、腮腺、咽壁、鼓室黏膜、颈动脉窦、颈动脉小球、舌后1/3黏膜及味蕾	咽反射消失、分泌障碍、舌后1/3味觉障碍
Ⅹ 迷走神经	混合性	咽喉肌、胸腹部脏器（结肠左曲以上消化道）、咽喉黏膜、硬脑膜	发音困难、声音嘶哑、吞咽障碍、心动过速、内脏功能障碍

顺序和名称	性质	分布	损伤后主要表现
XI副神经	运动性	胸锁乳突肌、斜方肌	头不能转向健侧、肩下垂
XII舌下神经	运动性	舌内肌、舌外肌	舌肌萎缩、伸舌时舌尖偏向患侧

考点与重点 三叉神经、面视神经、迷走神经

三、内 脏 神 经

内脏神经随脊神经和脑神经走行，主要分布于内脏、心血管和腺体，按性质可分为内脏运动神经和内脏感觉神经。

（一）内脏运动神经

内脏运动神经调节内脏、心血管的运动和腺体的分泌，通常不受人的意识控制，故又称自主神经或植物神经。与躯体运动神经相比，两者在形态结构、分布范围和功能上有较大的差异（表9-3）。

表9-3　躯体运动神经和内脏运动神经的区别

类别	躯体运动神经	内脏运动神经
低级中枢	脑干躯体运动核、脊髓灰质前角	脊髓灰质侧角、脑干内脏运动核及骶副交感核
支配对象	骨骼肌	平滑肌、心肌、腺体
低级中枢至效应器的神经元	仅一级神经元	由两级神经元构成（节前神经元和节后神经元）
神经纤维特点	为有髓纤维，传导速度较快	为无髓或薄髓纤维，传导速度较慢
支配器官形式	单一纤维独立支配	多数器官受到交感、副交感纤维双重支配
功能特征	受意识支配	不受意识支配
分布特点	神经纤维直接支配效应器	先在器官周围或壁内形成神经丛，再分支支配效应器

链接

交感神经兴奋

交感神经兴奋是指交感神经系统活动增强引发的一系列生理反应，其常见原因包括精神紧张、病理状态（如高血压、焦虑障碍）以及药物作用等。典型临床表现包括心率增快、血压升高、汗腺分泌亢进、呼吸频率加快以及情绪紧张等。临床干预措施主要包含药物疗法、外科治疗、行为方式调整和心理干预等，治疗目标在于重建交感神经与副交感神经的功能平衡。

医者仁心

交感神经调控与心理素质培养——从生理机制到人生智慧

交感神经过度兴奋可能引发高血压、冠心病等健康问题。许多学生在应对考试、面试等应激情况时出现的心率增快、血压升高、瞳孔扩大等生理反应，均属于交感神经过度兴奋的表现。因此，在教学过程中，我们应当引导学生重视身心健康，思考如何在压力情境下保持冷静、理性应对，培养其坚韧不拔、积极向上的心理素质。

内脏运动神经自低级中枢至效应器官通常需要经过两个神经元（图9-52）。第1个神经元称为节前

神经元,其胞体位于脑干和脊髓内,发出的轴突称为节前纤维;第2个神经元称为节后神经元,胞体位于周围部的内脏神经节内,发出的轴突称为节后纤维。

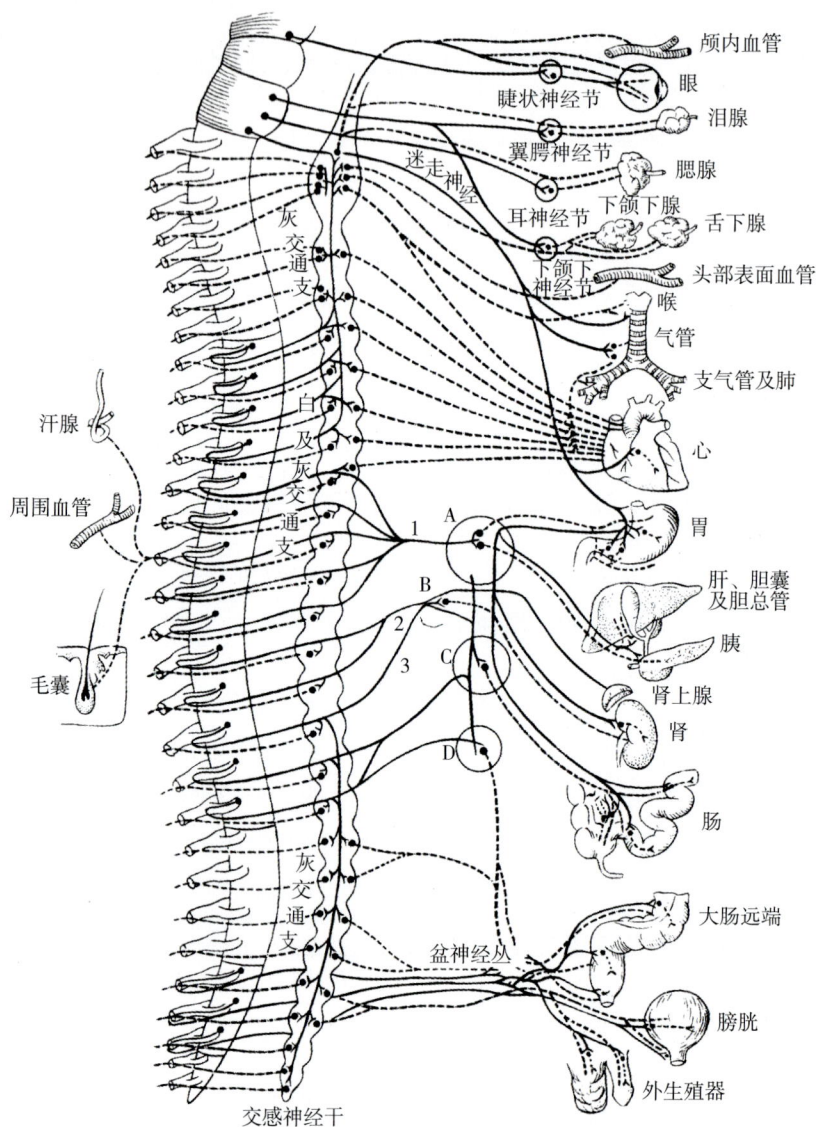

A. 腹腔神经节;B. 主动脉肾神经节;C. 肠系膜上神经节;D. 肠系膜下神经节

1. 内脏大神经;2. 内脏小神经;3. 内脏最小神经

图 9-52　内脏运动神经概观

根据形态、功能和分布特点,内脏运动神经分为交感神经和副交感神经两部分。

1. 交感神经

(1)低级中枢:位于脊髓 $T_1 \sim L_3$ 节段的灰质侧角内,由交感神经元的胞体组成。

(2)周围部:包括交感神经节、节前纤维和节后纤维。

1)交感神经节:按位置分为椎旁节和椎前节。①椎旁节:对称分布于脊柱两侧,共 22～24 对及 1 个奇神经节,通过节间支连接形成左、右交感干;②椎前节:位于脊柱前方,包括腹腔神经节、主动脉肾神经节、肠系膜上神经节及肠系膜下神经节等。

2)节前纤维:由脊髓侧角节前神经元发出,经脊神经前根出椎间孔后,终止于相应椎旁节或椎前节并换元。

3)节后纤维:由椎旁节和椎前节的节后神经元发出,分布于内脏、心血管和腺体(表9-4)。

表9-4 交感神经分布概况

节前纤维来源	神经元胞体位置	节后纤维分布
脊髓 $T_1 \sim T_5$ 节段侧角	椎旁节	头颈部、胸腔器官及上肢血管、汗腺、竖毛肌
脊髓 $T_5 \sim T_{12}$ 节段侧角	椎旁节或椎前节	肝、胰、脾、肾等腹腔实质器官及结肠左曲以上消化管
脊髓 $L_1 \sim L_3$ 节段侧角	椎旁节或椎前节	结肠左曲以下消化管、盆腔脏器及下肢血管、汗腺、竖毛肌

2. 副交感神经

（1）低级中枢：位于脑干的副交感神经核和脊髓 $S_2 \sim S_4$ 节段的骶副交感核内。

（2）周围部：包括副交感神经节、节前纤维和节后纤维。

1）副交感神经节：按位置分为器官旁节和器官内节。①器官旁节：位于效应器官附近；②器官内节：散在分布于器官壁内。

2）节前纤维和节后纤维：①脑干副交感神经：节前纤维加入Ⅲ、Ⅶ、Ⅸ、Ⅹ对脑神经，至副交感神经节换元后，节后纤维支配相应器官；②骶部副交感神经：节前纤维经骶神经出骶前孔形成盆内脏神经，至副交感神经节换元后，节后纤维支配降结肠、盆腔脏器及外生殖器。

3. 交感神经与副交感神经的主要区别 交感神经和副交感神经共同支配体内大多数器官，形成对内脏器官的双重神经支配，但两者在来源、结构、分布和功能等方面存在显著差异。交感神经与副交感神经的主要区别如表9-5所示。

表9-5 交感神经与副交感神经的主要区别

类别	交感神经	副交感神经
低级中枢	脊髓 $T_1 \sim L_3$ 节段侧角	脑干副交感核，脊髓 $S_2 \sim S_4$ 节段副交感核
神经节	椎旁神经节、椎前神经节	器官旁神经节、器官壁内神经节
节前/节后纤维	节前纤维短，节后纤维长	节前纤维长，节后纤维短
分布范围	分布广泛（包括全身血管、内脏平滑肌、心肌、腺体、竖毛肌及瞳孔开大肌等）	分布较局限（不支配大部分血管、肾上腺髓质、汗腺及竖毛肌等）

（二）内脏感觉神经

内脏感觉神经接受内脏的各种刺激，并将其传导至中枢神经系统。中枢神经系统可通过内脏运动神经直接调节内脏器官的活动，也可通过神经–体液调节机制间接调节其活动。内脏感觉神经通常对器官扩张、平滑肌剧烈收缩、机械牵拉及缺血和炎症等刺激较为敏感，但对疼痛刺激的定位能力较差。

第四节 神经传导通路

传导通路是指高级中枢与感受器或效应器之间传导神经冲动的通路。它由若干神经元通过突触连接形成的神经元链构成。从感受器传导至大脑皮质的神经通路称为感觉（上行）传导通路；从大脑皮质传导至效应器的神经通路称为运动（下行）传导通路。

一、感觉传导通路

感觉传导通路主要包括本体觉、浅感觉和视觉传导通路。这些传导通路的共同特征：①从感受器到大脑皮质至少需要经过三级神经元传递；②第二级神经元发出的纤维必须交叉至对侧上行；③第三级神经元位于间脑；④所有通路都经过内囊，最终投射到大脑皮质特定感觉区，产生明确的感觉体验。

1. 躯干和四肢的本体觉、精细触觉传导通路 本体觉是指来自骨骼、关节、肌肉和肌腱的位置觉、运动觉和振动觉；精细触觉是指能够辨别两点间距离和物体表面纹理的触觉。该传导通路的具体路径如下：躯干、四肢的骨、关节、肌、肌腱的感受器→脊神经节（第 1 级神经元胞体）→薄束、楔束→薄束核、楔束核（第 2 级神经元胞体）→内侧丘系交叉→内侧丘系→丘脑腹后外侧核（第 3 级神经元胞体）→内囊后肢→中央后回上、中部和中央旁小叶的后部。

考点与重点　躯干和四肢的本体觉、精细触觉传导通路

2. 痛、温度、粗触觉传导通路　又称浅感觉传导通路，负责传导皮肤和黏膜的痛觉、温度觉以及粗略触觉冲动。该通路由三级神经元构成，具体传导路径如下（图 9-53）。

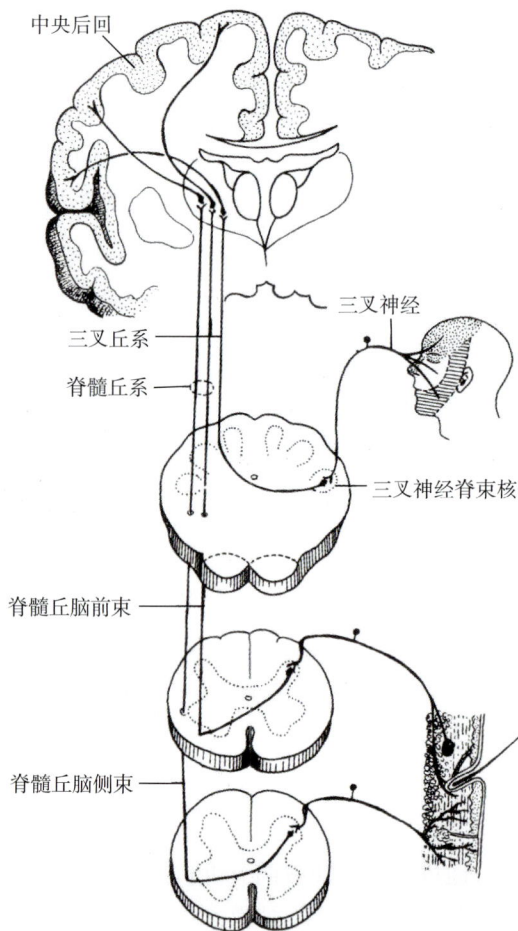

图 9-53　痛、温度、粗触觉传导通路示意图

（1）躯干和四肢的痛、温度和粗触觉传导通路：躯干、四肢的皮肤感受器→脊神经节（第 1 级神经元胞体）→脊髓后角细胞（第 2 级神经元胞体）→交叉至对侧→脊髓丘脑束→丘脑腹后外侧核（第 3 级神经元胞体）→内囊后肢→中央后回上、中部和中央旁小叶的后部。

（2）头面部的痛、温度、粗触觉传导通路：头面部的皮肤、黏膜感受器→三叉神经节（第 1 级神经元胞体）→三叉神经脊束核、脑桥核（第 2 级神经元胞体）交叉至对侧→三叉丘系→丘脑腹后内侧核（第 3 级神经元胞体）→内囊后肢→中央后回的下部。

考点与重点　痛、温度、粗触觉传导通路

3. 视觉传导通路　视网膜的感光细胞接受光的刺激，产生神经冲动，经双极细胞传给节细胞，节细胞的轴突组成视神经。两侧视神经入颅腔形成视交叉，其中只有来自视网膜鼻侧半的纤维左、右交叉，

而来自视网膜颞侧半的纤维不交叉。继而交叉的纤维和不交叉的纤维共同组成视束，视束的纤维多数止于外侧膝状体。外侧膝状体发出的纤维组成视辐射，经内囊后肢投射到枕叶距状沟两侧的皮质，产生视觉。

视觉传导通路的具体路径如下（图9-54）：视杆、视锥细胞→双极细胞（第1级神经元）→节细胞（第2级神经元）→视神经→视交叉（视网膜鼻侧纤维交叉、颞侧纤维不交叉）→视束→外侧膝状体（第3级神经元）→内囊后肢→距状沟两侧（视区）。

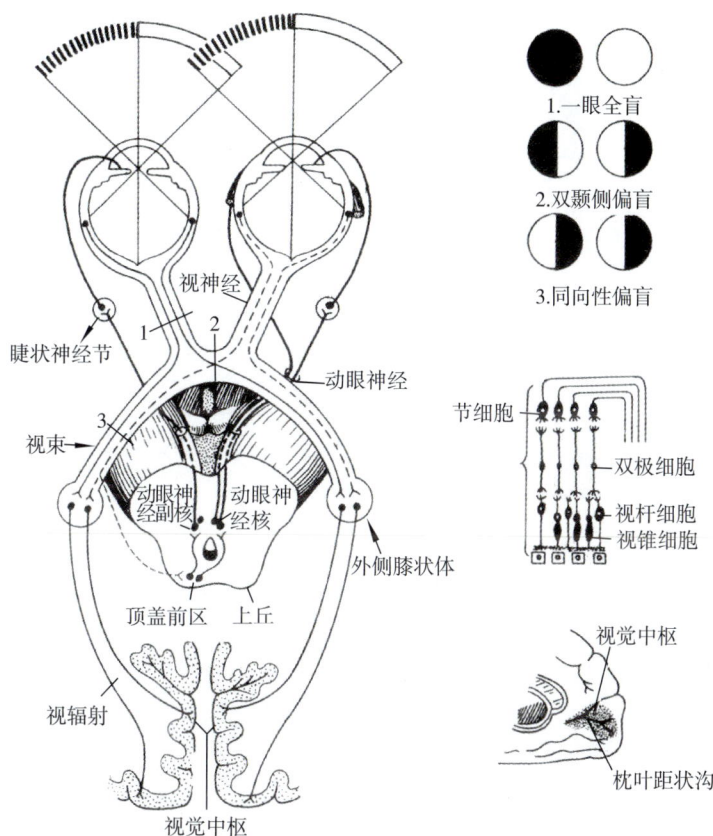

图 9-54　视觉传导通路示意图

视束的一部分纤维进入中脑的上丘，参与瞳孔对光反射。
视觉传导通路不同部位损伤的临床表现见表9-6（假设损伤的是右侧部位）。

表 9-6　视觉传导通路损伤后的表现

损伤部位	临床表现	Left（左）	Right（右）
一侧视神经	该眼视野全盲	○	●
视交叉中央部	双眼视野颞侧半偏盲（桶状视野）	◐	◑
视交叉外侧部损伤	患侧视野鼻侧半偏盲	○	◑
一侧视束（视辐射、视区）	双眼病灶对侧视野同向性偏盲	◐	◐

考点与重点 视觉传导通路

二、运动传导通路

大脑皮质是躯体运动的最高级中枢,其对躯体运动的调节是通过锥体系和锥体外系两部分传导通路来实现的。

1. 锥体系 主要管理骨骼肌的随意运动,由上、下运动神经元组成。上运动神经元的胞体位于大脑皮质内,下运动神经元的胞体位于脑干和脊髓内。锥体系包括皮质脊髓束和皮质核束(图9-55)。

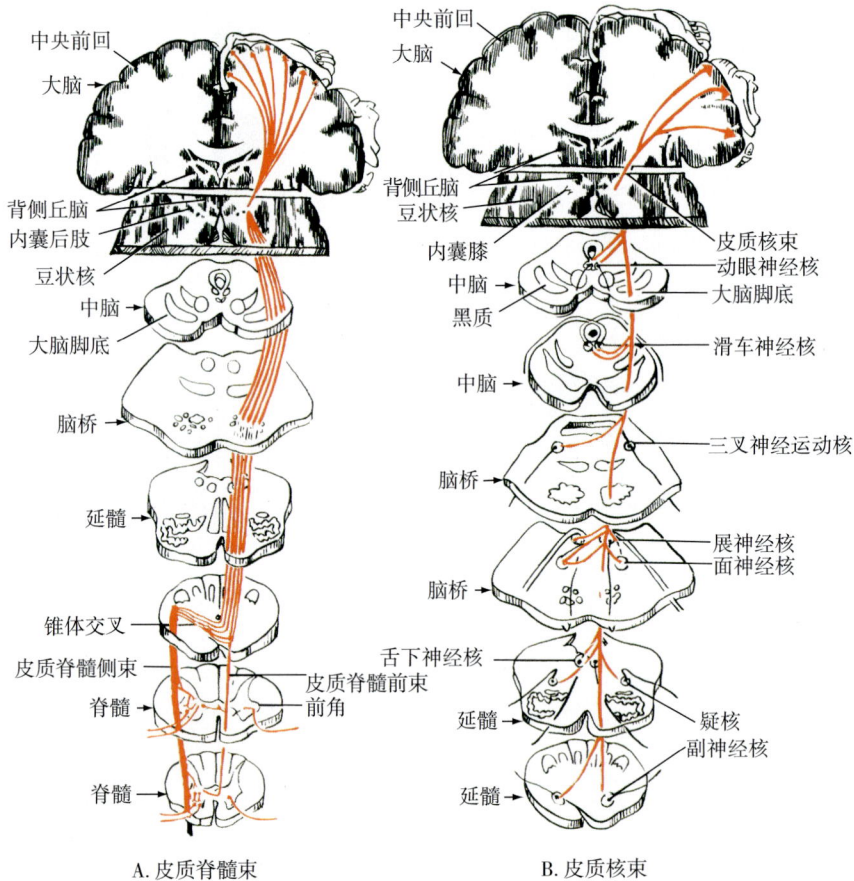

图中标注（A. 皮质脊髓束）：中央前回、大脑、背侧丘脑、内囊后肢、豆状核、中脑、大脑脚底、脑桥、延髓、锥体交叉、皮质脊髓侧束、脊髓、皮质脊髓前束、前角、脊髓

图中标注（B. 皮质核束）：中央前回、大脑、背侧丘脑、豆状核、内囊膝、中脑、黑质、皮质核束、动眼神经核、大脑脚底、滑车神经核、中脑、三叉神经运动核、脑桥、展神经核、面神经核、舌下神经核、延髓、疑核、副神经核、延髓

图9-55 锥体系

(1)皮质脊髓束:自大脑皮质下行至脊髓的纤维称为皮质脊髓束。在延髓锥体下端,皮质脊髓束的大部分纤维交叉至对侧形成锥体交叉,交叉后的纤维下行终止于脊髓各节段,主要支配四肢肌;未交叉的纤维在同侧下行终止于脊髓各节段,支配躯干肌和四肢肌(图9-56)。

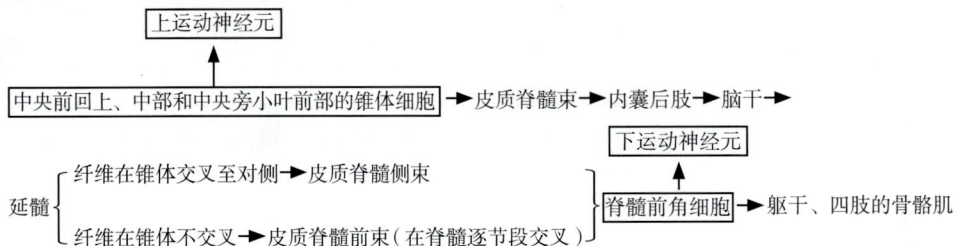

上运动神经元
中央前回上、中部和中央旁小叶前部的锥体细胞 → 皮质脊髓束 → 内囊后肢 → 脑干 →
下运动神经元
延髓 { 纤维在锥体交叉至对侧 → 皮质脊髓侧束 / 纤维在锥体不交叉 → 皮质脊髓前束(在脊髓逐节段交叉) } → 脊髓前角细胞 → 躯干、四肢的骨骼肌

图9-56 皮质脊髓束传导通路

(2)皮质核束:自大脑皮质下行至脑干内躯体运动核的纤维称为皮质核束。其大部分纤维终止于双侧脑神经运动核,小部分纤维完全交叉至对侧,终止于面神经核下部(支配下部面肌)和舌下神经核

（图9-57）。脑神经运动核发出的纤维随脑神经分布至头、颈、咽、喉部的骨骼肌。

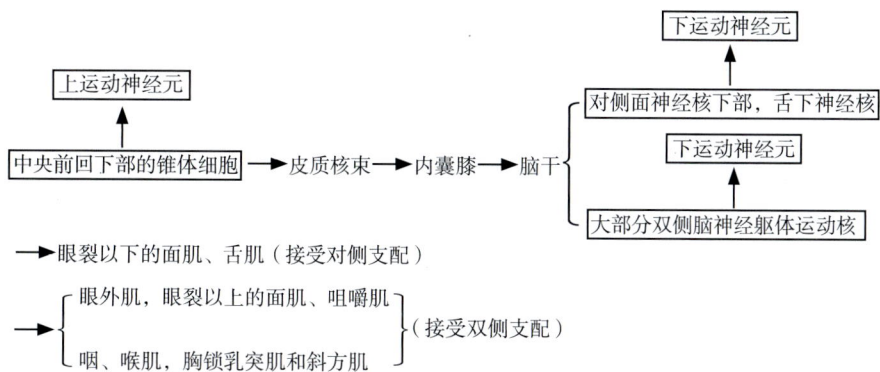

图 9-57　皮质核束传导通路

考点与重点　椎体系

2. 锥体外系　是指锥体系以外的控制骨骼肌运动的下行纤维束。

? 思 考 题

1. 简述脊髓的位置、内部结构和功能。
2. 简述与脑干相连的脑神经。
3. 简述间脑的位置、分部及功能。

本章数字资源

第十章　内分泌系统

案例

　　张某，女，40岁。颈前肿块10年。自觉胸闷、心悸、性情急躁、易怒、怕热。查体：颈前中线偏左触及1cm×1.5cm大小的肿块，质硬，与皮肤无粘连，可随吞咽上下移动，表面光滑，无压痛。实验室检查：血清甲状腺激素（T_3、T_4）水平升高，促甲状腺激素（TSH）水平降低。诊断为甲状腺功能亢进症。

问题： 1. 描述甲状腺的位置、形态。体格检查时如何定位甲状腺？

　　　　2. 该患者颈前肿块为何器官受损？为什么会随吞咽而上下活动？

　　内分泌系统由内分泌腺、内分泌组织和散在于器官、组织中的内分泌细胞共同组成。人体的内分泌腺包括垂体、甲状腺、甲状旁腺、肾上腺、松果体和胸腺；内分泌组织包括胰岛和性腺等（图10-1）。

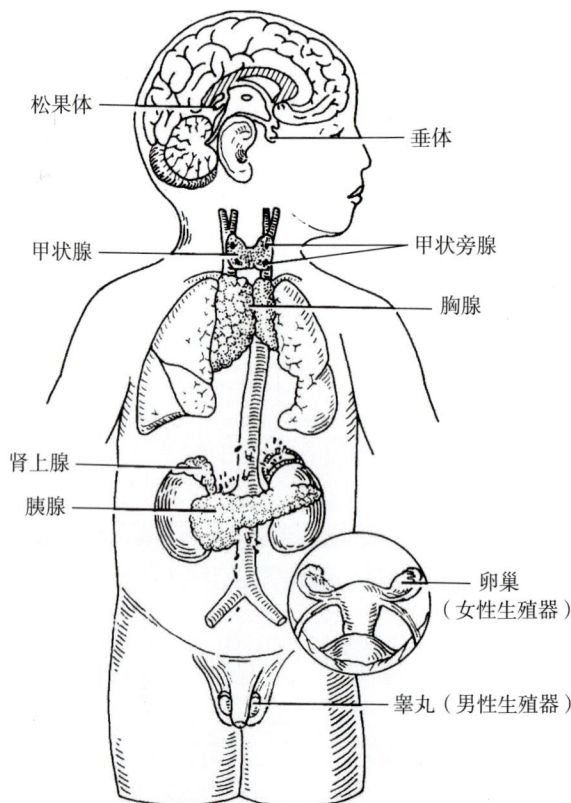

图10-1　内分泌腺分布概况

第一节 甲 状 腺

一、甲状腺的形态和位置

甲状腺是人体最大的内分泌腺，为红褐色腺体，呈"H"形，由左、右侧叶和中间的甲状腺峡组成（图 10-2）。正常成人甲状腺重 20～25g。甲状腺侧叶位于喉下部和气管颈部的前外侧，左、右侧叶分为前缘、后缘、上端、下端及前外侧面和内侧面；上端达甲状软骨中部，下端至第 6 气管软骨环，后方平对第 5～7 颈椎。甲状腺峡位于第 2～4 气管软骨环前方，连接甲状腺左、右侧叶，约 50% 的人群在甲状腺峡部向上延伸出锥状叶，长者可达舌骨水平。

甲状腺前面仅由少量肌肉和筋膜覆盖，肿大时可在体表触及。由于甲状腺侧叶与气管软骨环间有结缔组织相连，故吞咽时可随喉部上下移动。

考点与重点 甲状腺的形态和位置

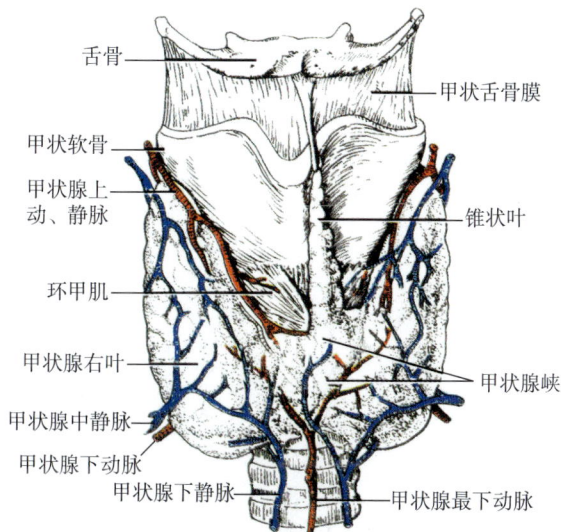

图 10-2 甲状腺（前面）

舌骨
甲状舌骨膜
甲状软骨
甲状腺上动、静脉
锥状叶
环甲肌
甲状腺右叶
甲状腺峡
甲状腺中静脉
甲状腺下动脉
甲状腺下静脉
甲状腺最下动脉

二、甲状腺的组织结构

甲状腺表面由一层结缔组织薄膜包裹。此膜伸入腺实质组织，将甲状腺分隔成许多大小不等的滤泡，人体甲状腺滤泡数量个体差异较大。滤泡壁由单层立方上皮细胞构成，滤泡腔内充满胶状物质，其主要成分是甲状腺球蛋白。滤泡上皮细胞能够合成甲状腺激素，并将其储存于滤泡腔内。滤泡之间散在分布着一些滤泡旁细胞，这些细胞又称 C 细胞，它们能分泌降钙素（图 10-3）。甲状腺激素的主要作用是促进机体正常的生长发育，并调节新陈代谢；降钙素则能降低血钙和血磷的水平。

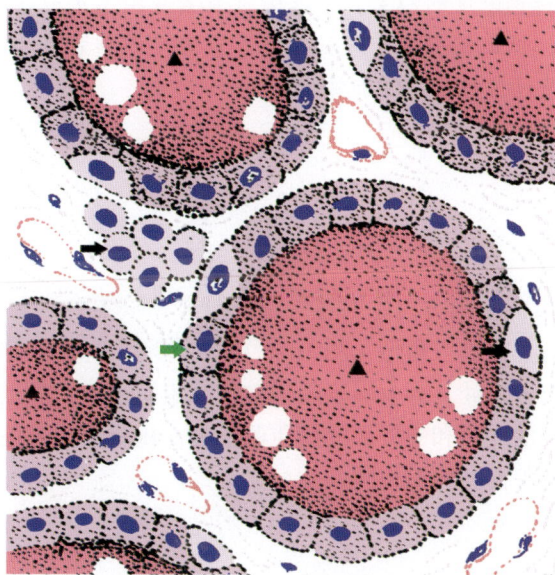

→滤泡上皮细胞；➡滤泡旁细胞；▲胶质

图 10-3 甲状腺微细结构

第二节　甲状旁腺

甲状旁腺为棕黄色的扁椭圆形小体（图10-4），呈黄豆大小，通常有上、下两对，位于甲状腺左、右侧叶的后面，也可埋入甲状腺实质内或位于甲状腺鞘外。甲状旁腺一般分为上、下两对，每个重35～50mg。甲状旁腺表面覆有薄层结缔组织被膜，被膜携带血管、淋巴管和神经伸入腺内形成小梁，将腺体分为不完全的小叶。小叶内腺实质细胞排列成索状或团状，其间有少量结缔组织和丰富的毛细血管。上甲状旁腺位置较恒定，位于甲状腺侧叶后缘的上、中1/3交界处；下甲状旁腺位置变异较大，多位于甲状腺侧叶后缘靠近下端的甲状腺下动脉附近。

甲状旁腺主要由主细胞构成（图10-5），主细胞合成和分泌甲状旁腺激素，具有升高血钙和降低血磷的作用。

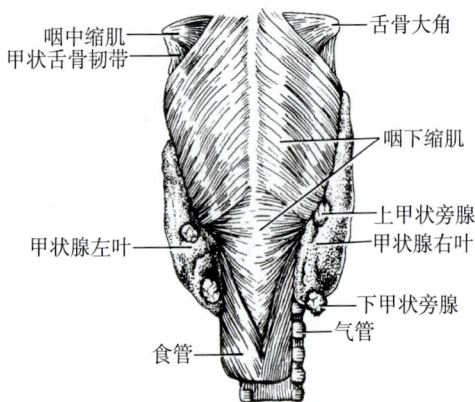

图 10-4　甲状旁腺

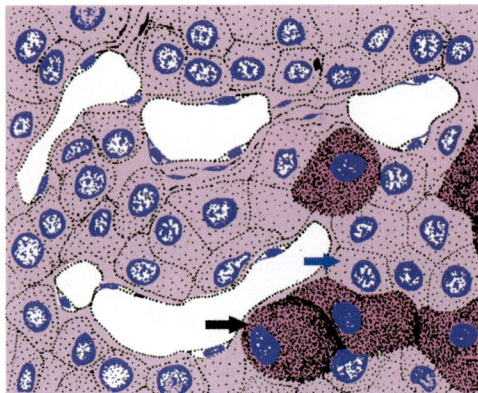

→ 主细胞；→ 嗜酸性细胞

图 10-5　甲状旁腺结构模式图

链接

甲状旁腺激素分泌与血钙平衡

甲状旁腺分泌甲状旁腺激素，主要功能是调节体内钙磷代谢。在甲状旁腺激素和降钙素的共同调节下，维持机体血钙浓度的稳定。甲状旁腺激素分泌不足或手术中甲状旁腺被切除过多时，可导致钙代谢紊乱，低血钙引发手足抽搐，严重者可因喉肌痉挛而窒息；甲状旁腺激素分泌过多时，则会引起骨质过度吸收，增加骨折风险。

第三节　肾 上 腺

肾上腺位于腹膜后隙，肾的上内方，左右各一，质软，呈淡黄色，与肾共同包裹于肾筋膜内。左侧肾上腺近似半月形，右侧肾上腺呈三角形（图10-6），重量为6～8g。肾上腺前面有不明显的肾上腺门，是血管、神经和淋巴管出入之处。肾上腺表面包被结缔组织被膜，少量结缔组织伴随血管和神经伸入腺实质内。腺实质分为外层的皮质和中央部的髓质两部分。皮质呈浅黄色，髓质呈棕红色，两者在胚胎发生、组织结构及激素功能等方面均不相同。

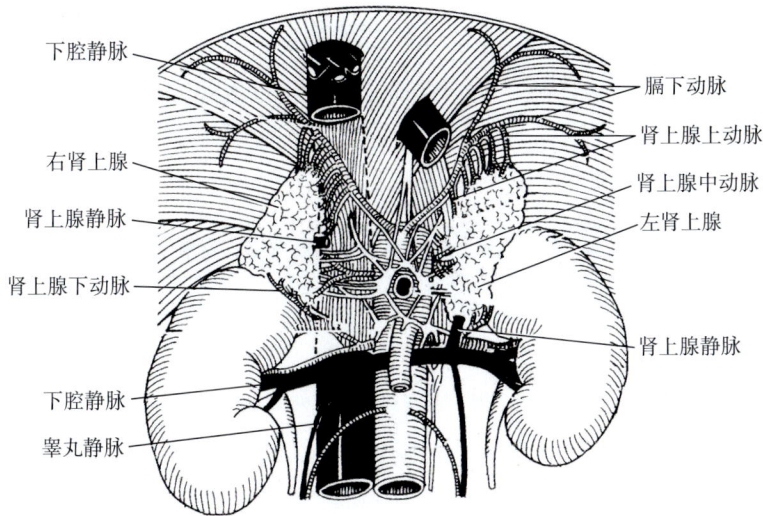

图 10-6　肾上腺

一、肾上腺皮质

肾上腺皮质由三层上皮细胞组成，从外向内依次为球状带、束状带和网状带（图 10-7）。球状带的细胞呈锥形，排列成球状团块，主要合成和分泌盐皮质激素，以醛固酮为主；束状带的细胞呈多边形，排列成单行或双行索状，主要合成和分泌糖皮质激素，以皮质醇为主；网状带的细胞形态不规则，排列为索状并相互吻合成网状，主要分泌雄激素，同时分泌少量糖皮质激素和雌激素。

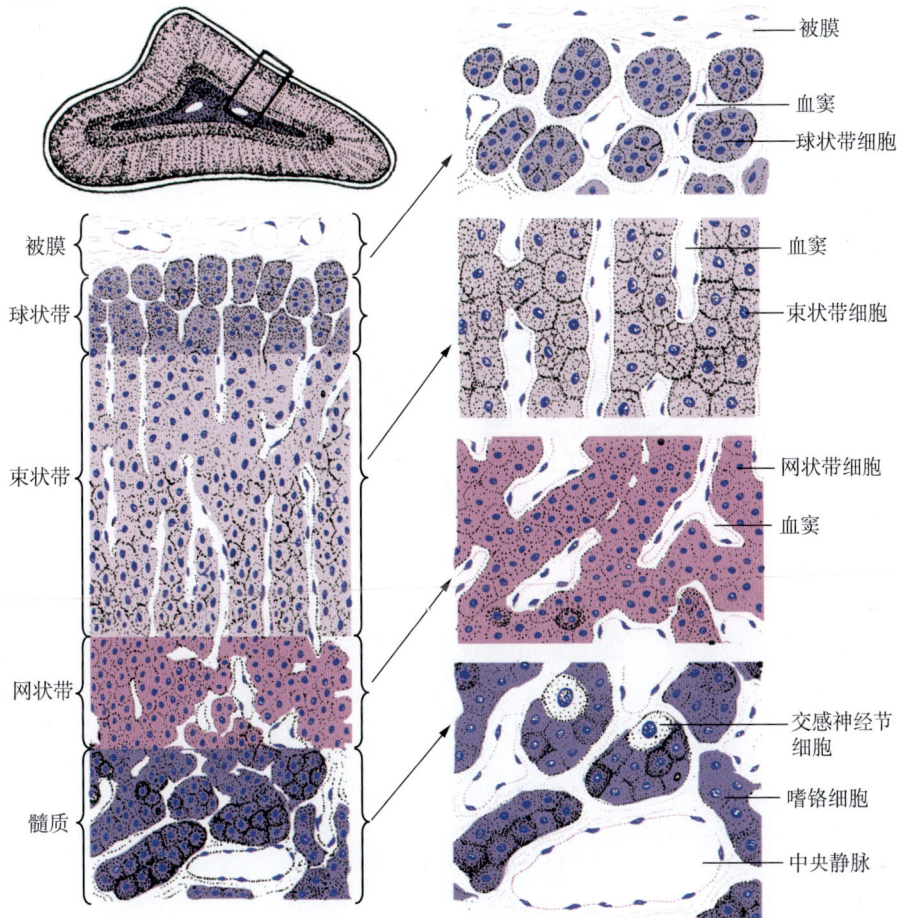

图 10-7　肾上腺的组织结构模式图

二、肾上腺髓质

肾上腺髓质细胞排列成索状或团状，并相互连接成网状，主要分为嗜铬细胞和交感神经节细胞两类。嗜铬细胞能够合成和分泌肾上腺素与去甲肾上腺素，这些激素对机体的心血管系统、内脏平滑肌、能量代谢及神经系统均具有重要调节作用（表10-1）。

表 10-1　肾上腺的组织结构及分泌的激素

肾上腺实质	分类	细胞形态、特点	分泌激素
皮质	球状带	细胞呈锥形或矮柱状，排列成球状	盐皮质激素
	束状带	细胞呈多边形，排列成索状	糖皮质激素
	网状带	细胞形态不规则，互相吻合成网状	雄激素、雌激素
髓质	肾上腺素细胞	细胞较大，呈多边形或圆形，胞质内含大量嗜铬颗粒，排列为索状或团状	肾上腺素
	去甲肾上腺素细胞	细胞形态与肾上腺素细胞相似	去甲肾上腺素

第四节　垂　体

垂体为一灰红色椭圆形小体，位于颅底蝶骨体上面的垂体窝内，外包坚韧的硬脑膜，借漏斗连于下丘脑（图10-8），其前上方与视交叉相邻。成年人的垂体重约 $0.5 \sim 0.6g$，女性垂体略大于男性，妊娠期可显著增大。垂体表面包有结缔组织被膜，可分为腺垂体和神经垂体两部分。腺垂体又分为远侧部、结节部和中间部，其中远侧部最大，中间部位于远侧部与神经部之间，结节部围绕在漏斗周围。神经垂体分为神经部和漏斗两部分，漏斗与下丘脑相连，包括漏斗柄和正中隆起（图10-9）。垂体在神经系统与内分泌腺的相互作用中具有重要地位。

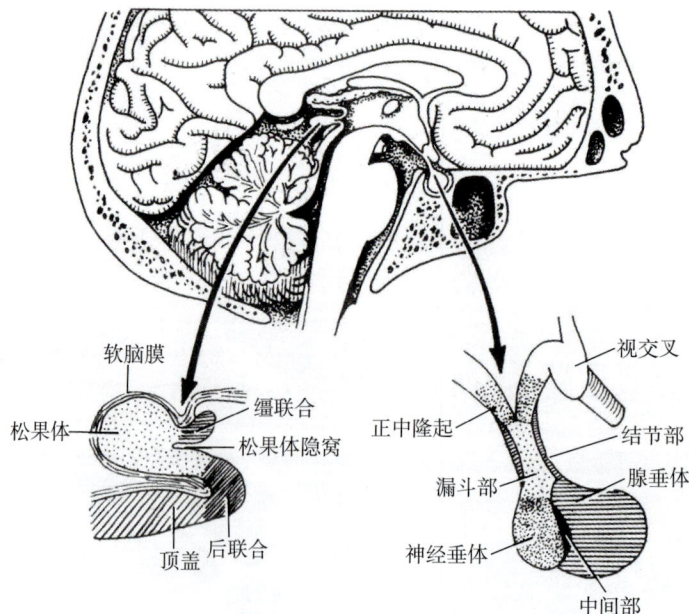

图 10-8　垂体和松果体

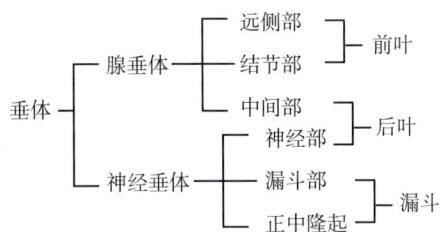

图 10-9　垂体的分部

腺垂体主要由腺细胞构成，分泌生长激素、催乳素、促黑素及促激素 4 类激素。

神经垂体由无髓神经纤维和神经胶质细胞构成，主要储存和释放由下丘脑视上核、室旁核合成的血管升压素和缩宫素两种激素。

第五节　松　果　体

松果体为一灰红色椭圆形小体（图 10-8），长 5 ～ 8mm，宽 3 ～ 5mm，重 120 ～ 200mg。位于上丘脑的后上方，以细柄附着于第三脑室顶的后部。松果体表面包被软脑膜，结缔组织伴随血管深入腺实质内，将实质分为许多小叶。松果体在儿童期较为发达，一般在 7 岁后开始退化。青春期后松果体可出现钙盐沉积，形成大小不一的脑砂，其数量随年龄增长而增多。脑砂在影像学检查中可作为颅内占位性病变的定位标志。

松果体合成和分泌褪黑素，参与调节生殖系统发育、月经周期节律及多种神经功能活动。儿童期松果体功能不全时，可导致性早熟或生殖器官过度发育。

第六节　胰　岛

胰岛是胰的内分泌部，由许多大小不等、形状不一的球形细胞团构成（图 10-10），这些细胞团散在于胰实质内，且以胰尾区域分布居多。成人胰腺中有 100 万～ 200 万个胰岛，其总体积约占胰腺体积的 1.5%。胰岛中主要有 A、B、D、PP 这 4 种功能不同的细胞类型。其中，A 细胞负责分泌胰高血糖素；B 细胞负责分泌胰岛素；D 细胞负责分泌生长抑素；PP 细胞负责分泌胰多肽。胰高血糖素和胰岛素通过拮抗与协同作用共同参与血糖浓度的调节，以维持血糖浓度的稳态。

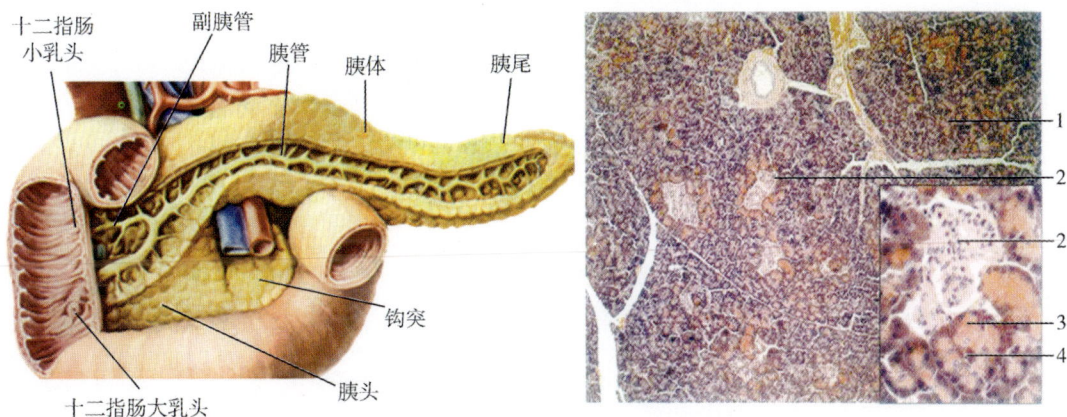

1. 外分泌部；2. 胰岛；3. 腺泡；4. 泡心细胞

图 10-10　胰腺与胰岛

医者仁心

联合国糖尿病日——关注健康，共抗糖尿病

每年的 11 月 14 日是联合国糖尿病日，这一特殊时刻提醒我们关注糖尿病对人类健康的威胁。从正常人体学基础角度出发，糖尿病的发生与人体内分泌系统功能紊乱密切相关。胰岛素分泌异常或作用缺陷，导致血糖代谢紊乱，进而引发一系列并发症，严重危害患者健康。这启示我们，要敬畏人体结构的精妙与功能的复杂，重视健康生活方式对维持人体正常生理功能的重要性。在医学学习中，我们不仅要掌握专业知识，更要培养对患者的人文关怀精神。面对糖尿病患者，要给予理解与支持，帮助他们树立战胜疾病的信心。同时，我们应积极传播健康知识，倡导合理饮食、适量运动，预防糖尿病的发生，用所学知识守护生命健康，为构建健康社会贡献力量。

❓ 思 考 题

1. 简述甲状腺的位置。甲状腺肿大时会出现哪些临床症状？
2. 简述肾上腺的位置及形态。
3. 简述垂体的位置与分部。

本章数字资源

第二篇

人体的基本功能

第十一章　人体功能调节、内环境及其稳态

📋 案例

　　张某，男，35岁，近半年来持续出现疲劳、体重减轻（约10公斤），并伴有明显心慌、多汗、情绪波动及视力模糊等症状。近1个月来症状逐渐加重。体温36.8℃；血压120/70mmHg；心率：每分钟110次，律齐，伴明显手颤；体重65kg（较半年前减轻10kg）；甲状腺触诊：甲状腺弥漫性肿大，质地稍硬，无压痛。眼部检查：眼球轻度突出，视力检查显示近视度数加深。实验室检查：TSH（促甲状腺激素）＜0.01mIU/L（正常值0.35～5.5mIU/L），FT_4（游离甲状腺素）＞6.0ng/dL（正常值0.93～1.7ng/dL），FT_3（游离三碘甲状腺原氨酸）＞10.0pg/mL（正常值2.0～4.4pg/mL）。诊断：甲状腺功能亢进症（Graves病）。

问题： 1. 运用人体功能调节的理论初步分析患者体重下降、心率加快、多汗等症状的发生机制。
　　　　2. 基于内环境稳态理论初步分析甲状腺激素分泌增多导致各系统功能障碍的临床表现。

第一节　机体的内环境及其稳态

一、人体对外环境的适应

　　外环境是指人体生存的环境，包括自然环境和社会环境。外环境中的各种条件变化均可对人体形成刺激并影响生命活动。人体能够根据环境变化不断调整各器官系统的功能和相互关系，维持机体与环境之间的动态平衡，从而保证生命活动的正常进行。人体这种根据外部环境变化调整内部功能的生理特性称为适应性。例如，当天气变冷时，机体可通过增加衣物减少散热、提高肌肉紧张度以增加产热等方式维持体温稳定。

　　人类作为生态系统的组成部分，一方面依赖并适应环境，另一方面又持续影响和改造环境。随着科学技术的发展，人类在适应外环境的同时，能够更主动地改善和保护自然生态环境，使其更符合人体生命活动的需求。

二、内环境与稳态

　　体液是人体内液体的总称。在成人中，体液约占体重的60%。体液可分为两大部分：①细胞内液：存在于细胞内，约占体液总量的2/3（约占体重的40%）；②细胞外液：存在于细胞外，约占体液总量的1/3（约占体重的20%），包括组织液、血浆、淋巴液和脑脊液等。体液的各部分既彼此分隔又相互联系。细胞内液与组织液通过细胞膜进行物质交换；血浆与组织液则通过毛细血管壁进行水分和某些物质的交

换。血浆是体液中最为活跃的部分，作为沟通人体内外环境的重要媒介（图 11–1）。

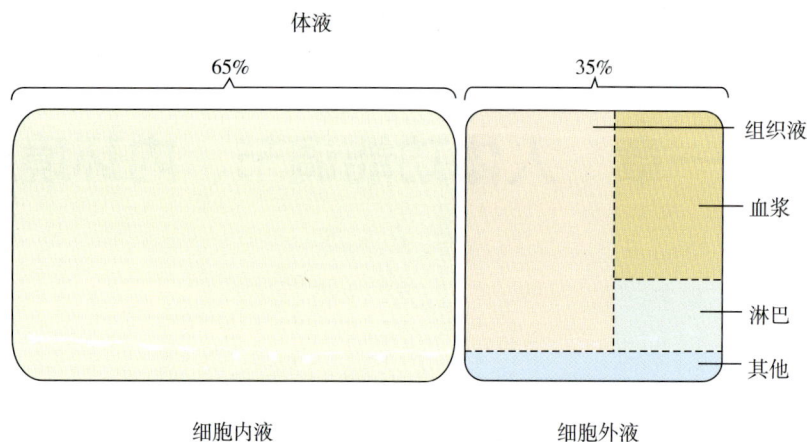

图 11–1　体液分布与含量

组成人体的细胞数以亿计，其中绝大多数细胞并不与外环境直接接触，而是浸浴和生存在细胞外液之中。细胞代谢所需的 O_2、营养物质的摄取，以及 CO_2 和其他代谢产物的排出，都必须通过细胞外液进行。因此，细胞外液是细胞直接生活的体内环境，称为内环境。

外环境的各种因素经常发生显著变化，而内环境的各种理化因素（包括温度、渗透压、酸碱度和各种化学成分的浓度等）则保持相对稳定。例如，外环境温度随季节变化，但人体体温始终维持在 37℃ 左右。内环境理化特性保持相对稳定的状态称为稳态。内环境稳态是维持细胞正常生理功能和保证人体生命活动正常进行的必要条件。由于细胞持续代谢和外环境的影响，内环境稳态不断受到干扰和破坏。正常人体通过调节系统的作用，改变各器官、组织的活动，能够维持内环境中各种理化因素和物质浓度的相对稳定。因此，内环境稳态是一种动态的相对稳定状态。人体所有调节活动的最终生物学意义在于维持内环境稳态。一旦调节系统或器官、组织的活动发生紊乱，稳态就无法维持，细胞新陈代谢和人体各种功能活动将不能正常进行，从而导致疾病，甚至危及生命。

考点与重点　内环境及其稳态

链接

内环境稳态与精准营养

精准营养旨在根据个体的基因特征、代谢状况和生活方式等因素，制定个性化的营养干预方案。近年来，我国科学家在精准营养研究领域取得重要进展，特别是在内环境稳态评估技术方面取得突破。汤臣倍健与中国科学院上海营养与健康研究所联合研发的"内稳态健康评估体系"，通过建立代谢健康量化模型——"健康状况图谱"，实现了对个体代谢稳态能力的多维度精准评估。

该评估体系采用标准化的压力实验方案，系统观察受试者在空腹状态下的基础代谢特征及其餐后代谢恢复能力，从而揭示不同人群在糖代谢、脂代谢和蛋白质代谢应答模式上存在的显著差异。这种创新的评估方法不仅能够早期识别健康风险，更能为实施精准营养干预提供客观、科学的依据。基于内环境稳态理论的研究成果，未来有望为个体提供更具针对性的营养指导方案。

第二节 人体生理功能的调节

人体生理功能的调节是指机体对内外环境条件变化产生适应性反应的过程。通过各器官、系统功能活动的协调配合，机体可维持内环境稳态并适应外环境变化，从而保障生命活动的正常进行。人体生理功能的调节方式主要有三种，即神经调节、体液调节和自身调节。

一、神 经 调 节

神经调节是指通过神经系统的活动对人体生理功能进行的调节。神经调节的基本方式是反射。反射是指在中枢神经系统的参与下，机体对刺激产生的规律性反应。反射活动的结构基础是反射弧。反射活动的完成依赖于反射弧结构的完整性和功能的正常性，其中任何一部分结构受损或功能障碍，都会导致相应的反射活动消失。

神经调节的特点是反应迅速、作用时间短暂且调节精确，具有高度的协调和整合功能，是人体生理功能调节中最主要的调节方式。

二、体 液 调 节

体液调节是指由机体某些细胞分泌的特殊化学物质（如激素、代谢产物等），通过体液运输作用于全身或局部，调节各器官、组织或细胞生理活动的过程。这些特殊化学物质中，激素通过血液循环作用于全身，调节人体的代谢、生长发育等功能，称为全身性体液调节。激素由内分泌细胞分泌，其作用的特定器官和细胞分别称为靶器官和靶细胞。代谢产物等化学物质通过局部组织液扩散，调节邻近组织和细胞的活动，称为局部性体液调节。体液调节的特点是作用缓慢、持续时间长且影响范围广泛。

在完整的人体内，神经调节和体液调节密切联系。多数内分泌腺或内分泌细胞直接或间接受神经系统调控。例如，肾上腺髓质受交感神经支配，当交感神经兴奋时，不仅通过传出神经发挥作用，还能促使肾上腺髓质分泌肾上腺素和去甲肾上腺素，这些激素通过血液运输作用于心脏、血管、胃肠等器官。因此，体液调节常作为反射弧传出途径中的一个中间环节或辅助部分发挥作用，形成神经－体液调节（图 11-2）。

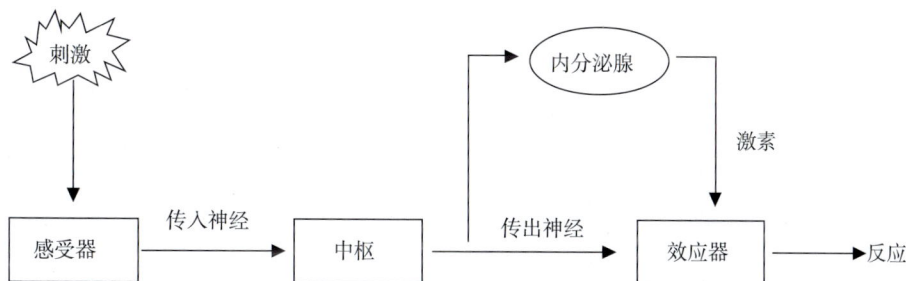

图 11-2 神经－体液调节示意图

三、自 身 调 节

自身调节是指组织、细胞在不依赖神经或体液调节的情况下，对刺激产生的一种适应性反应。例如，当动脉血压在一定范围内波动时，肾小球入球小动脉可通过自身的舒缩活动来改变血管阻力，使肾血流量保持相对恒定。

一般而言，自身调节是一种较为原始、调节范围局限、幅度较小且灵敏度较低的调节方式，但对维持人体某些生理功能的稳定仍具有重要意义。

表 11-1   机体三种调节方式的特点

调节方式	特点
神经调节	迅速、短暂而精确,具有高度的协调和整合功能
体液调节	缓慢、持久而广泛
自身调节	原始简单、局限,调节幅度较小,不十分灵敏

第三节   体内的控制系统

人体生理功能的调节与工程技术的自动控制具有共同的规律。控制系统是一个闭合回路,在控制部分和受控部分之间存在着双向的信息联系。在人体内,控制部分相当于反射中枢或内分泌腺;受控部分则相当于效应器、靶器官或靶细胞。控制部分通过控制信息(如神经冲动或激素)来调节受控部分的活动;同时,受控部分在其功能状态发生变化时,又能将变化的信息(反馈信息)传回控制部分,从而调节控制部分的活动强度。这种由受控部分发出信息并影响控制部分功能状态的过程,称为反馈(图 11-3)。根据反馈信息作用效果的不同,反馈可分为负反馈和正反馈两类。

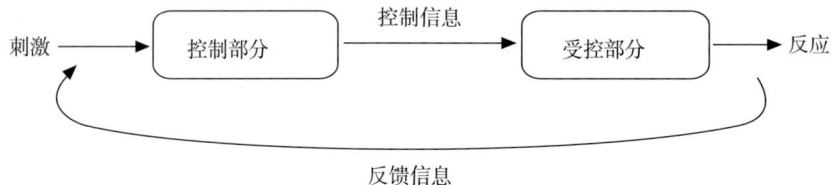

图 11-3   人体生理功能调节的反馈控制示意图

一、负 反 馈

负反馈是指反馈信息与控制信息作用相反的反馈。负反馈是可逆的,在人体生理功能调节中最为常见,其意义在于维持人体生理功能的相对稳定。例如,人体内环境的稳态、动脉血压的相对稳定以及体温的相对恒定等均属于负反馈范畴。

二、正 反 馈

正反馈是指反馈信息与控制信息作用一致的反馈。正反馈是不可逆的,在人体生理功能调节中远不如负反馈多见,其意义在于使某些生理功能一旦发动就迅速加强,直至完成。例如,排尿、排便、分娩和血液凝固等过程均涉及正反馈机制。

反馈作用反映了人体功能活动调节的自动化。通过反馈作用,人体对刺激的反应能够足量、及时、适度地达到生理需要的状态,从而使人体的内外环境适应更为完善(表 11-2)。

表 11-2   正反馈与负反馈的比较

类别	正反馈	负反馈
定义	反馈信息与控制信息作用一致的反馈	反馈信息与控制信息作用相反的反馈
是否可逆	不可逆	可逆
意义	使某些生理功能一旦发动就迅速加强,直至完成	维持人体生理功能的相对稳定
发生比例	在人体中较为少见(排尿、排便、分娩、血液凝固等)	在人体中最为常见

医者仁心

以内环境稳态映射生态守护之责

　　内环境稳态是生命体维持正常生理功能的核心，其本质是通过动态平衡调节（如 pH、渗透压、离子浓度）确保细胞代谢与机体功能稳定。这一机制与自然生态平衡的底层逻辑高度一致：自然生态系统通过物质循环与能量流动维持物种繁衍，而人体则依赖内环境稳态保障生命活动。内环境稳态调控与"绿水青山就是金山银山"理念互为映射——前者是细胞存续的微观根基，后者是文明存续的宏观准则。内环境稳态失衡可致生理功能崩溃，而生态失衡则威胁人类生存。二者均揭示，系统稳定性是可持续发展的生命线。学习内环境稳态的意义，在于培养"微观－宏观"双重责任意识：于个体，需践行健康生活方式以维护内环境平衡；于社会，需以科学态度参与生态保护。唯有将人体稳态调控智慧延伸至生态治理，方能实现"人与自然和谐共生"，使绿水青山永续惠泽后世。

? 思 考 题

1. 什么是内环境稳态？它有何生理意义？
2. 机体对功能活动的调节方式主要有哪些？各有何特点？

本章数字资源

第十二章　细胞的基本功能

张奶奶，72岁，间断性四肢肌肉抽搐6年，近2周症状加重，每次发作时持续数分钟，多于活动后或局部按压后自行缓解，双下肢抽搐较多，发作时神清，无牙关紧闭、舌咬伤及口吐白沫。张奶奶60岁退休后喜欢待在家中，饮食非常清淡，医院检查发现其血Ca^{2+}为1.7mmol/L（正常值为2.25～2.75mmol/L），血K^+、血Na^+水平正常，颅脑CT及脑电图未见异常。临床诊断：低钙抽搐。

问题：　1. 请问该患者为什么出现四肢肌肉抽搐现象？
　　　　　2. 骨骼肌的收缩机制是什么？

第一节　细胞膜的物质转运功能

一、小分子物质和离子的跨膜转运

细胞在新陈代谢过程中所需的营养物质及代谢产物，均需跨越细胞膜转运至相应部位，此过程称为物质转运。根据物质跨膜转运的方向和能量消耗情况，小分子物质及离子的跨膜转运可分为被动转运和主动转运两大类。

（一）被动转运

被动转运是物质顺浓度差和电位差跨膜转运，且无须消耗能量的方式。根据转运过程中是否需膜蛋白协助，可进一步分为单纯扩散和易化扩散。

1. 单纯扩散　是指脂溶性小分子物质顺浓度差和电位差跨膜转运的方式。由于细胞膜的基架是脂质双分子层，因而只有脂溶性物质能以单纯扩散的方式通过细胞膜，体内以这种方式转运的物质主要有CO_2、O_2、NH_3、乙醇等。单纯扩散的方向和速度取决于物质在膜两侧的浓度差和膜对该物质的通透性（图12-1）。

2. 易化扩散　是指脂溶性很低或非脂溶性的小分子物质或离子借助特殊膜蛋白质的帮助，顺浓度差和电位差跨膜转运的方式。根据参加易化扩散的膜蛋白质的不同，将其分为经载体的易化扩散和经通道的易化扩散两种类型。

（1）经载体的易化扩散：是通过细胞膜中载体蛋白构型的变化，物质顺浓度差和电位差转运的方式。经载体易化扩散的特点：①特异性高：一种载体只能转运某种特定结构的物质；②饱和现象：由于膜上载体和载体结合位点的数目都是有限的，因此，当被转运物质全部占据载体结合位点时，转运速率将达到饱和而不再继续增加；③竞争性抑制：如果一个载体可以同时转运A和B两种物质，而且物质通过细胞膜的总量又是一定的，当A物质转运增加时，B物质的转运则会减少。

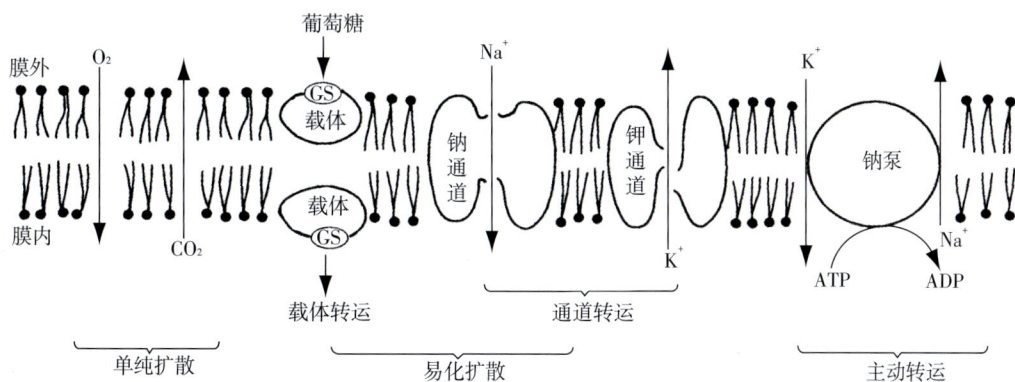

图 12-1　细胞膜对物质转运的几种形式示意图

（2）经通道的易化扩散：是借细胞膜中通道蛋白的帮助，物质顺浓度差和电位差跨膜转运的方式。经通道转运的物质几乎都是离子，因此此类通道又称离子通道。细胞膜上的通道蛋白像贯通细胞膜的一条管道，在一定条件下迅速开放或关闭。开放时，物质顺浓度差和电位差移动；关闭时，虽然膜两侧存在浓度差和电位差，但物质不能通过细胞膜。控制通道开放或关闭的因素是环境中化学物质的浓度或膜电位改变。这些通道主要分布在神经纤维和肌细胞膜中，是可兴奋细胞产生生物电的基础。根据引起通道关闭的条件不同，将通道分为三类：①化学门控通道：由化学物质的改变来控制通道开或关，如细胞外液中某种递质、激素或 Ca^{2+} 浓度改变等。②电压门控通道：由膜两侧电位差的改变来控制通道开或关。当膜两侧电位差变化到某一临界值时，通道蛋白分子的结构发生变化，允许某物质通过通道，该物质即可顺浓度差和电位差移动，如 Na^+ 通道、K^+ 通道和 Ca^{2+} 通道等。③机械门控通道：当膜的局部受牵拉变形时被激活，如触觉的神经末梢、听觉的毛细胞等都存在类似的通道。

（二）主动转运

主动转运是指细胞借助膜上特殊蛋白（泵蛋白）的作用，通过耗能过程，将小分子物质或离子逆浓度差和电位差进行跨膜转运的方式。根据膜蛋白是否直接消耗能量，主动转运可分为原发性主动转运和继发性主动转运。

1. 原发性主动转运　是指细胞直接利用代谢产生的能量，将物质（通常是带电离子）逆浓度差或电位差进行跨膜转运的方式。介导这一过程的膜蛋白称为离子泵。离子泵的化学本质是 ATP 酶，可将细胞内的 ATP 水解为 ADP，自身被磷酸化而发生构象变化，并能利用其释放的能量完成离子逆浓度梯度和（或）电位梯度的跨膜转运。

人体的细胞膜上普遍存在的离子泵主要是钠-钾泵，简称钠泵，也称 Na^+-K^+-ATP 酶（图 12-2）。钠泵每分解一分子 ATP 可将 3 个 Na^+ 移出胞外，同时将 2 个 K^+ 移入胞内。由于钠泵的活动，使细胞内 K^+ 的浓度为细胞外液中的 30 倍左右，而细胞外液中 Na^+ 浓度为细胞质中的 10 倍左右，当细胞内 Na^+ 浓度升高或细胞外 K^+ 浓度升高时，都可激活钠泵。

2. 继发性主动转运　有些物质虽然也是逆浓度差主动转运，但不是直接依靠 ATP 分解能量，而是依靠 Na^+（或其他物质）在膜两侧的浓度差，即依靠存储在离子浓度差中的能量来完成转运。由于造成 Na^+ 浓度差的原因是钠泵分解 ATP 消耗能量的结果，因此这是一种间接利用 ATP 能量完成的主动转运过程，称为继发性主动转运。实际上继发性主动转运就是经载体易化扩散与原发性主动转运相耦联的主动转运系统，也称联合转运。

继发性主动转运在体内广泛存在，如跨细胞膜的 Na^+-H^+ 交换、Na^+-Ca^{2+} 交换、葡萄糖和氨基酸在小肠黏膜上皮被吸收和在肾小管上皮被重吸收、甲状腺上皮细胞的聚碘等。参与这种转运的膜蛋白称为转运蛋白或转运体。

二、大分子物质或物质团块的跨膜转运

大多数细胞都能摄入或排出大分子物质，有些细胞甚至能吞入物质团块。细胞对这些物质的转运功能是通过细胞膜的变形运动来完成的，即入胞作用和出胞作用（图12-2）。

1. 入胞作用（胞吞作用） 大分子物质或物质团块从细胞外进入细胞内的过程称入胞作用。若进入的物质为固体则称为吞噬，如白细胞或巨噬细胞将异物或细菌吞噬到细胞内部的过程。若所进入的物质为液体则称为吞饮，如小肠上皮细胞对营养物质的吸收过程。

2. 出胞作用（胞吐作用） 大分子物质或物质团块由细胞内排出到细胞外的过程，称出胞作用。如消化腺分泌消化液、内分泌腺分泌激素、神经末梢释放神经递质等，都是通过出胞作用完成的。

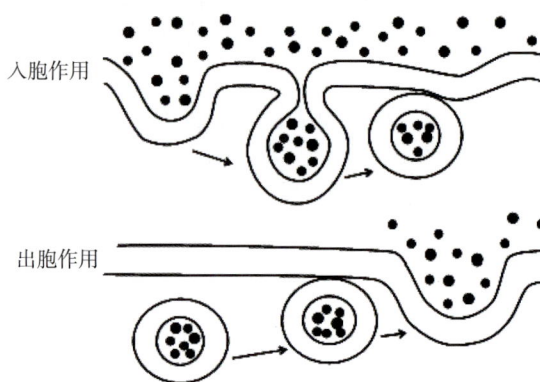

图 12-2　入胞作用与出胞作用示意图

入胞作用和出胞作用都伴随着膜的变形运动，都需要消耗能量，属于主动转运。

表 12-1　细胞膜对各种物质的转运方式

转运方式	转运物质	是否需要膜蛋白	物质转运方向	是否耗能
单纯扩散	脂溶性小分子物质（CO_2、O_2等）	否	顺浓度差和电位差	否
易化扩散	脂溶性低或非脂溶性小分子物质或离子，载体（葡萄糖、氨基酸）通道（各种离子）	载体蛋白通道蛋白	顺浓度差和电位差	否
主动转运	小分子物质和离子	泵蛋白	逆浓度差和电位差	是
入胞	大分子物质或物质团块		从膜外到膜内	是
出胞	大分子物质或物质团块		从膜内到膜外	是

考点与重点 单纯扩散、易化扩散、主动转运、入胞与出胞

第二节　细胞的生物电现象

生物电现象是指细胞在安静状态和活动状态下伴随产生的电现象，与细胞兴奋的产生和传导密切相关。现以神经细胞为例，阐述细胞的生物电现象。

一、静息电位及其产生机制

（一）静息电位的概念

静息电位是指细胞在未受刺激时（静息状态下）存在于细胞膜内外两侧的电位差，可通过示波器进行观察测量（图12-3）。将示波器的两个测量电极放置在神经细胞外表面任意两点或均插入细胞膜内时，示波器上的光点在零位线上做横向扫描，表明细胞膜外表面或内表面任意两点间不存在电位差。若将其中一个电极置于细胞膜外表面，另一个电极插入细胞膜内，则示波器光点立即从零电位向下移动，并以此水平做横向扫描，说明细胞膜内外存在电位差且膜内电位较膜外低。通常设定细胞外电位为零电

位，各类细胞的膜内电位在安静状态下均为负值，范围在 –10 ～ –100mV 之间。静息电位的大小以负值的绝对值判断，绝对值越大表示膜两侧电位差越大，即静息电位越大。

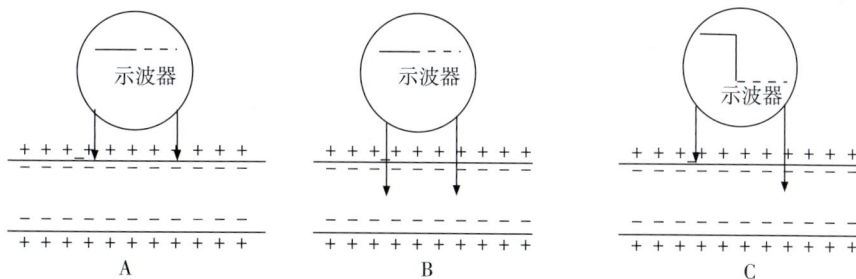

A. 细胞膜外表面两点间电位差；B. 细胞膜内表面两点间电位差；C. 细胞膜内外电位差

图 12–3　测定静息电位示意图

不同组织细胞的静息电位数值不同，例如神经细胞约为 –70mV、骨骼肌细胞约为 –90mV、平滑肌细胞约为 –55mV。细胞在静息时膜两侧保持内负外正的状态称为极化。极化和静息电位均为细胞处于静息状态的标志。以静息电位为基准，若膜内电位向负值增大方向变化，称为超极化；膜内电位向负值减小方向变化，称为去极化；细胞发生去极化后，膜电位向原先的极化状态恢复，称为复极化。从生物电活动来看，细胞的兴奋和抑制均以极化状态为基础，细胞去极化时表现为兴奋，超极化时则表现为抑制。绝大多数细胞的静息电位表现为稳定且分布均匀的负电位。

（二）静息电位产生的机制

"离子流学说"认为，生物电的产生必须具备两个条件：一是细胞膜内外两侧离子分布和浓度存在差异；二是细胞膜在不同情况下对离子的通透性具有选择性。静息状态下细胞膜内外主要离子分布及膜对离子的通透性见表 12–2。

表 12–2　静息状态下细胞膜内外主要离子分布及膜对离子的通透性

主要离子	膜内离子浓度（mmol/L）	膜外离子浓度（mmol/L）	膜内与膜外离子比例	膜对离子通透性
Na^+	14	142	1：10	通透性很小
K^+	155	5	31：1	通透性较大
Cl^-	8	110	1：14	通透性中等
A^-（蛋白质）	60	15	4：1	无通透性

在静息状态下，由于膜内外 K^+ 存在浓度差且膜对 K^+ 具有较高通透性，部分 K^+ 顺浓度梯度向膜外扩散，使膜外正电荷增多；虽然膜内带负电的蛋白质离子（A^-）有随 K^+ 外流的趋势，但因膜对 A^- 无通透性而被阻隔于膜内侧。随着 K^+ 持续外流，膜外正电荷逐渐积累，导致膜外电位升高，同时膜内因负电荷相对增多而电位降低，从而在膜两侧形成外正内负的电位差。这种电位差会阻碍 K^+ 的进一步外流，表现为膜外正电荷的排斥作用和膜内负电荷的吸引作用。随着电位差增大，K^+ 外流阻力相应增加。当促使 K^+ 外流的浓度梯度与阻止 K^+ 外流的电位差达到动态平衡时，K^+ 的净外流停止，此时膜电位即为 K^+ 的平衡电位。值得注意的是，K^+ 的平衡电位与实际测得的静息电位存在微小差异（绝对值略小），这是由于静息状态下膜对 Na^+ 具有微弱通透性，允许少量 Na^+ 顺浓度梯度内流所致。因此，静息电位本质上是 K^+ 外流形成的电 – 化学平衡电位。

考点与重点 静息电位的概念及产生机制

二、动作电位及其产生机制

（一）动作电位的概念

可兴奋细胞在静息电位基础上接受有效刺激后产生的一个迅速、可扩布的膜电位波动称为动作电位。动作电位是细胞兴奋的标志，其包括上升相和下降相。上升相表示膜的去极化过程，此时膜内原有的负电位迅速消失并转变为正电位，即由 $-70mV$ 上升至 $+35mV$，出现膜两侧电位倒转（外负内正），其超出零电位的部分称为超射。下降相代表膜的复极化过程，是膜内电位从上升相顶端下降至静息电位水平的过程。上升相和下降相共同形成尖峰状的电位变化，称为锋电位。锋电位是动作电位的主要组成部分，具有动作电位的典型特征。在锋电位之后出现的膜电位低幅、缓慢波动称为后电位。后电位包括两部分：前一部分的膜电位仍低于静息电位，称为负后电位；后一部分的膜电位高于静息电位，称为正后电位。后电位结束后，膜电位恢复到稳定的静息电位水平（图 12-4）。

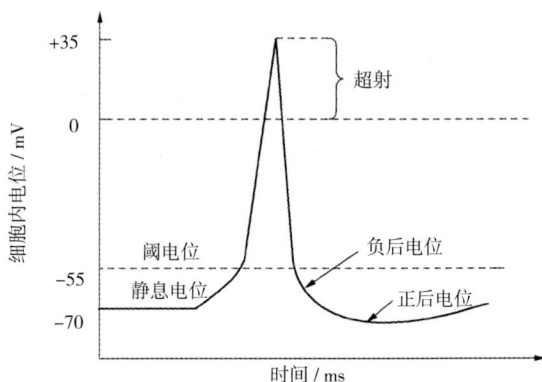

图 12-4　神经纤维动作电位示意图

（二）动作电位的产生机制

动作电位上升相是由于细胞受到有效刺激后，膜外 Na^+ 大量内流，膜内电位迅速升高，使膜内电位由负变正，且绝对值高于膜外电位，在膜两侧形成一个内正外负的电位差。这种电位差的存在，使 Na^+ 的继续内流受到膜内正电荷的排斥和膜外负电荷的吸引，因而 Na^+ 内流量逐渐减少，当促使 Na^+ 内流的浓度差与阻止 Na^+ 内流的电位差所构成的两种互相拮抗的力量相等时，Na^+ 的净内流停止。此时膜电位为 Na^+ 的平衡电位。简而言之，动作电位的上升相是 Na^+ 内流所形成的电-化学平衡电位，是膜由 K^+ 平衡电位转为 Na^+ 平衡电位的过程。

动作电位下降相是由于膜电位接近 Na^+ 平衡电位时，膜上 Na^+ 通道已关闭，对 Na^+ 的通透性迅速下降，与此同时，膜上 K^+ 通道开放，对 K^+ 的通透性大增，于是，K^+ 顺浓度差和电位差迅速外流，使膜内外电位又恢复原来的内负外正的静息水平，形成动作电位的下降相。简而言之，动作电位下降相由 K^+ 外流所形成，是膜由 Na^+ 平衡电位转变为 K^+ 平衡电位的过程。

细胞膜在复极化后，膜电位虽然恢复，但膜内 Na^+ 有所增多而 K^+ 有所减少。这时便激活了细胞膜上的钠-钾泵，通过 Na^+、K^+ 的主动转运，重新将它们调整到原来静息时的水平，以维持细胞正常的兴奋性。

考点与重点　动作电位的概念、特点及产生机制

（三）动作电位的引起与传导

1. 动作电位的引起　细胞膜受到阈刺激或阈上刺激后，首先是该部位细胞膜上 Na^+ 通道少量开放，膜对 Na^+ 的通透性稍有增加，少量 Na^+ 由膜外流入膜内，使膜内外电位差减小，当达到某一临界值时，受刺激部位膜上的 Na^+ 通道全部开放，使膜对 Na^+ 的通透性突然增大，于是膜外 Na^+ 顺浓度差和电位差迅速大量内流，从而产生动作电位。能使膜对 Na^+ 通透性突然增大的临界膜电位数值称为阈电位。阈电位比静息电位小 $10\sim20mV$。任何刺激必须使膜内负电位降到阈电位水平，才能产生动作电位。

一次阈下刺激虽然不能触发动作电位的发生，但可引起局部去极化，这种局部去极化的电位称为局

部电位。局部电位具有以下特点：①等级性：局部电位的大小可以随刺激强度增大而增大；②电紧张性传播：可向周围传播，其电位变化逐渐减小，最后消失；③可总和：几个阈下刺激引起的局部反应可叠加起来，通过总和使细胞内电位达到阈电位，从而触发动作电位。

2. 动作电位的传导　动作电位一旦发生，就能沿细胞膜向邻近未兴奋部位传导。其传导机制以"局部电流学说"解释。该学说认为，当细胞某一局部受刺激而兴奋时，其兴奋部位膜电位由原来的内负外正转变为内正外负的去极化状态，于是兴奋部位和邻近的静息部位之间出现电位差，导致局部的电荷移动，即膜外正电荷由静息部位移向兴奋部位，膜内正电荷由兴奋部位移向静息部位，形成局部电流环路。这种局部电流使静息部位的膜内电位升高和膜外电位降低，使相邻部位的膜产生局部去极化（局部兴奋）。当这种局部去极化达到阈电位时，该部位就产生新的动作电位。这个新的兴奋部位，又与它相邻的静息部位之间出现局部电流，如此沿膜连续移动表现为动作电位的传导。简而言之，动作电位的传导是细胞的兴奋部位与静息部位之间产生局部电流导致的结果（图12-5）。动作电位在神经纤维上的传导，称为神经冲动。

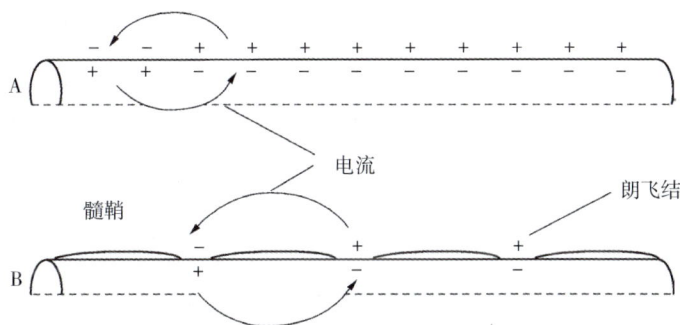

图 12-5　神经纤维动作电位传导示意图

有髓神经纤维的轴突外面包绕着一层相当厚的髓鞘，髓鞘的主要成分是脂质，具有绝缘性，可阻止带电离子通过。只有在裂缝结合处，轴突膜才能与细胞外液直接接触。当有髓神经纤维受到刺激时，动作电位只能在邻近刺激点的郎飞结处产生，局部电流也仅能在相邻的郎飞结之间形成，这种传导方式称为跳跃式传导。有髓神经纤维及其跳跃式传导是生物进化的结果，这种结构不仅提高了神经纤维的传导速度，还减少了能量消耗。此外，有髓神经纤维直径较粗，电阻较小，因此其动作电位传导速度远快于无髓神经纤维。

动作电位与局部反应相比，具有以下特点：①不衰减性传导：动作电位在传导过程中，其电位幅度不会随传导距离的增加而衰减；②"全或无"现象：动作电位要么不发生（无），一旦发生即达到其最大幅度（全），且幅度不随刺激强度的增强而增大；③脉冲式发放：在连续刺激作用下，产生的多个动作电位不会相互融合，而是保持一定间隔，形成脉冲式的序列发放。

链接

生物电的由来

古罗马帝国曾盛行一种奇特的疗法，用于缓解头痛与痛风等疾病。当患者痛风发作时，医生会将其带至海边的湿润沙滩，并在其足底放置一条体型庞大的黑鱼。患者随即感受到从脚底蔓延至膝盖的麻痹感，通过反复施行此疗法，据称许多贵族的病情得到缓解。直至1758年，英国科学家亨利·卡文迪许（Henry Cavendish）开始研究这一疗法的作用机制。他将大黑鱼置于湿润的沙土中，并连接莱顿瓶进行实验，结果莱顿瓶产生了放电火花，这证明黑鱼能够释放电能。在卡文迪许证实生物体放电现象后，意大利科学家路易吉·伽伐尼（Luigi Galvani）于1791年取得重要发现：青蛙肌肉组织中也存在电能，他将这种现象首次命名为"生物电"。

第三节　肌细胞的收缩功能

人体各种形式的运动，主要是通过肌纤维（肌细胞）的收缩来实现的。由肌纤维构成的肌组织包括骨骼肌、心肌和平滑肌，这些肌组织在结构和功能上虽存在差异，但其收缩的基本形式和原理相似。本节以骨骼肌为例，阐述肌细胞的收缩功能。

一、骨骼肌的收缩原理

骨骼肌的收缩是在中枢神经系统调控下完成的，受运动神经元轴突分支的支配；只有当支配肌肉的神经纤维产生兴奋时，动作电位通过神经－肌肉接头传递至肌肉，才能引发肌肉的兴奋和收缩。

（一）骨骼肌神经－肌肉接头处兴奋传递

骨骼肌的神经－肌肉接头由运动神经末梢和与之接触的骨骼肌细胞膜构成。运动神经纤维轴突末梢的膜称为接头前膜，与其相对的肌膜称为接头后膜或终板膜，两者之间的间隙称为接头间隙，其中充满细胞外液。接头前膜的神经轴突末梢内含有许多突触囊泡，囊泡内含有大量乙酰胆碱（acetylcholine，ACh）。接头后膜的终板膜上分布有 ACh 受体。

神经纤维传来的动作电位到达神经末梢，引起接头前膜去极化和膜上电压门控 Ca^{2+} 通道的瞬间开放，Ca^{2+} 借助于膜两侧的电－化学驱动力流入神经末梢内，使末梢轴浆内 Ca^{2+} 浓度升高。Ca^{2+} 启动突触囊泡的出胞作用，囊泡内的 ACh 排放到接头间隙并扩散至终板膜，与终板膜上 ACh 受体阳离子通道结合使之激活，于是通道开放，Na^+ 和 K^+ 跨膜流动。在静息状态下，细胞对 Na^+ 的内向驱动力远大于对 K^+ 的外向驱动力，因而跨膜的 Na^+ 内流远大于 K^+ 外流，从而使终板膜发生去极化。这一去极化的电位变化称为终板电位。

（二）骨骼肌细胞的微细结构

1. 肌原纤维与肌小节　骨骼肌细胞内含有大量沿细胞长轴平行排列的肌原纤维。每条肌原纤维的全长呈现明暗交替的规则横纹，分别称为明带（I 带）和暗带（A 带）。明带与暗带中存在两套不同的肌丝系统：粗肌丝和细肌丝。粗肌丝主要分布于暗带，其中央相对透明的区域仅含粗肌丝，称为 H 带。H 带中央存在一条横向的 M 线，其功能是固定并连接相邻的粗肌丝。细肌丝主要分布于明带，明带中央可见一条横向的 Z 线，又称 Z 盘。细肌丝从 Z 线向两侧明带延伸，其游离端插入暗带并与粗肌丝发生交错重叠。相邻两条 Z 线之间的结构称为肌小节（肌节），肌小节包括 1 个完整暗带和两侧各 1/2 明带。肌小节是肌纤维实现收缩与舒张功能的最小基本单位（图 12-6）。

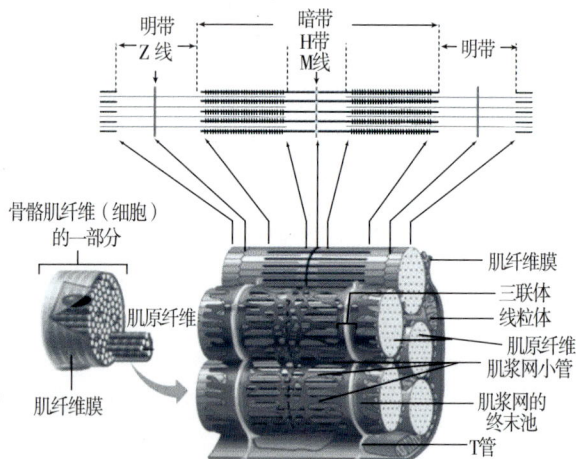

图 12-6　骨骼肌纤维超微结构示意图

肌丝是肌细胞收缩的物质基础，由粗肌丝和细肌丝组成。粗肌丝由肌球蛋白分子组成，肌球蛋白分子形似豆芽，分为杆部和头部（图 12-7）。各杆部朝向 M 线平行排列，聚集成束形成粗肌丝的主干；头部有规则地裸露在粗肌丝表面，形成与细肌丝垂直排列的横桥。横桥的主要作用：①与细肌丝的肌动蛋白可逆性结合，带动细肌丝向 M 线滑行；②具有 ATP 酶的活性，可分解 ATP 释放能量，以供横桥摆动。

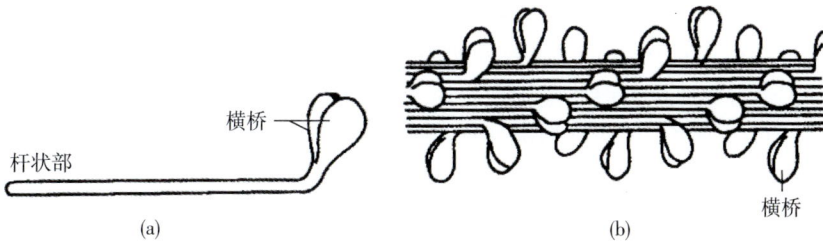

图 12-7 粗肌丝结构示意图

细肌丝由三种蛋白分子组成，分别是肌动蛋白、原肌球蛋白和肌钙蛋白（图 12-8）。肌动蛋白构成细肌丝的主干，有与横桥结合的位点；原肌球蛋白在肌肉安静时位于横桥与肌动蛋白之间，恰好盖住肌动蛋白与横桥结合的位点，阻止横桥与肌动蛋白结合；肌钙蛋白以一定的间隔出现在原肌球蛋白上，它是 Ca^{2+} 的受体。

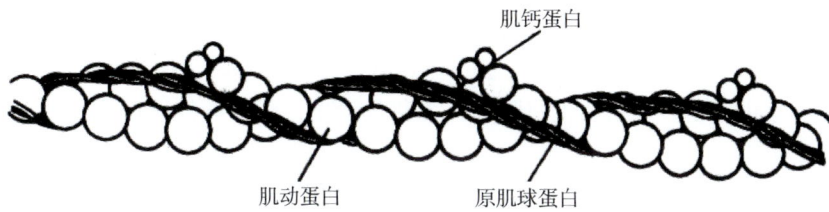

图 12-8 细肌丝结构示意图

2. 肌管系统 骨骼肌细胞有两套独立的肌管系统（图 12-6）。走行方向与肌原纤维垂直的管道，称为横管（T 管），由肌膜向内凹陷而成；它使沿肌膜传导的电信号能迅速传播至细胞内部的肌原纤维周围。另一套肌管与肌原纤维平行，称为纵管（L 管）。纵管的管道交织吻合形成肌浆网，包绕在肌原纤维周围，肌浆网两端膨大或呈扁平状为终池。肌浆网和终池通过 Ca^{2+} 的储存、释放和再摄取，调节细胞内 Ca^{2+} 浓度，进而调控肌小节的收缩和舒张。横管和两侧的终池组成一个三联管。

（三）骨骼肌的收缩机制

目前公认的骨骼肌收缩机制是肌丝滑行学说。该学说认为，肌纤维的收缩并非由于肌纤维中肌丝本身的缩短或卷曲，而是由细肌丝在粗肌丝之间滑行所导致（图 12-9）。肌丝滑行使得肌节长度缩短，进而导致肌原纤维缩短，最终表现为肌纤维收缩。

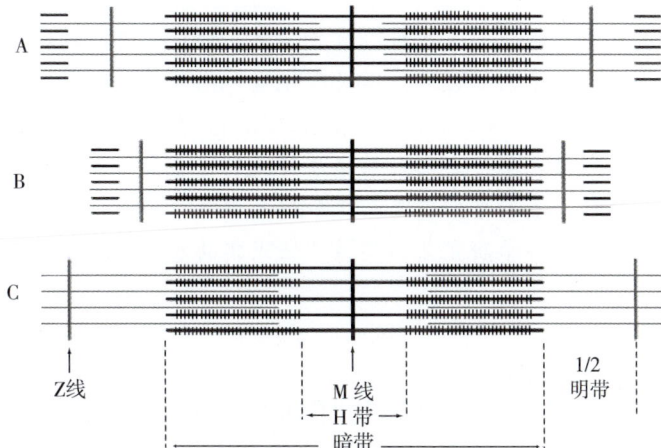

图 12-9 肌丝滑行过程示意图

肌纤维处于静息状态时，原肌球蛋白遮盖肌动蛋白上与横桥结合的位点，横桥无法与位点结合。当肌纤维兴奋时，终池内的 Ca^{2+} 进入肌浆，致使肌浆中 Ca^{2+} 浓度升高，Ca^{2+} 与肌钙蛋白结合，引起肌钙蛋白构型发生改变，牵拉原肌球蛋白移位，将肌动蛋白上与横桥结合的位点显露出来，引发横桥与肌动蛋白结合。横桥一旦与肌动蛋白结合，便激活横桥上的 ATP 酶，ATP 分解释放能量，使横桥发生扭动，牵拉细肌丝向 M 线肌节中心方向滑行，结果使肌节缩短、肌纤维收缩（图 12–10）。

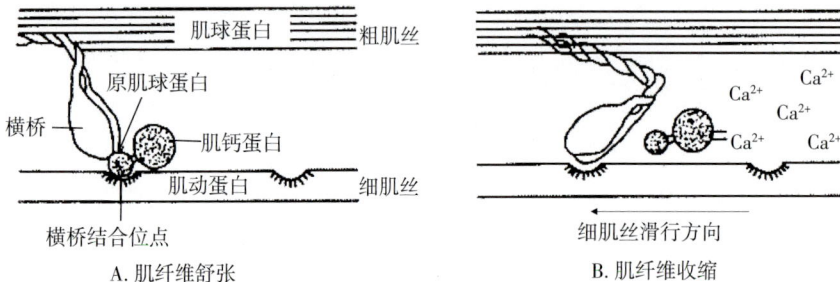

A. 肌纤维舒张   B. 肌纤维收缩

图 12–10   肌丝滑行机制示意图

当肌浆中 Ca^{2+} 浓度降低时，肌钙蛋白与 Ca^{2+} 分离，原肌球蛋白又回归原位并将肌动蛋白上的结合点掩盖起来。横桥停止扭动，与肌动蛋白脱离，细肌丝滑出，肌节恢复原长度，表现为肌纤维舒张。

二、兴奋 – 收缩耦联

肌纤维膜上的动作电位如何触发肌纤维内的机械收缩活动？肌纤维兴奋时，首先在肌膜上产生动作电位，随后触发肌纤维收缩。肌纤维动作电位引发机械收缩的中介过程称为兴奋 – 收缩耦联。

在人体中，骨骼肌受躯体运动神经支配。当神经冲动经运动终板传递至肌纤维时，肌膜产生动作电位，动作电位沿横管膜迅速传导至三联体，终池膜上的 Ca^{2+} 通道开放，终池内的 Ca^{2+} 释放入肌浆，导致肌浆中 Ca^{2+} 浓度迅速升高。Ca^{2+} 与肌钙蛋白结合后，引发横桥与肌动蛋白结合，肌节缩短，肌纤维收缩。当神经冲动停止时，肌膜及横管膜电位恢复，终池膜上的 Ca^{2+} 通道关闭，同时终池膜上的 Ca^{2+} 泵将 Ca^{2+} 主动转运回终池贮存，肌浆中 Ca^{2+} 浓度降低，肌纤维舒张。由此可见，三联体是兴奋 – 收缩耦联的结构基础，Ca^{2+} 是兴奋 – 收缩耦联的关键因子。

考点与重点 骨骼肌兴奋 – 收缩耦联的过程

医者仁心

冯德培——肌接破局者，科研精神炬

冯德培院士是国际著名生理学家和神经生物学家，他在骨骼肌神经 – 肌接头研究领域作出了卓越贡献。冯院士勇于探索未知领域，通过研究发现高频神经刺激可引发接头抑制及局部肌肉收缩现象，从而揭示了神经 – 肌接头的复杂调控机制。在哺乳动物神经肌肉接头研究中，冯德培院士发现的强直后增强现象，为突触前递质释放的可塑性机制奠定了基础。冯院士展现出的敏锐洞察力和创新精神，激励我们在复杂生命现象中探索规律，勇于提出新理论。他的科学成就与高尚品质启示我们，科学研究必须坚持严谨求实的态度，既要敢于挑战权威，又要具备持之以恒的精神。

三、骨骼肌的收缩形式

骨骼肌收缩是指肌肉张力增加和（或）肌肉长度缩短的机械变化，其收缩形式有以下几种。

（一）等长收缩和等张收缩

等长收缩是指肌肉收缩时长度不变而张力增加；等张收缩是指肌肉收缩时张力不变而长度缩短。肌肉收缩表现为哪种形式，主要取决于其所承受的负荷情况。负荷分为两种：①前负荷：是肌肉在收缩前所承受的负荷，其作用是增加肌肉收缩前的长度（初长度），进而增强肌肉的收缩力；②后负荷：是肌肉在收缩过程中所承受的负荷。由于后负荷的存在，肌肉先表现为张力增加以克服负荷，即处于等长状态；当张力增加到等于或大于后负荷时，肌肉开始缩短而张力不再增加，即处于等张状态。

人体骨骼肌的收缩在大多数情况下为混合形式，不存在单纯的等长或等张收缩。例如，在维持身体姿势时，相关骨骼肌以产生张力为主，接近于等长收缩；而在肢体自由运动时，相关骨骼肌以长度缩短为主，接近于等张收缩。

（二）单收缩和强直收缩

骨骼肌受到一次刺激时，引起一次收缩，称为单收缩。骨骼肌受到连续刺激时，可出现持续的收缩状态，称为强直收缩。根据刺激频率的不同，强直收缩可分为以下两种：①不完全强直收缩：连续刺激的频率较低，新刺激落在前一次收缩的舒张期内，表现为舒张不完全；②完全强直收缩：连续刺激的频率较高，新刺激落在前一次收缩的收缩期内，表现为收缩的叠加现象。据测定，完全强直收缩的肌张力可达单收缩的 3 ～ 4 倍，因而可产生强大的收缩效果（图 12-11）。

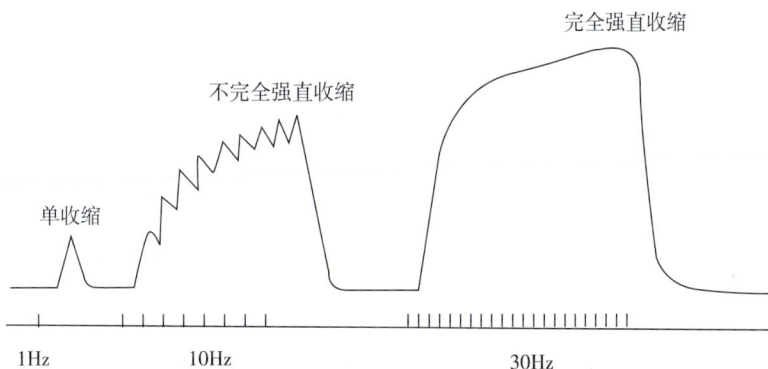

图 12-11　骨骼肌的收缩曲线

正常情况下，人体内骨骼肌的收缩不属于完全强直收缩，这是因为躯体运动神经传来的冲动频率并非持续高频。

？ 思 考 题

1. 试归纳细胞膜转运物质的方式和特点。
2. 对比静息电位和动作电位的主要区别。
3. 简述骨骼肌兴奋 – 收缩耦联的基本过程。

本章数字资源

第十三章 血液的功能

案例

刘某，男，28 岁。因腹痛、发热来诊，检查发现右下腹麦氏点压痛（＋）、反跳痛（＋）。血常规检查：红细胞 $4.8×10^{12}$/L，血红蛋白 148g/L，白细胞总数 $34.0×10^9$/L，中性粒细胞 91%，单核细胞 4%，嗜酸性粒细胞 1%，淋巴细胞 24%。

问题：1. 该患者血常规检查中哪些指标异常？
　　　2. 根据检查结果提示哪类微生物感染？

第一节 血液的组成和理化特征

一、血液的组成和血量

正常血液为红色黏稠液体，由血浆和悬浮于其中的血细胞组成。取适量新鲜血液加入经抗凝剂（如柠檬酸钠）处理的比容管中并混匀，在离心机中离心沉淀后，血液可分为三层：上层淡黄色透明的液体是血浆；下层深红色不透明的是红细胞；中间一薄层呈灰白色的是白细胞和血小板（图 13-1）。血细胞占全血容积的百分比称为血细胞比容。正常成年男性的血细胞比容为 40%～50%，女性为 37%～48%，新生儿约为 55%。血液浓缩时血细胞比容增高，贫血时血细胞比容可降低。由于血液中白细胞和血小板仅占总容积的 0.15%～1%，因此，血细胞比容接近于红细胞比容。

血量是指全身血液的总量。正常成年人的血量占体重的 7%～8%，即每千克体重含 70～80mL 血液。例如，体重 60kg 的个体血量为 4.2～4.8L。在安静状态下，大部分血液在心血管系统中快速循环流动，称为循环血量；小部分血液滞留在肝、脾、肺、腹腔静脉及皮下静脉丛等处，流速较慢，称为储存血量。当机体处于剧烈运动、情绪激动或大失血等状态时，储存血量可被动员并释放入循环系统，以补充循环血量，满足机体的生理需求。

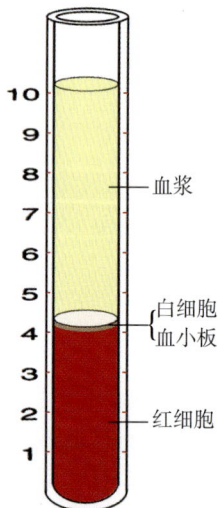

图 13-1 血液的组成

考点与重点 血液的组成及血细胞比容

二、血液的理化特性

1. 颜色　血液呈红色，是由于红细胞内含有血红蛋白。动脉血中的血红蛋白含氧丰富，呈鲜红色；静脉血中的血红蛋白含氧较少，呈暗红色。血浆因含胆红素而呈淡黄色。空腹血浆清澈透明；进食较多脂类食物后，因血液中形成较多的脂蛋白而变得浑浊。因此，临床上检测某些血液成分时，要求空腹采血。

2. 比重 正常成年人全血比重为 1.050～1.060，其数值主要取决于红细胞数量，红细胞数量越多，全血比重越大。血浆比重为 1.025～1.030，其数值与血浆蛋白含量有关，血浆蛋白含量越高，血浆比重越大。这一特性可用于血细胞的分离制备和红细胞沉降率的测定。

3. 黏滞性 血液的相对黏度为 4～5，主要取决于血细胞比容；血浆的相对黏度为 1.6～2.4，主要取决于血浆蛋白的含量。血液黏滞性过高可使外周循环阻力增加，导致血压升高；同时还会影响血流速度，进而影响器官的血液供应。

4. 酸碱度 血液呈弱碱性，正常人血浆 pH 值保持在 7.35～7.45。血液酸碱度的相对恒定对机体生命活动具有重要意义。当血浆 pH 值低于 7.35 时为酸中毒，高于 7.45 时为碱中毒。血液酸碱度的稳定主要依靠血液缓冲系统的调节作用，以及肺、肾的排泄功能来维持。

第二节 血 浆

一、血浆的化学成分及其生理功能

血浆是血液中的液体部分，约占全血容积的 55%。其主要成分包括水、血浆蛋白、无机盐、非蛋白含氮化合物、气体（如 O_2 和 CO_2）、代谢产物、激素等。这些成分构成了血浆的理化特性并决定了其生理功能。通过测定血浆的化学成分，可以反映机体内环境的变化及新陈代谢状况（表 13-1）。

表 13-1 血浆的主要化学成分及其生理功能

化学成分		特性 / 生理功能
水（91%～92%）		运输、调节体温
血浆蛋白（6%）	白蛋白（54%）	形成血浆胶体渗透压
	球蛋白（38%）	抗体、脂类与金属离子载体
	纤维蛋白原（7%）	凝血因子
	其他蛋白（1%）	酶、激素、凝血因子
无机盐（0.9%）	Na^+、K^+、Ca^{2+}、Mg^{2+}、Cl^-、HCO_3^-、SO_4^{2-}、HPO_4^-	形成血浆晶体渗透压，维持酸碱平衡和神经、肌肉兴奋性
非蛋白含氮化合物	氨基酸	蛋白质单位物质
	尿素	蛋白质降解产物
	肌酐	肌肉分解产物
	尿酸	核酸降解产物
气体	O_2、CO_2、N_2	O_2（血液运输）、CO_2（以碳酸氢盐形式运输）、N_2（物理溶解）
其他	葡萄糖、脂类、酮体、乳酸、维生素、激素	—

1. 水 既是营养物质又是代谢产物的运输工具，占血浆总量的 91%～92%。另外，水还能运输热量，参与体温调节。

2. 血浆蛋白 是血浆中多种蛋白质的总称，分为白蛋白、球蛋白和纤维蛋白原三类。正常成年人血浆蛋白总量为 65～85g/L。其中，白蛋白含量最高，为 40～48g/L，是构成血浆胶体渗透压的主要成分。球蛋白为 15 ～ 30g/L，白蛋白和球蛋白含量比值（A/G）为 1.5 ～ 2.5，白蛋白和大多数球蛋白由肝脏产生，肝脏发生疾病时，白 / 球比值下降。抗体大多为球蛋白，能与抗原（如细菌、病毒或异种蛋白）相结合，从而消灭致病物。另外，白蛋白、球蛋白还可与许多物质结合，在血液中发挥运输的功能。纤维蛋白原由肝脏合成，主要参与血液凝固，与前两种蛋白比较相对分子量最大，数量最少，为 2 ～ 4g/L。

3. 无机盐   血浆中的无机盐占血浆总量的 0.9%，主要以离子形式存在，其中以 Na^+、Cl^- 为主，还有 K^+、Ca^{2+}、HCO_3^-、HPO_4^- 等。无机盐在形成和维持血浆晶体渗透压、酸碱平衡及神经、肌肉正常兴奋性等方面发挥着重要作用。

4. 非蛋白含氮化合物   是血浆中除蛋白质以外的含氮化合物的总称，包括氨基酸、尿素、肌酐和尿酸等。非蛋白含氮化合物所含的氮量称非蛋白氮（NPN）。正常成年人血液中 NPN 含量为 14 ～ 25mmol/L。非蛋白含氮化合物是蛋白质和核酸的代谢产物，主要通过肾排出体外。临床上通过测定血浆 NPN 含量，可以了解蛋白质的代谢水平及肾脏的排泄功能。

5. 其他成分   血浆中还含有葡萄糖、脂类、酮体、乳酸、维生素和激素等有机化合物。另外，还有 O_2、CO_2 和 N_2 等气体分子。

二、血浆渗透压的形成及其生理作用

渗透现象是指被半透膜隔开的不同浓度溶液中，水分子从低浓度侧向高浓度侧扩散的现象。渗透现象发生的动力来自溶液所固有的渗透压。渗透压是指促使水分子通过半透膜进入溶液的扩散动力。渗透压是溶液的基本特性，其大小与溶液中所含溶质的颗粒数成正比，而与溶质的种类和颗粒大小无关。也就是说，溶质的颗粒数越多，溶液的渗透压就越大。

1. 血浆渗透压的形成   正常人的血浆渗透压约为 300mOsm/kg，相当于 5790mmHg。血浆渗透由两部分构成，一部分是由血浆中溶解的晶体物质，如 NaCl、葡萄糖和尿素等形成的晶体渗透压；另一部分是由血浆蛋白等大分子胶体物质形成的胶体渗透压。由于血浆中晶体物质的分子量小、颗粒数目多，所形成的晶体渗透压大，所以血浆渗透压主要来自晶体渗透压。而血浆蛋白分子量大、颗粒数目小，因此，所形成的胶体渗透压较小，一般不超过 1.3mOsm/kg（相当于 25mmHg）。

0.9% 氯化钠溶液（NaCl）或 5% 葡萄糖溶液为人体及哺乳动物的等渗溶液；高于血浆渗透压的溶液称为高渗溶液，低于血浆渗透压的溶液称为低渗溶液。

2. 血浆渗透压的生理作用   血浆渗透压具有吸引水分子通过半透膜的能力。由于细胞膜和毛细血管壁的通透性不同，血浆晶体渗透压和胶体渗透压表现出不同的生理作用。

（1）血浆晶体渗透压的生理作用：血浆中的小分子物质容易通过毛细血管壁，因此血浆与组织液的晶体渗透压相等。由于晶体物质绝大部分不易透过细胞膜，血浆晶体渗透压对维持细胞内外水平衡以及保持细胞正常形态和体积具有重要作用（图 13-2）。当细胞外液晶体渗透压升高时，细胞会发生脱水、皱缩；反之，细胞则会出现水肿，甚至破裂。皱缩或破裂的细胞均难以发挥正常功能。

（2）血浆胶体渗透压的生理作用：通常情况下，血管内血浆蛋白质的浓度高于组织液中的蛋白质浓度。由于蛋白质不易通过毛细血管壁，血管内外的胶体渗透压不相等，血浆胶体渗透压高于组织液渗透压。血浆胶体渗透压能够吸引组织液中的水分子进入毛细血管，从而维持血容量的相对稳定。血浆胶体渗透压对调节毛细血

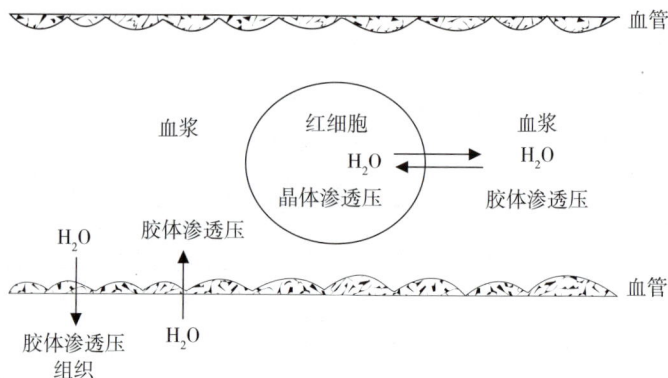

图 13-2   血浆渗透压示意图

管内外水平衡以及维持正常血容量具有重要作用。临床上，肝、肾等疾病引起的血浆蛋白降低可导致血浆胶体渗透压下降，使水分潴留于组织内，从而引发组织水肿和血容量减少。

考点与重点 血浆渗透压的形成及生理作用

第三节 血 细 胞

一、红 细 胞

1. 红细胞的数量与形态 红细胞是血液中数量最多的血细胞（表 13-2）。成熟的红细胞（red blood cell，RBC）呈双凹圆盘状，表面光滑，无细胞核，细胞质内亦无细胞器（图 13-3），但含有大量血红蛋白。正常成人血液中血红蛋白男性为 120 ～ 160g/L，女性为 110 ～ 150g/L。

表 13-2 血细胞分类和计数正常值

血细胞	正常值
红细胞	男性：（4.50 ～ 5.50）×10¹²/L 女性：（3.80 ～ 4.60）×10¹²/L
白细胞	（4.0 ～ 10.0）×10⁹/L
中性粒细胞	占白细胞总数的 50% ～ 70%
嗜酸性粒细胞	占白细胞总数的 0.5% ～ 3%
嗜碱性粒细胞	占白细胞总数的 0 ～ 1%
淋巴细胞	占白细胞总数的 20% ～ 40%
单核细胞	占白细胞总数的 3% ～ 8%
血小板	（100 ～ 300）×10⁹/L

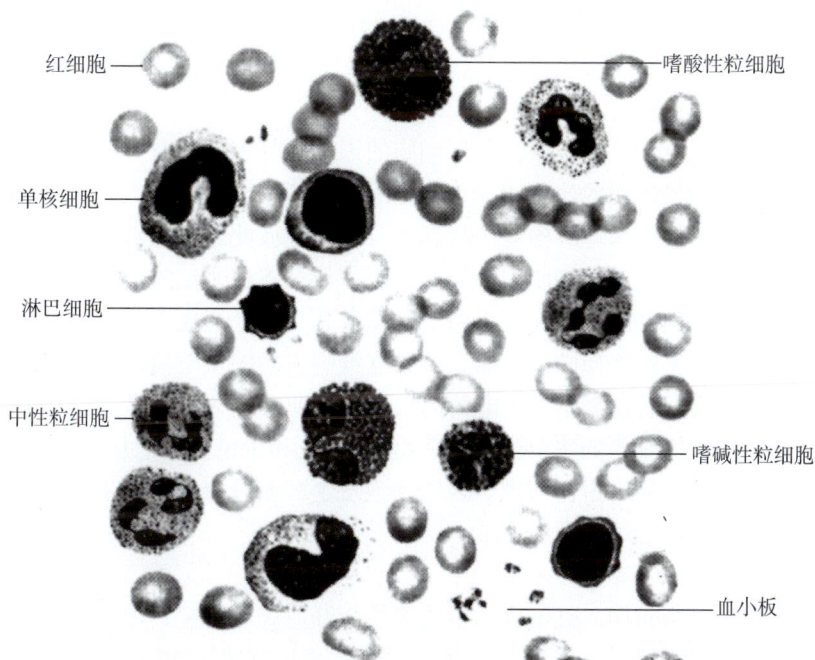

图 13-3 各种血细胞

2. 红细胞的生理特性

（1）红细胞的可塑变形性：红细胞在通过直径小于其自身的毛细血管和血窦孔隙时，能够改变形状，通过后恢复原状，此特性称为可塑变形性。红细胞的变形能力取决于其表面积与体积的比值，比值越大，变形能力越强。正常双凹圆盘状红细胞的变形能力优于异常球形红细胞，而衰老或受损红细胞的变形能力通常降低。

（2）红细胞的渗透脆性：红细胞在低渗溶液中发生膨胀破裂的特性称为渗透脆性。正常情况下，红细胞内的渗透压与血浆渗透压基本相等，因此红细胞在血液中能够维持正常的大小和形态。若将红细胞置于浓度递减的低渗 NaCl 溶液中，由于细胞内渗透压高于细胞外渗透压，水分会进入细胞内，导致红细胞膨胀甚至破裂，血红蛋白释放入溶液中，这一现象称为溶血。通常情况下，人的红细胞在 0.45% 的 NaCl 溶液中开始出现部分破裂；在 0.35% 或更低浓度的 NaCl 溶液中，红细胞则完全破裂。临床上将 0.45% ～ 0.35% 的 NaCl 溶液作为正常人红细胞的脆性范围。若红细胞在高于 0.45% 的 NaCl 溶液中即出现破裂，表明其脆性增大；反之，若在低于 0.35% 的 NaCl 溶液中才破裂，则表明脆性减小。

链接

渗透压在临床上的应用

在临床实践中，溶液根据其渗透压与血浆渗透压的关系被分为等渗溶液、高渗溶液或低渗溶液。例如，0.9% 的 NaCl 溶液和 5% 的葡萄糖溶液均为等渗溶液，其渗透压与血浆渗透压相等。对于需要接受大量输液治疗的患者，通常使用等渗溶液。

在临床上，通过调节机体局部组织或血液的渗透压，可以达到特定的治疗目的。例如，服用氯化铵可通过改变呼吸道分泌物的渗透压，稀释痰液以发挥化痰止咳的作用；口服大量硫酸镁可通过增加肠道内的渗透压，促进肠内容物排出以治疗便秘；快速静脉注射高浓度甘露醇可提高血浆渗透压，促使脑组织水分向血管内转移，从而有效减轻脑水肿。这些治疗方法充分体现了渗透压在临床实践中的重要性。

（3）红细胞的悬浮稳定性：红细胞能够相对稳定地悬浮在血浆中而不易下沉的特性，称为红细胞的悬浮稳定性。将加入抗凝剂的新鲜血液置于血沉管中垂直静置，由于红细胞的比重大于血浆，红细胞会逐渐下沉。在单位时间内红细胞下沉的距离称为红细胞沉降率（erythrocyte sedimentation rate，ESR），简称血沉。采用韦氏法检测时，正常成年男性血沉为 0 ～ 15mm/h，女性为 0 ～ 20mm/h。红细胞下沉速度越快，表明其悬浮稳定性越差。

红细胞能够相对稳定地悬浮于血浆中，与红细胞的形态及其表面带有负电荷的特性有关。正常的双凹圆盘形红细胞因其表面积与体积的比值较大，细胞间产生的摩擦力也较大，因此下沉缓慢。在某些疾病（如活动性肺结核、风湿热、恶性肿瘤等）状态下，红细胞彼此之间能够较快地以凹面相贴，这种现象称为红细胞叠连。红细胞叠连后，细胞团块的总表面积与总体积之比减小，摩擦力降低，导致血沉加快。决定红细胞叠连形成的主要因素是血浆蛋白的种类及其含量。当血浆中带正电荷的球蛋白、纤维蛋白原和胆固醇含量升高时，这些物质的正电荷会中和红细胞表面的负电荷，促使红细胞发生叠连，从而使红细胞沉降率加快；反之，若血浆中带负电荷的白蛋白和卵磷脂含量升高，则红细胞沉降率减慢。

3. 红细胞的生理功能　红细胞的主要生理功能是运输 O_2 和少量 CO_2，并对血液酸碱度起缓冲作用。这一功能主要通过红细胞中的血红蛋白实现。若红细胞发生溶血破裂，血红蛋白释放后，红细胞即丧失其运输功能。

4. 红细胞的生成与破坏

（1）红细胞的生成：胚胎时期，红细胞的生成部位为肝、脾和骨髓；出生后，造血功能主要由骨髓承担；成年后，仅扁骨、不规则骨及长骨近端骨骺的红骨髓具有造血功能。若骨髓造血功能因放射线、药物等理化因素受到抑制，可导致红细胞、白细胞和血小板生成均减少，称为再生障碍性贫血。

在红细胞生成过程中，铁和蛋白质是血红蛋白合成的主要原料。正常饮食可满足蛋白质需求，但若因某些原因导致蛋白质供给不足，可能引起红细胞生成减慢、寿命缩短，从而引发营养不良性贫血。成人每日需铁量为 20～30mg，其中 95% 来自衰老红细胞破坏后释放的铁，其余 5% 需通过饮食补充。长期慢性失血（如钩虫病）、婴幼儿生长发育期、孕妇及哺乳期妇女等群体对铁的需求量增加，若饮食中铁摄入不足，可导致小细胞低色素性贫血（缺铁性贫血）。

在红细胞发育成熟过程中，叶酸和维生素 B_{12} 是合成 DNA 前体物质所必需的辅酶。若叶酸或维生素 B_{12} 缺乏，可导致 DNA 合成减少，幼红细胞分裂增殖减慢，细胞体积增大，从而引发巨幼红细胞性贫血。饮食中的维生素 B_{12} 需与胃腺壁细胞分泌的内因子结合形成复合物，方能在回肠中被吸收。若内因子缺乏，同样可导致巨幼红细胞性贫血。

考点与重点 临床各类贫血的原因及防治

（2）红细胞的破坏：正常人红细胞的平均寿命约为 120 天。每天约有 1/120 的红细胞因衰老而被破坏。衰老的红细胞主要在脾、肝和骨髓中被巨噬细胞吞噬并清除。红细胞被吞噬后，血红蛋白分解，释放出铁、氨基酸和胆红素。其中，铁和氨基酸可被重新利用，而胆红素由肝排入胆汁，最后排出体外。脾是红细胞破坏的主要场所，脾功能亢进时，红细胞的破坏增加，可导致脾性贫血。

5. 红细胞生成的调节 红细胞的生成主要受促红细胞生成素和雄激素两种激素的调节。

（1）促红细胞生成素：是调节红细胞生成的主要因素，主要由肾合成，由肾球旁细胞分泌。促红细胞生成素能刺激红骨髓造血，并促进红细胞的分化和成熟。严重肾疾病时，促红细胞生成素合成不足，红细胞数量减少，临床上称为肾性贫血。

（2）雄激素：能直接刺激骨髓造血，同时促进肾释放促红细胞生成素，从而使红细胞生成增多。因此，成年男性的红细胞数量多于女性。

二、白 细 胞

1. 白细胞的计数和分类 白细胞无色，呈球形，有细胞核。正常成人血液中白细胞（white blood cell，WBC）计数为 $(4.0～10.0)×10^9/L$。白细胞可分为两类：细胞质中含有特殊颗粒的称为粒细胞；无特殊颗粒的称为无粒白细胞。粒细胞包括中性粒细胞、嗜酸性粒细胞和嗜碱性粒细胞；无粒白细胞包括淋巴细胞和单核细胞。

2. 白细胞的形态和生理功能

（1）中性粒细胞：占白细胞总数的 50%～70%，是数量最多的白细胞。细胞呈球形，核仁染色质呈团块状，形态多样：有的呈弯曲杆状，称为杆状核；有的呈分叶状，叶间有细丝相连，称为分叶核。分叶核多为 2～5 叶，正常人以 2～3 叶者居多。细胞核分叶数随细胞老化而增加。当机体受到细菌严重感染时，血液中杆状核与 2 叶核中性粒细胞增多，称为核左移；相反，当 4～5 叶核中性粒细胞增多时，称为核右移，表明骨髓造血功能障碍。细胞质一般呈粉红色，内含许多细小的淡紫色或淡红色颗粒，颗粒中含有溶菌酶等多种酶，可杀死侵入机体的细菌。

中性粒细胞的主要功能是吞噬细菌和异物。当细菌侵入或局部发生炎症时，中性粒细胞通过变形运动穿过毛细血管壁，大量聚集到病灶处，将细菌吞噬并在细胞内分解消化。中性粒细胞在吞噬细菌后自身也会死亡，成为脓细胞。

（2）嗜酸性粒细胞：占白细胞总数的 0.5%～3%。细胞呈球形，核常分为 2 叶。细胞质内充满粗大的嗜酸性颗粒，染色呈橘红色，颗粒内含有组胺酶等多种酶类物质。

嗜酸性粒细胞能够吞噬抗原抗体复合物，释放组胺酶以灭活组胺，从而减轻过敏反应。此外，嗜酸性粒细胞释放的某些酶类对寄生虫有很强的杀灭作用。因此，在过敏性疾病或寄生虫感染时，血液中嗜酸性粒细胞数量会增多。

（3）嗜碱性粒细胞：占白细胞总数的 0～1%，是数量最少的白细胞类型。细胞呈球形，细胞核分为 2～3 叶，呈"S"形或不规则形，着色较浅。细胞质内含有嗜碱性颗粒，染成紫蓝色，颗粒内含有肝素、组胺和过敏性慢反应物质等，参与过敏反应。嗜碱性粒细胞在组织中可存活约 10 天。

（4）淋巴细胞：占白细胞总数的 20%～30%。细胞呈圆形或椭圆形，大小不等，核呈圆形，染成深蓝色，占据细胞的大部分，细胞质较少。淋巴细胞可分为 T 淋巴细胞和 B 淋巴细胞两类，其主要功能是参与机体的特异性免疫应答。T 淋巴细胞主要参与细胞免疫，B 淋巴细胞主要参与体液免疫。

（5）单核细胞：占白细胞总数的 3%～8%，是体积最大的白细胞。细胞呈圆形，细胞核形态不规则，染色质细而松散，着色较浅，细胞质较多，染成灰蓝色。单核细胞由骨髓生成，进入血液时尚未完全成熟，吞噬能力较弱。2～3 天后进入组织，发育转变为巨噬细胞，其吞噬能力显著增强，可吞噬各种进入组织内的致病物和衰老死亡的细胞，并能识别和杀伤肿瘤细胞，同时参与激活淋巴细胞的特异性免疫功能。

考点与重点 白细胞的分类及其功能

3. 白细胞的生成与破坏

（1）白细胞的生成中性粒细胞、嗜酸性粒细胞、嗜碱性粒细胞共同起源于骨髓的造血干细胞。淋巴细胞和单核细胞主要在脾脏、淋巴结、胸腺及消化道管壁的淋巴组织中发育成熟。白细胞的生成需要蛋白质、叶酸、维生素 B_6 和维生素 B_{12} 等营养物质参与。

（2）白细胞的破坏：白细胞寿命差异显著，中性粒细胞在血液中仅停留 6～8 小时即进入组织，在组织中存活 1～3 天。单核细胞可存活数周至数月，部分淋巴细胞寿命可达数年。衰老的白细胞主要被肝、脾的巨噬细胞吞噬分解，少量通过消化道和呼吸道黏膜上皮脱落排出。

三、血 小 板

1. 血小板的形态和数量　血小板体积很小，正常时呈双面微凸的圆盘状，是从骨髓成熟的巨核细胞胞质裂解脱落下来的具有生物活性的小块胞质。血小板无细胞核，但有完整的细胞膜，胞质内含有多种细胞器。血小板的平均寿命为 7～14 天，但只有在进入血液后的前两天才具有生理功能。正常成年人血小板计数为（100～300）$\times 10^9$/L。

2. 血小板的生理特性

（1）黏附：当血管受损后，内皮下胶原暴露，血小板立即黏附于胶原纤维上。这种血小板与非血小板表面的黏着现象称为血小板黏附。血小板黏附是止血过程的起始步骤，若其功能受损，可能导致出血倾向。

（2）聚集：血小板彼此黏着的现象称为血小板聚集。血小板的聚集通常分为两个时相，即第一聚集时相和第二聚集时相。第一聚集时相发生迅速且可逆，可自行解聚；第二聚集时相发生缓慢且不可逆，一旦形成则不能解聚。

（3）释放：血小板受刺激后将贮存在其颗粒内的物质（如 5- 羟色胺、ADP、ATP、儿茶酚胺、Ca^{2+} 等）排出的现象称为血小板释放，也称血小板分泌。

（4）收缩：血小板具有收缩能力。血小板内的收缩蛋白发生收缩，可使血凝块回缩，从而堵塞血管破损处。

（5）吸附：血小板表面可吸附血浆中的多种凝血因子。当血管内皮破损时，随着血小板的黏附和聚集，局部凝血因子浓度升高，有利于血液凝固和生理性止血。

3. 血小板的生理功能

（1）维持血管内皮的完整性：血小板对毛细血管内皮细胞具有支持和营养作用，并能维持毛细血管的正常通透性。血小板可随时黏附并沉着于毛细血管壁上，填补内皮细胞脱落留下的空隙，与内皮细胞相互粘连融合，从而维持血管内皮的完整性。当血小板数量减少至 50×10^9/L 以下时，毛细血管壁的通透性和脆性增加，即使轻微创伤也可导致毛细血管破裂出血，表现为皮肤和黏膜下出现瘀点或紫癜。

（2）参与生理性止血与凝血：正常情况下，小血管破裂引起的出血可在数分钟内自行停止，这一现象称为生理性止血。其过程分为以下三个阶段：①血管收缩：小血管破裂后，损伤刺激通过神经反射引起局部血管收缩，同时血小板释放 5- 羟色胺等缩血管物质，进一步缩小或封闭血管破损处，形成暂时性止血效应；②血小板血栓形成：血小板迅速黏附并聚集于损伤部位，形成松软的白色血栓，初步堵塞血管破损处；③血液凝固：黏附聚集的血小板表面吸附大量凝血因子，激活凝血级联反应，最终形成纤维蛋白网并包裹血细胞构成凝血块。随后，血小板收缩蛋白使血块回缩，形成牢固的止血栓，完成有效止血。因此，生理性止血是血管收缩、血小板黏附聚集及血液凝固三者协同作用的结果。

> **考点与重点** 血小板的功能

第四节 血液凝固与纤维蛋白溶解

一、血液凝固

血液凝固是指血液由流动的液体状态转变为不能流动的凝胶状态的过程，简称凝血。血液凝固是一个复杂的酶促反应过程，其本质是将血浆中的可溶性纤维蛋白原转变为不溶性纤维蛋白。纤维蛋白交织成网，血细胞和其他血液成分被网罗其中，最终形成凝血块。血液凝固过程需要多种凝血因子和血小板的参与。

1. 凝血因子 血浆与组织中直接参与血液凝固的物质统称为凝血因子。目前，国际公认的凝血因子有 12 种，按照各凝血因子被发现的顺序，用罗马数字编号命名（表 13-3）。其中，因子Ⅵ是由因子Ⅴ活化而来，已被证实并非独立凝血因子，因此不再列入凝血因子体系。此外，前激肽释放酶、血小板磷脂（PF$_3$）等也参与凝血过程。

表 13-3 国际命名编号的凝血因子

凝血因子	中文习惯名称
Ⅰ	纤维蛋白原
Ⅱ	凝血酶原
Ⅲ	组织因子（组织凝血激酶）
Ⅳ	钙离子
Ⅴ	前加速素
Ⅶ	前转变素
Ⅷ	抗血友病因子
Ⅸ	血浆凝血激酶
Ⅹ	Stuart Porower 因子
Ⅺ	血浆凝血活酶前质
Ⅻ	接触因子
ⅩⅢ	纤维蛋白稳定因子

凝血因子的化学本质，除因子Ⅳ是 Ca^{2+} 外，其余均为蛋白质，而且大多数因子都是以无活性的酶原形式存在，只有在激活情况下，才具有酶的活性。习惯上在凝血因子代号的右下角加 "a" 以表示 "活化型" 凝血因子，如因子Ⅱ被激活为因子Ⅱ$_a$。此外，因子Ⅲ由组织细胞释放，又称组织因子，其余凝血因子均存在于血浆中。这些因子大多数在肝脏合成，其中，因子Ⅱ、Ⅶ、Ⅸ、Ⅹ的生成需要维生素

K 的参与，当肝脏病变或维生素 K 缺乏时，凝血因子合成障碍，引起凝血功能异常。

2. 血液凝固过程　血液凝固的基本过程分为三个步骤，即凝血酶原激活物的形成、凝血酶的形成和纤维蛋白的形成。

（1）凝血酶原激活物的形成：凝血酶原激活物是由因子 X_a、V_a、Ca^{2+} 和 PF_3 共同形成的，其中，关键因子是因子 X。按照因子 X 的激活途径和参与凝血因子的不同，可分为内源性凝血途径和外源性凝血途径（图 13-4）。

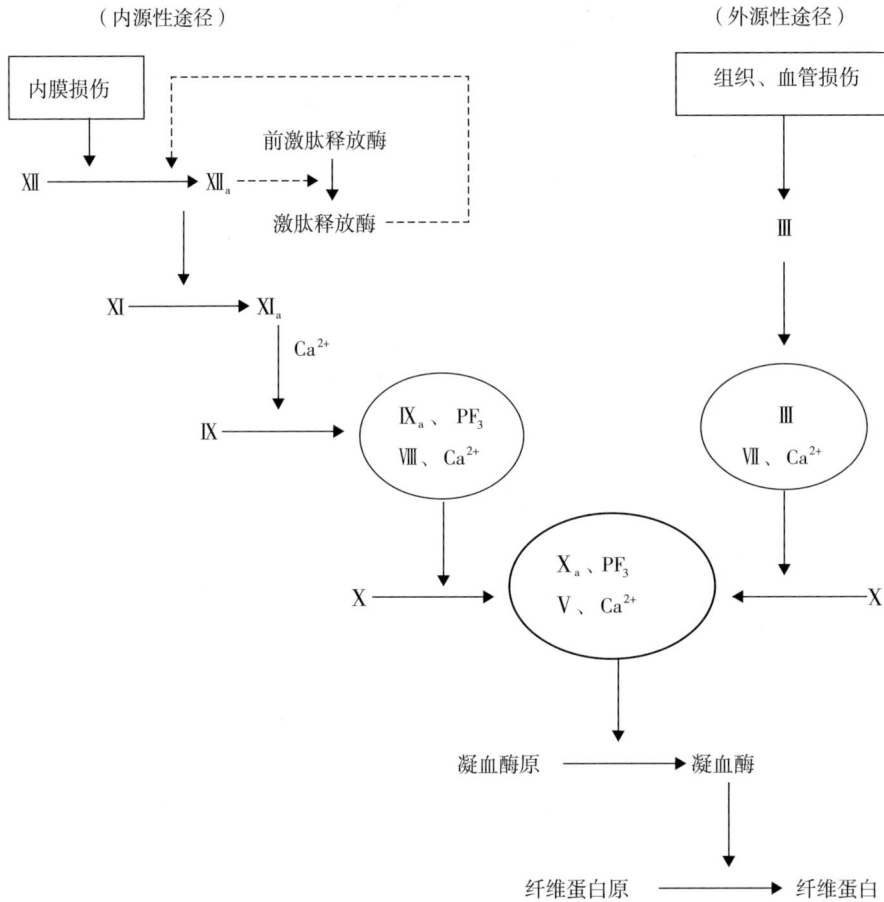

图 13-4　血液凝固过程示意图

1）内源性凝血途径：内源性凝血途径是指参与凝血的因子全部来自血液。当血管内膜受损时，内膜下胶原纤维暴露，或有带有负电荷的异物附着，因子 Ⅻ 与之结合并被激活为因子 $Ⅻ_a$，$Ⅻ_a$ 激活因子 Ⅺ 为因子 $Ⅺ_a$。此外，因子 $Ⅻ_a$ 还能激活前激肽释放酶为激肽释放酶；激肽释放酶发挥正反馈作用，反过来激活因子 Ⅻ，形成更多的 $Ⅻ_a$。因子 $Ⅺ_a$ 在有 Ca^{2+} 存在下可激活因子 Ⅸ，因子 $Ⅸ_a$ 与因子 Ⅷ、Ca^{2+} 在血小板磷脂表面结合成复合物，共同激活因子 X，生成因子 X_a。在此激活过程中，因子 Ⅷ 本身不能激活因子 X，但可使因子 $Ⅸ_a$ 对因子 X 的激活速度提高。如果因子 Ⅷ 缺乏，患者凝血过程将非常缓慢，轻微外伤即可引起出血不止，临床称为血友病。

2）外源性凝血途径：由存在于血液之外的组织因子与血液接触而启动的凝血过程，称为外源性凝血途径，又称组织因子途径。在生理情况下，血细胞和内皮细胞不表达组织因子。只有当血管损伤时，组织细胞释放组织因子进入血管，与血浆中的 Ca^{2+} 和因子 Ⅶ 共同组成复合物，在血小板磷脂和 Ca^{2+} 存在下迅速激活因子 X 为因子 X_a。

（2）凝血酶的形成：因子 X_a 与因子 V、Ca^{2+} 在血小板磷脂表面结合成凝血酶原激活物，血浆中的凝血酶原可快速被激活成凝血酶。复合物中的因子 V 是辅因子，因子 V 不能激活凝血酶原，但可使因子

X_a 对凝血酶原激活的速度大大提高。

（3）纤维蛋白的形成：凝血酶能催化纤维蛋白原分解，促使纤维蛋白原转变为纤维蛋白单体。在 Ca^{2+} 参与下，凝血酶还能激活因子 XⅢ，被激活的 XⅢ$_a$ 能使纤维蛋白单体相互联结，形成不溶于水的纤维蛋白多聚体，即纤维蛋白。相互联结的纤维蛋白交织成网，网罗血细胞形成凝血块。当凝血块形成 1 小时后，其中的血小板收缩蛋白收缩，凝血块变小、变硬，表面析出淡黄色的液体，称为血清。

考点与重点 血液凝固的过程

3. 抗凝系统　正常情况下，血液在血管中一般不会发生凝血，主要原因如下：①血管内皮光滑完整，可避免凝血系统的激活和血小板的活化。②血流速度快，血小板不易黏附聚集；即使少量凝血因子被激活，也会被血流冲走并稀释，随后在肝、脾等处被巨噬细胞吞噬破坏。③血液中存在抗凝血物质。

血液中的抗凝物质主要包括抗凝血酶Ⅲ和肝素。抗凝血酶Ⅲ由肝脏和血管内皮细胞产生，能够通过与凝血酶及凝血因子结合而抑制其活性。肝素可与抗凝血酶Ⅲ结合，显著增强抗凝血酶Ⅲ的抗凝作用。

二、纤维蛋白溶解

正常情况下，组织损伤后形成的止血栓会逐步溶解，从而维持血管通畅并促进受损组织的再生与修复。纤维蛋白被分解液化的过程称为纤维蛋白溶解（简称纤溶）。纤溶系统主要包括纤维蛋白溶解酶原、纤溶酶、纤溶酶原激活物和纤溶抑制物。

1. 纤维蛋白溶解过程　纤溶过程可分为两个基本阶段：纤溶酶原的激活阶段以及纤维蛋白（或纤维蛋白原）的降解阶段（图 13-5）。

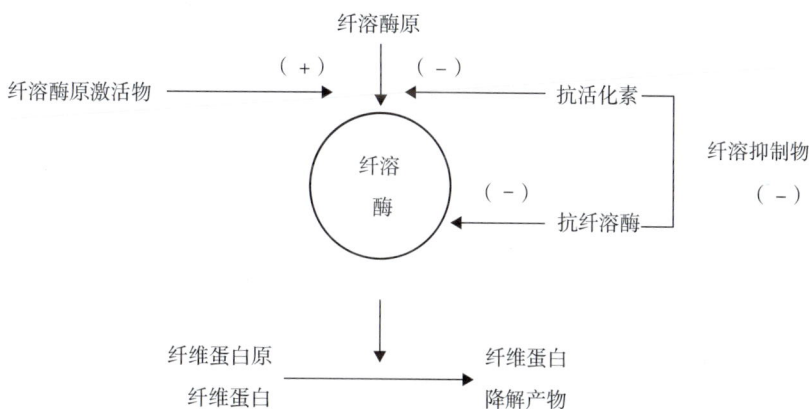

图 13-5　纤维蛋白溶解系统激活与抑制示意图

（1）纤溶酶原的激活：纤溶酶原是血浆中的一种单链 β 球蛋白。在各类激活物的作用下，纤溶酶原可被激活为具有催化活性的纤溶酶。体内主要存在两类纤溶酶原激活物：①血管内激活物：由血管内皮细胞合成并释放；②组织激活物：组织损伤时释放，其中子宫、前列腺、甲状腺、肾上腺、淋巴结、卵巢和肺等器官含量最为丰富。因此，这些器官手术后易发生渗血现象，以及女性月经血通常不凝固的特性，均与这些组织中富含组织激活物有关。此外，血液凝固过程启动后，活化的 XⅡa 因子（F XⅡ a）可通过激活激肽释放酶而启动纤溶过程，该机制对维持血液凝固与纤维蛋白溶解之间的动态平衡具有重要意义。

（2）纤维蛋白的降解：纤溶酶是一种高活性蛋白酶，能够特异性水解纤维蛋白和纤维蛋白原，将其降解为可溶性小肽，这些产物统称为纤维蛋白降解产物（fibrinogen degradation products，FDP）。作为血浆中活性最强的蛋白酶，纤溶酶的主要作用底物为纤维蛋白和纤维蛋白原，但其特异性相对较低，除主要降解上述两种蛋白外，对多种凝血因子（如 F Ⅴ、F Ⅷ等）及补体成分也有一定降解作用。因此，纤溶酶同时具有显著的抗凝血功能。

2.纤溶抑制物　血浆中存在多种抑制纤维蛋白溶解的物质，统称为纤溶抑制物。根据其作用机制，纤溶抑制物可分为两类：一类是抗活化素，能够抑制纤溶酶原的激活；另一类是抗纤溶酶，通过与纤溶酶结合形成复合物，从而使其失活。

链接

血液凝固的加速与抗凝

在临床实践中，医务人员常采取一些措施来加速或阻止血液凝固，以满足手术止血或血液检测的需求。进行外科手术时，常使用温热的盐水纱布和凝胶海绵进行局部压迫。这种方法不仅能通过提升温度来增强凝血酶的活性，还能在伤口处形成异物表面，促进凝血因子Ⅻ的激活及血小板的黏附和聚集，从而加速血液凝固，有效控制出血。手术前，通过注射维生素 K 可以促进肝脏合成凝血因子，为手术做好准备；术后，使用抗纤溶药物（如氨甲环酸）能有效抑制纤维蛋白溶解，进一步防止术后出血。在进行血液检验或输血时，为确保血液保持液态，通常会在血液样本中加入适量抗凝剂。枸橼酸钠是临床上常用的抗凝剂之一，它能与血液中的钙离子结合形成可溶性络合物，从而阻断凝血级联反应。此外，肝素作为一种高效抗凝剂，可通过激活抗凝血酶Ⅲ而广泛应用于体内外抗凝治疗，能有效预防血栓形成。

第五节　血型和输血

案例

患者因车祸导致大出血，必须进行大量输血。检测其血型时发现，患者的红细胞可与 B 型血的血清发生凝集反应，且患者的血清可与 A 型血的红细胞发生凝集反应。

问题： 1.该患者可能是什么血型？在给大出血患者输血时需要遵循什么原则？
　　　　2.ABO 血型系统分型依据是什么？

输血是抢救急性大失血和治疗某些疾病（如严重贫血或严重感染）的有效手段。但是，并非所有人的血液都可以相互输注，输血受血型的限制。

血型是指血细胞膜上特异性抗原的类型，临床上通常指红细胞膜上特异性抗原的类型。迄今发现的红细胞血型系统有数十种，其中与临床实践关系最为密切的是 ABO 血型系统和 Rh 血型系统。

一、ABO 血型系统

（一）ABO 血型系统的抗原和抗体及其分型依据

ABO 血型系统中，红细胞膜上存在两种不同的抗原，即 A 抗原和 B 抗原。根据红细胞膜上抗原的有无，将血液分为 4 种类型：红细胞膜上仅含 A 抗原者为 A 型；仅含 B 抗原者为 B 型；同时含有 A 与 B 两种抗原者为 AB 型；两种抗原均不含有者为 O 型。人类血清中含有与抗原相对应的两种天然抗体，即抗 A 抗体（α 凝集素）和抗 B 抗体（β 凝集素）。不同血型的血清中存在特异性抗体分布规律：A 型血清含抗 B 抗体；B 型血清含抗 A 抗体；O 型血清含抗 A 和抗 B 抗体；AB 型血清不含这两种抗体（表 13-4）。需特别强调的是，血清中不会含有与自身红细胞抗原相对应的抗体。

表 13-4 ABO 血型系统的抗原和抗体

血型	凝集原（抗原）	凝集素（抗体）
A	A	抗 B
B	B	抗 A
AB	A 和 B	无抗 A 和抗 B
O	无 A 和 B	抗 A 和抗 B

考点与重点 ABO 血型分型依据

医者仁心

从血型的发现中淬炼医者初心

　　1900 年，奥地利病理学家卡尔·兰德施泰纳以科学精神为引领，通过严谨的实验研究揭示了血型的奥秘。他采用同事的血液样本进行交叉混合实验，观察到红细胞与血浆间特异性凝集反应，据此首次提出 A、B、O 三型血型分类系统，为临床输血安全奠定了科学基础。1902 年，其研究团队在后续实验中发现了 AB 型血的存在，使血型分类体系更趋完善。1927 年，该分类系统经国际医学界确认，现代 ABO 血型系统正式确立。因在血型研究领域的开创性贡献，兰德施泰纳于 1930 年被授予诺贝尔生理学或医学奖。这一科学发现历程既展现了实证研究的价值，更启示我们，在医学研究中应当坚持严谨求实的科学态度，发扬开拓创新精神，为促进人类健康事业发展不懈努力。

（二）交叉配血试验与输血原则

　　当含有 A 抗原的红细胞与含有抗 A 抗体的血清相遇，或含有 B 抗原的红细胞与含有抗 B 抗体的血清相遇时，在体外会发生红细胞凝集成团的现象，称为凝集反应。此时，血型抗原和血型抗体分别被称为凝集原（抗原）和凝集素（抗体）；若在体内发生此类反应，则会导致溶血反应。因此，同型输血是避免输血过程中发生溶血反应的根本原则。

　　ABO 血型系统存在多个亚型。为避免亚型间发生凝集反应，即使进行同型输血，也必须实施交叉配血试验。

　　交叉配血试验分为主侧试验与次侧试验：①主侧试验：将供血者的红细胞与受血者的血清进行混合试验；②次侧试验：将受血者的红细胞与供血者的血清进行混合试验（图 13-6）。

　　根据试验结果可分为以下三种情况。

　　1.配血不合：主侧出现凝集反应即为配血不合，绝对禁止输血。

　　2.配血相合：主侧与次侧均无凝集反应，表明配血相合，可以输血。此时供血者与受血者为同型血。

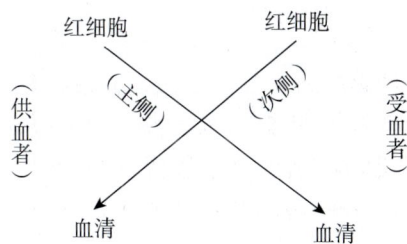

图 13-6 交叉配血试验示意图

　　3.配血基本相合：主侧无凝集反应而次侧出现凝集反应。仅在紧急情况下可少量输血（少于 300mL），且需缓慢输注并密切观察有无输血反应。若出现反应，应立即停止输血。

　　异型输血时需重点监测主侧凝集反应。因输血量少且速度缓慢，供血者血浆中的抗体会被受血者血液大量稀释，导致抗体浓度降低，从而显著减少与受血者红细胞发生凝集反应的风险。需注意的是，O 型血红细胞膜上无 A、B 抗原；AB 型血浆中不含抗 A 和抗 B 抗体。

考点与重点 输血原则

成分输血

随着医疗技术和科学的飞速发展，血液成分分离技术的普及与进步，以及成分血质量的持续提高，输血治疗已从传统的全血输注转变为更为精准的成分输血。该方法通过从血液中分离出高纯度或高浓度的特定成分（如红细胞、粒细胞、血小板及血浆），并根据患者的具体需求进行个性化输注。成分输血不仅提高了治疗的精准性和有效性，降低了不良反应的发生风险，还显著促进了血液资源的合理利用与保存。

二、Rh 血型系统

Rh 因子是人类红细胞膜上存在的另一类抗原，最初在恒河猴（Rhesus monkey）的红细胞上被发现，因此该血型系统被命名为 Rh 血型系统。现已发现多种 Rh 抗原，其中与临床关系密切的是 C、c、D、E、e 五种抗原，其中 D 抗原的抗原性最强。医学上通常将红细胞膜上含有 D 抗原者称为 Rh 阳性，无 D 抗原者称为 Rh 阴性。Rh 血型系统的特点是血清中不存在抗 Rh 的天然抗体，但 Rh 阴性者在接受 D 抗原刺激后可以产生抗 D 抗体。

Rh 阴性者第一次接受 Rh 阳性血液输血时，一般不产生明显的反应；但在第二次或多次输入 Rh 阳性血液时，即可发生红细胞凝集反应而导致溶血。此外，由于 Rh 系统的抗体主要是 IgG，其分子较小，能够透过胎盘。当 Rh 阴性的母亲孕育 Rh 阳性血型的胎儿时，在分娩过程中，胎儿的红细胞或 D 抗原可能进入母体，刺激母体产生抗 D 抗体。若母亲再次孕育 Rh 阳性血型的胎儿，抗 D 抗体可通过胎盘进入胎儿体内，与胎儿红细胞膜上的 D 抗原发生凝集反应，从而引起胎儿死亡或新生儿溶血。已产生抗 D 抗体的妇女若接受 Rh 阳性供血者的血液，也会发生凝集反应。因此，对 Rh 阴性者的输血及多次妊娠的妇女应予以特别重视。

珍贵的脐带血

脐带血是胎儿娩出、脐带结扎并离断后残留在胎盘和脐带中的血液。科学研究表明，脐带血中富含具有重建人体造血及免疫系统功能的造血干细胞，其含量相当于成人骨髓的 1/5 ～ 1/3，或为外周血造血干细胞数量的 12 ～ 16 倍。脐带血可用于造血干细胞移植，治疗多种血液系统疾病和免疫系统疾病，包括血液系统恶性肿瘤（如急性白血病、慢性白血病、多发性骨髓瘤）、骨髓造血功能衰竭（如再生障碍性贫血）等。因此，脐带血已成为造血干细胞的重要来源。

❓ 思 考 题

1. 简述血浆晶体渗透压和胶体渗透压的形成及其生理意义。
2. 阐述血小板在生理止血中的重要作用。
3. 说明血型与输血的关系，以及交叉配血试验及其结果分析。

本章数字资源

第十四章 血 液 循 环

📋 案例

王某，男，48岁，高血压病史10年，间断服用降压药物治疗。1天前因情绪激动后出现头痛、头晕症状加重，自行服用降压药物效果不佳，遂入院就诊。体格检查结果：体温（T）36.7℃，脉搏（P）每分钟96次，呼吸频率（R）每分钟18次，血压（BP）185/110mmHg，身高175cm，体重85kg。经临床诊断为原发性高血压。

问题：1. 高血压的诊断标准是什么？
　　　2. 影响动脉血压的因素有哪些？

第一节 心 脏 生 理

心血管系统是由心脏和血管组成的封闭循环系统，其主要功能是推动血液在全身循环流动，从而保证机体代谢活动的正常进行。血液在心血管系统中沿固定方向周而复始地流动，称为血液循环。在此过程中，心脏通过节律性的收缩与舒张运动，在心脏瓣膜的导向作用下，持续推动血液沿血管定向流动。其中，心脏是血液循环的动力器官，血管是输送血液的管道系统。

一、心肌细胞的生物电现象

心脏的舒缩活动是以心肌细胞的生物电现象为基础的。心肌细胞可分为两类：一类是普通的心肌细胞，包括心房肌细胞和心室肌细胞，具有收缩功能，称为工作细胞或非自律细胞；另一类是特殊分化的心肌细胞，具有自动产生节律性兴奋的能力，称为自律细胞，它们构成了心脏的特殊传导系统。这两类细胞的生物电现象各不相同，简要介绍如下。

1. 心室肌细胞的生物电现象　心室肌细胞的电活动分为静息电位和动作电位，其静息电位约为 $-90mV$，产生机制与神经纤维基本相同，主要是由 K^+ 外流形成的电 - 化学平衡电位。心室肌细胞的动作电位较为复杂，持续时间较长，可分为5个时期或两个过程，即去极化过程的0期和复极化过程的1、2、3、4期（图14-1、表14-1）。

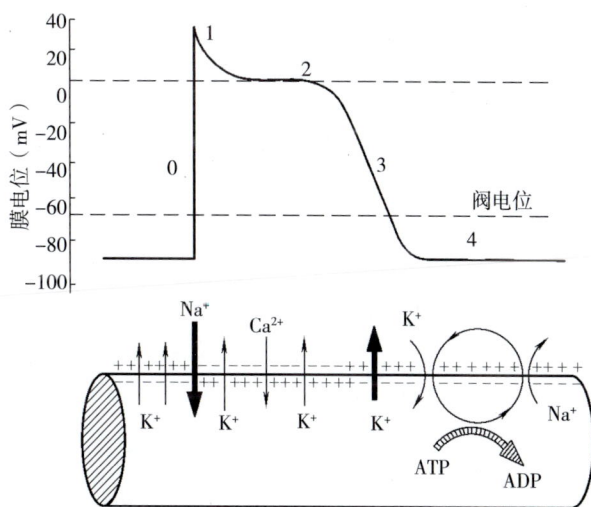

图14-1　心室肌细胞动作电位与离子转运

表 14-1　心室肌细胞动作电位分期

	分期	离子流方向	电流	时间（ms）
	去极化过程（0 期）	Na^+ 内流	90mV → +30mV	1 ～ 2
复极化过程	1 期（快速复极化初期）	K^+ 快速外流	+30mV → 0mV	10
	2 期（缓慢复极化期或平台期）	Ca^{2+} 内流，K^+ 外流	保持在 0mV 水平	100 ～ 150
	3 期（快速复极化末期）	K^+ 快速外流	0mV → -90mV	100 ～ 150
	4 期（静息期）	Na^+、Ca^{2+} 泵出细胞外，K^+ 泵入细胞内	保持 -90mV 水平	

（1）0 期（去极化过程）：此期与神经纤维的去极化过程相似。心室肌细胞在刺激作用下，膜内电位从静息时的 -90mV 去极化到阈电位 -70mV 时，膜上 Na^+ 通道开放，Na^+ 内流，膜内电位迅速上升到 +30mV 左右，呈反极化状态。

（2）1 期（快速复极化初期）：膜上 Na^+ 通道关闭，K^+ 通道开放，K^+ 外流，膜内电位快速下降至 0mV 左右。

（3）2 期（缓慢复极化期或平台期）：由于肌膜上 Ca^{2+} 通道开放，Ca^{2+} 内流，与 K^+ 外流处于一个相对平衡的状态，使复极化过程变得非常缓慢，膜内电位基本停滞在 0mV 水平，记录的波形比较平坦，称为平台期。平台期是心室肌细胞动作电位持续时间长的主要原因，也是心室肌细胞动作电位的主要特征。

（4）3 期（快速复极化末期）：由于 Ca^{2+} 通道关闭，Ca^{2+} 内流停止，K^+ 快速外流，膜内电位由 0mV 快速复极到 -90mV 静息电位水平。

（5）4 期（静息期）：即恢复期。膜电位虽然已恢复到静息电位水平，但细胞内外原有的离子浓度已有所改变，这种变化激活了膜上的钠 - 钾泵和钙泵，将 Na^+ 和 Ca^{2+} 排出细胞外，同时将 K^+ 摄入细胞内，从而使细胞内外离子浓度恢复正常。

考点与重点　心室肌细胞动作电位分期及形成机制

链接

心室肌细胞动作电位助记口诀

心电有特点，五期两过程。
0 期内流钠，1 期外流钾；
2 期有平台，钙内钾向外；
3 期钾外流，4 期全恢复。

2. 窦房结等自律细胞的生物电特点　自律细胞动作电位 4 期的膜电位不稳定，会发生缓慢的自动去极化。当去极化达到阈电位水平时，即可产生一次新的动作电位。这种现象周而复始，使动作电位不断发生。4 期自动去极化是形成自动节律性的基础，也是自律细胞与非自律细胞生物电现象的主要区别（图 14-2）。

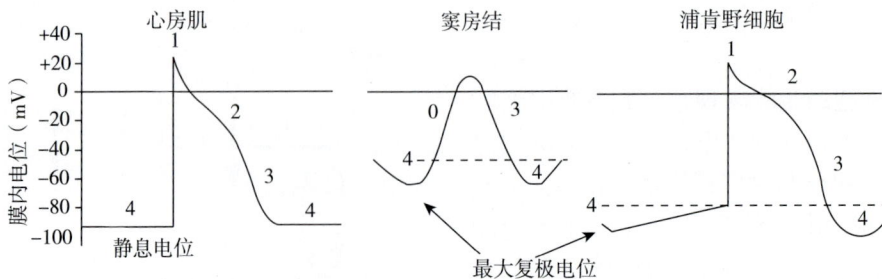

图 14-2　心房肌、窦房结和浦肯野细胞的生物电现象

考点与重点　自律细胞生物电的特点

二、心肌的生理特性

心肌具有自律性、传导性、兴奋性和收缩性等生理特性。其中，前三者是以心肌细胞生物电活动为基础的，属于心肌的电生理特性；而收缩性则属于心肌的机械特性。

考点与重点 心肌的生理特性

（一）自动节律性

心肌细胞在没有外来刺激的条件下，能够自动产生节律性兴奋的特性，称为自动节律性，简称自律性。心肌的自律性来源于自律细胞，但各部分自律细胞的自律性高低存在差异。生理学上通常以每分钟兴奋频率作为衡量自律性高低的指标。其中，窦房结的自律性最高（每分钟约 100 次）；房室结次之（每分钟约 50 次）；浦肯野纤维的自律性最低（每分钟 20 ~ 40 次）。正常心脏的节律活动由自律性最高的窦房结主导，因此窦房结是心脏的正常起搏点。由窦房结控制的心跳节律称为窦性心律。其他自律细胞在正常情况下不表现其自律性，称为潜在起搏点。当窦房结功能异常时，潜在起搏点可发挥起搏作用。若潜在起搏点自律性异常增高，或窦房结自律性显著降低/传导阻滞时，潜在起搏点可能成为异位起搏点，此时产生的心律称为异位心律。

考点与重点 心脏的正常起搏点

（二）传导性

心肌细胞传导兴奋的能力称为传导性。正常情况下，窦房结产生的兴奋通过心房肌直接传导至左右心房，引起心房同步兴奋收缩；同时兴奋经优势传导通路快速传至房室结，再依次通过房室束、左右束支和浦肯野纤维网传导至心室肌，引发心室兴奋。房室结是心房与心室间兴奋传导的唯一通路，其传导速度最慢，形成明显的房室延搁现象。这一现象具有重要生理意义，它确保心室收缩始于心房收缩完成之后，从而保证心室有足够的充盈时间和有效的射血功能。

考点与重点 房室延搁及其生理意义

（三）兴奋性

心肌细胞对刺激发生反应的能力或特性，称为兴奋性。心肌细胞在一次兴奋过程中，兴奋性会发生周期性变化（图 14-3、图 14-4）。

1. 有效不应期 从去极化开始，经 0、1、2、3 期复极化至 -60mV 的这段时期内，心肌细胞对任何刺激都不能产生动作电位，称为有效不应期，说明此期内心肌兴奋性已消失。

2. 相对不应期 复极化从 -60mV 到 -80mV 期间，只有给予阈上刺激，细胞才能产生动作电位，说明此期内心肌兴奋性有所恢复，但仍低于正常水平。所以，这一时期被称为相对不应期。

3. 超常期 复极化从 -80mV 到 -90mV 期间，此时膜电位和阈电位之间的差距很小，即使给予阈下刺激也能引起动作电位，称为超常期。

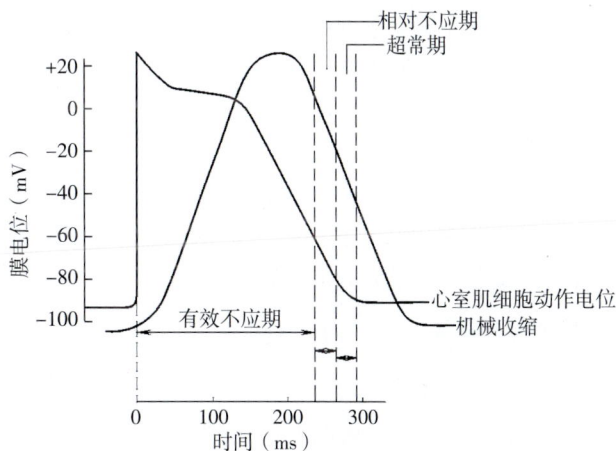

图 14-3 心室肌兴奋性的周期性变化及其与机械收缩的关系

说明此期内心肌兴奋性高于正常。

与骨骼肌相比，心室肌动作电位时长和不应期特别长，有效不应期一直持续到心肌收缩活动的舒张早期。这一特点可以使心肌不发生完全强直收缩，总是保持着收缩和舒张交替进行的节律性活动，保证心脏泵血功能的正常进行。

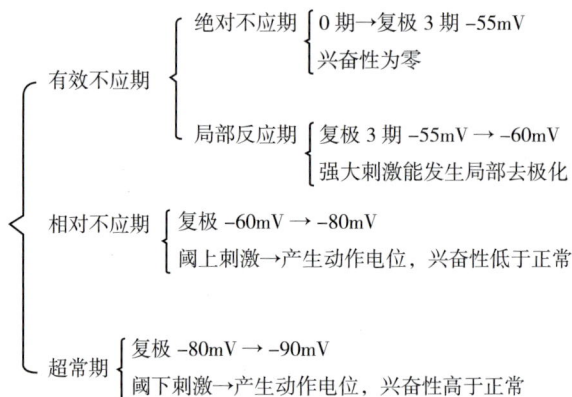

$$
\begin{cases}
\text{有效不应期}
\begin{cases}
\text{绝对不应期}
\begin{cases}
\text{0 期→复极 3 期 } -55\text{mV} \\
\text{兴奋性为零}
\end{cases} \\
\text{局部反应期}
\begin{cases}
\text{复极 3 期 } -55\text{mV} \rightarrow -60\text{mV} \\
\text{强大刺激能发生局部去极化}
\end{cases}
\end{cases} \\
\text{相对不应期}
\begin{cases}
\text{复极 } -60\text{mV} \rightarrow -80\text{mV} \\
\text{阈上刺激→产生动作电位，兴奋性低于正常}
\end{cases} \\
\text{超常期}
\begin{cases}
\text{复极 } -80\text{mV} \rightarrow -90\text{mV} \\
\text{阈下刺激→产生动作电位，兴奋性高于正常}
\end{cases}
\end{cases}
$$

图 14-4　心肌兴奋性的周期性变化概括

链接

期前收缩与代偿间歇

正常情况下，心脏按照窦房结发出的冲动进行节律性活动。如果在心室肌细胞的有效不应期之后、相对不应期或超常期内，即下一次窦房结冲动传来之前，心室肌受到人工刺激或异位起搏点传来的刺激，则可提前产生一次兴奋和收缩，称为期前收缩（早搏）。与正常收缩一样，期前收缩也存在有效不应期。当期前收缩发生后，来自窦房结的正常冲动若恰好落在期前收缩的有效不应期内，则不能引起心肌收缩，需等待窦房结再次传来兴奋才能产生收缩。因此，在期前收缩之后常常会出现一个较长的心室舒张期，称为代偿间歇。期前收缩与代偿间歇是临床上常见的异位心律现象。

（四）收缩性

心肌细胞与骨骼肌细胞的收缩原理基本相同，但心肌收缩有其自身的特点。

1. 不发生完全强直收缩　心肌细胞由于有效不应期特别长，相当于整个收缩期和舒张早期，因此不会发生完全强直收缩。

2. 同步收缩　由于心肌细胞间存在闰盘连接而形成功能性合胞体，且心脏传导系统传导速度快，兴奋几乎同时到达所有心房肌或心室肌细胞，从而引起心房或心室的同步收缩。

3. 对细胞外液 Ca^{2+} 依赖性较大　心肌细胞的肌质网不如骨骼肌发达，储存的 Ca^{2+} 较少，因此心肌的兴奋 – 收缩耦联在很大程度上依赖于细胞外液的 Ca^{2+}。当细胞外液中 Ca^{2+} 浓度升高时，心肌收缩力增强；反之，则心肌收缩力减弱。

考点与重点　心肌收缩的特点

（五）理化因素对心肌特性的影响

1. 温度　在一定范围内，体温升高时心率加快，体温降低时心率减慢。一般情况下，体温每升高 1℃，心率每分钟约增加 10 次。

2. 酸碱度 血液 pH 值降低时，心肌收缩力减弱；pH 值升高时，心肌收缩力增强，但舒张功能可能受限。

3. 主要离子对心肌的影响 K^+ 对心肌细胞具有抑制作用。血 K^+ 浓度升高时，心肌的自律性、传导性和收缩性均降低，表现为心率减慢、传导阻滞、心肌收缩力减弱，严重时可导致心脏活动停滞于舒张状态。血 K^+ 浓度降低时，心肌的自律性和收缩性增强，但传导性降低，易诱发异位心律。由于 K^+ 对心肌细胞具有抑制作用，因此临床上给患者补 K^+ 时，必须稀释（浓度低于 0.3%）后缓慢静脉滴注。

Ca^{2+} 可增强心肌收缩力。血 Ca^{2+} 浓度升高时，心肌收缩力增强；血 Ca^{2+} 浓度降低时，心肌收缩力减弱。

三、心脏的泵血功能

心脏的功能与其结构相适应。心脏肌肉发达，因而能够强有力地收缩，如同水泵一般将血液泵至全身。即使人体处于倒立状态，血液仍可向上流动至足趾。下面将分析心脏泵血功能的原理。

1. 心动周期 心脏的一次收缩和舒张构成一个机械活动周期，称为心动周期。心率是指每分钟心跳的次数。安静状态下，正常成年人的心率为 60～100 次 / 分。若心率为 75 次 / 分，则每个心动周期持续 0.8 秒，其中心房收缩期为 0.1 秒，舒张期为 0.7 秒。心房收缩时，心室处于舒张期。心房收缩期结束后，左、右心室随即同步收缩，持续 0.3 秒，心室舒张期为 0.5 秒。在心室舒张期的前 0.4 秒，心房也处于舒张状态，此时期称为全心舒张期。随后心房再次收缩，进入下一个心动周期（图 14-5）。由此可见，无论是心房还是心室，其舒张期均长于收缩期。当心率加快时，心动周期缩短，收缩期和舒张期均相应缩短，但舒张期缩短更为明显。心率过快时，心肌休息时间相对减少，这对心脏的持久活动十分不利。由于心室在心脏泵血过程中起主要作用，因此可将心室作为分析心脏泵血过程的基本单位。

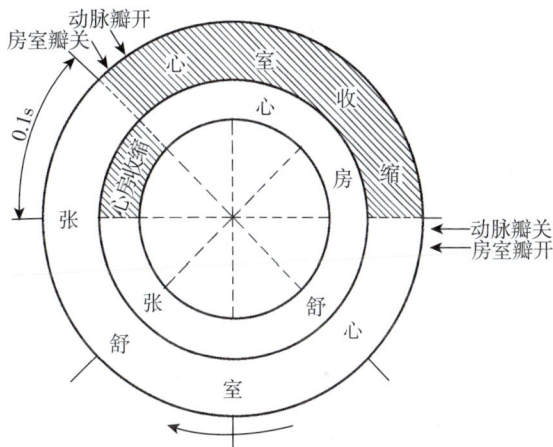

图 14-5 心动周期示意图

考点与重点 心动周期和心率的概念

2. 心脏的泵血过程 心脏泵血功能的完成主要取决于两个因素：（1）心脏节律性收缩和舒张造成心室和心房以及动脉之间的压力差，形成推动血液流动的动力；（2）心脏内 4 套瓣膜的启闭控制着血流的方向（图 14-6、表 14-2）。

（1）心室收缩与射血过程：心动周期是从心房收缩开始。但是，泵血功能主要是靠心室完成。下面从心室收缩开始分析其泵血过程：

1）等容收缩期：心室开始收缩，室内压迅速升高，很快超过房内压，房室瓣关闭，阻止血液倒流。这时室内压低于动脉压，动脉瓣仍处于关闭状态，心室成为一个封闭的腔，心室容积不变，称为等容收缩期。此期持续约0.05 秒。

2）射血期：心室继续收缩，当室内压超过

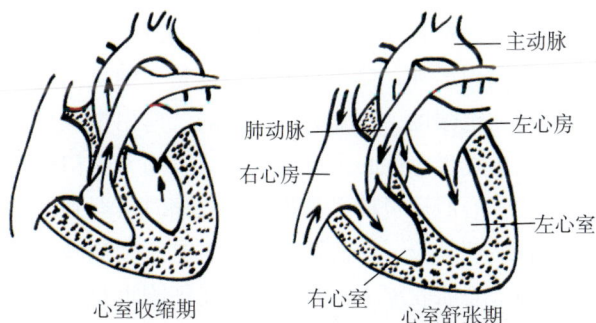

图 14-6 心脏的射血与充盈

主动脉压时，血液循环压力梯度冲开动脉瓣进入主动脉，此期称为射血期，历时约 0.25 秒。

（2）心室舒张与充盈过程

1）等容舒张期：心室收缩完成后开始舒张，室内压下降，大动脉内的血液向心室反流，推动动脉瓣关闭。此时室内压仍高于房内压，房室瓣也处于关闭状态，心室再次形成一个封闭腔，心室容积不变，称为等容舒张期，约 0.07 秒。

2）充盈期：随着心室肌的舒张，室内压进一步下降，当室内压低于房内压时，聚积在心房内的血液即冲开房室瓣流入心室，使心室充盈，此期称为充盈期，历时约 0.43 秒。在此期的前 0.33 秒内，心室的血液充盈主要是由于心室舒张，室内压下降所形成的"抽吸"作用，流入心室的血量约占总充盈量的 70%。在此期的最后 0.1 秒，心房开始收缩，房内压升高，将心房内的血液压入心室（约占总充盈量的 30%）。所以，心脏的泵血功能主要是靠心室的舒缩活动来完成的，心房仅起辅助作用。

表 14-2   心动周期中的心腔压力、瓣膜和血流等变化表

时期		压力比较	房室瓣	动脉瓣	血流方向	心室容积
	心房收缩期	房内压>室内压<动脉压	开	关	房→室	增大
室缩期	等容收缩期	房内压<室内压<动脉压	关	关	血液存于心室	不变
	射血期	房内压<室内压>动脉压	关	开	室→动脉	减小
室舒期	等容舒张期	房内压<室内压<动脉压	关	关	血液存于心房	不变
	充盈期	房内压>室内压<动脉压	开	关	房→室	增大

考点与重点 心动周期中的心腔压力、瓣膜和血流的变化

四、心输出量及其影响因素

心输出血量的多少是评价心脏功能最基本的指标。正常人左心和右心排出的血量基本相等。

1. 搏出量和心输出量 一侧心室每收缩一次所射出的血量，称为每搏出量，简称搏出量。一侧心室每分钟射出的血量，称为每分输出量，简称心输出量，心输出量等于搏出量与心率的乘积。在静息状态下，正常成年人平均心率为 75 次 / 分，搏出量约 70mL，心输出量为 4.5 ～ 6L/min。心输出量与机体的代谢水平相适应，并与年龄、性别等因素有关。

考点与重点 搏出量和心输出量的概念

2. 影响心输出量的因素 心输出量决定于搏出量和心率，搏出量受心肌的前负荷、后负荷和心肌收缩力的影响。

（1）心肌前负荷：是指心室舒张末期的血液充盈量。在一定范围内，前负荷增大，心肌初长度增加，收缩力增强，搏出量增多。但是，前负荷过大，例如静脉血快速、大量地回流入心脏时，心肌初长度超过一定限度，收缩力反而减弱，搏出量减少。因此，临床上静脉输液时要严格控制输液量和输液速度，防止发生急性心力衰竭。心肌收缩力因初长度变化而发生变化的现象属于自身调节。

（2）心肌后负荷：是指心肌收缩时所遇到的阻力，即动脉血压。动脉血压升高，后负荷增大，心室等容收缩期延长，射血期缩短，射血速度减慢，搏出量减少。反之，动脉血压降低时，搏出量增多。

（3）心肌收缩力：是指心室肌细胞本身的功能状态。心肌收缩力增强，搏出量增多；心肌收缩力减弱，搏出量减少。通常心肌收缩力受神经及体液因素的调节，交感神经兴奋、血中肾上腺素增多时，心肌收缩能力增强；迷走神经兴奋时，心肌收缩能力减弱。

（4）心率：在一定范围内，心率加快，心输出量增多。但心率过快（超过180次/分）时，由于心动周期缩短，尤其是心舒期显著缩短，心室充盈减少，搏出量和心输出量相应减少；心率过缓（低于40次/分），尽管心舒期延长，充盈量和搏出量增多，但是，心室容积有限，不能无限制地增加充盈量和搏出量，心输出量反而减少。

考点与重点 影响心输出量的因素

3. 心力储备 心输出量随机体代谢需要而增加的能力，称为心力储备。正常成年人在做剧烈运动时，心率可达180～200次/分，搏出量可达150～170mL，心输出量可提高5～7倍，达到30L/min左右。加强体育锻炼可以提高心力储备。

五、心音与心电图

（一）心音

在心动周期中，由心肌收缩、瓣膜开闭和血流冲击血管壁等机械振动通过传导，在胸壁特定部位用听诊器听到的声音，称为心音。正常情况下，胸壁听诊可闻及两个心音，即第一心音和第二心音（表14-3）。

表 14-3　第一心音与第二心音比较表

心音类型	第一心音	第二心音
特点	音调较低，持续时间较长	音调较高，持续时间较短
产生主要原因	心室肌收缩，房室瓣关闭所引起的振动	动脉瓣关闭所引起的振动
意义	标志心室收缩开始，反映心肌收缩力的强弱及房室瓣的功能状态	标志心室舒张开始，反映血压的高低及动脉瓣的功能状态

第一心音出现于心室收缩初期，主要由房室瓣关闭及心室射血冲击动脉壁产生的振动所形成。其特点是音调较低、持续时间较长。第一心音标志着心室收缩期开始，其强度可反映心肌收缩力及房室瓣的功能状态。

第二心音出现于心室舒张初期，主要由动脉瓣关闭、血流冲击大动脉根部及心室内壁振动所产生。其特点是音调较高、持续时间较短。第二心音标志着心室舒张期开始，其强度可反映动脉血压水平及动脉瓣的功能状态。

心音听诊对评估心脏收缩功能、瓣膜状态、心率及心律是否正常具有重要临床意义。

考点与重点 第一心音与第二心音的区别

链接

心脏杂音及临床意义

心脏杂音是指在心音与额外心音之外，心脏收缩或舒张时血液在心脏或血管内产生涡流，导致室壁、瓣膜或血管振动所产生的异常声音。杂音可分为功能性及器质性两类：功能性杂音发生于无器质性改变的心脏，可为生理性，见于正常人；亦可见于某些病理状态（如贫血、发热）。器质性杂音通常提示心脏存在解剖学异常（如瓣膜口狭窄、异常通道），并有助于推断病因（如风湿性、先天性、梅毒性心脏病）。临床上可通过分析心脏杂音的性质辅助诊断心脏疾病。

（二）心电图

每个心动周期中，由窦房结产生的兴奋依次传向心房和心室。这种兴奋产生及传导的生物电活动可通过心脏周围的组织和体液传导至全身体表。将心电图机的导联电极置于体表特定部位，所记录到的心脏电变化曲线称为心电图。心电图反映了心脏兴奋的产生、传导和恢复过程中的生物电变化，是这些电活动的综合波形，具有重要的临床意义。

正常典型的心电图由 P 波、QRS 波群、T 波及各波间代表时间的线段组成（图 14-7、表 14-4）。

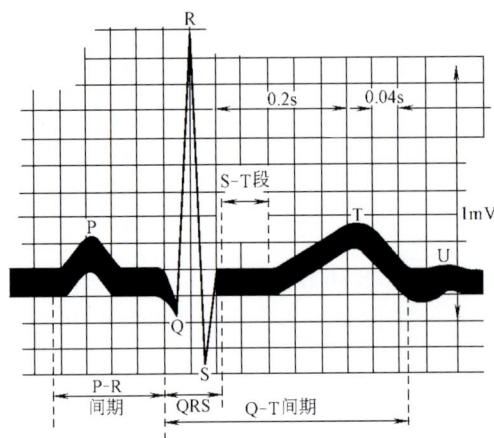

图 14-7　正常心电图模式图

表 14-4　心电图各波、段（期）的意义

波形名称	意义	幅度（mV）	持续时间（s）
P 波	左右心房的去极化过程的电位变化	0.05～0.25	0.08～0.11
QRS 波群	左右心室的去极化过程的电位变化	–	0.06～0.10
T 波	左右心室的复极化过程的电位变化	0.1～0.8	0.05～0.25
P-R 间期	从心房开始兴奋到心室开始兴奋的时间	–	0.12～0.20
Q-T 间期	心室肌去极化和复极化的总时间	同基线	0.36～0.44
S-T 段	心室肌已经全部去极化	同基线	0.05～0.15

1. P 波　正常 P 波为圆屋顶形，历时 0.08～0.11 秒，幅度不超过 0.25mV。P 波反映左右心房的去极化过程。

2. QRS 波群　由 3 个紧密相连的波形组成，第一个向下的波为 Q 波，紧接着是高而尖向上的 R 波，最后是一个向下的 S 波。波群历时 0.06～0.1 秒，反映左右心室的去极化过程。

3. T 波　T 波与 R 波方向一致，历时 0.05～0.25 秒，波幅为 0.1～0.8mV。T 波反映左右心室的复极化过程。

4. P-R 间期　指从 P 波起点到 QRS 波群起点之间的时程，一般为 0.12～0.2 秒。P-R 间期反应兴奋从窦房结产生，经心房、房室结、房室束、左右束支和浦肯野纤维网到达心室肌，引起心室兴奋所需要的时间。

5. Q-T 间期　指从 QRS 波群的起点到 T 波终点之间的时程，反映心室从去极化开始到复极化结束所需要的时间。

6. S-T 段　指从 QRS 波群终点到 T 波起点之间与基线平齐的线段，反映心室各部分心肌都处在动作电位平台期的早期，各部分之间的电位差很小。

考点与重点　心电图各波、段的意义

第二节 血管生理

血管具有输送和分配血液、实现血液与组织细胞间物质交换及参与形成和维持动脉血压等功能。

一、血压与血流

血管内流动的血液对单位面积血管壁的侧压力称为血压，即压强。血压是人体的重要生命体征。在循环系统中，动脉血压高于毛细血管血压，毛细血管血压高于静脉血压。血管的不同部位存在压力差，压力差是推动血液在血管内流动的基本动力。

血液在循环过程中需不断克服血流阻力。血流阻力来自血液内部各成分之间的摩擦及血液与血管壁之间的摩擦。血流阻力的大小主要取决于血管口径，其中小动脉和微动脉构成的外周阻力对血压的影响最为显著，此阶段血压下降幅度最大。当血液流至右心房时，血压已接近于 0。

二、动脉血压

1. 动脉血压的概念　通常所说的血压即指动脉血压。动脉血压是指血液对动脉管壁产生的侧压力，一般特指主动脉内的血压。由于大动脉内的血压下降幅度较小，因此临床上通常以肱动脉血压代表动脉血压。在每个心动周期中，动脉血压随着心脏的舒缩活动而发生周期性变化。心室收缩时，动脉血压升高所达到的最高值称为收缩压；心室舒张时，动脉血压降低所达到的最低值称为舒张压。收缩压与舒张压之差称为脉搏压（简称脉压），脉压反映动脉血压波动的幅度。一个心动周期中动脉血压的平均值称为平均动脉压。由于心动周期中舒张期长于收缩期，平均动脉压更接近于舒张压，其数值约等于舒张压加 1/3 脉压。

考点与重点　动脉血压和平均动脉压

2. 动脉血压的正常值及其相对稳定的意义　按照国际标准计量单位规定，压强的单位为帕（Pa）或千帕（kPa），但习惯上用毫米汞柱（mmHg）表示，1mmHg 等于 0.1333kPa。大静脉压力较低，通常以厘米水柱（cmH_2O）为单位，$1cmH_2O$ 等于 0.098kPa。

我国健康成年人安静状态下，收缩压为 13.3 ～ 16.0kPa（100 ～ 120mmHg），舒张压为 8.0 ～ 11.7kPa（60 ～ 80mmHg），脉压为 4.0 ～ 5.3kPa（30 ～ 40mmHg），平均动脉压为 13.3kPa（100mmHg）。临床上，成年人安静时舒张压持续超过 12.0kPa（90mmHg），称为高血压；舒张压低于 8kPa（60mmHg）、收缩压低于 12.0kPa（90mmHg），称为低血压。

考点与重点　高血压和低血压的诊断标准

血压值受年龄、性别、体型及生理状态等因素影响。一般而言，正常人动脉血压随年龄增长而升高，其中收缩压的升高比舒张压更为显著；男性血压略高于女性；肥胖者血压偏高；精神紧张或体力活动时血压可暂时升高。保持适当的平均动脉压是推动血液循环和维持各器官足够血流量的必要条件。动脉血压过低会导致血液供应不足，特别是脑、心、肾等重要器官可能因缺血缺氧造成严重后果；动脉血压过高则会使心室肌后负荷增大，可能引起心室扩大甚至心力衰竭。此外，血压过高还易导致血管壁损伤，如脑血管破裂引发脑出血。

由此可见，维持动脉血压的相对稳定是保障正常生命活动的必要条件。

3. 动脉血压的形成　心血管系统内有足够的血液充盈是形成血压的前提条件。在此基础上，心室收缩向主动脉内射血是形成动脉血压的基本因素。心室收缩释放的能量分为两部分：一部分用于推动血液流动，另一部分转化为对血管壁的侧压力，使血管扩张。

形成动脉血压的另一个重要因素是外周阻力。若仅有心室收缩而无外周阻力，心室收缩期射入大动脉的血液将会迅速全部流向外周，无法维持稳定的血压。循环系统的外周阻力主要来自小动脉和微动脉对血流的阻力。由于外周阻力的存在，在心室收缩期，心室射出的血液通常仅有1/3流向外周，其余部分暂时贮存于主动脉和大动脉内，导致动脉血压升高。当心室舒张时，射血停止，被扩张的血管壁发生弹性回缩，推动血液继续流向外周，同时使大动脉内保持一定量的血液充盈，从而使舒张压维持在较高水平（图14-8）。

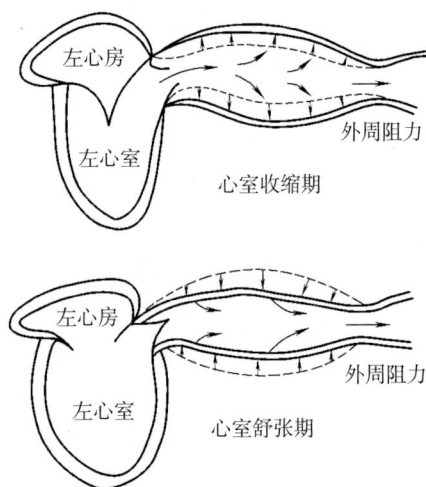

图 14-8　动脉血压示意图

由此可见，动脉血压形成的前提条件是足够的循环血量充盈血管；心室收缩射血和外周阻力是形成动脉血压的两个基本因素；大动脉的弹性作用能够维持血液连续流动并缓冲动脉血压。

考点与重点　血压的前提条件

4. 影响动脉血压的因素　与动脉血压形成有关的各种因素均可影响动脉血压。其主要影响因素包括以下方面。

（1）搏出量：当搏出量增加而外周阻力和心率不变时，动脉血压升高，主要表现为收缩压明显升高，舒张压升高不明显，脉压增大。搏出量增加时，心室收缩期射入主动脉的血量增多，血液对动脉管壁的侧压力增大，收缩压明显升高。由于动脉血压升高，血流速度加快，在心室舒张末期，大动脉内存留的血量无明显增加，因而舒张压升高不明显。一般情况下，收缩压的高低主要反映搏出量的多少。

（2）心率：当其他因素不变时，心率在一定范围内增加，可使舒张压明显升高。这是因为心率加快时，心室舒张期明显缩短，流至外周的血量减少，心室舒张末期存留于大动脉内的血量增多，使舒张压升高。

（3）外周阻力：当其他因素不变时，外周阻力增大，收缩压和舒张压均升高，但舒张压升高更为显著。外周阻力增大时，心室舒张期内血液流向外周的速度减慢，舒张末期存留在主动脉的血量增多，舒张压明显升高。一般情况下，舒张压的高低主要反映外周阻力的大小。

（4）循环血量与血管容积：正常情况下，循环血量与血管容积相互适应，血管内血液保持一定的充盈量，以维持血压。当循环血量减少或血管容积增加时，血压下降。例如，大失血时循环血量减少，血压下降；药物过敏或中毒性休克患者，全身小血管扩张，血管容积增大，血压下降。

（5）大动脉管壁的弹性：大动脉管壁的弹性具有缓冲动脉血压的作用。老年人由于动脉管壁弹性下降，缓冲作用减弱，收缩压升高，舒张压降低，脉压增大（表14-5）。

表 14-5　影响动脉血压的因素

影响因素	收缩压变化	舒张压变化	脉压变化
搏出量↑	↑↑	↑	↑
心率↑	↑	↑↑	↓
外周阻力↑	↑	↑↑	↓
循环血量↓或血管容积↑	↓	↓	↓
大动脉管壁的弹性↓	↑	↓	↑

考点与重点　影响动脉血压的因素

5. 动脉脉搏 在心动周期中，动脉内压力的周期性变化引起动脉管壁的搏动，称为动脉脉搏，简称脉搏。脉搏可在体表触及。

三、静脉血压与静脉血流

1. 静脉血压 体循环血液经动脉和毛细血管流至小静脉时，血压降至 $15 \sim 20mmHg$。右心房作为体循环的终点，其压力最低，接近于0。通常，将各器官静脉的血压称为外周静脉压，其正常值为 $15 \sim 20mmHg$；将右心房和胸腔内大静脉的血压称为中心静脉压，其正常值为 $4 \sim 12cmH_2O$。

中心静脉压的高低取决于心脏射血能力与静脉回心血量之间的平衡关系。若心脏射血能力较强，能及时将回流入心脏的血液射入动脉，则中心静脉压较低；反之，若心脏射血能力减弱，中心静脉压则升高。若静脉回心血量增多，中心静脉压会相应升高；若静脉回心血量减少，中心静脉压会相应降低。因此，中心静脉压是反映心血管功能的重要指标之一。

2. 影响静脉血流的因素 外周静脉压与中心静脉压之差是推动静脉血流的动力，凡能改变两者压力差的因素均可影响静脉血流。

（1）心肌收缩力：心肌收缩力增强时，搏出量增多，心室排空较为完全，心室舒张期室内压降低，对心房和大静脉内血液的抽吸作用增强，回心血量增多；反之，心肌收缩力减弱时，回心血量减少。例如，右心衰竭时，右心室收缩力显著减弱，心舒期右心室内剩余血量增多，静脉回心血量显著减少，患者可出现颈静脉怒张、肝淤血肿大、下肢水肿等体征。

（2）重力和体位：由于静脉管壁薄、易扩张，静脉血压和血流受重力和体位的影响较为显著。当人体由卧位转为立位时，身体低垂部位的静脉扩张，容量增加，回心血量减少，导致心输出量减少和脑供血不足，可能引起头晕甚至晕厥。

（3）呼吸运动：吸气时，胸膜腔负压增大，使胸腔内大静脉和心房扩张，中心静脉压降低，从而加速静脉回流；呼气时则相反，静脉血回流减慢。

（4）骨骼肌的挤压作用：骨骼肌收缩时，可挤压肌肉内及肌肉间的静脉，使静脉血流速度加快；同时，静脉瓣的存在可防止血液倒流。骨骼肌舒张时，静脉内压力降低，有利于毛细血管和微静脉的血液流入静脉。

> **链接**
>
> ### 体位性低血压
>
> 体位性低血压又称直立性低血压，是由于体位改变（如从平卧位突然转为直立位）导致脑供血不足而引起的血压下降现象。长期缺乏活动或卧床的患者，站立时易发生体位性低血压。为预防此现象，长期卧床患者及老年高血压患者站立时应动作缓慢，站立前可通过挤压小腿肌肉或进行四肢活动等方式，促进静脉血液回流至心脏，从而升高血压，避免体位性低血压的发生。

四、微循环和组织液

微循环是指微动脉和微静脉之间的血液循环，其基本功能是实现血液和组织液之间的物质交换。

1. 微循环的血流通路及其意义 微循环的血流通路包括迂回通路、直捷通路和动静脉短路三条通路（图 14-9、表 14-6）。

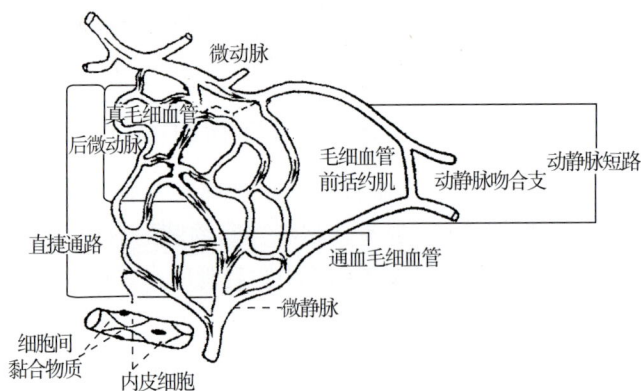

图 14-9 微循环的血流通路模式图

表 14-6 微循环三条通路比较表

通路	迂回通路	直捷通路	动静脉短路
组成	微动脉→后微动脉→毛细血管前括约肌→真毛细血管→微静脉	微动脉→后微动脉→通血毛细血管→微静脉	微动脉→动静脉吻合支→微静脉
特点	路径长，血流缓慢，血管 通透性大	主要分布于骨骼肌，经常开放，血流速度快	主要分布于某些皮肤和皮下组织，受温度调节（高温开放，低温关闭）
功能	血液与组织细胞进行物质交换的场所	保证静脉回心血量	参与体温调节

（1）迂回通路：血液经微动脉、后微动脉进入真毛细血管网，最后汇入微静脉的通路。真毛细血管穿行于组织细胞间隙，迂回曲折并交织成网。该通路血流缓慢，是血液与组织液进行物质交换的主要场所，故又称营养通路。

（2）直捷通路：血液从微动脉经后微动脉进入通血毛细血管，最后流入微静脉的通路。此通路路径直而短，血流速度快，安静状态下持续开放，主要功能是使部分血液快速返回心脏，保证静脉回心血量。

（3）动静脉短路：血液从微动脉经动静脉吻合支直接进入微静脉的通路。此通路血流速度快，无物质交换功能，主要分布于皮肤，参与体温调节。

2. 组织液的生成与回流　组织液存在于组织细胞间的间隙中，是组织细胞赖以生存的内环境，也是血液与组织细胞进行物质交换的媒介。组织液不断生成并持续回流入血液，通过成分更新维持内环境稳态。组织液生成与回流的主要决定因素是有效滤过压。

有效滤过压计算公式：

有效滤过压＝（毛细血管血压＋组织液胶体渗透压）－（血浆胶体渗透压＋组织液静水压）

毛细血管血压和组织液胶体渗透压是促使组织液生成的动力，血浆胶体渗透压和组织液静水压是促使组织液回流的动力。当有效滤过压为正值时，组织液生成；当有效滤过压为负值时，组织液回流入血（图 14-10）。

由图 14-10 中各数值计算可知，毛细血管动脉端的有效滤过压为 1.34kPa，液体滤出毛细血管进入组织间隙；而在毛细血管静脉端，有效滤过压为 –1.06kPa，组织液大部分返回毛细血管，小部分进入毛细淋巴管成为淋巴液。

考点与重点　有效滤过压的计算

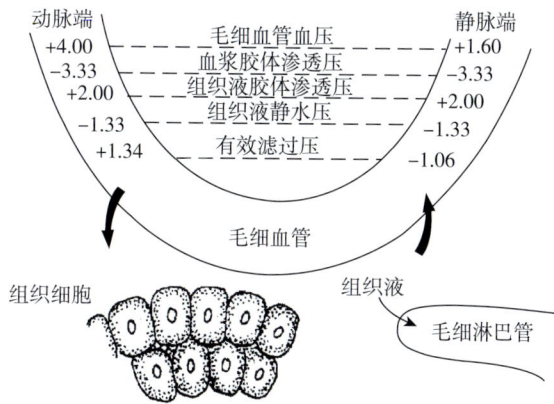

图 14-10 组织液的生成与回流示意图（图中数值单位为 kPa）

第三节 心血管活动的调节

正常人心脏的节律性搏动、心输出量、动脉血压和静脉回流量等保持相对稳定。当机体内外环境发生变化时，心血管活动能进行相应调整，使心输出量和各组织器官的血流量适应新陈代谢和主要功能活动的需要。心血管活动的调节包括神经调节、体液调节和自身调节。

一、神经调节

神经系统对血压的调节是通过反射活动实现的。反射的结构基础是反射弧。

（一）心血管反射的反射弧

1. 感受器

（1）压力感受器：在心血管系统（包括心房、心室、动脉和静脉）的壁内存在许多传入神经末梢，当血管壁被动扩张时，这些神经末梢能感受机械牵张刺激并引发心血管反射。调节血压最重要的压力感受器是颈动脉窦和主动脉弓的压力感受器（图 14-11）。

（2）化学感受器：参与心血管活动调节的化学感受器主要是颈动脉体和主动脉体。颈动脉体位于颈总动脉分叉处，主动脉体位于主动脉弓处。血液中氧分压降低、二氧化碳分压升高、H^+ 浓度升高，以及动脉血流不足等因素是化学感受器的适宜刺激。

2. 传入神经 颈动脉窦压力感受器的传入神经为窦神经，窦神经汇入舌咽神经后进入延髓。主动脉弓压力感受器的传入神经走行于迷走神经干中。

3. 中枢 与心血管活动相关的中枢分布于从脊髓至大脑皮质各级水平的中枢神经系统中，其基本中枢位于延髓。延髓心血管中枢包括心交感中枢（心加速中枢）、心迷走中枢（心抑制中枢）和交感缩血管中枢（血管运动中枢）等。

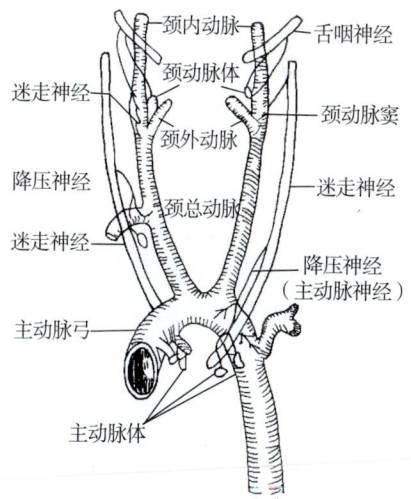

图 14-11 颈动脉窦区和主动脉弓区感受器及传入神经

心迷走中枢活动与心交感中枢活动相互制约，二者对心脏的作用既对立又统一，共同调节心脏活动。正常成年人在安静状态下，心迷走中枢活动占优势，窦房结自律性虽为每分钟约 100 次，但心率维持在每分钟 75 次左右。在肌肉活动或出现某些情绪变化时，心交感中枢活动显著增强，使心率加快。

4. 传出神经和效应器 由心交感中枢发出的神经为心交感神经，由心迷走中枢发出的神经为心迷走神经，由交感缩血管中枢发出的神经为交感缩血管神经，效应器为心脏和血管。

心脏活动受心交感神经和心迷走神经双重支配。心交感神经节后纤维末梢释放去甲肾上腺素，作用于心肌细胞膜上的 β_1 受体，可增强心脏活动，使心率加快、心肌收缩力增强、房室传导加速，进而使心输出量增多、血压升高。

心迷走神经节后纤维末梢释放乙酰胆碱，作用于心肌细胞膜上的 M 受体，可抑制心脏活动，表现为心率减慢、房室传导速度减慢甚至出现传导阻滞、心肌收缩力减弱，进而使心输出量减少、血压下降。

交感缩血管神经末梢释放去甲肾上腺素，去甲肾上腺素可与血管平滑肌上的 α 受体结合，引起血管收缩；也可与血管平滑肌上的 β_2 受体结合，引起血管舒张，但后者的作用较弱。当交感缩血管神经紧张性增强时，血管在原有基础上进一步收缩，外周阻力增大；当交感缩血管神经紧张性减弱时，血管在原有舒缩状态下发生舒张，外周阻力降低。

支配血管的传出神经还包括交感舒血管神经和副交感舒血管神经等，这类神经的活动一般起调节局部血流量的作用。

（二）心血管反射

1. 颈动脉窦和主动脉弓压力感受性反射 当动脉血压突然升高时，可反射性地引起心率减慢、心输出量减少、血管舒张、外周阻力降低，最终使动脉血压下降；而当动脉血压突然降低时，则可引发相反的效应。这种因动脉血压改变而使动脉血压恢复到原先水平的反射，称为压力感受性反射，亦称减压反射（图 14-12）。

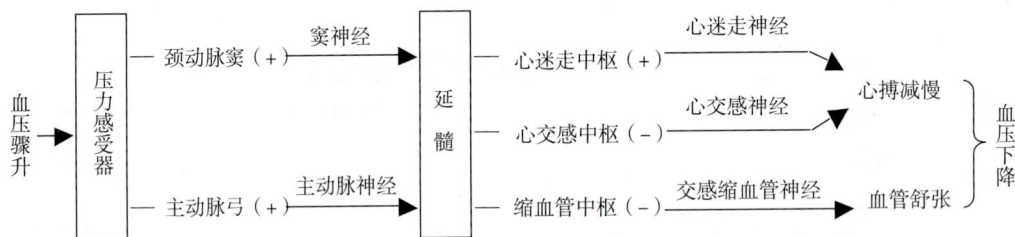

图 14-12　压力感受性反射示意图

压力感受性反射的生理意义在于调节短时间内出现的动脉血压波动，维持动脉血压的相对稳定。

2. 颈动脉体和主动脉体化学感受性反射 化学感受性反射主要调节呼吸运动（详见第十六章），但在机体处于缺氧或缺血状态时，也可调节心血管活动。由缺氧或缺血引发的化学感受性反射能强烈兴奋心血管中枢，使血压明显升高，促使全身血量进行重新分配，从而保证心、脑等重要器官的血液供应。

此外，机体还存在多种心血管反射参与对心血管活动的调节，如心肺感受器、腹腔内脏感受器所引发的心血管反射等。

二、体液调节

（一）全身性体液调节

参与全身性体液调节的激素或血管活性物质主要有以下几种。

1. 肾上腺素和去甲肾上腺素 血液循环中的肾上腺素和去甲肾上腺素主要由肾上腺髓质分泌。它们对心血管的作用既有共性，又存在差异。肾上腺素可使心率加快、房室传导加速、心肌收缩力增强、心输出量增加，因此在临床上常用作强心药。肾上腺素对皮肤、肾脏、胃肠等内脏的血管具有收缩作用；

对于骨骼肌和肝脏，小剂量可使这些器官的血管舒张，大剂量时则引起血管收缩。去甲肾上腺素对心肌的作用较肾上腺素弱，但可使血管强烈收缩，外周阻力增加，血压升高。临床上常用去甲肾上腺素作为升压药（表14-7）。

表14-7　肾上腺素和去甲肾上腺素的区别

激素名称	来源	主要作用	临床用途
肾上腺素（AD）	肾上腺髓质分泌	心脏活动增强，血压变化不大	强心急救药
去甲肾上腺素（NA）	肾上腺髓分泌（少量），交感神经末梢分泌	心脏效应不明显，血压升高明显	升压药

2. 血管紧张素　循环系统中的血管紧张素是一种强效缩血管物质，可刺激醛固酮分泌，在调节机体血压和体液平衡中起重要作用。

（二）局部性体液调节

参与调节心血管活动的局部性体液因子主要有组胺、5-羟色胺、组织代谢产物等。它们仅在局部发挥作用，通常通过组织代谢过程引起血管舒张。其特点是易被降解、作用持续时间较短。

（三）自身调节

正常情况下，机体内各器官的血流量主要取决于该器官的代谢活动强度。代谢活动越强，血流量越大。即使去除调节心血管活动的神经和体液因素，在一定的血压变动范围内，器官或组织的血流量仍能通过局部血管的舒缩活动得到适当调节。这种调节机制源于器官或组织自身，称为自身调节。例如，本章第三节所述的心脏泵功能自身调节即属于此类机制。

总之，心血管系统活动的调节是由多种机制共同参与的复杂过程，每种机制通常仅在某些特定方面发挥作用。循环系统不仅能够通过自身调节维持功能稳定，还能与其他器官系统协同作用，共同保持内环境的相对恒定。

？ 思 考 题

1. 简述有效滤过压的计算方法。
2. 影响心输出量的因素有哪些？
3. 比较第一心音与第二心音的区别。

本章数字资源

第十五章　消化功能

📋 案例

　　高某，男性，58 岁，长期大量饮酒，每日饮酒量约 250g，持续 20 余年。2 天前因精神萎靡、厌油腻食物、腹部膨隆伴移动性浊音入院。体格检查：体温 36.2℃，脉搏 80 次 / 分，呼吸 18 次 / 分，血压 132/85mmHg；身高 180cm，体重 70kg；全身皮肤及巩膜轻度黄染，可见肝掌及蜘蛛痣。经医院诊断为酒精性肝硬化。

问题：1. 该患者为什么讨厌油腻性食物？
　　　2. 肝脏的功能有哪些？

第一节　消　　化

　　人体所需的主要营养物质（蛋白质、脂肪、糖类）结构复杂、分子量大，必须先在消化管内分解为结构简单的小分子物质，才能透过消化管黏膜进入血液或淋巴，从而为机体的新陈代谢提供必要的物质和能量。

　　消化是指食物在消化道内被加工、分解为小分子物质的过程。食物的消化方式包括两种：一种是通过消化道肌肉的舒缩活动，将食物磨碎、与消化液充分混合，并将食物向消化道远端推送，称为机械性消化；另一种是通过消化腺分泌的消化液完成的，消化液中含有多种消化酶，能将蛋白质、脂肪和糖类等物质分解为小分子物质，这种消化方式称为化学性消化。正常情况下，两种消化方式同时进行、相互配合。

　　食物经消化后形成的小分子物质，以及维生素、无机盐和水，透过消化道黏膜进入血液和淋巴循环的过程，称为吸收。消化与吸收是相辅相成、紧密联系的生理过程。未被消化和吸收的食物残渣，最终以粪便形式排出体外。

考点与重点 消化、吸收的概念及消化的方式

一、口腔内消化

　　消化是从口腔开始的，食物在口腔内经咀嚼被唾液湿润，便于吞咽。

　　1. 唾液及其作用　唾液是由大小唾液腺分泌的液体。唾液为无色无味、近于中性的低渗液体，其中水分约占 99%。唾液具有以下功能：①湿润与溶解食物，刺激味觉并促进吞咽；②唾液淀粉酶可将淀粉分解为麦芽糖；③清洁和保护口腔，清除口腔内残余食物；④唾液中的溶菌酶具有杀菌作用。

　　2. 咀嚼和吞咽　口腔通过咀嚼运动对食物进行机械性加工。咀嚼是由各咀嚼肌有序收缩组成的复杂反射性动作。咀嚼能使食物与唾液充分混合，以形成食团，便于吞咽。吞咽是一种复杂的反射性动作，

其基本中枢位于延髓，该反射能使食团从口腔进入胃。

口腔内的消化过程不仅完成对食物的机械性和化学性加工，还能反射性地促进胃、胰、肝、胆囊等器官的活动，为后续消化过程创造有利条件。

二、胃内消化

胃是消化道中最膨大的部分。成人的胃容量一般为 $1 \sim 2L$，因而具有暂时贮存食物的功能。食物入胃后，受到胃液的化学性消化和胃壁肌肉的机械性消化作用。

（一）胃液及其作用

纯净的胃液是一种无色而呈酸性的液体，pH 为 $0.9 \sim 1.5$。正常人每日分泌的胃液量为 $1.5 \sim 2.5L$。胃液的成分包括无机物（如盐酸、钠和钾的氯化物等）及有机物（如黏蛋白、消化酶等）。

1.盐酸 胃液中的盐酸也称胃酸，其作用包括以下方面。

（1）胃酸可杀死随食物进入胃内的细菌，维持胃和小肠内的无菌状态。

（2）胃酸可激活胃蛋白酶原，使之转变为有活性的胃蛋白酶，并为胃蛋白酶提供必要的酸性环境。

（3）胃酸进入小肠后能刺激促胰液素的释放，从而促进胰液、胆汁和小肠液的分泌。

（4）胃酸造成的酸性环境有助于小肠对铁和钙的吸收。

2.胃蛋白酶原 不具有活性，在胃酸或已激活的胃蛋白酶作用下可转变为有活性的胃蛋白酶，后者能水解食物中的蛋白质。

3.黏液和碳酸氢盐 胃黏液的主要成分为糖蛋白。在正常情况下，黏液覆盖于胃黏膜表面形成凝胶层，既可防止胃酸和胃蛋白酶对胃黏膜的侵蚀，又能减少粗糙食物对胃黏膜的机械性损伤。

4.内因子 内因子的主要作用是与维生素 B_{12} 结合形成复合物，保护其免遭破坏，并促进回肠上皮细胞对维生素 B_{12} 的吸收。内因子缺乏会导致维生素 B_{12} 吸收障碍，影响红细胞成熟，进而引发巨幼细胞性贫血。

考点与重点 胃液的成分及作用

链接

消化性溃疡

消化性溃疡主要指发生在胃和十二指肠的慢性溃疡。其形成与胃酸和胃蛋白酶的消化作用有关，故称消化性溃疡。近年研究发现，溃疡的形成与幽门螺杆菌（HP）感染密切相关。溃疡绝大多数发生于胃和十二指肠，因此又称胃及十二指肠溃疡。本病总发病率为 $5\% \sim 10\%$，其中十二指肠溃疡较胃溃疡更为常见。该病好发于青壮年，男性发病率高于女性，儿童亦可发病。近年来，老年患者在患者群体中所占比例逐年上升。

（二）胃的运动

胃底和胃体的前部运动较弱，其主要功能是贮存食物；胃体的远端和胃窦则有较明显的运动，其主要功能是磨碎食物，使食物与胃液充分混合而形成食糜，并逐步将食糜排至十二指肠。

1.胃的运动形式

（1）容受性舒张：当咀嚼和吞咽时，食物刺激口腔、食管等处的感受器，通过迷走神经反射性地引起胃底和胃体平滑肌的舒张，使胃腔容积增大，称为胃的容受性舒张。容受性舒张使胃腔容量由空腹时的 50mL 增加到进食后的 1.5L，从而使胃更好地完成容纳食物的功能。

（2）紧张性收缩：胃壁平滑肌经常处于一种持续微弱的收缩状态，称为紧张性收缩。其作用是维持胃的正常位置与形态，防止胃下垂，并保持一定的胃内压。

（3）胃的蠕动：食物进入胃约5分钟后即开始蠕动。蠕动从胃的中部开始，有节律地向幽门方向进行。其生理意义在于使食物与胃液充分混合，以利于胃液发挥消化作用；同时可搅拌和粉碎食物，并将胃内容物通过幽门向十二指肠方向推进。

考点与重点 胃的运动形式

2. 胃排空 食物由胃排入十二指肠的过程称为胃排空。不同的食物排空速度不同：稀的或流体食物比稠的或固体食物排空快；切碎的、颗粒小的食物比大块的食物排空快；等渗液体比非等渗液体排空快。在三种主要营养物质中，糖类的排空时间较蛋白质短，脂肪类食物排空时间最慢。对于混合食物，胃完全排空通常需要4～6小时。

考点与重点 三大营养物质排空速度比较

3. 呕吐 是将胃及肠内容物从口腔强力驱出的动作。机械刺激和化学刺激作用于舌根、咽部、胃、大小肠、胆总管、泌尿生殖器官等处的感受器，均可引起呕吐。视觉和内耳前庭的位置感觉发生改变时，也可引起呕吐。

呕吐是一种具有保护意义的防御反射，可将胃内有害物质排出。但长期剧烈的呕吐会影响进食和正常消化活动，并使大量消化液丢失，导致体内水、电解质和酸碱平衡紊乱。

三、小肠内消化

食糜由胃进入十二指肠后，即开始了小肠内的消化。小肠内消化是整个消化过程中最重要的阶段。在这里，食糜受到胰液、胆汁和小肠液的化学性消化以及小肠运动的机械性消化。

（一）胰液及其作用

胰液是无色无味的碱性液体，pH值为7.8～8.4，渗透压与血浆相近。成人每日分泌的胰液量为1～2L。胰液中含有多种消化酶，主要包括以下三种。

1. 胰淀粉酶 对生淀粉和熟淀粉的水解效率都很高，其消化产物为糊精和麦芽糖。

2. 胰脂肪酶 可将甘油三酯分解为脂肪酸、甘油一酯和甘油。

3. 胰蛋白酶和糜蛋白酶 这两种酶以无活性的酶原形式存在于胰液中。肠液中的肠激酶可以激活胰蛋白酶原，使之转变为有活性的胰蛋白酶。胰蛋白酶和糜蛋白酶的作用相似，都能分解蛋白质。当两者共同作用于蛋白质时，可将蛋白质消化为小分子的多肽和氨基酸。

由于胰液中含有能够水解三大营养物质的消化酶，因此胰液是所有消化液中作用最全面的一种。

考点与重点 胰液的主要成分及功能

链接

急性胰腺炎

急性胰腺炎是一种由于胰管阻塞、胰管内压骤然升高及胰腺血液供应不足等原因导致的胰腺急性炎症。临床表现主要为上腹部疼痛，伴恶心、呕吐、腹胀；体格检查可见腹肌紧张、压痛及反跳痛，肠鸣音减弱或消失；实验室检查可见血、尿淀粉酶水平升高。约半数患者合并胆道疾病。本病是常见的急腹症之一，可分为水肿型和出血坏死型两种类型。水肿型病变较轻，临床较为常见；出血坏死型约占急性胰腺炎的10%，病变严重，易并发休克，并发症较多，死亡率高。

（二）胆汁及其作用

胆汁是一种较浓稠、具有苦味的有色液体，成年人每日分泌胆汁 800 ～ 1000mL。胆汁的分泌量与蛋白质摄入量呈正相关，高蛋白饮食可促进胆汁分泌。胆汁中不含消化酶，其中胆盐是参与消化和吸收的主要成分。

胆汁对脂肪的消化和吸收具有重要作用，具体表现如下。

1. 胆汁中的胆盐、胆固醇和卵磷脂等成分可乳化脂肪，将其分解为微滴，从而增大胰脂肪酶的作用面积，加速脂肪分解。

2. 胆盐作为运载工具，能帮助不溶于水的脂肪水解产物透过肠黏膜表面，这对脂肪消化产物的吸收至关重要。

3. 胆汁通过促进脂肪分解产物的吸收，间接提高脂溶性维生素（维生素 A、D、E、K）的吸收率。

4. 胆汁进入十二指肠后还能中和部分胃酸。

考点与重点 胆汁的功能

医者仁心

早餐与胆结石：规律饮食的健康启示

不吃早餐容易导致胆汁在胆囊中过度积聚，使胆汁浓度升高，从而增加胆结石的形成风险。因为人体在夜间会积聚大量胆汁，如果不吃早餐，胆汁就不能及时排出，长期如此，高度浓缩的胆汁就可能形成胆结石。规律进食有助于促进胆汁的排出，从而降低胆结石的发生风险。因此，我们应保持良好的饮食习惯，尤其是坚持吃早餐，有助于维持身体的正常代谢，预防潜在健康问题的发生。此外，避免高脂饮食和保持适当体重，也是预防胆结石的重要措施。

（三）小肠液及其作用

小肠液是一种弱碱性液体，pH 值约为 7.6，渗透压与血浆相等。成年人每日分泌量为 1 ～ 3L。大量的小肠液可以稀释消化产物，降低其渗透压，从而有利于吸收。由小肠腺分泌的肠激酶能激活胰液中的胰蛋白酶原，使之转化为有活性的胰蛋白酶，促进蛋白质的消化。

（四）小肠的运动形式

小肠的运动形式包括紧张性收缩、分节运动和蠕动三种。

1. 紧张性收缩 小肠平滑肌的紧张性收缩是其他运动形式有效进行的基础。当小肠紧张性降低时，肠腔易于扩张，肠内容物的混合和转运速度减慢；反之，当小肠紧张性升高时，食糜在小肠内的混合和转运速度加快。

2. 分节运动 是一种以环形肌为主的节律性收缩和舒张运动。在食糜所在的肠段，环行肌多点同时收缩，将食糜分割成若干节段；随后，原收缩处舒张，原舒张处收缩，使原节段分成两半，相邻部分合并形成新节段。如此反复进行，食糜得以不断分割与混合（图 15-1）。分节运动的推进作用较弱，其主要功能是促进食糜与消化液的充分混合以利于化学性消化，同时增加食糜与肠壁的接触面积，为吸收创造有利条件。

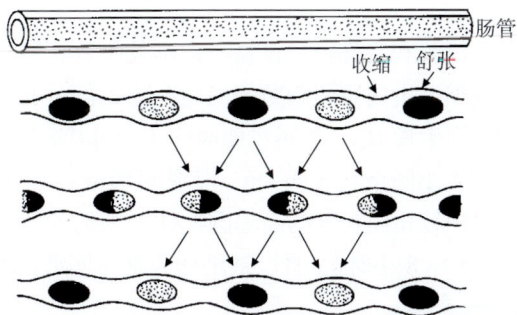

图 15-1　小肠分节运动模式图

3. 蠕动　小肠的蠕动可发生于任何肠段，近端小肠的蠕动速度较远端快。蠕动的意义在于将经分节运动处理的食糜向远端推进，以便进行新一轮分节运动。此外，小肠还存在一种传播速度快、距离远的蠕动，称为蠕动冲。蠕动冲可将食糜从十二指肠快速推送至大肠。

> **考点与重点**　小肠的运动形式

四、大肠的功能

人类的大肠内没有重要的消化活动。大肠的主要功能是吸收水分和部分无机盐，同时为消化后的食物残渣提供暂时贮存场所。

1. 大肠液的作用　大肠液是由大肠黏膜表面的柱状上皮细胞及杯状细胞分泌的。大肠液富含黏液蛋白和碳酸氢盐，其 pH 值为 8.3～8.4，主要作用是通过黏液蛋白保护肠黏膜和润滑粪便。

2. 大肠运动的形式　大肠运动少而慢，对刺激的反应较迟缓。大肠的主要功能是暂时贮存粪便。

3. 排便　食物残渣在大肠内停留的时间较长，一般在 10 小时以上。在此过程中，食物残渣中的部分水分被大肠黏膜吸收；同时，经过大肠内细菌的发酵和腐败作用，最终形成粪便。粪便中除食物残渣外，还包含脱落的肠上皮细胞和大量细菌。

正常状态下，直肠内通常没有粪便存留。当肠蠕动将粪便推入直肠时，可引发排便反射（图 15-2）。

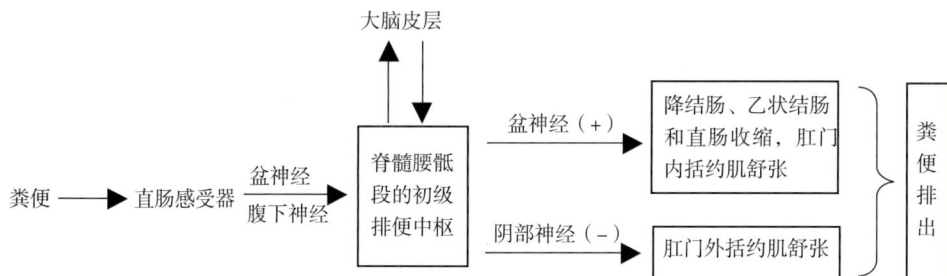

图 15-2　排便反射过程示意图

意识活动可以加强或抑制排便反射。若经常抑制排便，会使直肠逐渐对粪便压力刺激的敏感性降低，加之粪便在大肠内停留时间过长、水分被过度吸收而变得干硬，从而导致排便困难，这是便秘最常见的原因之一。

第二节　吸　　收

吸收是指食物经消化后形成的小分子物质，以及维生素、无机盐和水通过消化道黏膜进入血液和淋巴循环的过程。消化过程是吸收的重要前提。

一、吸收的部位

在口腔和食管内，食物通常不被吸收；胃仅能吸收酒精和少量水分；小肠是营养物质吸收的主要部位；糖类、蛋白质和脂肪的消化产物大部分在十二指肠和空肠被吸收；回肠具有独特功能，能主动吸收胆盐和维生素 B_{12}；大肠主要吸收水分和电解质。

成人小肠全长 5～7m，其黏膜形成环形皱襞，并覆盖大量绒毛和微绒毛。这些结构使小肠的有效吸收面积较相同长度的简单圆柱体增加约 600 倍，总面积达 200m² 左右。此外，食物在小肠内停留时间较长（3～8 小时），且已被消化为适于吸收的小分子物质，这些均为小肠高效吸收提供了有利条件。

> **考点与重点**　为什么小肠是营养物质的最主要吸收部位

二、主要营养物质的吸收

1. 水、无机盐和维生素的吸收 成人每日通过胃肠道吸收的液体量约8L。水分吸收为被动过程，主要依赖溶质（尤其是NaCl）主动吸收产生的渗透压梯度驱动。单价阳离子（如Na^+、K^+）吸收速率较快；多价阳离子（如Fe^{2+}、Ca^{2+}）吸收速率较慢。Fe^{3+}需还原为Fe^{2+}方可被吸收，维生素C可促进这一转化；维生素D能增强钙的吸收。脂溶性维生素（A、D、E、K）需胆盐协助吸收，水溶性维生素主要在十二指肠和空肠吸收，而维生素B_{12}需与内因子结合形成复合物后，方能在回肠被吸收。

2. 糖的吸收 糖类需分解为单糖后才能被小肠上皮细胞吸收。单糖吸收是耗能的主动转运过程，可逆浓度梯度进行，能量由钠泵提供，吸收后主要通过毛细血管进入血液循环。

3. 蛋白质的吸收 蛋白质经消化分解为氨基酸后，绝大部分被小肠吸收。变性蛋白质更易消化，主要在十二指肠和近端空肠吸收；未变性蛋白质需进入回肠后才能被充分吸收。

> **考点与重点** 蛋白质的吸收

4. 脂肪的吸收 脂肪消化产物（脂肪酸、甘油一酯、胆固醇等）在小肠内与胆盐结合形成混合微胶粒。微胶粒成分进入肠上皮细胞后，甘油一酯、脂肪酸等重新酯化为甘油三酯，与载脂蛋白结合形成乳糜微粒，经中央乳糜管进入淋巴系统，最终汇入血液循环。

5. 胆固醇的吸收 食物中的胆固醇酯需经胆固醇酯酶水解为游离胆固醇后才能被吸收。游离胆固醇通过混合微胶粒在小肠上部吸收，随后在肠黏膜细胞内重新酯化，与载脂蛋白结合形成乳糜微粒，经淋巴途径进入血液。

胆固醇的吸收受很多因素的影响。食物中胆固醇含量越高，其吸收量也越多。食物中的脂肪和脂肪酸有促进胆固醇吸收的作用，而各种植物固醇和食物中不能被利用的纤维素、果胶、琼脂等容易和胆盐结合形成复合物，妨碍微胶粒的形成，从而能降低胆固醇的吸收。

第三节 消化器官活动的调节

消化器官的活动与整个机体的需要相适应。在非消化期，各种消化液的分泌量均较少，消化管的运动也较弱；当进食时及进食后，消化液分泌量增加，消化管运动增强。消化器官活动的这种适应性是通过神经和体液因素的调节实现的。

一、神经调节

1. 消化器官的神经支配及其作用 除口腔、咽、食管上段及肛门外括约肌外，其余大部分消化器官均受交感神经和副交感神经的双重支配。

各级神经中枢通过支配胃肠的交感神经和副交感神经对壁内神经丛的活动进行调节。副交感神经兴奋时，可引起胃肠运动增强、括约肌舒张、腺体分泌增加；交感神经兴奋时，其作用通常与副交感神经相反，表现为上述活动受抑制，但可促进唾液腺的少量黏稠分泌。特殊情况下（如肠肌紧张性过高时），无论交感或副交感神经兴奋均抑制肠运动；反之，当肠肌紧张性过低时，两种神经兴奋均可促进肠运动。

2. 消化器官活动的反射性调节 包括非条件反射和条件反射，其中枢分布于延髓、下丘脑、边缘叶及大脑皮层等部位。

（1）非条件反射：由食物机械性或化学性刺激直接作用于消化管黏膜相应感受器引发，如咀嚼时唾液分泌反射。

（2）条件反射：在非条件反射基础上，与食物相关的形、色、气味、声音、语言、文字及进食环境等刺激，通过视觉、嗅觉、听觉等感受器传入中枢形成。经典案例"望梅止渴"即是通过视觉刺激引发的唾液条件反射性分泌。

二、体 液 调 节

1. 胃肠激素对消化活动的调节　胃肠激素与神经系统共同调节消化器官的运动、分泌和吸收功能。调节消化器官活动的主要激素及其作用见表 15-1。

表 15-1　胃肠道激素的分泌及其生理作用

激素	分泌的部位	主要生理作用
胃泌素	胃窦和十二指肠黏膜的 G 细胞	促进胃酸和胰酶的分泌，还可促进胰液、胆汁、小肠液的分泌和胃肠运动
促胰液素	小肠上部黏膜的 S 细胞	促进胰液大量分泌，促进胰酶、胆汁和小肠液分泌，抑制胃酸分泌和胃肠运动
胆囊收缩素	小肠上部黏膜的 I 细胞	促进胆囊强烈收缩和胆汁排出，促进胰酶分泌，增强促胰液素作用
抑胃肽	小肠上部黏膜的 K 细胞	抑制胃液分泌和胃排空，刺激胰岛素释放

2. 局部体液因素对消化活动的调节

（1）组胺：胃体和胃底黏膜内含有大量组胺，由固有层中的肥大细胞产生。胃黏膜持续释放少量组胺，通过旁分泌作用于邻近壁细胞上的 H_2 受体，促进胃酸分泌。

（2）前列腺素：胃黏膜和肌层中存在前列腺素，由局部组织产生。迷走神经兴奋和胃泌素均可刺激前列腺素分泌。前列腺素能抑制进食、组胺和胃泌素等刺激引起的胃酸分泌。

在神经和体液双重调节机制中，各消化器官具有不同特点：唾液分泌完全由神经反射调节；胰液和胆汁的分泌与排出受神经和体液双重调节，但以体液调节为主；胃液分泌同样受双重调节，其机制更为复杂。

？ 思 考 题

1. 简述吸收的定义。
2. 为什么小肠是营养物质的主要吸收部位？
3. 简述胃酸的生理作用。

本章数字资源

第十六章 呼吸功能

📋 **案例**

大学生李明和同学在食堂吃饭时边吃边聊，不慎将食物呛入气道，引发剧烈咳嗽并伴有流泪现象。

问题： 1. 请结合呼吸道的解剖结构及吞咽反射机制，分析李明发生呛咳的原因。

2. 请结合防御性呼吸反射的生理机制，解释李明呛咳后出现咳嗽反应的原理。

机体在进行新陈代谢过程中，需要不断消耗 O_2 并产生 CO_2。因此，机体必须持续从外界摄取 O_2，同时排出体内多余的 CO_2。这种机体与外界环境之间的气体交换过程称为呼吸。

人体的呼吸过程由以下 4 个相互衔接的环节完成（图 16-1）：①肺通气：指肺与外界环境之间的气体交换过程，即通常所说的呼吸。②肺换气：指肺泡与肺部毛细血管之间的气体交换过程。肺通气与肺换气合称为外呼吸。③气体在血液中的运输：指 O_2 和 CO_2 通过血液循环在体内的运输过程。④组织换气：指血液与组织细胞之间的气体交换过程，也称为内呼吸。

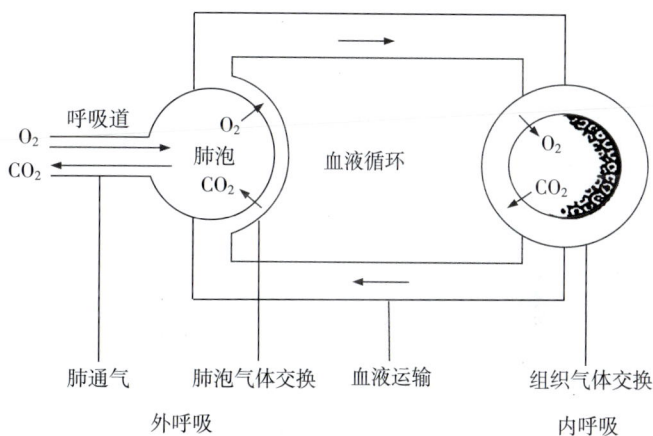

图 16-1　呼吸过程示意图

呼吸的意义在于通过吸入 O_2 和呼出 CO_2，维持体内 O_2 和 CO_2 浓度的相对稳定，从而保持内环境稳态。

考点与重点 呼吸的 4 个过程及意义

医者仁心

口罩背后的责任与关爱——呼吸系统保护与公共卫生

口罩作为重要的防护屏障，可有效阻隔含有病毒、细菌等病原体的飞沫进入呼吸系统，从而降低感染风险。在公共场所、人群密集区域或接触疑似病例时，规范佩戴口罩尤为重要。正确佩戴口罩是每个公民对公共卫生应尽的义务，既是对自身健康的负责，又是对他人生命安全的尊重。让我们共同践行呼吸道传染病防控措施，筑牢公共卫生防线，守护全民健康。

第一节　肺　通　气

肺通气是肺与外界环境之间的气体交换过程。肺通气的结构基础包括呼吸道、肺、胸廓、呼吸肌和胸膜腔。呼吸道是气体进出肺的通道，对吸入气体具有加温、加湿、清洁和过滤等功能；胸廓的节律性扩张和收缩为肺通气提供动力；呼吸肌的收缩与舒张可调节气道口径；胸膜腔是胸廓与肺之间起耦联作用的关键结构。气体进出肺受两方面因素影响：一是推动气体进出肺的动力；二是阻碍气体进出肺的阻力。

一、肺通气的动力

（一）肺内压

肺内压是指肺泡内的压力。肺扩张时，肺内压下降，当肺内压低于大气压时，气体进入肺内，称为吸气；肺收缩时，肺内压升高，当肺内压高于大气压时，气体由肺内排出，称为呼气。由此可见，肺内压与大气压之间的压力差决定了气体流动的方向，是肺通气的直接动力。肺内压的变化由肺的扩张与收缩引起，但肺本身不能主动张缩，其张缩由胸廓的扩大和缩小带动，而胸廓的扩大和缩小又通过呼吸肌的舒缩实现。这种由呼吸肌收缩舒张引起的胸廓扩大和缩小称为呼吸运动。因此，呼吸运动是肺通气的原动力。

（二）呼吸运动

呼吸运动包括吸气运动和呼气运动。参与呼吸运动的呼吸肌可分为吸气肌和呼气肌，主要吸气肌包括肋间外肌和膈肌，主要呼气肌包括肋间内肌和腹肌，此外还有胸部、肩部和腹部的辅助呼吸肌。根据呼吸深度、参与呼吸肌肉的主次及呼吸运动的外在表现，可将呼吸运动分为不同类型。

考点与重点　呼吸运动的分类

1. 平静呼吸和用力呼吸　安静状态下平稳而均匀的呼吸运动称为平静呼吸，主要由肋间外肌和膈肌完成。平静吸气时，肋间外肌收缩使肋骨和胸骨上举，胸廓前后径和左右径增大；同时膈肌收缩使膈顶下降，胸廓上下径增大，从而引起胸廓和肺容积扩大。此时肺内压下降至低于大气压，外界气体进入肺内，完成吸气过程。平静呼气时，肋间外肌和膈肌舒张，肋骨、胸骨及膈顶回位，胸廓容积缩小，肺依靠其弹性回缩力复位，肺内压上升至高于大气压，肺内气体被排出，完成呼气过程。因此，平静呼吸的特点是：吸气为主动过程，呼气为被动过程（图16-2）。

运动或劳动时呼吸加深加快的呼吸运动称为用力呼吸。用力吸气时，除肋间外肌和膈肌收缩外，辅助吸气肌也参与收缩，使胸腔和肺容积进一步扩大；用力呼气时，呼气肌主动收缩，使胸廓和肺容积进一步缩小，肺通气量增加。因此，用力呼吸的特点是吸气和呼气均为主动过程。

2. 胸式呼吸与腹式呼吸　以肋间外肌收缩和舒张为主，表现为胸廓明显起伏的呼吸运动称为胸式呼吸；以膈肌收缩和舒张为主，表现为腹部明显起伏的呼吸运动称为腹式呼吸。正常人呼吸时通常同时存在这两种呼吸运动，但程度不同。当患肺炎、重症肺结核、胸膜炎或发生肋骨骨折时，胸式呼吸

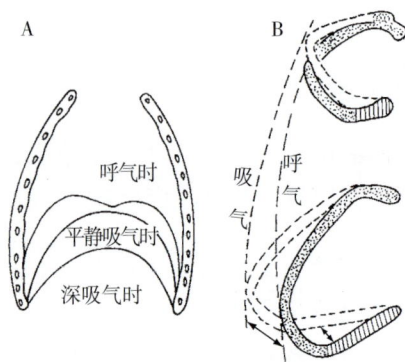

A. 膈肌收缩引起的变化；B. 肋间内肌、肋间外肌收缩引起的变化

图 16-2　呼吸肌活动引起的胸腔容积变化示意图

减弱而腹式呼吸增强；妊娠后期、腹水或腹膜炎时，腹式呼吸减弱而胸式呼吸增强。因此，通过观察胸式呼吸和腹式呼吸的变化可辅助判断病变部位。

（三）胸膜腔内压

1. 胸膜腔内压的概念及参考值 胸膜腔是由壁层胸膜和脏层胸膜围成的密闭且潜在的腔隙。正常情况下，胸膜腔内没有气体，仅有少量浆液。这些浆液一方面可减少呼吸运动时两层胸膜之间的摩擦，起到润滑作用；另一方面由于液体分子间的内聚力作用，使两层胸膜紧密贴附而不易分离，从而保证肺能随胸廓同步扩张或收缩。

胸膜腔内压是指胸膜腔内的压力，其对呼吸运动和肺通气具有重要作用。正常人平静呼吸的全过程中，胸膜腔内压均低于大气压。通常将低于大气压的压力称为负压，因此胸膜腔内压又称为胸膜腔负压。通过检压计测量，正常成人在平静呼气末的胸膜腔内压为 $-5 \sim -3$ mmHg，平静吸气末为 $-10 \sim -5$ mmHg（图 16-3）。

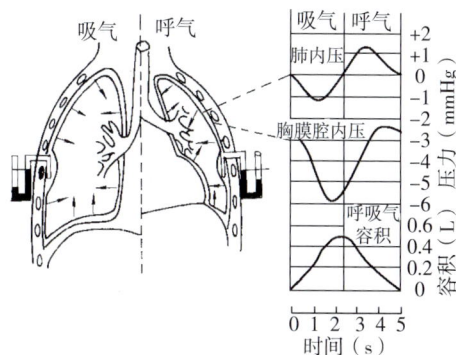

图 16-3 胸膜腔负压直接测量示意图

2. 胸膜腔内压的形成 胸膜腔内压是在人出生后形成的，并随着胸廓和肺的生长发育而逐渐增大。胎儿时期，胸腔的容积较小，肺内不含空气而仅有少量液体，此时胸膜腔内不存在负压。胎儿在分娩后第一次吸气时，肺便永久处于扩张状态，即使是最强呼气，肺泡也不可能完全被压缩。这是由于发育期间胸廓的生长速度比肺快，因此胸廓的自然容积大于肺的自然容积，使胸腔容积增大。由于胸膜液的吸附作用，两层胸膜紧密贴附，不易分开，肺被胸廓牵引而被动扩张。

胸膜的壁层紧贴胸廓内壁，受胸廓支撑，大气压无法通过胸壁直接影响胸膜壁层；而脏层则受到两种相反的作用力：大气压通过肺泡作用于胸膜脏层，使胸膜腔承受一个大气压；同时，无论在吸气或呼气时，肺始终处于扩张状态，扩张的肺组织产生的回缩力也作用于胸膜腔。因此，胸膜腔内的实际压力为：

$$胸膜腔内压＝肺内压（大气压）-肺回缩力$$

由于肺回缩力的方向与大气压相反，因而抵消了部分大气压，使胸膜腔承受的压力小于大气压。若以大气压为 0 计算，则：

$$胸膜腔内压＝-肺回缩力$$

由此可见，胸膜腔负压由肺的回缩力形成。吸气时肺扩张，肺回缩力增大，胸膜腔负压也随之增大；呼气时肺缩小，肺回缩力减小，胸膜腔负压也相应减小。因此，胸膜腔负压随呼吸运动发生周期性波动。

3. 胸膜腔负压的生理意义 ①维持肺的扩张状态，有利于肺通气和肺换气；②降低中心静脉压，促进静脉血和淋巴液回流；③在呼吸运动与肺通气之间起耦联作用。

若胸膜受损导致空气进入胸膜腔，称为气胸。气胸时胸膜腔负压消失，对抗肺回缩力的作用丧失，患侧肺叶因自身弹性回缩力而塌陷。此时尽管呼吸运动仍存在，但肺叶已无法扩张。这不仅会导致呼吸功能障碍，还可能因胸膜腔两侧压力失衡，影响纵隔内的心脏和大血管功能，甚至引发循环障碍，危及生命。

考点与重点 胸膜腔内压的形成及其生理意义

二、肺通气的阻力

肺通气的阻力来自两个方面：一是弹性阻力，包括肺和胸廓的弹性阻力；二是非弹性阻力，主要是呼吸道气流的摩擦阻力。平静呼吸时，弹性阻力约占呼吸总阻力的 70%。

（一）弹性阻力

弹性体受外力作用时产生的一种对抗变形的力，称为弹性阻力，包括肺的弹性阻力和胸廓的弹性阻力。弹性阻力是阻碍胸廓和肺扩张的力。

1.肺的弹性阻力   是吸气的阻力，同时也是呼气的动力。其来源有两个：一是肺泡内液体层表面张力形成的回缩力，二是肺弹性纤维的回缩力。

（1）表面张力与肺泡表面活性物质：肺泡内表面有一层极薄的液体，与肺泡内的气体形成液 – 气界面。由于液体分子之间的吸引力远大于液体与气体分子之间的吸引力，液体表面积倾向于缩小，这种作用称为表面张力。对于肺泡来说，表面张力指向肺泡中心，使肺泡趋于缩小。然而，正常情况下肺泡并未因表面张力过大而阻碍扩张或塌陷，这是因为肺泡表面活性物质的存在。

肺泡表面活性物质由肺泡Ⅱ型上皮细胞分泌，以单分子层形式覆盖在肺泡液体层表面，能够显著降低肺泡表面张力。其生理意义：①维持大小肺泡的稳定性，防止吸气时小肺泡塌陷和呼气时大肺泡过度膨胀；②减少肺间质和肺泡内液体的生成，防止肺水肿；③降低吸气阻力，有利于肺的扩张。

胎儿发育至 30 周时，肺泡Ⅱ型上皮细胞才开始分泌表面活性物质。因此，某些早产儿因肺泡Ⅱ型细胞发育不成熟，缺乏表面活性物质，可能导致新生儿呼吸窘迫综合征或肺不张，甚至死亡。

（2）肺的弹性回缩力：肺组织含有丰富的弹性纤维，肺扩张时弹性纤维产生回缩力，阻止肺过度扩张。在一定范围内，弹性回缩力与肺扩张程度成正比。

2.胸廓的弹性阻力   胸廓是一个双向弹性体，其弹性回缩力的大小和方向随位置变化而变化。胸廓处于自然位置时，弹性回缩力为零，无弹性阻力；当胸廓大于自然位置时，弹性回缩力向内，成为呼气的动力和吸气的阻力；当胸廓小于自然位置时，弹性回缩力向外，成为吸气的动力和呼气的阻力。因此，胸廓的弹性阻力对呼吸的影响取决于其位置。

（二）非弹性阻力

非弹性阻力主要是气道阻力，占呼吸总阻力的 80% ～ 90%。气道阻力是指气流通过呼吸道时产生的摩擦阻力。影响气道阻力的因素包括气流速度、气流形式（层流和湍流）及气道口径。由于流体的阻力与管道半径的 4 次方成反比，若气道口径减小 1/2，则气道阻力将增大 16 倍，因此气道口径的变化是影响气道阻力的重要因素。气道口径受神经和体液因素的调节。支气管哮喘患者出现呼吸困难，是由于支气管平滑肌痉挛性收缩导致气道口径缩小、阻力增大所致。此外，非弹性阻力还包括黏滞阻力和惯性阻力。

考点与重点 弹性阻力与非弹性阻力的区别及其对肺通气的影响

三、肺容量和肺通气量

肺容量和肺通气量是衡量肺通气功能的指标。

（一）肺容量

肺容量是指肺容纳气体的容积。在呼吸过程中，肺容量的大小取决于呼吸运动的深浅程度，其数值可通过肺量计测定（图 16-4）。

1.基本肺容积   包括潮气量、补吸气量、补呼气量和余气量 4 项，它们互不重叠，因此被称为基本肺容积。

（1）潮气量：每次呼吸时吸入或呼出的气体量称为潮气量。其大小与年龄、性别、身材、呼吸习惯、运动强度及情绪状态等因素有关。平静呼吸时，正常成人的潮气量为 400 ～ 600mL。运动或劳动时潮气量增大。

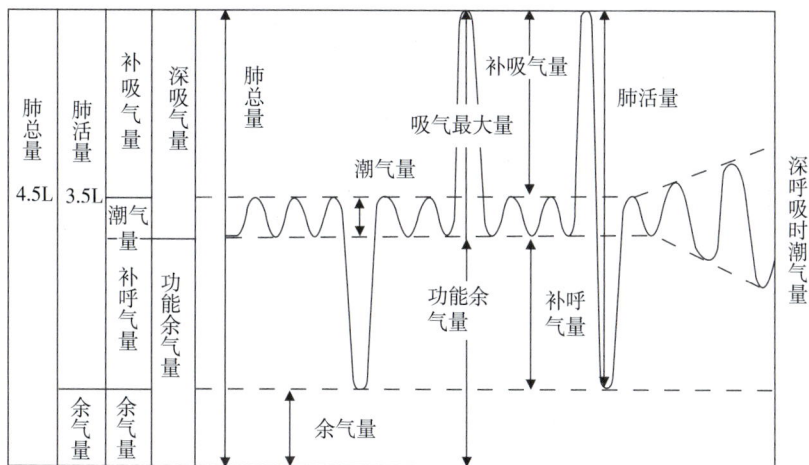

图 16-4　肺容量描记图

（2）补呼气量：在平静呼气末再尽力呼气时，所能额外呼出的气体量称为补呼气量。正常成人为900 ～ 1200mL。

（3）补吸气量：平静吸气末再尽力吸气时，所能额外吸入的气体量称为补吸气量。正常成人为1500 ～ 2000mL。

（4）余气量：最大呼气末残留在肺内的气体量称为余气量。正常成人为 1000 ～ 1500mL，支气管哮喘和肺气肿患者的余气量增大。

2.肺容量　指两项或两项以上基本肺容积的联合气量。

（1）深吸气量：平静吸气末再尽力吸气时所能吸入的最大气体量称为深吸气量。其数值等于潮气量与补吸气量之和，是评估肺最大通气潜力的重要指标。

（2）功能余气量：平静呼气末存留于肺内的气体量称为功能余气量。其数值为补呼气量与余气量之和，正常成人约为 2500mL。功能余气量具有缓冲肺泡气体分压和温度波动的作用，能维持气体交换的连续性。肺气肿患者功能余气量增多；肺实质病变时功能余气量减少。

（3）肺活量和时间肺活量：最大吸气后尽力呼气所能呼出的最大气体量称为肺活量，其数值等于潮气量、补吸气量与补呼气量三者之和。肺活量存在显著的个体差异，受年龄、性别、体型、呼吸肌强度、肺和胸廓弹性等因素影响。正常成年男性平均约为 3500mL，女性约为 2500mL。

肺活量反映肺一次通气的最大能力，可作为肺通气功能的评估指标。由于测定时不限制呼气时间，仅反映呼吸幅度而非呼吸效率，属于静态肺功能指标，对某些病理状态的评估存在局限性。例如阻塞性肺疾病患者因呼气时间不受限，肺活量测定结果可能与正常人差异不明显，因此需要引入时间肺活量概念。

时间肺活量又称用力呼气量，是指受试者最大吸气后用力快速呼气时，特定时间段（第 1、2、3秒末）呼出气体量占肺活量的百分比。正常成人第 1、2、3 秒末的时间肺活量分别为肺活量的 83%、96%、99%，其中第 1 秒末的测定值临床意义最大，若低于 60% 则为异常。时间肺活量通过时间限制反映肺通气的动态特性，能更准确评估肺通气功能。

考点与重点　肺活量和时间肺活量的定义及临床意义

（4）肺总容量　肺所能容纳的最大通气量称为肺总容量，其数值等于肺活量与余气量之和。肺总容量存在明显的个体差异，正常成年男性的肺总容量约为 5000mL，女性约为 3500mL。

（二）肺通气量

肺通气量是指单位时间内吸入或呼出肺的气体总量，既包含静态的肺容量因素，又包含时间因素，是肺的动态气量指标，因此能比肺容量更准确地反映肺的通气功能。

1. 每分通气量　是指每分钟吸入或呼出肺的气体总量，其数值等于潮气量与呼吸频率的乘积。正常成年人在安静状态下的呼吸频率平均为 12～18 次 / 分，潮气量约为 500mL，因此每分通气量为 6.0～9.0L。

每分通气量因性别、年龄、身材和活动量的不同而存在差异。剧烈运动时，每分通气量在 70L 以上。当人体尽力进行深快呼吸时，每分钟所能吸入或呼出的最大气量称为最大通气量。最大通气量能够反映在持续通气状态下肺的最大通气能力和储备能力，从而评估受试者能够承受的活动强度。测定时，通常测量 20 秒或 15 秒的最深最快呼出或吸入气量，再换算为每分钟最大通气量。正常人的最大通气量一般为 70～120L。

2. 肺泡通气量　肺通气的目的是实现肺换气，即肺泡与血液之间的气体交换。每次吸入的气体中，有一部分会滞留在从上呼吸道至呼吸性细支气管之前的呼吸道内，这部分气体不参与肺换气，称为解剖无效腔，其容积约为 150mL。

从气体交换的角度来看，真正有效的通气量是肺泡通气量。肺泡通气量是指每分钟吸入肺泡的新鲜气体量，其计算公式为：

$$肺泡通气量＝（潮气量 - 无效腔气量）× 呼吸频率$$

进入肺泡的气体，可能由于肺内血流分布不均而无法充分与血液进行气体交换。这部分未能参与气体交换的肺泡气容积称为肺泡无效腔。肺泡无效腔与解剖无效腔合称为生理无效腔。正常人的生理无效腔容积与解剖无效腔容积几乎相等。当肺内血流分布明显不均或肺动脉部分栓塞时，生理无效腔会增大，从而导致肺泡通气量减少。

若改变呼吸频率和呼吸的深度，对肺通气量和肺泡通气量的影响如表 16-1 所示。

表 16-1　不同呼吸频率和潮气量时的每分肺通气量和肺泡通气量

呼吸频率（次 / 分）	潮气量（mL）	肺通气量（mL/min）	肺泡通气量（mL/min）
12	500	6000	4200
24	250	6000	2400
6	1000	6000	5100

在潮气量减半而呼吸频率加倍，或潮气量加倍而呼吸频率减半时，肺通气量保持不变，但肺泡通气量均发生明显变化。由此可见，对于肺换气而言，深而慢的呼吸比浅而快的呼吸气体交换效率更高。

考点与重点　肺容量和肺通气量的定义及计算方法

链接

人工呼吸

人体心脏和大脑需要持续供给氧气，若中断供氧 3～4 分钟即可导致不可逆性损伤。因此在触电、溺水、脑血管意外及心血管意外等事故中，一旦发现患者心跳、呼吸停止，首要抢救措施是立即实施人工呼吸与胸外心脏按压，以维持有效通气和血液循环，确保重要器官的氧供。人工呼吸是自主呼吸停止时的急救方法，通过徒手操作或机械装置使空气有节律地进入肺部，继而利用胸廓及肺组织的弹性回缩力将气体排出，如此循环往复以替代自主呼吸。现场急救可采用口对口（鼻）人工呼吸法或简易呼吸囊辅助通气。院内抢救呼吸骤停患者时，可选用结构更精密、功能更完善的人工呼吸机。

第二节 气体的交换和运输

一、气 体 交 换

气体交换包括肺换气和组织换气。肺泡与肺毛细血管之间 O_2 和 CO_2 的交换过程称为肺换气；血液与组织细胞之间 O_2 和 CO_2 的交换过程称为组织换气。呼吸气体的交换通过扩散方式实现。

（一）气体交换原理

1. 气体分压 根据物理学原理，任何气体（无论是游离状态还是溶解于液体中）均做无规则运动并产生压力。气体分子从压力较高的区域向压力较低的区域扩散，直至整个容腔内气体压力达到动态平衡，这一现象称为气体扩散。若为混合气体，其总压力等于各组成气体分压之和。各气体的分压等于混合气体总压力乘以该气体所占容积百分比。例如，空气为混合气体（总压力 760mmHg），其中 O_2 占 21%，故氧分压（PO_2）＝ $760 \times 21\%$ ＝ 159mmHg。

当气体与液体接触时，气体分子可溶解于液体中。单位分压下，单位容积液体中溶解的气体量称为该气体的溶解度。同时，溶解的气体分子也会从液体中逸出，其逸出的力称为张力。当气体溶解与逸出的速率达到平衡时，该气体的张力即等于其分压。

在呼吸过程中，肺泡、血液和组织各处的 O_2 和 CO_2 的分压各不相同（表 16-2）。

表 16-2 肺泡、血液和组织液内氧和二氧化碳分压（mmHg）

名称	肺泡气	静脉血	动脉血	组织液
PO_2（氧分压）	102	40	100	30
PCO_2（二氧化碳分压）	40	46	40	50

2. 气体扩散的速率 单位时间内气体扩散的容积称为气体扩散速率，主要受以下因素影响。

（1）气体分压差：分压差是气体扩散的动力，决定了气体扩散的速度和方向。分压差越大，扩散速度越快。气体分子总是从分压高处向分压低处扩散。

（2）气体的溶解度和相对分子质量：气体扩散速率与气体溶解度成正比，与相对分子质量的平方根成反比。CO_2 在血液中的溶解度是 O_2 的 24 倍，但其相对分子质量的平方根是 O_2 的 1.17 倍。由于肺泡与血液间的 PO_2 差为 PCO_2 差的 10 倍，因此 CO_2 的扩散速率约为 O_2 的 2 倍。在肺部发生气体交换障碍时，通常首先表现为缺氧症状，而非 CO_2 潴留症状。

（二）气体交换的过程

1. 肺换气 当静脉血流经肺毛细血管时，由于血液 PO_2 为 40 mmHg，而肺泡气 PO_2 为 102 mmHg，肺泡气中的 O_2 因分压差向血液净扩散，使血液 PO_2 逐渐升高，最终接近肺泡气的 PO_2。静脉血 PCO_2 为 46 mmHg，肺泡气 PCO_2 为 40 mmHg，因此 CO_2 向相反方向净扩散，即从血液进入肺泡。经过肺换气后，静脉血转变为动脉血。

2. 组织换气 组织细胞在新陈代谢过程中消耗 O_2 并产生 CO_2，因此细胞及其周围组织液的 PCO_2（50 mmHg）始终高于动脉血的 PCO_2（40 mmHg），而 PO_2（30 mmHg）始终低于动脉血的 PO_2（100 mmHg）。动脉血中的 O_2 不断向组织液和细胞扩散，供组织细胞利用；同时，组织细胞中的 CO_2 不断向动脉血扩散。经组织换气后，动脉血转变为静脉血（图 16-5）。

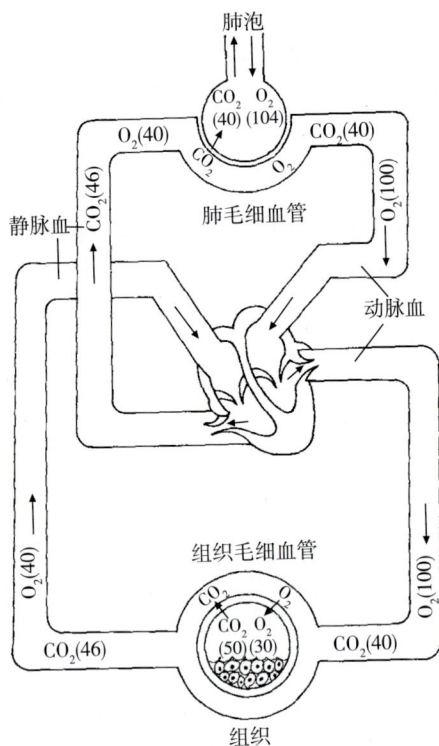

图 16-5 气体交换示意图（图中数值单位为 mmHg）

在肺换气和组织换气过程中，尽管 CO_2 的分压差小于 O_2，但其扩散速率约为 O_2 的 2 倍，因此仍能高效完成气体交换。

（三）影响肺换气的因素

呼吸过程中，肺换气除受气体分压差、溶解度和相对分子质量等因素影响外，还与扩散面积、扩散距离、通气血流比值等因素有关。

1. 呼吸膜的厚度 肺泡与肺毛细血管之间进行气体交换时所通过的结构，称为呼吸膜。虽然呼吸膜有 6 层结构，但总厚度不足 $1\mu m$，对 O_2 和 CO_2 的通透性很大。病理情况下，任何使呼吸膜增厚的疾病，都会降低扩散速度，减少扩散量，如肺纤维化、肺水肿等。

2. 呼吸膜的面积 单位时间内气体的扩散量与扩散面积成正比。扩散面积越大，单位时间内扩散的气体量就越多。正常成人约有 3 亿个肺泡，总扩散面积达 $40 \sim 10m^2$。安静状态下，呼吸膜的扩散面积约为 $4m^2$；运动时，因肺毛细血管开放数量和开放程度增加，扩散面积可增至 $7m^2$ 以上。扩散面积可因肺本身疾病（如肺不张、肺实变、肺气肿等）或肺毛细血管关闭和阻塞而减小。

3. 通气血流比值（V/Q） 是指每分钟肺泡通气量（V）与每分钟肺血流量（Q）的比值。正常成人安静时 V/Q 比值约为 0.84，此比值可维持最佳换气效率。若 V/Q 比值增大，表明通气过剩而血流不足，部分肺泡气未能与血液充分交换，导致肺泡无效腔增大（如肺动脉栓塞）；若 V/Q 比值减小，则表明通气不足（如哮喘）而血流过剩，部分血液流经通气不良的肺泡，静脉血中的气体未得到充分更新，气体交换效率降低，相当于发生了功能性动 - 静脉短路。由此可见，无论 V/Q 比值增大或减小，均会妨碍有效的气体交换。

考点与重点 影响肺换气的因素

二、气体在血液中的运输

在呼吸过程中，血液起着运输气体的作用。血液将 O_2 从肺运送到全身组织，又将组织代谢产生的 CO_2 运送到肺部。气体在血液中的运输形式包括物理溶解和化学结合两种，其中化学结合是主要运输形式，而物理溶解的量虽少却至关重要，是化学结合和气体释放的必要环节。

（一）O_2 的运输

1. 物理溶解 O_2 在血液中的溶解度很低，每 100mL 血液仅溶解 0.3mL，约占血液运输 O_2 总量的 1.5%。

2. 化学结合 是 O_2 运输的主要形式。当血液氧分压升高时，溶解的 O_2 进入红细胞，与血红蛋白结合形成氧合血红蛋白（HbO_2）；当氧分压降低时，HbO_2 解离形成去氧血红蛋白（Hb），可用下式表示：

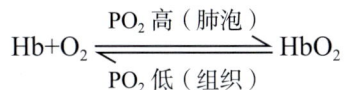

$$Hb + O_2 \xrightleftharpoons[PO_2 低（组织）]{PO_2 高（肺泡）} HbO_2$$

该过程是可逆的。O_2 与 Hb 结合具有以下特征：①无需酶催化；②可快速结合与解离；③结合或解离取决于血液氧分压。当血液流经肺毛细血管时，由于动脉血氧分压较高，O_2 与 Hb 结合形成大量 HbO_2；当血液流经组织时，由于静脉血氧分压较低，HbO_2 解离为去氧血红蛋白和 O_2，释放的 O_2 进入组织供细胞利用。

1 分子 Hb 最多可结合 4 分子 O_2，因此血液结合 O_2 的能力存在上限，即具有饱和性。Hb 的分子量为 64000～67000，故 1g Hb 可结合 1.34～1.39mL O_2。健康成人每升血液约含 150g Hb，按 1g Hb 结合 1.34mL O_2 计算，最大结合量约为 200mL O_2。

每升血液中 Hb 所能结合 O_2 的最大量称为 Hb 氧容量，其值取决于 Hb 浓度和血氧分压。实际每升血液中 Hb 结合的 O_2 量称为 Hb 氧含量。Hb 氧含量与氧容量的百分比称为 Hb 氧饱和度。由于血液中溶解 O_2 量极少，通常可忽略不计，因此 Hb 氧容量、Hb 氧含量和 Hb 氧饱和度可分别简称为血氧容量、血氧含量和血氧饱和度。

HbO_2 呈鲜红色，去氧血红蛋白呈暗蓝色。动脉血因氧饱和度高呈鲜红色；静脉血因氧饱和度低呈暗红色。当患肺炎或心功能不全等导致气体交换障碍时，血中去氧血红蛋白增多。若每升血液中去氧血红蛋白 ≥ 50g，则在毛细血管丰富的体表部位（如口唇、甲床）可出现紫蓝色，称为发绀。一般情况下，发绀是机体缺氧的标志。但严重贫血患者因 Hb 总量不足 50g/L，虽缺氧却不出现发绀；CO 中毒时，碳氧血红蛋白呈樱桃红色亦不表现发绀。相反，真性红细胞增多症患者因去氧血红蛋白超过 50g/L，虽出现发绀却无缺氧。

> **链接**
>
> ### CO 中毒
>
> CO 与 Hb 的亲和力极强，其结合能力是 O_2 的 210 倍。当 CO 与 Hb 结合形成一氧化碳血红蛋白（HbCO）时，Hb 会丧失运输氧的功能。若人体处于 CO 浓度为 0.05% 的环境中数小时，即可导致 CO 中毒；若 CO 浓度达到 0.1%，则可能危及生命。CO 中毒患者虽表现为严重缺氧，但其口唇黏膜呈樱桃红色（因 HbCO 颜色掩盖了缺氧所致的发绀），并伴有头痛、头晕、眼花、四肢无力等症状；严重者可出现昏厥、昏迷甚至死亡。因此，发现 CO 中毒患者时，应立即将其转移至无 CO 的环境，使其呼吸新鲜空气，以纠正缺氧状态。

（二）二氧化碳的运输

1. 物理溶解　CO_2 在血液中的溶解度比 O_2 略高，每升静脉血液中溶解的 CO_2 约为 1.3mmol（30mL），约占 CO_2 运输总量的 5%。

2. 化学结合　化学结合形式运输的 CO_2 约占运输总量的 95%，其具体形式包括碳酸氢盐和氨基甲酸血红蛋白两种。其中碳酸氢盐形式占 CO_2 总运输量的 88%，是 CO_2 在血液中的主要运输形式；氨基甲酸血红蛋白形式约占 7%。溶解在血浆中的 CO_2 大部分会扩散进入红细胞，最终以碳酸氢盐和氨基甲酸血红蛋白的形式进行运输（图 16-6）。

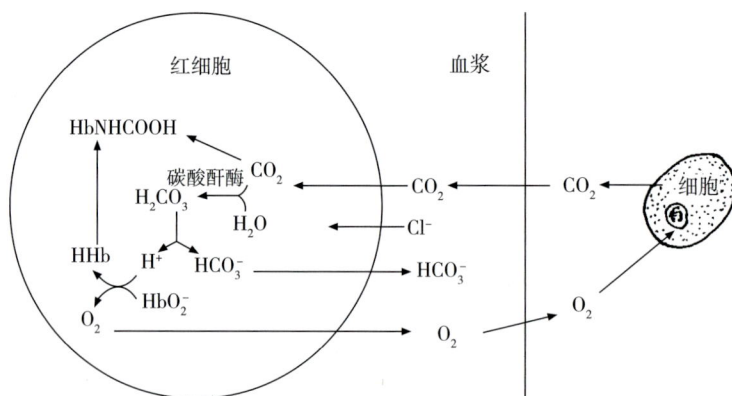

图 16-6　二氧化碳的运输

（1）碳酸氢盐形式：O_2 扩散入红细胞后，在红细胞内存在的碳酸酐酶作用下，可迅速与水分子结合形成碳酸（H_2CO_3），后者又会立即解离为氢离子（H^+）和碳酸氢根离子（HCO_3^-）。此反应迅速、可逆。组织换气时，由于 CO_2 分压升高，反应向生成 HCO_3^- 的方向进行；肺换气时，由于 CO_2 分压降低，反应向生成 CO_2 和 H_2O 的方向进行。反应过程简示如下：

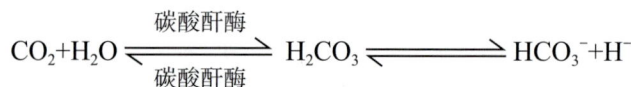

在此反应过程中，红细胞内 HCO_3^- 浓度不断升高，HCO_3^- 顺浓度梯度通过红细胞膜扩散进入血浆。红细胞内负离子减少时，需有同等数量的正离子外移以维持电平衡，但红细胞膜不允许正离子自由通过，仅允许小分子负离子（如 Cl^-）跨膜转移。因此，血浆中 Cl^- 向红细胞内转移以替换 HCO_3^-，维持膜两侧电位平衡，这种现象称为氯转移（氯离子转移）。在红细胞内，HCO_3^- 与 K^+ 结合生成 $KHCO_3$；在血浆中则与 Na^+ 结合生成 $NaHCO_3$。上述反应产生的 H^+ 大部分与 Hb 结合，从而被缓冲。

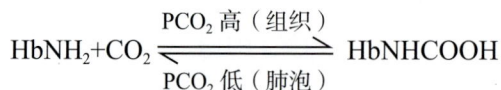

（2）氨基甲酸血红蛋白形式：一部分 CO_2 与 Hb 的氨基（$-NH_2$）结合生成氨基甲酸血红蛋白（HbNHCOOH），这一反应无需酶催化，且迅速、可逆。反应过程简示如下：

$$HbNH_2 + CO_2 \rightleftharpoons HbNHCOOH$$

去氧血红蛋白与 CO_2 结合形成氨基甲酸血红蛋白的能力显著强于氧合血红蛋白。因此，在组织毛细血管（去氧血红蛋白增多）中，反应向右进行；在肺毛细血管（氧合血红蛋白增多）中，反应向左进行，释放 CO_2。此反应主要受氧合作用的调节。

以氨基甲酸血红蛋白形式运输的 CO_2 量约占静脉血 CO_2 总量的7%，但其运输效率高：平静呼吸时，肺排出的 CO_2 总量中约17.5%来自氨基甲酸血红蛋白的分解。

（3）肺对酸碱平衡的调节：肺通过调节 CO_2 呼出量来改变血液中 H_2CO_3 浓度，从而维持 HCO_3^- / H_2CO_3 缓冲对的正常比例（20：1），稳定血液 pH。呼吸中枢对动脉血 CO_2 分压（ $PaCO_2$ ）及 pH 变化高度敏感。

1）CO_2 潴留：如肺部疾病导致通气不足，血中 CO_2 分压升高、H_2CO_3 浓度增加、pH 下降，可刺激呼吸中枢使呼吸运动加深加快，增加 CO_2 排出，降低 H_2CO_3 浓度。

2）CO_2 排出过多：如通气过度，血中 H_2CO_3 浓度下降、CO_2 分压降低、pH 升高，呼吸中枢受抑制，呼吸运动变浅变慢，减少 CO_2 排出。

因此，临床上观察患者呼吸频率与深度有助于判断酸碱平衡状态。

考点与重点 O_2 和 CO_2 在血液中的运输方式及其生理意义

链接

缺氧对大脑的影响

脑组织对缺氧较为敏感，当发生缺血或动脉氧分压降低时，脑部功能会比其他组织更早出现障碍。实验研究表明，一旦脑血液供应停止，弥散在脑组织内以及结合在血液红细胞中的氧，将在8～12分钟内完全耗尽；贮存于组织中的少量能量物质，如三磷酸腺苷（ATP）、磷酸肌酸等，将在2～3分钟内全部耗竭；5分钟后，大脑皮层的神经细胞开始死亡。

当动脉氧分压降低时，大脑功能会发生一系列改变。若将正常动脉氧分压设定为100%，那么当动脉氧分压降至85%时，机体适应能力会延迟；降至70%时，呼吸幅度会加深，复杂学习能力受损；降至55%时，近记忆会丧失；降至45%时，标准判断能力会降低；降至30%时，会出现意识丧失而昏迷的情况。因此，在脑血液循环中维持足够的动脉氧分压极为重要。

第三节　呼吸运动的调节

呼吸运动是一种节律性的运动，其深度和频率随机体内外环境状态的改变而发生相应的变化。正常呼吸节律的维持以及机体功能活动需求所引发的随意和不随意变化，必须依赖于体内完善的调节机制才能实现。

一、呼 吸 中 枢

呼吸中枢是指中枢神经系统内产生和调节呼吸运动的神经细胞群。呼吸中枢分布于大脑皮层、间脑、脑桥、延髓和脊髓等部位，各自在呼吸节律的产生和调节中发挥不同作用。正常的呼吸运动是在各级呼吸中枢的共同协调下实现的。

（一）脊髓

脊髓中支配呼吸肌的运动神经元位于第3～5颈段（支配膈肌）和胸段（支配肋间肌和腹肌等）前角。动物实验表明，在延髓和脊髓之间横切后，呼吸不会立即停止，说明呼吸节律并非由脊髓产生。脊髓不仅是联系脑和呼吸肌的中继站，也是某些呼吸反射的初级整合中枢。

（二）延髓

延髓的网状结构中存在支配呼吸运动的基本中枢，分为吸气中枢和呼气中枢两部分，两者界限不明显且存在功能重叠。尽管吸气中枢与呼气中枢在功能上相互拮抗，但它们之间的直接交互抑制现象尚未完全明确。然而，在支配脊髓呼吸肌运动神经元时，这种交互抑制作用确实存在：延髓吸气神经元的下传冲动一方面兴奋吸气肌运动神经元，另一方面通过抑制性中间神经元抑制呼气肌运动神经元；延髓呼气神经元的下传冲动则以相同方式抑制吸气肌运动神经元的活动。这种交互抑制是维持正常呼吸的必要条件。

延髓被破坏后，呼吸运动立即停止，表明节律性呼吸依赖于延髓呼吸中枢。若破坏延髓以上的脑组织，呼吸运动虽可维持，但呼吸频率减慢、呼气延长且不可恢复，说明延髓的正常节律活动还需高位脑中枢的调节。

（三）脑桥

脑桥上部存在抑制吸气、调整呼吸节律的中枢（呼吸调整中枢）。该中枢通过控制延髓吸气中枢的兴奋性，抑制吸气活动并促进吸气向呼气转化，从而调节呼吸频率和深度。实验显示，若在中脑与脑桥交界处横断，动物呼吸节律接近正常，表明正常呼吸节律的维持需要脑桥与延髓的共同作用。

（四）大脑皮质对呼吸运动的调节

大脑皮质可随意控制呼吸运动，以保证语言、歌唱、情绪表达（如哭笑）、咳嗽、吞咽及排便等重要活动的完成。此外，大脑皮层还能通过条件反射调节呼吸运动。例如，当受试者多次处于高浓度 CO_2 的密闭室后，即使将室内气体更换为新鲜空气，再次进入时仍会出现呼吸增强的反应。这是由于密闭室环境与 CO_2 刺激多次结合后，环境本身成为触发呼吸运动的信号，形成了条件反射。尽管大脑皮层功能丧失后仍可维持节律性呼吸，但在正常生理状态下，呼吸运动需精确适应环境变化，这一过程必须依赖大脑皮层的调节。

总之，中枢神经系统对呼吸的调节是通过各级呼吸中枢的相互协调、共同配合实现的。延髓呼吸神经元产生基本呼吸节律，是呼吸基本中枢所在；脑桥呼吸调整中枢使呼吸节律更趋完善；大脑皮层则赋予呼吸运动随意性和适应性。

二、呼吸运动的反射性调节

呼吸运动可因机体受到各种刺激而发生反射性加强或减弱。如伤害性刺激、冷刺激等都可反射性地影响呼吸运动。但调节呼吸运动最重要的反射机制却来自三个方面：呼吸道和肺部本身的刺激、呼吸肌本体感受性刺激，以及血液中化学成分改变的刺激。

（一）肺牵张反射

由肺的扩张或缩小所引起的反射性呼吸调节，称为肺牵张反射。其感受器主要分布于气管至细支气管的平滑肌中，能感受牵张刺激，具有阈值低、适应慢的特点，传入神经纤维走行于迷走神经中并传入延髓。当肺扩张时，呼吸道随之扩张，牵张感受器兴奋，冲动经迷走神经传入延髓，抑制吸气神经元活动，促使吸气转为呼气。呼气时肺容积缩小，对牵张感受器的刺激减弱，传入冲动减少，解除对吸气中枢的抑制，吸气中枢再次兴奋，启动下一次吸气。若切断双侧迷走神经，则出现吸气延长、加深，呼吸频率减慢。

肺牵张反射的生理意义在于防止吸气过程过长过深，促进吸气向呼气的及时转换。该反射与脑桥呼吸调整中枢共同参与呼吸频率和深度的调节。需注意的是，肺牵张反射在成人平静呼吸时调节作用较弱；但在病理情况下（如肺水肿、肺纤维化），因肺顺应性降低，肺扩张时牵张刺激增强，可引发该反射，导致呼吸变浅变快。

（二）呼吸肌本体感受性反射

由呼吸肌本体感受器传入冲动所引起的反射，称为呼吸肌本体感受性反射。肌梭是呼吸肌的本体感受器。当气道阻力增大时，肌梭受牵张刺激而兴奋，冲动传入脊髓，反射性地增强呼吸肌收缩力量。其生理意义在于：当呼吸肌负荷增加时，通过增强肌收缩力量来克服气道阻力，从而维持有效的肺通气功能。

（三）防御性呼吸反射

防御性呼吸反射是呼吸道黏膜受刺激时所引起的以清除刺激物为目的的反射性呼吸变化。常见的防御性呼吸反射有咳嗽反射和喷嚏反射。咳嗽反射是重要的防御性反射，其生理意义是清洁、保护和维持呼吸道的通畅。喷嚏反射与咳嗽反射类似，其生理意义是清除鼻腔中的刺激物。

> **考点与重点**　防御性呼吸反射的类型及其生理意义

（四）化学感受性反射

当血液和脑脊液中的化学物质（主要是 O_2、CO_2 和 H^+）浓度发生变化时，能反射性地引起呼吸运动的改变，称为化学感受性反射。该反射通过双重调节机制发挥作用：一方面呼吸运动调节血液中 O_2、CO_2 和 H^+ 浓度；另一方面动脉血中 O_2 分压降低、CO_2 分压升高或 H^+ 浓度增加时，又通过化学感受器反射性地增强呼吸运动。这种负反馈调节对维持内环境稳态具有重要意义。

1. 化学感受器　调节呼吸的化学感受器分为中枢化学感受器和外周化学感受器。中枢化学感受器位于延髓腹外侧浅表部位，其生理刺激是脑脊液和局部细胞外液中的 H^+，通过作用于延髓呼吸中枢引起呼吸运动的变化。外周化学感受器包括颈动脉体和主动脉体，当动脉血中 PO_2 降低、PCO_2 升高或 H^+ 浓度升高时受到刺激，神经冲动经窦神经和迷走神经传入延髓，反射性地引起呼吸加深加快。其中颈动脉体的作用强度约为主动脉体的 6 倍。

2. CO_2、H^+ 和 O_2 对呼吸的调节

（1）CO_2：是调节呼吸最重要的生理性化学因素。在麻醉动物或人体中，当动脉血 PCO_2 明显降低时可出现呼吸暂停现象，说明一定水平的 PCO_2 对维持呼吸中枢兴奋性是必要的。实验表明：当吸入气中 CO_2 含量由正常 0.04% 增至 0.79% 时，每分通气量即显著增加；增至 4% 时，肺通气量可增加 1 倍以上；增至 6% 时，每分通气量可达静息时的 6～7 倍；当增至 10% 时，虽然每分通气量可增至 8～10 倍，但已出现 CO_2 排出障碍，患者会出现眩晕、头痛甚至昏迷等 CO_2 麻醉症状。若继续增加吸入气 CO_2 浓度，肺通气量反而下降，严重时可导致惊厥和中枢麻痹。

CO_2 对呼吸的调节通过两条途径实现：一是刺激中枢化学感受器（约占效应 80%），因 CO_2 能迅速通过血脑屏障生成 H_2CO_3 并解离出 H^+；二是刺激外周化学感受器。

（2）O_2：吸入气中 PO_2 降低可导致呼吸加深、加快，肺通气量增加，其对呼吸的兴奋作用完全是通过外周化学感受器实现的。但低氧对呼吸中枢的直接作用是抑制，且抑制效应随缺氧程度加深而加重。因此，轻度低氧时，外周化学感受器的传入冲动可对抗缺氧对中枢的直接抑制作用，引起呼吸反射性增强；但严重缺氧时，外周化学感受性反射不足以克服低氧对中枢的抑制作用，将导致呼吸障碍，甚至呼吸停止。

一般在动脉血 PaO_2 下降到 80mmHg 以下时，肺通气量才会逐渐增加，所以动脉血 PO_2 对正常呼吸的调节作用不明显。但在特殊情况下却具有重要意义。例如，严重肺气肿、肺心病患者，由于肺换气功能障碍而导致长期低氧和 CO_2 潴留。长期二氧化碳潴留使中枢化学感受器产生适应，而外周化学感受器对低氧的适应很慢。因此，低氧对外周化学感受器的刺激成为驱动呼吸的主要刺激。对此类患者，应采取低浓度给氧，避免因吸入纯氧而丧失有效刺激，进而引起呼吸暂停。

（3）H^+：动脉血中 H^+ 浓度升高，可导致呼吸加深、加快，肺通气量增加；H^+ 浓度降低，呼吸会受到抑制。H^+ 影响呼吸的作用途径与 CO_2 相似，也是通过中枢和外周两条途径实现的，但以刺激外周化学感受器为主。尽管中枢化学感受器对 H^+ 的敏感性较高，但由于血液中的 H^+ 不易通过血 – 脑屏障，限制了其对中枢化学感受器的作用。

综上所述，血液中 PO_2 降低、PCO_2 升高和 H^+ 浓度升高，均可使呼吸增强，三者之间可相互影响、互为因果。当某一因素发生改变时，可引起其他因素相继改变；多种因素并存时，既可因相互叠加而增强，又可因相互抵消而减弱。临床应根据不同情况进行全面分析。

？ 思 考 题

1. 简述胸膜腔内压的形成及其生理意义。
2. 解释弹性阻力与非弹性阻力的区别及其对肺通气的影响。
3. 肺活量和时间肺活量的定义及临床意义是什么？

本章数字资源

第十七章　尿的生成与排放

案例

田某，男，60岁，因长期高血压未得到有效控制，近期出现尿量减少、下肢水肿等症状。经医院详细检查，发现患者肾小球滤过率显著降低，尿蛋白总量升高。诊断为：慢性肾脏病（CKD）3期。

问题：1. 结合案例，分析高血压如何影响肾小球的滤过功能，并导致尿量减少和蛋白尿的形成。
　　　2. 结合案例，分析慢性肾脏病患者出现尿量减少和水肿等症状的生理学机制，并提出可能的干预措施。

人体在生命活动过程中会产生多种代谢废物，这些废物必须通过排泄途径及时排出体外。否则，代谢废物的蓄积会导致内环境紊乱，进而引发中毒症状，严重时甚至危及生命。人体排泄废物的途径包括泌尿系统、呼吸系统、消化系统和皮肤等，其中以尿液形式排出是最主要的排泄方式。本章将系统阐述尿液的生成过程和排泄机制。

第一节　尿生成的基本过程

尿的生成是在肾单位和集合管中进行的。尿生成的基本过程包括三个相互联系的环节：肾小球的滤过、肾小管和集合管的重吸收、肾小管和集合管的分泌。

一、肾小球的滤过

肾小球的滤过是尿生成的第一个环节，指血液流经肾小球毛细血管时，血浆中的水和小分子物质通过滤过膜进入肾小囊腔形成原尿的过程。原尿中除不含大分子血浆蛋白质外，其余成分及其浓度与血浆基本一致（表17-1）。

表 17-1　血浆、原尿和终尿成分比较

成分	血浆（g/L）	原尿（g/L）	终尿（g/L）	重吸收率（%）
Na^+	3.3	3.3	3.5	99
K^+	0.2	0.2	1.5	94
Cl^-	3.7	3.7	6.0	99
磷酸根	0.03	0.03	1.2	67
尿素	0.3	0.3	20.0	45
尿酸	0.02	0.02	0.5	79

成分	血浆（g/L）	原尿（g/L）	终尿（g/L）	重吸收率（%）
肌酐	0.01	0.01	1.5	−
氨	0.001	0.001	0.4	−
葡萄糖	1.0	1.0	极微量	近100
蛋白质	60～~80	0.30	微量	近100
水	900	980	960	99

考点与重点 原尿、血浆成分的异同

（一）滤过膜

1. 滤过膜的通透性　肾小球类似滤过器，其滤过的结构基础是滤过膜。滤过膜上存在大小不等的孔道，形成滤过的机械屏障。一般认为，分子量大于70000的物质（如球蛋白、纤维蛋白原等）不能透过；而水、无机盐及低分子有机物（如葡萄糖、维生素、氨基酸和尿素等）均可无选择性滤过。此外，滤过膜表面覆盖有带负电荷的糖蛋白，形成滤过的电学屏障，可阻止血浆中刚能通过滤过膜但又带负电荷的大分子物质（如白蛋白，分子量为69000）通过，因此原尿中几乎不含蛋白质。

2. 滤过膜的面积　正常情况下，两侧肾脏的两百多万个肾单位均处于活动状态，滤过膜的总面积约为1.5m^2。这样的滤过面积有利于充分发挥肾小球的滤过功能。

（二）滤过作用的动力——有效滤过压

肾小球有效滤过压是促进肾小球滤过的动力与对抗肾小球滤过的阻力之间的差值，其组成与组织液生成的有效滤过压相似。但由于原尿中蛋白质含量极低，因此肾小球有效滤过压取决于滤过膜两侧三种力量的对比（图17-1），计算公式为：

$$有效滤过压＝肾小球毛细血管血压－（血浆胶体渗透压＋囊内压）$$

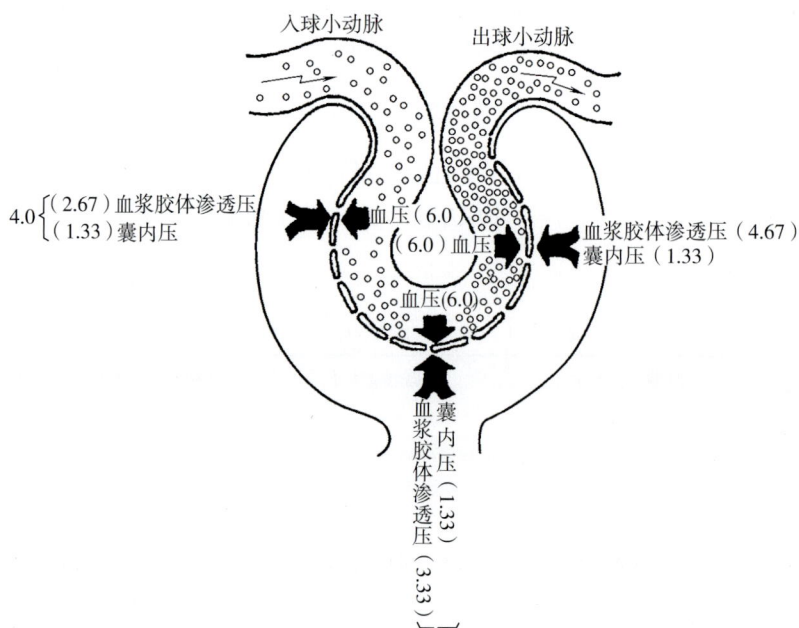

图17-1　肾小球有效滤过压示意图（单位：kPa）

实验测得大鼠肾小球有效滤过压各组成力量的数值（表 17-2）。数据显示，肾小球的滤过过程始于入球端毛细血管，至出球端终止。其机制为：血液流经肾小球毛细血管时，随着水和小分子物质的不断滤出，血浆蛋白浓度逐渐升高，血浆胶体渗透压从入球端的 3.33kPa 上升至出球端的 4.67kPa，导致有效滤过压逐渐降低；当血液到达出球端时，血浆胶体渗透压与肾小球毛细血管血压及囊内压达到平衡 [有效滤过压 = 6.0-（4.67+1.33）= 0]，滤过作用停止。因此，肾小球毛细血管仅在有效滤过压大于零的区段发生滤过。

表 17-2 肾小球有效滤过压各组成力量数值（kPa）

部位	毛细血管压	血浆胶体渗透压	肾小囊内压	有效滤过压
入球端	6.0	3.33	1.33	1.33
出球端	6.0	4.67	1.33	0

（三）肾小球滤过率

单位时间（每分钟）内两肾生成的原尿量称为肾小球滤过率（glomerular filtration rate，GFR）。正常成人安静状态下约为 125mL/min，即每昼夜生成的原尿总量约为 180L。肾小球滤过率与肾血浆流量的比值称为滤过分数（FF）。通常情况下，肾血流量为 1200mL/min，肾血浆流量约为 660mL/min，故滤过分数为（125/660）×100% ≈ 19%。这表明流经肾脏的血浆约有 1/5 经肾小球滤过进入肾小囊形成原尿。

（四）影响肾小球滤过的因素

1. 肾血流量的改变 肾血流量是肾小球滤过的前提条件。肾血流量的变化对肾小球毛细血管内血浆胶体渗透压上升的速度及有效滤过作用的毛细血管长度具有显著影响。当肾血流量增加时（如临床静脉大量输注生理盐水），血浆胶体渗透压上升速度减缓，有效滤过作用的毛细血管长度延长，原尿生成量增多；反之，在剧烈运动或大出血等情况下，肾血流量和肾小球血浆流量显著减少，血浆胶体渗透压上升速度加快，有效滤过作用的毛细血管长度缩短，原尿生成量减少。

2. 滤过膜的改变 滤过膜是肾小球滤过的结构基础。正常情况下，滤过膜的面积和通透性相对稳定，但某些病理状态可改变其特性，从而影响肾小球滤过率。例如，发生急性肾小球肾炎时，肾小球毛细血管内皮细胞增生肿胀，部分管腔狭窄或闭塞，滤过面积减少，滤过率降低，导致少尿甚至无尿。再如，发生肾小球损伤（如炎症、缺氧或中毒）时，滤过膜的机械屏障和电荷屏障被破坏，原本无法滤过的蛋白质甚至红细胞渗出，出现蛋白尿和血尿。

3. 有效滤过压的改变 有效滤过压是肾小球滤过的动力，其组成因素（肾小球毛细血管血压、血浆胶体渗透压、肾小囊内压）中任一因素改变均可影响滤过率。

（1）肾小球毛细血管血压：当全身动脉血压处于 80 ~ 180mmHg 范围时，通过肾血流量的自身调节，肾小球毛细血管血压和有效滤过压保持相对稳定，滤过率无明显变化。但在大失血或休克等情况下，若动脉血压低于 80mmHg，超出自身调节范围，同时交感神经兴奋引起肾血管收缩，肾血流量减少，肾小球毛细血管血压和有效滤过压下降，滤过率降低，导致少尿；若动脉血压进一步降至 40mmHg 以下，肾小球滤过率可降至零，无原尿生成，出现无尿。

链接

高血压与尿量

高血压病早期患者，若动脉血压未超过 180mmHg（24.0kPa），由于肾入球微动脉的自身调节作用，肾小球滤过率可保持相对稳定，故尿量与正常人无明显差异。而在高血压病晚期，由于入球微动脉发生硬化，管腔狭窄，导致血流阻力增大，肾小球毛细血管血压显著降低，使肾小球滤过率减少，从而引起尿量减少，出现少尿甚至无尿症状。

（2）血浆胶体渗透压：正常情况下，血浆胶体渗透压较为稳定。若某些疾病（如严重的营养不良及肝肾疾患）使血浆蛋白的浓度明显降低，或由静脉注射大量生理盐水使血浆蛋白被稀释，均可导致血浆胶体渗透压降低，有效滤过压升高，肾小球滤过率增加，尿量增多；而大量出汗、严重呕吐或腹泻等，则可使血浆蛋白浓缩，血浆胶体渗透压升高，有效滤过压下降，肾小球滤过率减少，尿量减少。

（3）囊内压：由于原尿生成后不断流入肾小管，故正常情况下囊内压变化不大。但如果某些原因使尿路发生梗阻，则可导致肾小囊内压升高，有效滤过压下降，肾小球滤过率降低，尿量减少。

考点与重点　影响肾小球滤过作用的因素

二、肾小管和集合管的重吸收

原尿进入肾小管后称为小管液。当小管液流经肾小管和集合管时，其中的水和溶质被上皮细胞重新转运回血液的过程，称为肾小管和集合管的重吸收。根据肾小球滤过率的计算，成人每昼夜生成的原尿量约为180L，而终尿量一般为1.5L左右。这表明原尿中约有99%的水被重吸收，同时其他物质也被不同程度地重吸收。

（一）重吸收的方式和部位

1.重吸收的方式　可分为主动重吸收和被动重吸收两种：①主动重吸收是指肾小管和集合管的上皮细胞通过消耗能量，逆浓度差或电位差，将小管液中的溶质转运到管外组织液并进入血液的过程。例如葡萄糖、氨基酸、Na^+、K^+、Ca^{2+}等物质均通过主动重吸收方式被重吸收。②被动重吸收是指肾小管和集合管上皮细胞将小管液中的溶质顺浓度差或电位差转运到管周组织液并进入血液的过程。例如Cl^-、HCO_3^-、尿素和水等主要通过被动重吸收方式被重吸收。

两种重吸收方式之间存在密切联系。例如，Na^+的主动重吸收可造成肾小管内电位降低，促使Cl^-顺电位差被动重吸收；而重吸收的Na^+和Cl^-使管周组织液渗透压升高，形成小管内外渗透压差，进而促使水通过渗透作用被重吸收。

2.重吸收的部位　从表17-3可以看出，，肾小管各段和集合管均具有重吸收能力，但近端小管的重吸收能力最强。全部营养物质（如葡萄糖、氨基酸、维生素）和大部分水、无机盐均在此段被重吸收。因此，近端小管是各类物质重吸收的主要部位。

表17-3　水和各种溶质重吸收的部位和数量

部位	水重吸收的数量（%）	各种溶质的重吸收量
近端小管	65～70	全部：氨基酸、葡萄糖 大部分：Na^+、K^+、Cl^-、HCO_3^- 部分：尿素、尿酸、硫酸盐、磷酸盐
髓袢	10	部分：Na^+、Cl^-
远端小管	10	部分：Na^+、Cl^-、HCO_3^-
集合管	10～20	部分：Na^+、Cl^-

考点与重点　肾小管中重吸收能力最强的部位及原因

（二）重吸收的特点

1.选择性　通过比较原尿和终尿的成分（表17-1）可以发现，不同物质的重吸收比例存在显著差异。通常情况下，肾小管和集合管上皮细胞对机体有用的物质（如葡萄糖、氨基酸、维生素等）几乎全部重吸收，对部分物质（如水、Na^+、HCO_3^-等）大部分重吸收；而对机体无用或有害的物质（如尿素、肌酐等）则重吸收较少甚至完全不吸收（图 17-2）。这一现象表明，肾小管和集合管上皮细胞对物质的重吸收具有选择性。通过选择性重吸收，既能防止营养物质的流失，又能高效清除代谢终产物及过剩物质，从而维持内环境的稳态。

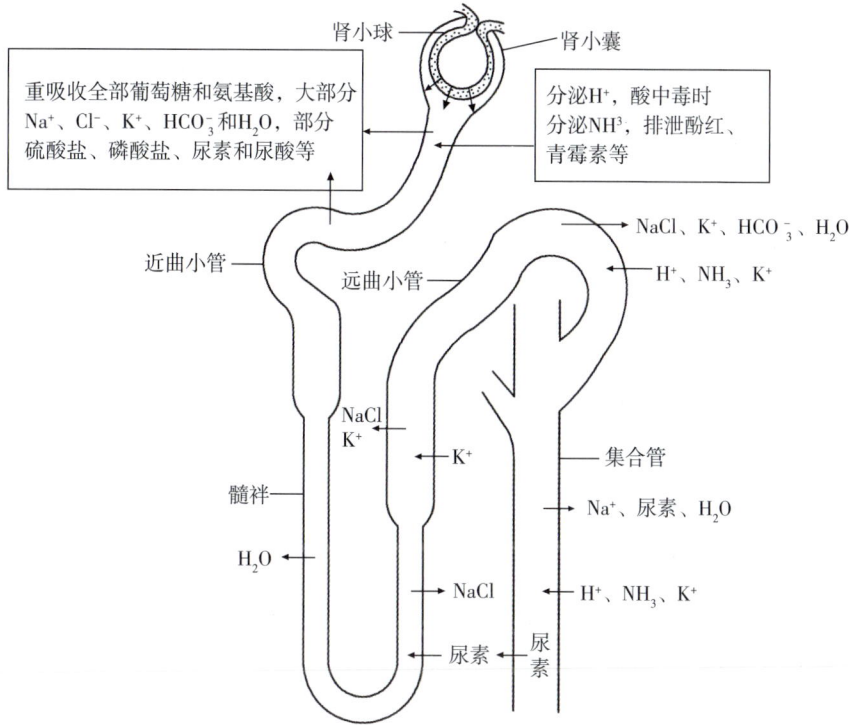

图 17-2　肾小管和集合管的重吸收及分泌示意图

2. 有限性　若小管液中某种物质的浓度过高，超过上皮细胞对其重吸收的最大能力（转运极限），则该物质无法被完全重吸收，导致尿液中出现该物质。这是由于肾小管和集合管上皮细胞膜上负责转运该物质的蛋白质数量有限所致。

（三）几种物质的重吸收

1. Na^+、Cl^- 的重吸收　原尿中的 Na^+ 和 Cl^- 在肾小管和集合管中有 99% 以上被重吸收。其中近端小管的重吸收能力最强，占滤过量的 65% ～ 70%，其余部分分别在肾小管其他各段和集合管被重吸收。

Na^+ 以主动重吸收为主，伴随着 Na^+ 的重吸收，Cl^- 顺电位差被动进入上皮细胞内而被重吸收。

2. 葡萄糖和氨基酸的重吸收　原尿中的葡萄糖浓度与血糖浓度相等，但正常情况下终尿中几乎不含葡萄糖，这说明原尿中的葡萄糖在流经肾小管时全部被重吸收。实验表明，葡萄糖的重吸收仅限于近端小管，特别是近端小管的前半段，而肾小管其余各段无重吸收葡萄糖的能力。

葡萄糖的重吸收是以载体为媒介，并借助 Na^+ 主动重吸收的继发性主动转运。肾小管对葡萄糖的重吸收有一定限度，当血糖浓度超过 8.88 ～ 9.99 mmol/L（160 ～ 180 mg/dL）时，肾小管对葡萄糖的重吸收已达到极限，多余的葡萄糖随尿排出，因而尿中出现葡萄糖，称为糖尿。通常将开始出现糖尿的血糖浓度称为肾糖阈。

氨基酸的重吸收机制与葡萄糖类似，但其载体与葡萄糖的载体不同。

3. 水的重吸收　原尿中 99% 的水被重吸收入血，仅有 1% 排出。水的重吸收是被动的，通过渗透作用进行。其中约 70% 的水在近端小管随溶质的重吸收而被重吸收，这部分水的重吸收与机体是否缺水无关，属于必需重吸收，又称等渗性重吸收；其余20%～30%的水在远曲小管和集合管被重吸收，这部分水的重吸收与机体是否缺水有关，并受抗利尿激素和醛固酮的调节，属于调节重吸收。若重吸收率减少1%（降至98%），尿量将增加1倍。正常情况下，调节重吸收（远曲小管和集合管对水的重吸收）是影响终尿量的关键。

三、肾小管和集合管的分泌

肾小管和集合管的上皮细胞将本身代谢产生的物质或血液中的某些物质转运至小管液的过程，称为肾小管和集合管的分泌。肾小管和集合管主要分泌H^+、NH_3和K^+等。

1. H^+的分泌　除髓袢细段外，各段肾小管和集合管均能分泌H^+，但近端小管分泌H^+的能力最强。由细胞代谢产生或由小管液进入细胞的CO_2，在碳酸酐酶的催化下与H_2O结合生成碳酸（H_2CO_3），碳酸又解离成H^+和HCO_3^-。H^+通过主动转运分泌到小管液，HCO_3^-则留在上皮细胞内。H^+的分泌导致小管内外的电位差，促使Na^+被动扩散进入上皮细胞，这种H^+分泌与Na^+重吸收耦联的过程称为H^+–Na^+交换（图17-3）。重吸收的Na^+与细胞内的HCO_3^-一起转运回血液形成$NaHCO_3$（碳酸氢钠），$NaHCO_3$是人体内重要的碱储备。因此，肾小管和集合管分泌H^+具有排酸保碱、维持体内酸碱平衡的重要作用。

2. NH_3的分泌　远曲小管和集合管上皮细胞在代谢过程中不断生成NH_3（主要由谷氨酰胺脱氨产生）。NH_3是一种脂溶性物质，可直接扩散到小管液中，并与H^+结合生成NH_4^+，NH_4^+进一步与小管液中的Cl^-结合生成NH_4Cl（氯化铵）随尿排出。NH_3的分泌降低了小管液中H^+的浓度，从而促进H^+的分泌。因此，NH_3的分泌同样具有排酸保碱、维持机体酸碱平衡的作用。

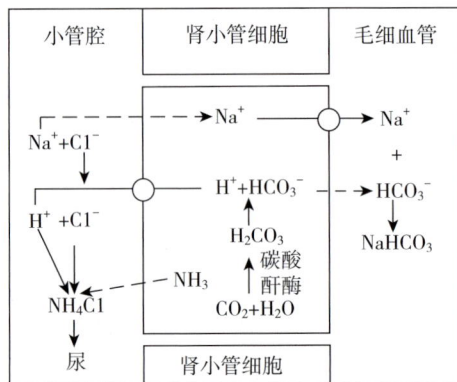

→ 主动转运；－－－→ 被动转运

图 17-3　H^+、NH_3、K^+ 分泌关系示意图

3. K^+的分泌　终尿中的K^+主要由远曲小管和集合管分泌。K^+的分泌是一种被动过程，与Na^+的主动重吸收密切相关。Na^+的主动重吸收造成管腔内负电位，K^+顺电位差从上皮细胞扩散至管腔，形成K^+–Na^+交换。在远曲小管和集合管中，K^+–Na^+交换与H^+–Na^+交换同时进行，两者存在竞争性抑制：当H^+–Na^+交换增强时，K^+–Na^+交换减弱；反之亦然。因此，酸中毒时H^+–Na^+交换增多，K^+–Na^+交换受抑制，导致K^+排泄减少、血钾浓度升高（高钾血症）；碱中毒时H^+–Na^+交换减少，K^+–Na^+交换增强，K^+排泄增多，血钾浓度降低（低钾血症）。

考点与重点　尿生成的基本过程

第二节　尿生成的调节

尿的生成有赖于肾小球的滤过作用以及肾小管和集合管的重吸收和分泌作用。因此，机体对尿生成的调节也是通过影响这三个环节实现的。关于肾小球滤过作用的调节前文已述及（见本章第一节），以下仅介绍肾小管和集合管重吸收及分泌的调节。

一、肾内自身调节

（一）小管液中溶质的浓度

小管液中溶质所形成的渗透压是对抗肾小管重吸收水分的力量。若小管液中溶质浓度升高，其渗透压随之升高，肾小管各段和集合管（尤其是近端小管）对水的重吸收减少，尿量将增多。这种由于小管液中溶质浓度升高导致渗透压升高，进而减少水的重吸收并引起尿量增多的现象，称为渗透性利尿。

糖尿病患者的多尿现象，是由于血糖浓度超过肾糖阈，小管液中的葡萄糖未能被全部重吸收，导致小管液中葡萄糖含量增加、渗透压升高，从而使水的重吸收减少，尿量增多。临床上，为达到利尿和消除水肿的目的，常给患者使用可被肾小球滤过但不被肾小管和集合管重吸收的物质（如甘露醇、山梨醇等），以提高小管液中溶质浓度，通过渗透性利尿促使更多水分排出体外。

（二）球－管平衡

近端小管的重吸收与肾小球滤过率之间存在较稳定的比例关系，即近端小管重吸收量始终占肾小球滤过率的 65% ～ 70%，这种现象称为球－管平衡。其生理意义在于使终尿量不会因肾小球滤过率的增减而出现大幅波动。但在渗透性利尿时，球－管平衡可被打破：在肾小球滤过率不变的情况下，由于重吸收减少，尿量会显著增加。

链接

球－管平衡障碍与水肿

目前认为，球－管平衡障碍与某些临床水肿的形成机制有关。例如，在充血性心力衰竭时，肾灌注压和血流量可明显下降。但由于出球微动脉发生代偿性收缩，肾小球滤过率仍能维持在原有水平，而滤过分数增大。此时，近端小管周围毛细血管的血压下降，同时血浆胶体渗透压升高，从而加速组织间液进入毛细血管，导致组织间隙内静水压下降。这一变化促使小管细胞间隙内的 Na^+ 和水通过滤过膜加速进入管周毛细血管，进而引起 Na^+ 和水的重吸收增加。因此，Na^+ 和水的重吸收百分率可超过 65% ～ 70%，导致体内钠盐潴留和细胞外液量增多，最终引发水肿。

二、神经和体液调节

（一）肾交感神经的作用

肾交感神经兴奋可通过下列机制影响尿生成过程。

1. 使入球微动脉和出球微动脉收缩（入球微动脉收缩程度更显著），导致肾血流阻力增大，肾小球毛细血管血流量减少及血压下降，最终使肾小球滤过率降低。

2. 激活球旁细胞分泌肾素，通过肾素－血管紧张素－醛固酮系统促进远曲小管和集合管对 NaCl 和水的重吸收。

3. 直接增强近端小管和髓袢上皮细胞对 NaCl 和水的重吸收功能。

在安静状态下，正常人肾交感神经兴奋性较低，肾血管接近最大舒张状态。当机体处于运动或高温环境时，交感神经兴奋性增强，促使血液重新分配（骨骼肌等器官血流量增加，肾血流量相应减少），从而满足机体代谢需求。

（二）抗利尿激素的作用

抗利尿激素（antidiuretic hormone，ADH）又称血管加压素，由下丘脑视上核和室旁核神经元合成，经轴突运输至神经垂体贮存，在有效刺激下释放入血。其生理作用是通过提高远曲小管和集合管上皮细胞对水的通透性，促进水重吸收，从而实现尿液浓缩和尿量减少。调节抗利尿激素合成与释放的主要因素包括血浆晶体渗透压升高和循环血量减少。

1. 血浆晶体渗透压　血浆晶体渗透压的变化是调节抗利尿激素分泌的最重要因素。当人体失水时

（如大量出汗、呕吐、腹泻等），血浆晶体渗透压升高，对下丘脑渗透压感受器的刺激增强，引起抗利尿激素大量合成和释放，使尿量减少。相反，大量饮清水后，血浆被稀释，血浆晶体渗透压降低，对下丘脑渗透压感受器的刺激减弱，抗利尿激素合成和释放减少，尿量增多，使体内多余的水分及时排出体外。这种大量饮用清水后尿量增多的现象称为水利尿（图17-4）。

2.循环血量　循环血量的改变可作用于左心房和胸腔大静脉壁上的容量感受器，反射性地调节抗利尿激素的释放。在急性大失血、严重呕吐和腹泻等情况下，循环血量减少，对容量感受器的刺激减弱，抗利尿激素的释放增多，远曲小管和集合管对水的重吸收增加，尿量减少，有利于血容量的恢复；相反，在大量饮水或大量补液时，循环血量增加，对容量感受器的刺激增强，抗利尿激素的释放减少，水的重吸收减少，尿量增加，以排出体内过剩的水分。

由此可见，血浆晶体渗透压和循环血量的改变都可以通过负反馈机制调节抗利尿激素的释放，从而维持血浆晶体渗透压和血容量的相对稳定（图17-5）。另外，疼痛、情绪紧张也可引起抗利尿激素合成和释放增多，使尿量减少；而弱的寒冷刺激和酒精则抑制其释放。若下丘脑或下丘脑-垂体束发生病变，可导致抗利尿激素合成或释放障碍，尿量明显增多，每日在10L以上，称为尿崩症。

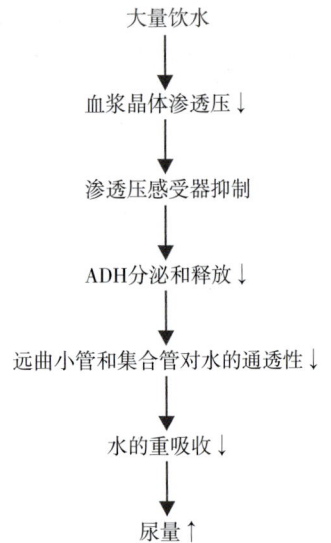

大量饮水
↓
血浆晶体渗透压↓
↓
渗透压感受器抑制
↓
ADH分泌和释放↓
↓
远曲小管和集合管对水的通透性↓
↓
水的重吸收↓
↓
尿量↑

图17-4　水利尿示意图

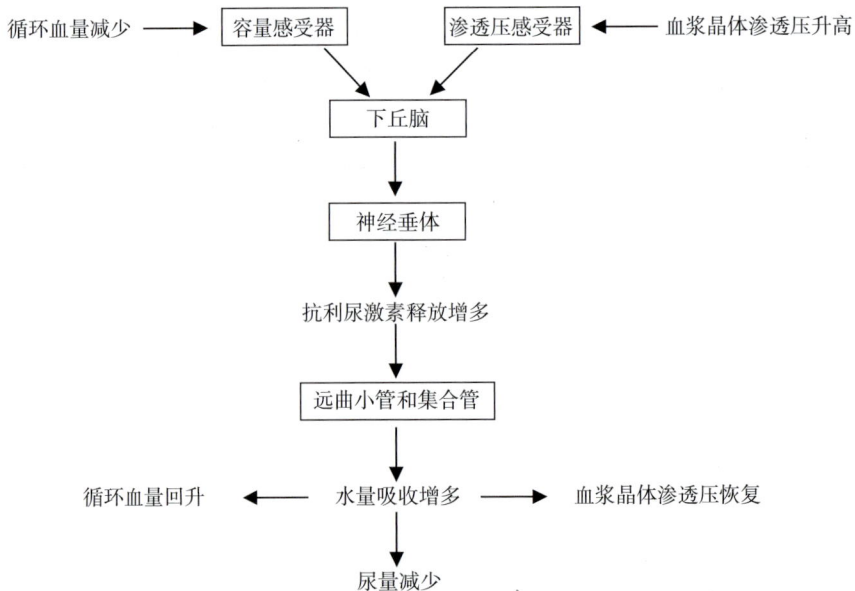

循环血量减少 →　容量感受器　　渗透压感受器 ← 血浆晶体渗透压升高
↓
下丘脑
↓
神经垂体
↓
抗利尿激素释放增多
↓
远曲小管和集合管
↓
循环血量回升 ← 水量吸收增多 → 血浆晶体渗透压恢复
↓
尿量减少

图17-5　抗利尿激素分泌和释放调节示意图

（三）醛固酮的作用

醛固酮是由肾上腺皮质球状带细胞分泌的一种类固醇激素，其主要作用是促进远曲小管和集合管对 Na^+ 的主动重吸收，同时促进 K^+ 的分泌。随着 Na^+ 重吸收的增加，Cl^- 和水的重吸收也相应增加。因此，醛固酮具有保 Na^+、排 K^+、保水及维持血容量稳定的作用。

醛固酮的分泌主要受肾素-血管紧张素-醛固酮系统以及血 K^+、血 Na^+ 浓度的调节。

1.肾素-血管紧张素-醛固酮系统　肾素是由肾球旁细胞分泌的一种蛋白水解酶。当肾血流量减少、流经致密斑的 Na^+ 含量降低或交感神经兴奋时，可刺激球旁细胞分泌肾素。肾素能水解血浆中的血管紧张素原，生成血管紧张素Ⅰ；血管紧张素Ⅰ再先后被其他酶水解为血管紧张素Ⅱ和血管紧张素Ⅲ。血管紧张素Ⅱ和Ⅲ均可刺激肾上腺皮质球状带细胞合成和分泌醛固酮，从而增加 Na^+ 和水的重吸收，减少尿量（图17-6）。

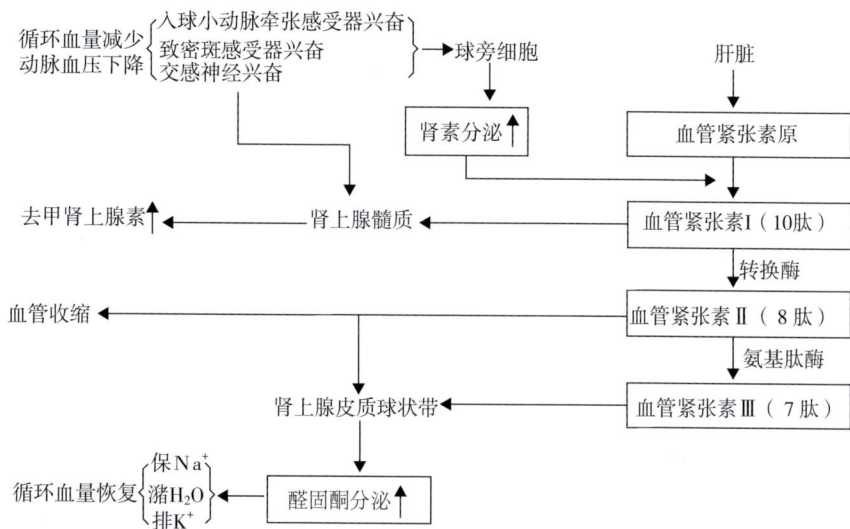

图 17-6　醛固酮分泌调节示意图

肾素 - 血管紧张素 - 醛固酮系统也可用于解释某些临床现象。例如，肝硬化患者出现腹水和水肿时，常伴有继发性醛固酮增多症，同时血中肾素和血管紧张素水平升高。这可能是由于组织液大量增多导致循环血量显著减少，从而引起肾素分泌增加所致。

2. 血 K^+、血 Na^+ 浓度　当血 K^+ 浓度升高或血 Na^+ 浓度降低时，可直接刺激肾上腺皮质球状带细胞，使醛固酮分泌增加，进而促进保 Na^+ 排 K^+；反之，当血 K^+ 浓度降低或血 Na^+ 浓度升高时，醛固酮分泌则减少。醛固酮的主要生理作用是调节血 K^+ 和血 Na^+ 浓度，而血 K^+、血 Na^+ 浓度的变化又可反馈调节醛固酮的分泌，从而维持血 K^+ 和血 Na^+ 浓度的相对稳定。

考点与重点　影响尿生成的调节的因素

第三节　尿液及其排放

一、尿　液

（一）尿量

正常成人尿量为每日 1～2L。尿量的多少主要取决于机体的摄水量和其他途径的排水量。例如，大量饮水后尿量增多，大量出汗则尿量减少。若每日尿量长期超过 2.5L，称为多尿；每日尿量为 0.1～0.5L 称为少尿；每日尿量少于 0.1L 称为无尿，这些均属异常现象。正常成人每天产生的固体代谢产物约为35g，至少需要 0.5L 尿液才能将其溶解并排出。少尿或无尿会导致代谢终产物在体内蓄积，严重时可引发尿毒症；多尿则可能引起机体水分大量丢失，导致脱水。这些病理状态均可破坏内环境稳态，对机体造成不良影响，甚至危及生命。

（二）尿液的化学成分

尿液的主要成分是水，占 95%～97%，固体物质占 3%～5%。固体物质主要包括电解质和非蛋白含氮化合物，电解质中以 Na^+、Cl^- 含量最多，非蛋白含氮化合物中以尿素为主。此外，正常人尿液中还含有微量糖、蛋白质、酮体及胆色素等，但常规临床检验方法通常无法检出。某些病理情况下，如肾小球肾炎患者尿中蛋白质含量显著增加，可出现蛋白尿；糖尿病患者尿中可能出现葡萄糖，甚至酮体。因此，尿液化学成分的检测对某些疾病的诊断具有重要价值。

（三）尿液的理化性质

正常新鲜尿液呈淡黄色、透明，比重通常为 1.015 ～ 1.025。大量饮水后，尿液被稀释，颜色变浅，比重降低；大量出汗后，尿液浓缩，颜色加深，比重升高。某些疾病或药物可能导致尿色改变；若尿比重长期低于 1.010，则提示尿浓缩功能障碍，可能存在肾功能不全。正常尿液呈弱酸性，pH 值范围为 5.0 ～ 7.0，主要受饮食性质影响。高蛋白饮食者尿液偏酸性；以蔬菜、水果为主食者尿液稍偏碱性；荤素杂食者尿液 pH 值约为 6.0。

> **链接**
>
> #### 乳糜尿
>
> 尿液的颜色在生理或病理情况下可发生改变。例如，食用大量胡萝卜或维生素 B_2 时，尿液可呈亮黄色；尿路结石、急性肾小球肾炎、肾肿瘤、肾结核等疾病可出现血尿；输血反应、蚕豆病等情况下，尿液呈浓茶色或酱油色，称为血红蛋白尿；阻塞性黄疸、肝细胞性黄疸等疾病时，尿中含有大量胆红素，尿液呈深黄色，称为胆红素尿；丝虫病患者尿液呈乳白色，称为乳糜尿。

二、尿 的 排 放

尿的生成是一个连续不断的过程。集合管流出的尿液进入乳头管，再经肾盏进入肾盂，最后通过输尿管的周期性蠕动被运送至膀胱。由于膀胱是间断性排尿器官，因此尿液需在膀胱内贮存并达到一定量时，才能引发反射性排尿。

（一）膀胱和尿道的神经支配

1. 盆神经 属于副交感神经，兴奋时使膀胱逼尿肌收缩，尿道内括约肌舒张，可促进排尿。

2. 腹下神经 属于交感神经，兴奋时可使膀胱逼尿肌松弛，尿道内括约肌收缩，阻止排尿。

3. 阴部神经 属于躯体神经，受意识控制。兴奋时可使尿道外括约肌收缩，阻止排尿。

上述三种神经均含有传入纤维：膀胱充盈感觉通过盆神经传入，膀胱痛觉通过腹下神经传入，而尿道感觉则通过阴部神经传入（图 17-7）。

考点与重点 影响尿排放的因素

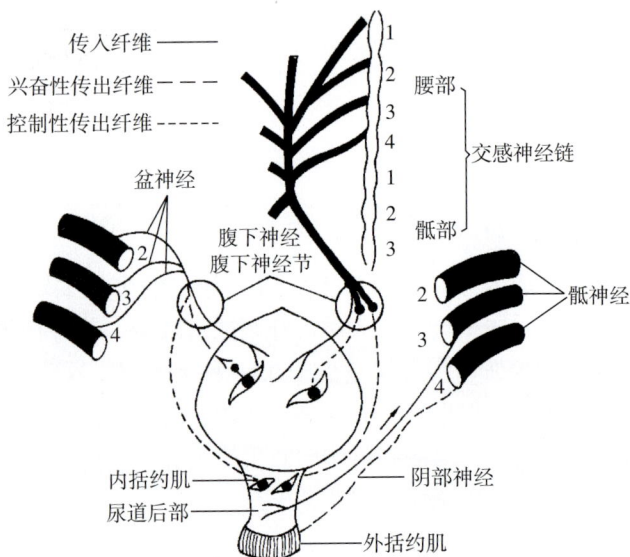

图 17-7　膀胱和尿道的神经支配

理解与包容——从婴幼儿排尿生理特点看社会责任

　　一位母亲带1岁半的宝宝在公园游玩时，宝宝因憋尿能力不足突然小便，弄脏了公共座椅。路人拍摄视频上传网络，配文"家长纵容孩子随地大小便，素质低下"，引发网友对家长的指责，甚至有人攻击孩子"没教养""熊孩子"。然而，婴幼儿脊髓初级排尿中枢受大脑皮层抑制的能力较弱，排尿反射多为"无意识行为"，且过早要求婴幼儿控制排泄可能引发焦虑情绪，违背自然发展规律。真正的文明，是能够俯身理解一个孩子的生理局限；真正的责任，是用行动为下一代创造更包容的世界。从个人层面来看，监护人需主动预判儿童需求、随身携带清洁工具，以行动减少对他人的影响；社会公众则不应当将婴幼儿的生理发育特点转化为是非评判和道德批判，更不应将婴幼儿行为"妖魔化"。从社会治理层面来看，公共场所应增设母婴室及家庭友好型设施，体现社会对育儿的包容性支持；媒体宣传中应避免强化"熊孩子"标签，转而普及儿童发育科学知识，减少污名化现象。

（二）排尿反射

　　当膀胱内尿量达到 400～500mL 时，膀胱内压显著升高，膀胱壁上的牵张感受器受到刺激而兴奋。冲动沿盆神经传入，传导至脊髓骶段的初级排尿中枢；同时冲动也上行至大脑皮层的高级排尿中枢，从而产生尿意。若环境不允许排尿，大脑皮层高级排尿中枢会发出抑制性冲动传导至脊髓，抑制初级排尿中枢的活动，使排尿反射暂时中断。若环境允许排尿，大脑皮层则发出兴奋性冲动传导至脊髓，增强初级排尿中枢的活动，使盆神经兴奋，引起膀胱逼尿肌收缩、尿道内括约肌舒张，尿液进入后尿道。此时尿液会刺激后尿道壁上的感受器，冲动再次传导至脊髓初级排尿中枢，一方面进一步强化膀胱逼尿肌的收缩，另一方面反射性抑制阴部神经的活动，使尿道外括约肌松弛，从而排出尿液。这种正反馈调节机制使排尿反射持续加强，直至膀胱内的尿液完全排空（图17-8）。

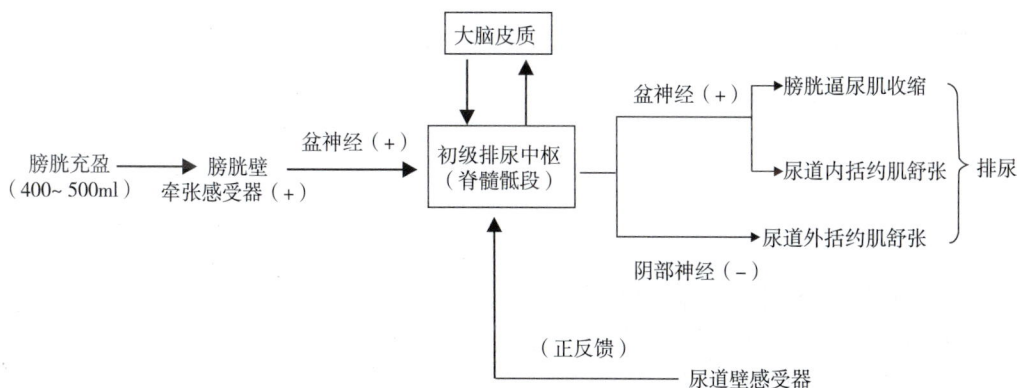

图 17-8　排尿反射过程示意图

（三）排尿异常

　　1. 尿频　排尿次数明显增多称为尿频。多由膀胱炎症或机械性刺激（如膀胱炎、膀胱结石等）引起。

　　2. 尿潴留　膀胱内充满尿液但不能自主排出称为尿潴留。多因脊髓初级排尿中枢功能障碍所致。

　　3. 尿失禁　排尿失去意识控制称为尿失禁。多见于脊髓损伤患者，因排尿反射的脊髓初级中枢与大脑皮层高级中枢之间的传导通路中断所致。

链接

排尿次数与膀胱癌

排尿次数与膀胱癌的发病率密切相关，排尿次数越少，患膀胱癌的危险性越大。因为憋尿会延长尿中致癌物质在膀胱内的作用时间，有憋尿习惯者患膀胱癌的可能性要比一般人高3～5倍。

❓ 思 考 题

1. 简述尿生成的基本过程。
2. 影响肾小球滤过的因素有哪些?
3. 解释糖尿病患者出现糖尿和尿量增多的机制。

本章数字资源

第十八章 神经系统的功能

📋 案例

孙某，男，36岁，软件工程师，主诉近期频繁出现右手麻木，使用鼠标和键盘时手指灵活性降低，偶伴轻度头痛及视力模糊。初步体格检查显示颈部肌群轻度僵硬，未观察到明显肌肉萎缩或肌力减退。神经系统查体提示可能存在颈椎病变导致的神经压迫。

问题：1. 患者的症状可能与哪部分神经受压有关？
　　　2. 颈椎病变为何会同时引发手部麻木和视力模糊？
　　　3. 采取哪些干预措施以缓解临床症状？

神经调节是人体功能调节的最重要方式，因此神经系统是人体内最重要的调节系统。只有神经系统功能正常，才能使机体的各项生理活动维持稳定状态，从而保证机体的正常生命活动。

第一节 神经元及反射活动的一般规律

机体生理活动的最重要调节方式是神经调节。神经系统将各器官、各系统的生理活动联系在一起，使机体各组成部分相互协调、统一地完成各项生理功能，在维持内环境稳态中起重要作用；同时，神经系统通过调节机体的生理功能，实现对外环境的适应，使机体活动与外环境保持动态平衡。

神经系统活动的基本方式是反射，反射的结构基础是反射弧。根据形成机制，反射可分为非条件反射和条件反射两类。

一、神经元和神经纤维

人类中枢神经系统内神经元约有 10^{10} 个。神经元胞体和树突的主要功能是接受信息，轴突的主要功能是传导信息。神经纤维的主要功能是传导兴奋，神经纤维传导兴奋的特征如下。

（一）生理完整性

神经纤维传导兴奋时要求其结构和生理功能保持完整。若神经纤维因损伤、切断、麻醉或低温处理等导致生理完整性破坏，兴奋传导将出现障碍。

（二）双向性

神经纤维上任意一点受刺激产生兴奋后，兴奋可同时向纤维两端传导。

（三）绝缘性

一条神经干内包含大量神经纤维，各纤维传导兴奋时互不干扰，从而保证神经调节的精确性。

（四）相对不疲劳性

实验证明，给神经纤维每秒 50～100 次的电刺激，连续刺激 9～12 小时，神经纤维能够始终保持其传导兴奋的能力，即神经纤维在传导兴奋时不易发生疲劳。

（五）不衰减性

神经纤维传导动作电位时，其幅度和速度不因传导距离增加而减弱，符合"全"或"无"定律。

> **考点与重点**　神经元的结构和功能

二、突触传递

神经系统在完成生理功能时，既需要将信息从感受器传递至中枢，也需要将中枢发出的指令传递至效应器。在反射弧中，神经元与神经元之间的信息传递需要通过突触实现。神经元之间相互接触并传递信息的部位称为突触（图 18-1）。突触前神经元的活动通过突触引起突触后神经元活动的过程，称为突触传递。由神经元轴突末梢释放的、能够传递信息的化学物质称为神经递质。

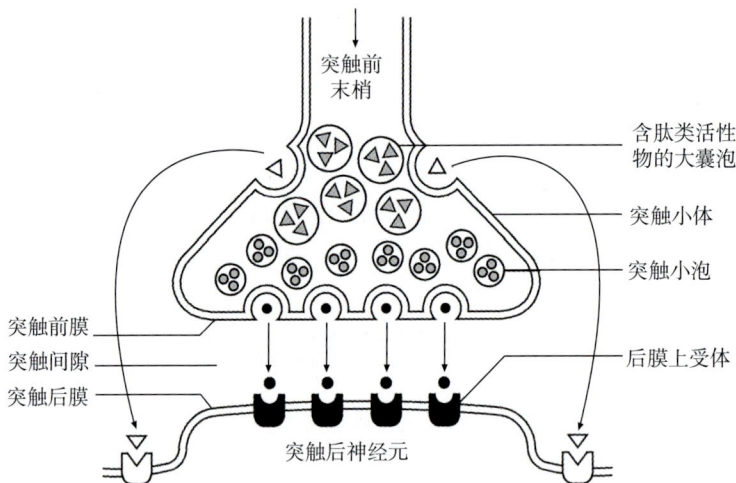

图 18-1　突触的结构模式图

（一）突触传递过程

当动作电位传导至轴突末梢时，突触前膜发生去极化，电压门控 Ca^{2+} 通道开放，细胞外液中的 Ca^{2+} 顺浓度梯度进入突触小体。Ca^{2+} 内流触发突触小泡向突触前膜移动，通过胞吐作用释放神经递质至突触间隙。递质经扩散与突触后膜特异性受体结合，引起后膜离子通道通透性改变：若为兴奋性递质（如谷氨酸），主要提高 Na^+ 通透性，产生兴奋性突触后电位（EPSP），当达到阈电位时可引发突触后神经元动作电位；若为抑制性递质（如 γ- 氨基丁酸），则增强 Cl^- 通透性，形成抑制性突触后电位（IPSP），使突触后神经元抑制。

中枢抑制存在两种机制：①突触后抑制：抑制性中间神经元释放递质引起突触后膜超极化；②突触前抑制：通过减少兴奋性递质释放量，降低突触后神经元兴奋性。

> **考点与重点**　突触传递过程

（二）中枢兴奋传导的特征

1. 单向性　由于突触传递的结构中，前膜释放递质，后膜的受体接受递质，所以突触传导兴奋时只能由前膜传递给后膜。

2. 中枢延搁　由于突触传递需经前膜释放递质、递质扩散和后膜受体结合，所以传递兴奋所需的时间比较长，称为中枢延搁。

3. 空间与时间总和　单个突触前纤维的连续兴奋（时间总和）或多个纤维同步兴奋（空间总和），可通过 EPSP 叠加触发动作电位。

4. 易疲劳性与代谢依赖性　持续高频刺激可导致递质耗竭（如乙酰胆碱的合成速率低于释放速率）。突触对缺氧、pH 变化（如 CO_2 潴留致酸中毒）及药物高度敏感。

第二节　神经系统的感觉功能

人体通过相应的感受器接受各种刺激，再将刺激通过传入神经纤维，沿特定的传导途径传递至大脑皮层的特定部位，经过精确的分析和整合后形成各种特定感觉。

一、脊髓的感觉传导功能

躯干、四肢的感觉经脊神经后根进入脊髓，经过多次换元后，将感觉信息传递至丘脑。

二、丘脑的感觉投射功能

机体除嗅觉外的各种感觉传入都要在丘脑换元后投射到大脑皮层，因此丘脑是感觉的换元站。根据丘脑各部分向大脑皮层投射特征的不同，将感觉投射系统分为特异性投射系统和非特异性投射系统（图 18-2）。

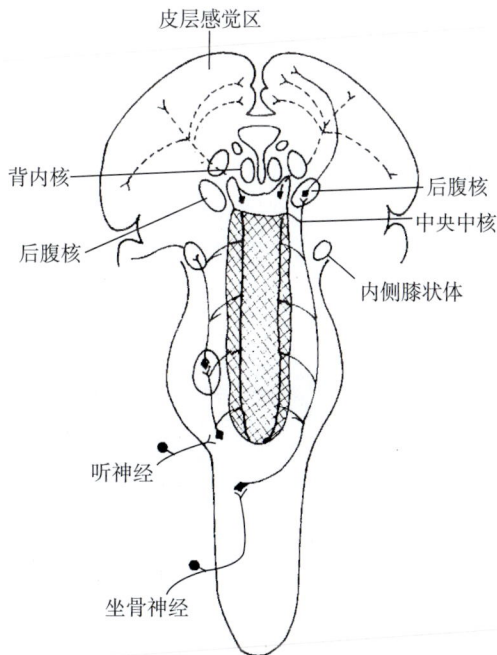

图 18-2　丘脑感觉投射系统示意图

1. 特异性感觉投射系统　感觉传导纤维经脊髓和低位脑干上传至丘脑的感觉接替核换元，再发出神经纤维将感觉信息传导至大脑皮层的特定区域，这条上传途径称为特异性感觉投射系统。其特点是各种感觉的传入纤维能在大脑皮层的相应部位形成点对点的投射，功能是引起特定感觉，并激发大脑皮层发出传出神经冲动。

2. 非特异性感觉投射系统　感觉传导纤维经过脑干时，发出侧支与脑干网状结构中的神经元发生联系，经过多次换元后形成共同的上行通路，至丘脑的髓板内核群换元后，弥散地投射到大脑皮层的广泛区域，这条上传途径称为非特异性感觉投射系统。非特异性投射系统的特点是不能形成精确的感觉，但能维持或改变大脑皮层的兴奋性，使大脑皮层保持觉醒状态。

三、大脑皮层的感觉分析功能

大脑皮层对传入的神经冲动进行分析和综合后产生感觉，因此大脑皮层是感觉分析的最高级中枢。不同的感觉投射到大脑皮层的不同区域，形成特定的感觉功能区。

1. 体表感觉区　全身体表感觉的主要投射区位于中央后回，该区域定位明确且清晰，又称第一体表感觉区。其主要投射规律如下。

（1）交叉投射：一侧体表感觉投射到对侧大脑半球的中央后回，但头面部感觉的投射是双侧性的。

（2）上下倒置：投射区的空间排布呈上下倒置状态，但头面部投射区的排布是正立的。

（3）投射区的大小与体表部位感觉的灵敏度呈正相关，与体表部位自身的大小无关（图18-3）。

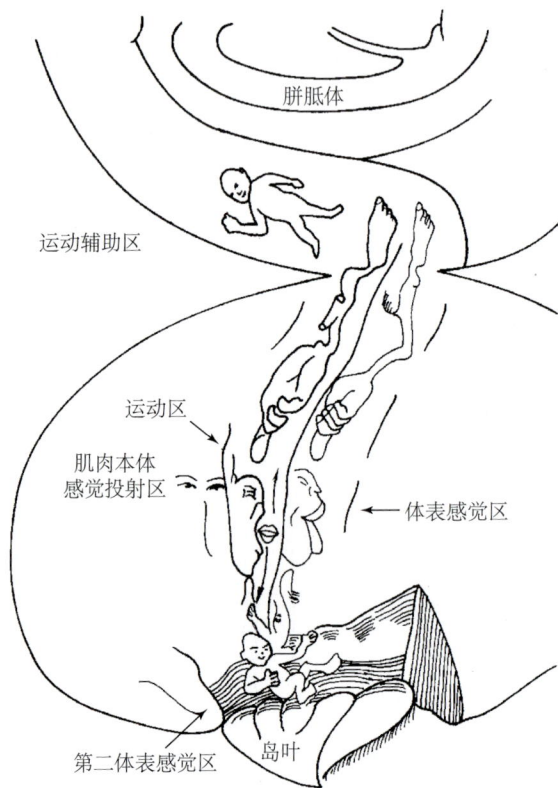

图18-3　大脑皮层感觉区

2. 第二体表感觉区　位于中央前回和岛叶之间。

3. 内脏感觉区　内脏感觉的投射区位于第二体表感觉区、边缘叶等部位。

4. 本体感觉区　本体感觉的投射区位于中央前回。

5. 视觉区和听觉区　视觉区位于枕叶距状裂的上、下缘；听觉区位于双侧大脑皮层颞叶的颞横回与颞上回。

6. 嗅觉区和味觉区　嗅觉的投射区位于边缘叶的前底部；味觉的投射区位于中央后回头面部感觉区的下侧。

考点与重点　本体感觉区

四、痛　觉

痛觉是机体受到伤害性刺激后产生的一种伴有不愉快情绪的感觉。痛觉感受器是存在于全身各器官组织的游离神经末梢。当器官组织受到伤害性刺激时，会释放 5-羟色胺、组胺、K^+、H^+ 等致痛性化学物质，使痛觉感受器兴奋，从而引起痛觉。痛觉可分为皮肤痛、内脏痛和牵涉痛。

1. 皮肤痛　皮肤痛的特点是先出现快痛，后出现慢痛。快痛是受到刺激时立即出现的尖锐且定位清楚的刺痛，持续时间较短。慢痛是受刺激约 1 秒后出现的定位不清的烧灼性钝痛，持续时间较长，常难以忍受，并伴有情绪反应及心血管和呼吸等方面的变化。

2. 内脏痛　特点：①对牵拉、痉挛、缺血、炎症等刺激敏感，对切割、烧灼等刺激不敏感；②疼痛通常缓慢发生、持续时间长且定位不清；③常伴有牵涉痛。

3. 牵涉痛　是指某些内脏疾病引起体表特定部位发生疼痛或痛觉过敏的现象。不同内脏疾病引起的牵涉痛部位不同，因此临床上正确认识牵涉痛对某些疾病的诊断具有重要价值。常见内脏牵涉痛部位见下表（表 18-1）。

表 18-1　常见内脏疾病牵涉痛部位

患病器官	体表疼痛部位
心	心前区、左臂尺侧
胃、胰	左上腹，肩胛间
肝胆	右肩区
肾结石	腹股沟区
阑尾炎	上腹部或脐区

考点与重点　痛觉的分类和特点

第三节　神经系统对躯体运动的调节

人类在生产、生活过程中进行的各种形式的躯体运动，均需在中枢神经系统的调节下完成。中枢神经系统中，从脊髓到大脑皮质的不同部位对躯体运动的调节作用存在差异。

一、脊髓对躯体运动的调节

调节躯体运动最基本的中枢在脊髓，脊髓通过牵张反射等形式完成简单的躯体运动。

（一）牵张反射

牵张反射是指具有神经支配的骨骼肌在受到外力牵拉时，反射性地引起该肌肉收缩的生理现象。牵张反射可分为腱反射和肌紧张两种类型。

1. 腱反射　是由快速牵拉肌肉引发的牵张反射。例如，叩击髌骨下方的股四头肌肌腱时，肌腱受到牵拉可引发股四头肌反射性收缩，导致膝关节迅速伸直，这一现象称为膝跳反射。腱反射减弱或消失常提示反射弧的某一部分存在损伤；而腱反射亢进则可能提示高位脑中枢发生病变。临床上通过检查不同部位的腱反射来评估神经系统的功能状态。

2. 肌紧张　是由缓慢持续牵拉肌腱引发的牵张反射，表现为受牵拉肌肉产生微弱而持久的收缩。肌紧张是维持躯体平衡和姿势最基本的反射活动。例如，人体处于站立姿势时，重力作用使多个肌腱持续受到向下的牵拉，相关肌肉通过微弱且持续的收缩对抗关节屈曲，从而维持站立姿态。

考点与重点　牵张反射

（二）脊休克

当人或动物的脊髓与高位中枢突然离断后，断面以下的脊髓功能会暂时完全丧失，进入无反应状态，这种现象称为脊休克。其主要表现：粪、尿潴留；发汗反射消失；断面以下脊髓支配的骨骼肌肌张力减退、腱反射消失；外周血管扩张、血压下降等。

脊休克的产生机制是脊髓突然失去高位中枢的调控，而自身兴奋性过低，暂时无法发挥正常功能。脊髓反射可在离断后逐渐恢复，其恢复速度与动物进化程度呈负相关，即动物越高等，恢复所需时间越长。

医者仁心

患者独一无二

一位 35 岁的软件工程师在经历严重交通事故后，被诊断为脊髓损伤，导致下肢瘫痪。尽管身体伤痛严重，但他面临的挑战远不止于此——他感到极度失落，并对未来生活失去信心。作为康复专业的学生，学习如何针对此类患者制定个体化康复方案，对职业生涯至关重要。我们需要深刻理解每位患者在生理、心理及社会需求方面的独特性，具体包括个体差异的重要性、同理心与个性化服务、积极心态的培养及社会责任的担当。

二、脑干网状结构对肌紧张的调节

脑干网状结构中存在易化区和抑制区。易化区范围较大，作用较强，其发出的传出冲动可增强肌紧张，称为下行易化作用；抑制区范围较小，作用较弱，其发出的传出冲动可抑制肌紧张，称为下行抑制作用。在正常生理条件下，易化区与抑制区的功能保持动态平衡，其中下行易化作用略占优势，从而维持机体的正常肌紧张。

动物实验表明，若在中脑上丘与下丘之间切断脑干，动物会出现四肢伸直、头尾昂起、脊柱强直等伸肌过度紧张的现象，称为去大脑僵直（图 18-4）。去大脑僵直的发生机制主要是中脑以上水平的中枢神经系统（如大脑皮层、基底神经节、丘脑等）与脑干网状结构之间的联系被中断，导致抑制性调控减弱而兴奋性调控相对增强，从而引发抗重力肌（以伸肌为主）的肌张力亢进。

图 18-4　去大脑僵直

三、小脑对躯体运动的调节

小脑蚓部的主要功能是维持身体平衡，损伤后可表现为平衡障碍、站立不稳、步态蹒跚等症状；小脑半球的主要功能是调节骨骼肌张力并协调肌群运动，损伤后表现为肌张力减退、腱反射减弱及共济失调（如指鼻试验阳性、轮替运动障碍等）。

考点与重点 小脑与基底节的作用

四、基底神经节对躯体运动的调节

基底神经节主要包括尾状核、壳核和苍白球。其功能涉及随意运动的稳定性调控、肌紧张调节、躯体运动整合及本体感觉信息处理。基底神经节病变的临床表现可分为两类：一类以运动过多伴肌张力降低为特征，如舞蹈症；另一类以运动减少伴肌张力增高为特征，如帕金森病。

链接

帕金森病

帕金森病是一种常见的神经系统退行性疾病，主要累及大脑黑质区域。该区域负责合成对调控肌肉运动至关重要的神经递质——多巴胺。随着病情进展，黑质多巴胺能神经元变性导致多巴胺生成减少，从而引发一系列临床症状。典型运动症状包括静止性震颤（多始于手指）、肌强直、运动迟缓和姿势平衡障碍，部分患者可出现"小写症"。非运动症状可能包括抑郁、睡眠障碍及认知功能障碍等。目前该病尚无根治方法，但左旋多巴等药物可通过补充脑内多巴胺来改善症状。

五、大脑皮层对躯体运动的调节

（一）大脑皮层的主要运动区

躯体运动调节的最高级中枢位于大脑皮层的中央前回。中央前回的运动区有以下特点。

1. 交叉支配 即一侧皮层运动区支配对侧躯体的骨骼肌，但头面部肌肉受双侧支配。

2. 运动区定位精细 其空间排列呈倒置的人体投影，但头面部区域为正立排列。

3. 运动区大小与运动精细程度相关 运动越精细、复杂，其对应的皮层代表区面积越大。

（二）运动传导通路

大脑皮层对躯体运动的调节是通过锥体系和锥体外系共同完成的。锥体系的主要功能是发动随意运动，完成精细动作；锥体外系的主要功能是调节肌紧张和协调肌群活动。正常情况下，人体精细复杂的运动是锥体系与锥体外系功能活动协调配合的结果。

第四节 神经系统对内脏功能的调节

一、自主神经的功能和意义

自主神经系统又称为植物性神经系统，是指支配内脏器官的传出神经。自主神经系统由交感神经系统和副交感神经系统两部分组成。

交感神经分布广泛，几乎支配所有的内脏器官；副交感神经分布则较为局限。自主神经通常由中枢发出后，需在外周神经节换元，再由节后神经纤维支配效应器的活动。多数内脏器官接受双重支配，但皮肤、肌肉的血管、竖毛肌和肾上腺髓质等仅受交感神经支配。交感神经与副交感神经的作用通常相互拮抗，例如，交感神经对心脏具有兴奋作用，而副交感神经则抑制心脏活动。

自主神经系统的主要功能是调节心肌、平滑肌和腺体的活动。相关内容在前述各系统中已有介绍，现总结如下（表18-2）。

表 18-2 自主神经的主要功能

器官	交感神经	副交感神经
循环器官	心率加快、心输出量增加，皮肤、内脏血管及外生殖器血管收缩，骨骼肌血管收缩	心率减慢，部分血管舒张
呼吸器官	支气管平滑肌舒张	支气管平滑肌收缩
消化器官	抑制胃肠、胆囊运动，抑制消化液分泌，促使括约肌收缩	促进胃肠、胆囊运动，促进消化液分泌，促使括约肌舒张

续表

器官	交感神经	副交感神经
泌尿器官	膀胱逼尿肌舒张，尿道括约肌收缩	膀胱逼尿肌收缩，尿道括约肌舒张
生殖器官	有孕子宫收缩，无孕子宫舒张	
眼	瞳孔扩大	瞳孔缩小
皮肤	汗腺分泌，竖毛肌收缩	
内分泌	促进肾上腺髓质分泌激素	促进胰岛分泌胰岛素

通常交感神经的作用比较广泛。当机体处于剧痛、失血、窒息、惊恐或寒冷等紧急状态时，交感神经广泛兴奋，同时促进肾上腺髓质分泌激素，形成交感 – 肾上腺髓质系统参与的反应，称为应急反应。应急反应包括以下表现：心率加快，血压升高；内脏血管收缩，血流量重新分配；呼吸加深加快，肺通气量增加；代谢活动增强，为肌肉活动提供充足能量。因此，交感神经活动的意义在于动员机体各器官的潜能，以适应环境的急剧变化。

副交感神经在安静状态下活动增强，同时促进胰岛分泌胰岛素，形成副交感 – 胰岛素分泌系统。其生理意义在于促进消化吸收、贮存能量以及加强排泄功能。

二、自主神经的递质与受体

递质是由突触前神经元合成并在末梢释放的能传递信息的化学物质。受体是指存在于突触后膜或效应器膜上的、能与递质结合的特殊蛋白质。自主神经对内脏功能的调节是通过释放递质与相应受体结合实现的。有些药物也能和受体结合，从而影响递质与受体的结合，使递质不能发挥作用，这类药物称为受体阻断剂。

（一）自主神经的递质

自主神经末梢释放的递质主要是乙酰胆碱和去甲肾上腺素。释放乙酰胆碱的神经纤维称为胆碱能纤维，释放去甲肾上腺素的神经纤维称为肾上腺素能纤维。其中，胆碱能纤维包括交感神经和副交感神经的节前纤维、副交感神经的节后纤维以及少数交感神经的节后纤维末梢；肾上腺素能纤维则包括绝大多数交感神经节后纤维的末梢。

（二）自主神经的受体

1. 胆碱能受体　能与乙酰胆碱结合的受体称为胆碱能受体，分为 M 型和 N 型两种。与毒蕈碱结合产生相应生理效应的受体称为毒蕈碱受体（M 受体）。M 受体广泛分布于胆碱能节后纤维支配的效应器上。乙酰胆碱与 M 受体结合后产生的生理效应称为 M 效应，具体表现：心脏活动抑制；支气管平滑肌、胃肠道平滑肌、膀胱逼尿肌收缩；支气管腺体分泌增多，消化液分泌增多；消化系统括约肌舒张、瞳孔缩小等。阿托品是 M 受体阻断剂，可与 M 受体结合，从而阻断乙酰胆碱的作用。

能与烟碱结合产生生理效应的受体称为烟碱受体（N 受体）。N 受体分为两类：N1 受体和 N2 受体。N1 受体分布于交感神经节和副交感神经节的突触后膜上，N2 受体分布于骨骼肌终板膜上。乙酰胆碱与 N 受体结合后可使节后纤维兴奋或骨骼肌兴奋。筒箭毒是 N 受体阻断剂。

2. 肾上腺素能受体　可分为两类。一类是 α 受体，去甲肾上腺素与之结合后主要使平滑肌兴奋，表现为血管收缩、子宫收缩等；但也有抑制作用，如使小肠平滑肌舒张。酚妥拉明是 α 受体阻断剂，可消除去甲肾上腺素的升压效应。另一类是 β 受体，去甲肾上腺素与之结合后主要使平滑肌抑制，表现为血管舒张、子宫舒张等；但对心肌的作用是兴奋。普萘洛尔是 β 受体阻断剂，可缓解因交感神经兴奋导致的心动过速。

考点与重点　自主神经递质与受体类型

三、调节内脏活动的中枢

（一）脊髓

脊髓是许多内脏反射的初级中枢，如排尿反射、排便反射和发汗反射等。然而，脊髓对这些反射的调节并不完善，在正常生理状态下受高位中枢的调控。

（二）低位脑干

延髓是基本的生命中枢，因为心血管活动、呼吸运动等基本生命活动的反射调节中枢均位于延髓。此外，延髓还包含吞咽、咳嗽和呕吐反射的中枢。因此，延髓受损可能危及生命。脑桥存在呼吸调整中枢，而中脑则包含瞳孔对光反射中枢。

（三）下丘脑

下丘脑是调节内脏活动的较高级中枢，参与体温调节、摄食行为、水平衡、情绪反应、内分泌调控和生物节律的调节。

（四）大脑皮层

大脑的海马、海马旁回、扣带回、胼胝体等结构及其密切相关的皮层与皮层下结构共同构成边缘系统。边缘系统是调节内脏活动的重要高级中枢，亦称为"内脏脑"，能够调节呼吸、胃肠运动和膀胱收缩等活动，并与情绪反应、记忆、食欲、生殖和防御行为密切相关。

社会心理因素可通过情绪影响内脏功能。当人情绪波动时，循环、呼吸、消化和代谢等活动均会发生相应变化。长期或过度的消极情绪可导致自主神经系统功能紊乱，破坏内脏功能稳态，进而引发高血压、冠心病和消化性溃疡等疾病。由于人不可避免地会受到社会和心理刺激并产生情绪反应，因此学会调节情绪对维持机体健康至关重要。

第五节　脑的高级功能

人类大脑不仅能产生感觉、调节躯体运动和内脏活动，还能独立完成更为复杂、高级的生理功能，如语言、文字、学习、记忆、思维、睡眠和觉醒等。大脑皮层通过条件反射的基本形式来实现上述功能。

一、条件反射

神经活动的基本形式是反射，反射分为两种类型：非条件反射和条件反射。

非条件反射是先天遗传的、人类和动物共有的一种初级神经活动，其反射中枢主要位于大脑皮层以下结构，反射弧和反射活动模式较为固定，数量有限，属于维持生命的本能活动，对个体生存及种族繁衍具有重要意义。例如，食物刺激口腔引起唾液分泌、婴儿的吸吮反射均属于非条件反射。

条件反射是在非条件反射的基础上，通过个体生活实践建立的一种高级神经活动，其反射中枢位于大脑皮层，反射弧具有可塑性，反射活动可调节，数量理论上无限，并具有预见性，能使人体更灵活地适应环境变化，极大地提高了生存能力与环境适应能力。"望梅止渴"即为其典型实例。学习本质上是条件反射的建立过程，复习即强化过程，强化次数与学习效果呈正相关（表18-3）。

条件反射是大脑皮层高级活动的基本形式，属于一种信号活动，引起条件反射的刺激称为信号刺激。信号刺激分为两种：①第一信号系统：具体的信号刺激（如光、声等）称为第一信号；大脑皮层对第一信号产生反应的功能系统称为第一信号系统，这是人和动物共有的。②第二信号系统：抽象的信号刺激（如语言、文字）称为第二信号；大脑皮层对第二信号产生反应的功能系统称为第二信号系统，这是人类区别于动物的重要特征。

表18-3　非条件反射和条件反射的比较

反射类型	非条件反射	条件反射
形成	先天遗传，种族共有	后天在一定条件下形成
举例	吸吮反射，眨眼反射	"望梅止渴"
神经联系	有恒定、稳定的反射弧联系	有易变、暂时性的反射弧联系
中枢	大脑皮层下中枢即可完成	必须依赖大脑皮层参与
意义	数量有限，适应性弱	数量可不断增加，适应性强

链接

条件反射

　　条件反射是行为心理学的核心概念，由著名生理学家伊万·巴甫洛夫通过经典的狗实验揭示。研究发现，将中性刺激（如铃声）与无条件刺激（如食物）多次配对呈现后，单独呈现铃声即可诱发狗分泌唾液，这种反应被称为条件反射。条件反射在临床实践中具有广泛应用，例如行为矫正疗法和系统脱敏疗法；在日常生活中也普遍存在，如听到手机铃声意识到有来电，或根据交通信号灯调节行走和驾驶行为。

二、大脑皮层的语言中枢

　　语言中枢是指能够理解他人语言和文字信息，并能通过口语和文字表达思维活动的中枢。语言区是人类大脑皮质特有的功能区，包括说话、听讲、阅读和书写等中枢（图18-5）。临床研究表明，当大脑皮层的特定区域受损时，可导致相应的语言功能障碍（表18-4）。

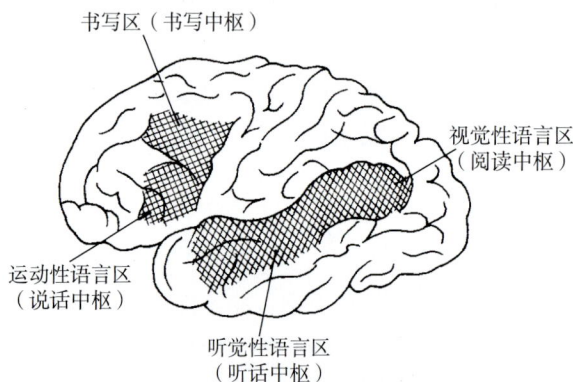

图18-5　大脑皮层与语言功能有关的主要区域

表18-4　大脑皮层的语言区及功能障碍

语言区	中枢部位	损伤后语言障碍
运动性语言区（说话中枢）	额下回后部	运动性失语症（言语表达障碍）
书写区（书写中枢）	额中回后部	失写症（书写能力丧失）
听觉性语言区（听话中枢）	颞上回后部	感觉性失语症（言语理解障碍）
视觉性语言区（阅读中枢）	角回	失读症（文字理解障碍）

三、大脑语言中枢的优势半球

人类两侧大脑半球的功能具有不对称性，语言中枢主要集中于一侧大脑半球，称为优势半球。研究表明，优势半球的形成与人类惯用手的使用密切相关。对于右利手者，其优势半球位于左侧大脑半球。优势半球一般在 12 岁前形成，若 12 岁前左侧大脑受损，右侧半球仍可代偿性建立语言功能；但若 12 岁后受损，则右侧半球难以重建语言中枢。右侧大脑半球主要参与空间认知、音乐感知等功能。

四、大脑皮层的电活动

大脑皮层的神经元在无外界刺激时，可产生节律性电位变化，通过仪器记录即为脑电图。根据电波频率和振幅的差异，正常脑电图可分为以下 4 种基本波形（图 18-6）。

1. α 波　频率为 8 ～ 13Hz，振幅为 20 ～ 100μV。正常安静清醒闭目时出现。

2. β 波　频率为 14 ～ 30Hz，振幅为 5 ～ 20μV。睁眼视物或突然听到声音及思考问题时出现。一般认为 β 波是大脑皮层兴奋的表现。

3. θ 波　频率为 4 ～ 7Hz，振幅为 100 ～ 150μV。困倦、缺氧或深度麻醉时出现。

4. δ 波　频率为 0.5 ～ 3Hz，振幅为 20 ～ 200μV。成人睡眠时可出现，缺氧或深度麻醉时也可出现。婴幼儿时期为正常脑电波形。

考点与重点　脑电波的基本概念和类型

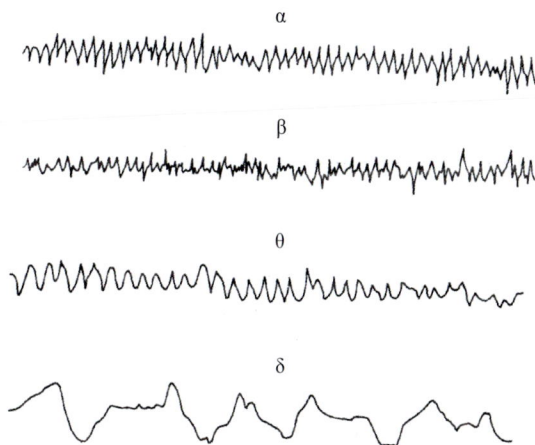

图 18-6　4 种基本脑电图波

链接

脑电图与音乐治疗

音乐不仅能触动心灵，还能直接影响大脑活动。脑电图研究表明，慢节奏音乐可增加与放松相关的 α 波，而快节奏音乐则能提升 β 波，从而增强警觉性。基于这些发现，康复专家利用个性化音乐治疗帮助焦虑或抑郁患者改善情绪状态，促进心理健康；对于需要提高注意力的患者，则通过特定音乐刺激 β 波活动，以优化大脑功能。音乐疗法在康复领域具有独特的应用价值。

五、觉醒与睡眠

觉醒与睡眠交替进行，是生物节律的表现之一。睡眠时间因年龄和个体差异而有所不同。儿童的睡眠时间比成人长，老年人的睡眠时间相对较短。一般成年人每天需要 7～9 小时的睡眠时间。

人在觉醒状态下进行体力和脑力活动。如前所述，觉醒状态的维持与脑干网状结构上行激活系统的作用密切相关。睡眠时生理活动水平普遍降低，表现为感觉功能减退、内脏活动减弱（如心率减慢、血压下降、呼吸减缓等），从而使体力和脑力得到充分休息和恢复。若出现睡眠障碍，则会影响大脑皮层的正常功能，导致记忆力减退和工作效率下降等现象。

睡眠可分为两种时相，即慢波睡眠和快波睡眠。

1. 慢波睡眠（又称正相睡眠）　人在入睡时首先进入此阶段，脑电图呈现同步化慢波特征。此阶段生长激素分泌显著增加，对促进机体生长和体力恢复具有重要作用。

2. 快波睡眠（又称异相睡眠）　在慢波睡眠持续 1～2 小时后转入此阶段，脑电图特征为去同步化快波。此阶段脑内蛋白质合成加速，与神经系统的发育成熟关系密切，有助于增强记忆能力和促进精力恢复。在整个睡眠周期中，这两种时相会交替出现。

？ 思 考 题

1. 什么是肌紧张？其生理意义是什么？
2. 比较特异性投射系统和非特异性投射系统的功能特点。
3. 简述内脏痛的特点及牵涉痛的定义。

本章数字资源

第十九章　感觉器官的功能

📋 案例

15岁的初中生小童学习勤奋，但用眼习惯不良。他经常近距离看书、写作业，眼睛出现疲劳、酸胀等症状，近期看黑板时字迹模糊，影响了学习。经眼科详细检查，确诊其因长时间近距离用眼导致近视。

问题：1. 根据眼的折光调节作用，分析小童的近视是如何形成的？
　　　2. 小童可以通过什么方式矫正近视？原理是什么？

第一节　概　　述

一、感受器与感觉器官的概念和分类

感受器是专门感受机体内、外环境变化的特殊结构，其功能是接受各种刺激，并将刺激转化为神经冲动，通过周围神经传入中枢，最终在大脑皮质的特定区域产生相应的感觉。感觉器官由感受器及其附属结构组成。

感受器的种类繁多，根据分布部位不同可分为外感受器和内感受器。外感受器分布于体表，感受外界环境的变化，如声、光、触、味等刺激；内感受器位于体内器官和组织中，感受内环境的变化，如颈动脉窦压力感受器、肺牵张感受器等。根据感受器所接受的刺激性质不同，可分为机械感受器、化学感受器、温度感受器和光感受器等。人体最主要的感觉器官包括眼（视觉）、耳（听觉）和前庭（平衡觉）等。

二、感受器的一般生理特征

（一）感受器的适宜刺激

每种感受器对其特定类型的刺激最为敏感，这种刺激称为该感受器的适宜刺激。例如，视网膜感光细胞的适宜刺激是一定波长的光波；听觉感受器的适宜刺激是一定频率的声波。

（二）感受器的换能作用

感受器能够将各种形式的刺激能量（如机械能、光能、热能和化学能）转化为生物电能，并以神经冲动的形式传入中枢，这种特性称为感受器的换能作用。因此，感受器可被视为生物换能器。

（三）感受器的编码功能

感受器在感受刺激的过程中，不仅实现了能量形式的转换，还将刺激所包含的信息转移到动作电位

的序列中，从而完成信息的传递，这一过程称为感受器的编码功能。目前，关于感受器如何对不同刺激信息进行编码的具体机制尚不明确。

（四）感受器的适应现象

当某一恒定强度的刺激持续作用于同一感受器时，传入神经冲动的发放频率会逐渐降低，这种现象称为感受器的适应现象。不同感受器的适应速度存在显著差异：例如，触觉和嗅觉感受器适应较快，有利于机体持续接收新刺激；而颈动脉窦压力感受器和痛觉感受器等适应较慢，有助于机体对某些生理功能进行长期监测。

考点与重点 感受器的一般生理特征

医者仁心

嗅觉解码：理查德·阿克塞尔与琳达·巴克的诺奖之路

2004 年，理查德·阿克塞尔（Richard Axel）和琳达·巴克（Linda B. Buck）因在嗅觉受体及嗅觉系统组织结构研究中的开创性贡献，共同获得诺贝尔生理学或医学奖。面对当时尚属未知领域的嗅觉机制研究，他们通过系统的科学实验与不懈探索，最终确立了研究方向。阿克塞尔强调，科研成功的核心在于严谨细致的研究方法、持之以恒的科学态度及高效的团队协作。基于这一理念，二人成功揭示了嗅觉系统的生物学机制，为科学研究树立了重要典范。

第二节　视觉器官的功能

人的视觉是通过眼、视神经和视觉中枢的共同活动完成的。

眼是视觉器官，由视网膜感光系统和折光系统及其附属结构组成。人眼的适宜刺激是波长 380 ~ 760nm 的可见光。在该光谱范围内，外界物体发出的光线经过眼的折光系统，在视网膜上形成物像；视网膜中的感光细胞将光刺激转化为生物电信号，通过视神经传入视觉中枢产生视觉。研究表明，人脑获取的外界信息中至少有 70% 来自视觉，因此眼是人体最重要的感觉器官。

一、眼的折光功能及其调节

（一）眼的折光系统与成像

眼的折光系统是复杂的光学系统，由角膜、房水、晶状体和玻璃体组成。这四种介质的折射率和曲率半径各不相同，其中晶状体折射率最大且能调节曲率，在成像中起主要作用。眼的折光原理与凸透镜成像原理相似但更为复杂，临床常用简化眼模型说明其功能（图 19-1）。

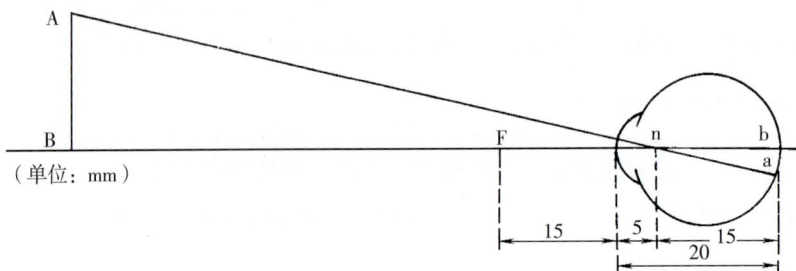

图 19-1　简化眼及其成像示意图

简化眼是一个人工设定的单球面折光体，眼内容物均匀，折光率为 1.33；角膜的曲率半径为 5mm（折光体的节点 n 到前表面的距离），后主焦点在节点后 15mm 处，相当于视网膜的位置。该模型模拟静息状态的人眼，能使平行光线精确聚焦于视网膜形成清晰物像。

考点与重点 眼的折光系统的光学特征

（二）眼的调节

当眼在看远处物体（6m 以外）时，远物发出的光线到达人眼时接近平行光线，经过眼的折光系统，可不经任何调节就能在视网膜上形成清晰的影像。通常把眼在静息状态下所能看清物体的最远距离称为远点。当看近处物体时，由于进入眼的光线呈辐散状，如不进行调节，经过眼的折光系统将成像于视网膜之后，视网膜上只能产生一个模糊的影像。因此，在看近物时，眼必须要进行调节。眼视近物时的调节反应包括晶状体变凸、瞳孔缩小和双眼球会聚三个方面。

1. 晶状体的调节　是通过改变晶状体的凸度以改变其折光能力来实现的。当看近物时，通过神经反射，使睫状肌收缩，睫状体向晶状体方向靠近，睫状小带松弛，晶状体靠自身的弹性使凸度增大，折光力增强，从而使成像点前移并落在视网膜上。看远物时，睫状肌舒张，睫状小带紧张，晶状体凸度变小，折光力减弱（图 19-2）。

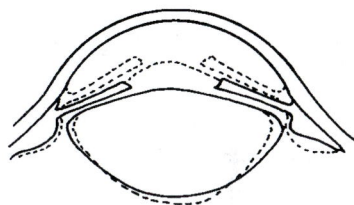

图 19-2　眼调节前后睫状体位置和晶状体形状的改变示意图

人眼看近物时的调节能力主要取决于晶状体的调节功能，晶状体的调节能力有一定限度。通常把眼进行最大调节所能看清物体的最近距离称为近点。晶状体的调节力主要取决于晶状体的弹性，弹性越好则调节力越强，反之则弱。晶状体的弹性与年龄有密切关系，年龄越大，晶状体弹性越差，眼的调节能力越弱。例如，10 岁左右儿童的近点平均为 8.3cm，20 岁左右的成年人约为 11.8cm。一般人在 40 岁以后眼的调节能力显著减退，表现为近点远移；60 岁时近点可增至 80cm 或更远，这时看远物正常，看近物不清楚，称为老视，即通常所说的老花眼，可配戴适宜的凸透镜进行矫正。

考点与重点 晶状体的调节及意义

2. 瞳孔的调节　正常人瞳孔的直径变动范围为 1.5 ～ 8.0mm。在生理状态下，有两种情况可以改变瞳孔大小。一种是物体移近时，在晶状体凸度增大的同时，出现瞳孔缩小，以限制进入眼球的光量；看远物时在晶状体凸度变小的同时，瞳孔也扩大，以增加进入眼球的光量。这种看近物时瞳孔缩小的反应，称为瞳孔近反射或瞳孔调节反射。这种调节的作用，主要是减少眼的折光系统产生的球面像差和色像差，使物像清晰。另一种是强光照射眼时，瞳孔缩小，在强光离开眼后则扩大，这种瞳孔的大小随着光线强弱而改变的反应称为瞳孔对光反射。瞳孔对光反射的效应是双侧性的，此现象称为互感反应。瞳孔对光反射的中枢位于中脑，临床上常把它作为判断中枢神经系统病变部位、麻醉深度和病情危重程度的重要指标。

考点与重点 瞳孔近反射、瞳孔对光反射的概念

3. 双眼球会聚　当双眼注视一个由远移近的物体时，两眼视轴同时向鼻侧会聚的现象，称为双眼球会聚。双眼球会聚能使物体成像于双侧视网膜的对称点上，避免复视，从而产生清晰的视觉。

（三）眼的折光异常（屈光异常）

正常人的眼不进行任何调节即可使平行光线聚焦于视网膜上，因而可以看清远处的物体。看近物时，只要物距不小于近点距离，经过调节便能使物体在视网膜上清晰成像。有些人因眼球的形态异常或

折光能力异常，在安静状态下平行光线不能在视网膜上聚焦成像，这种现象称为屈光不正或折光异常，包括近视、远视和散光（表 19-1、图 19-3）。

考点与重点　近视、远视、散光的发病原因、特点及矫正

表 19-1　三种折光异常的比较

异常	产生原因	矫正方法
近视	眼球前后径过长或折光力过强，物体成像于视网膜之前	配戴适宜凹透镜
远视	眼球前后径过短或折光力过弱，物体成像于视网膜之后	配戴适宜凸透镜
散光	角膜经纬线曲率不一致，光线不能在视网膜上清晰成像	配戴与角膜经纬曲率相反的圆柱形透镜

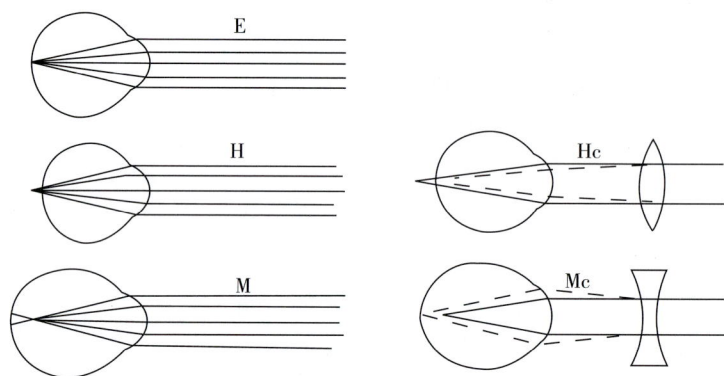

E. 正视眼；H. 远视眼；M. 近视眼；Mc. 近视眼的矫正；Hc. 远视眼的矫正

图 19-3　眼的折光异常及其矫正示意图

链接

微创全飞秒精准 4.0

全飞秒精准 4.0 是治疗近视的前沿技术，为全飞秒 SMILE 3.0 的全面升级版本。该技术通过个性化 Nomogram 科学分析软件，结合大数据与人工智能算法，综合分析角膜地形图、眼压、瞳孔大小等眼部参数，为每位近视患者制定个性化手术方案。其矫正精度可达 0.001D，显著优于传统手术技术，并能有效消除多种误差来源。操作系统采用先进算法实现激光参数自动调整，确保切削精准性。术后患者视力恢复速度加快，视觉质量显著提升，同时可降低干眼症、眩光等并发症的发生率，为近视患者提供更安全、高效的治疗选择。

二、眼的感光换能功能

（一）视网膜的感光换能系统

视网膜的基本功能是感受光刺激，并将其转换为神经纤维上的电活动。视网膜结构复杂，其中能感受光刺激的感光细胞为视杆细胞和视锥细胞。视网膜上视神经乳头处无感光细胞分布，聚焦于此处的光线不能被感知，从而在视野中形成生理性盲点。

视杆细胞对光的敏感性较高，可感受弱光刺激并引发视觉，但无色觉功能，仅能辨别明暗，且视物精确性较差。视锥细胞对光的敏感性较低，仅在强光条件下才能兴奋，但具有辨色能力，视物精确性较高（表 19-2）。

表 19-2 视锥细胞与视杆细胞的比较

细胞类型	分布区域	生理特性	功能特征
视锥细胞	主要分布于视网膜中央部，其中黄斑的中央凹分布最为密集	对光敏感性较低，需强光刺激激活，分辨力高	司昼光觉和色觉功能
视杆细胞	主要分布于视网膜周边部	对光敏感性高，主要接受暗光刺激，无辨色能力	司暗光觉功能

考点与重点 视锥细胞、视杆细胞的分布与功能

（二）视网膜的光化学反应

感光细胞能够感受光的刺激并产生兴奋，是因为其含有感光色素。感光色素在光的作用下发生分解，分解时释放的能量使感光细胞产生电位变化，进而兴奋视神经并产生神经冲动。

1. 视杆细胞的光化学反应 视杆细胞内的感光色素为视紫红质，这是一种由视蛋白和 11- 顺视黄醛组成的结合蛋白质。在光照条件下，视紫红质分解为视蛋白和全反式视黄醛。该光化学反应是可逆的：在暗处可重新合成视紫红质，而在光照下则迅速分解。在此过程中会消耗部分视黄醛，需通过食物中的维生素 A 进行补充。若长期维生素 A 摄入不足，将影响暗视觉功能，导致夜盲症。

2. 视锥细胞与色觉 人眼的视网膜上分布有三种视锥细胞，分别含有对红、绿、蓝三种波长敏感的感光色素。不同色光刺激视网膜时，会使三种视锥细胞产生不同程度的兴奋。这些兴奋信息经神经处理后形成不同组合的神经冲动，通过视神经传导至视觉中枢，最终产生色觉。

色觉是一种复杂的物理、心理现象。正常人眼可分辨约 150 种颜色。色觉障碍有色盲和色弱两种情况。若缺乏或完全没有分辨颜色的能力，称为色盲。色盲可分为全色盲和部分色盲。色盲中最多见的是红色盲和绿色盲。色盲的产生原因绝大多数是遗传因素，极少数是由视网膜病变引起。若对某种颜色的识别能力较弱，称为色弱，多由后天因素引起。

3. 暗适应与明适应

（1）暗适应：当人从明亮环境突然进入暗处时，最初无法看清任何物体，经过一段时间后，视觉敏感度逐渐提高，能够逐渐看清暗处的物体，这种现象称为暗适应。暗适应是眼睛在暗处对光的敏感性逐渐增强的过程。暗适应的产生机制是：在亮处时，视紫红质大量分解，残余量极少，不足以兴奋视杆细胞。进入暗处后，视杆细胞中的视紫红质合成量增加，对光刺激的敏感性提高，从而恢复在暗处的视觉功能。

（2）明适应：当人长时间处于暗处后突然进入明亮环境时，最初会感到耀眼的光亮，难以看清物体，稍待片刻后才能恢复视觉，这种现象称为明适应。明适应的产生原因是：人在暗处时，视杆细胞内蓄积了大量的视紫红质，由于视紫红质对光较为敏感，在明亮处遇到强光会迅速分解，进而产生耀眼的光感。当视杆细胞中的视紫红质含量减少后，对光相对不敏感的视锥细胞便承担起在亮光下的感光任务，恢复在亮处的视觉功能。

三、常用视觉功能的检测

1. 视力 又称视敏度，是指眼对物体细微结构的分辨能力，即分辨物体上两点间最小距离的能力。通常以视角的大小作为衡量标准。视角是指物体上两点发出的光线射入眼球后，经节点交叉所形成的夹角（图 19-4）。眼能辨别的视角越小，视力越好。正常人眼能分辨的最小视角约为 1 分角。视力表就是根据此原理设计的。

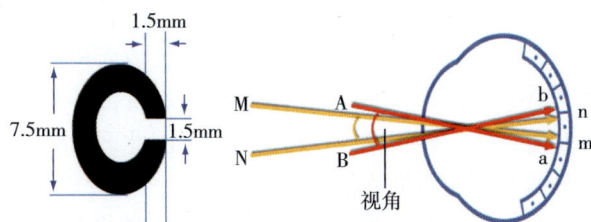

图 19-4 视力与视角示意图

2. 视野 单眼固定注视正前方一点时,该眼所能看到的空间范围称为视野。通过检测可绘制出视野图。视野受面部解剖结构影响,鼻侧和上方视野较小,颞侧和下方视野较大。相同光照条件下,不同颜色的视野范围存在差异。白色视野最大,其次为黄色、蓝色、红色,绿色视野最小。视野检查可用于辅助诊断视网膜或视觉传导通路的病变。

第三节 位听器官的功能

耳是听觉器官,也是平衡觉器官。内耳的耳蜗属于感音系统,而内耳的前庭和半规管是头部位置觉和运动觉的感受器,共同参与人体平衡功能的调节。

一、耳的听觉功能

声波经外耳、中耳的传音装置传导至耳蜗的感音装置,通过听觉感受器的换能作用产生听神经动作电位,其神经冲动沿听觉传导路传导至大脑皮质听觉中枢产生听觉。

1. 外耳的功能 耳郭的形状有利于收集声波,并具有判断声源方向的功能。外耳道是声波传导的通路,兼有共鸣腔的作用。鼓膜为弹性好、具有一定张力的薄膜,呈漏斗形,构成外耳道与中耳的交界部。鼓膜能与声波产生同步振动,且没有余震,因而能将声波准确传导至内耳。

2. 中耳的功能 中耳的主要功能是将空气中的声波振动高效地传递至内耳淋巴液,其中鼓膜和听小骨在声音传递过程中起着重要作用。

听骨链借助杠杆作用,能把鼓膜的大幅低强度振动转变为小幅高强度振动,并传向卵圆窗。通过听骨链传导的声波,既有增压作用,又能避免损伤内耳。

咽鼓管在鼻咽部的开口通常处于闭合状态,在吞咽、打哈欠时开放。咽鼓管的主要功能是调节鼓室内的压力,使其与外界大气压保持平衡,这对于维持鼓膜的正常位置、形状和振动特性具有重要意义。鼻咽部炎症导致咽鼓管阻塞后,鼓室内的空气会被吸收,从而造成鼓膜内陷,并引发耳鸣,影响听力。

3. 声波传入内耳的途径 主要有空气传导和骨传导两种,正常情况下以空气传导为主。

考点与重点 声波传入内耳的途径

(1)空气传导,如图 19-5 所示。

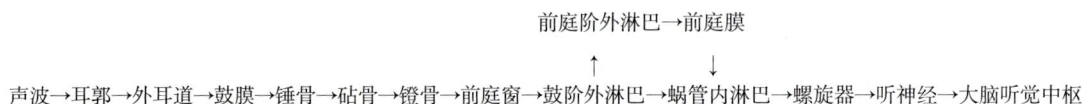

前庭阶外淋巴→前庭膜
↑   ↓
声波→耳郭→外耳道→鼓膜→锤骨→砧骨→镫骨→前庭窗→鼓阶外淋巴→蜗管内淋巴→螺旋器→听神经→大脑听觉中枢

图 19-5 空气传导途径

(2)骨传导,如图 19-6 所示。

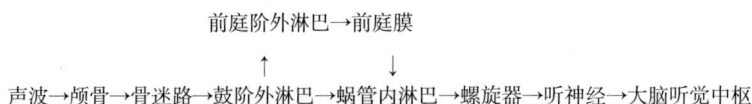

前庭阶外淋巴→前庭膜
↑   ↓
声波→颅骨→骨迷路→鼓阶外淋巴→蜗管内淋巴→螺旋器→听神经→大脑听觉中枢

图 19-6 骨传导途径

骨传导的敏感性比气传导低得多,故而在正常听觉中其作用甚微。然而,当鼓膜或鼓室发生病变引发传音性耳聋时,气传导出现障碍,而骨传导却不受影响,甚至相对增强。当耳蜗发生病变引发感音性耳聋时,气传导和骨传导均会受损。因此,临床上通过检查气传导和骨传导受损的情况,有助于判断听觉异常产生的部位及原因。

4. 内耳的感音功能 内耳的耳蜗能够将传入耳蜗的机械振动转变为神经冲动,并上传至听觉中枢,从而产生听觉。

（1）耳蜗的基本结构：耳蜗内被前庭膜和基底膜分隔为三个腔，分别为前庭阶、鼓阶和蜗管，三个管腔中充满淋巴液。前庭阶与鼓阶内为外淋巴，在耳蜗顶部有蜗孔相通；蜗管是一个充满内淋巴的盲管。前庭阶底端有卵圆窗，鼓阶底端有蜗窗，二者分别通过膜与中耳鼓室相接。基底膜上有声音感受器——螺旋器，螺旋器由内、外毛细胞和支持细胞等组成。毛细胞与耳蜗神经相连，毛细胞表面有纤毛，称为听毛。听毛上方为盖膜，盖膜悬浮于内淋巴中。

（2）耳蜗的感音换能作用：无论声波是从卵圆窗还是蜗窗传入内耳，均可通过外、内淋巴的振动引起基底膜振动，使毛细胞与盖膜之间发生相对的移行运动，进而使毛细胞的听毛弯曲变形而兴奋，将声波振动的机械能转变为微音器电位。当微音器电位经总和达到阈电位时，便会触发与其相连的蜗神经产生动作电位。

考点与重点 耳蜗的感音换能作用

（3）耳蜗对声音的初步分析：正常人能感受的声波频率范围是 20～20000Hz，其中对 1000～3000Hz 的声波最为敏感。行波理论表明，基底膜的振动总是从蜗底向蜗顶推进。由于声波频率不同，声波传播到基底膜的远近以及最大振幅出现的部位也有所不同。高频声波只能推动耳蜗底部的基底膜振动；中频声波的振动向前延伸，在基底膜中段振幅最大；低频声波的振动推进到基底膜蜗顶处时振幅最大。由于基底膜不同部位的毛细胞受到刺激，相应的听神经纤维将信号传入大脑皮质听觉中枢的不同部位，因此可产生不同音调的感觉。

> **链接**
>
> ### AI 人工耳蜗植入系统
>
> 　　海南省博鳌超级医院运用全球首个 AI 辅助的人工耳蜗植入系统，成功完成了多例具有里程碑意义的 SYNCHRONY 2 人工耳蜗植入手术。这一创新系统由机械臂（OTOARM）与机械手（OTODRIVE）组成。手术期间，该系统能够精准规划手术路径，以极低速度平稳地植入人工耳蜗电极，有效保护了耳蜗的精细结构以及残余听力。
>
> 　　此外，该系统配备的 OTOPLAN 手术规划软件，能够依据患者的解剖结构，借助 AI 技术实现自动化精准测量；配备的 ECOCHG 监测技术，可在手术过程中实时评估听觉毛细胞的反应，显著提升了手术的精准度和安全性。

二、内耳的位置觉和运动觉功能

内耳的前庭器官由前庭和半规管组成，是运动觉和头部位置觉的感受装置，在维持身体平衡中起重要作用。

（一）前庭的功能

前庭内有椭圆囊和球囊，其内各有一个囊斑。囊斑上有感受性毛细胞，毛细胞的基底部有前庭神经末梢分布。

囊斑是头部位置觉及直线变速运动的感受器。当人体头部位置改变或做直线变速运动时，由于惯性及重力作用，内淋巴发生震动，刺激毛细胞兴奋，神经冲动经前庭神经传入中枢，产生头部位置觉或变速运动感觉，同时引发姿势反射，以维持身体平衡。

（二）半规管的功能

人体两侧内耳各有三条相互垂直的半规管，分别对应空间的三个平面。每条半规管的一端膨大形成壶腹，壶腹内有壶腹嵴，其中也有感受性毛细胞，毛细胞的基底部与前庭神经末梢相连。

壶腹嵴是旋转变速运动的感受器。当身体或头部做旋转变速运动时，由于惯性作用，相应半规管内的内淋巴液流动超前或滞后于半规管的运动，刺激毛细胞兴奋，神经冲动经前庭神经传入中枢，产生旋转感觉，并引发姿势反射，以维持身体平衡。

三、前庭反应

前庭器官的传入冲动除引起位置觉和运动觉外，还可引发姿势调节反射、眼震颤和自主神经功能改变，这些现象统称为前庭反应。例如，当人乘电梯时，电梯突然上升会导致下肢伸肌抑制而腿弯曲；电梯突然下降时，伸肌紧张使腿伸直。这些属于前庭器官的姿势反射，其意义在于维持人体姿势和身体平衡。

此外，若前庭器官受到过强或过长时间的刺激，可能引起恶心、呕吐、眩晕和皮肤苍白等症状，称为前庭自主神经反应。前庭器官功能过度敏感者，即使一般的前庭刺激也可能引发此类反应，表现为晕车、晕船等现象。

前庭反应中最特殊的是躯体旋转运动时诱发的眼球节律性运动，称为眼震颤。眼震颤主要由半规管受刺激引起，临床上通过眼震颤试验可判断前庭功能是否正常。

？ 思 考 题

1. 眼视近物时会发生哪些调节反应？
2. 常见折光异常有哪些类型？如何矫正？
3. 声波传入内耳的途径有哪些？

本章数字资源

第二十章 内分泌功能

案例

李某，45岁，女教师，近3个月来体重无故增加10kg，伴情绪波动显著，常出现无明显诱因的焦虑状态，同时存在嗜睡症状。体格检查显示其甲状腺轻度肿大，质地韧。实验室检查：甲状腺激素（T_3、T_4）水平降低，促甲状腺激素（TSH）水平升高，甲状腺过氧化物酶抗体（TPOAb）及甲状腺球蛋白抗体（TgAb）滴度显著升高。临床诊断为甲状腺功能减退症（甲减）。

问题： 1. 甲状腺激素有何生理作用？
2. 甲状腺功能减退和甲状腺功能亢进有什么区别？

第一节 概 述

一、内分泌与内分泌系统

（一）内分泌

内分泌是指内分泌细胞分泌的激素经体液运输至靶细胞并产生效应的一种分泌形式。激素是在细胞之间传递调节信息的高效能生物活性物质，主要通过血液运输向远隔部位传递信息，也称为远距分泌。此外，还存在旁分泌、自分泌和神经分泌等传递方式（图20-1）。接受激素信息的器官、组织或细胞分别称为靶器官、靶组织或靶细胞。

（二）内分泌系统

内分泌系统由内分泌腺和散在于器官组织中的内分泌细胞共同组成。机体重要的内分泌腺包括垂体、甲状腺、胰岛、性腺和肾上腺等；胃、十二指肠黏膜以及胎盘等部位含有散在的内分泌细胞。心脏、肾脏等器官的部分细胞除具有特定功能外，还兼有内分泌功能，例如心脏分泌心房钠尿肽，肾脏分泌 1,25- 二羟维生素 D_3。

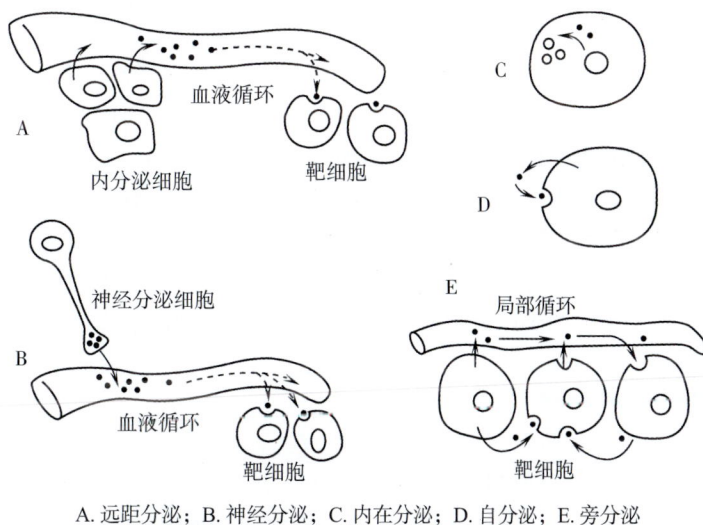

A. 远距分泌；B. 神经分泌；C. 内在分泌；D. 自分泌；E. 旁分泌

图 20-1 激素传输信息的主要途径

二、激　素

（一）激素的分类

根据激素化学结构可分为胺类激素、多肽和蛋白质类激素、脂类激素三类（表 20-1）。

表 20-1　主要激素的化学分类

激素类型	激素
胺类激素	肾上腺素、去甲肾上腺素、甲状腺激素
多肽和蛋白质类激素	下丘脑、垂体、胃肠道、胰岛、甲状旁腺等部位分泌的大多数激素
脂类激素	皮质醇、醛固酮、性激素、维生素 D_3

考点与重点　激素的分类

> **链接**
>
> ### 激素特点与用药方法
>
> 含氮类激素（如胺类激素、多肽和蛋白质类激素）易被胃肠道消化液分解而破坏，因此用药时不宜口服，通常需采用注射方式给药。例如，胰岛素需皮下注射，促甲状腺激素释放激素需静脉注射。类固醇激素的给药方式多样：可口服（如泼尼松）；可注射用于急救（如氢化可的松琥珀酸钠）；还可制成外用制剂（如乳膏、气雾剂），用于治疗皮肤和呼吸道疾病。

（二）激素作用的一般特性

各类激素对靶细胞的调节效应不尽相同，但有一些共同的作用特性。

1. 信息传递　激素所起的作用是在细胞之间进行信息传递，旨在启动靶细胞固有的、内在的一系列生物效应，既不能添加新功能，又不能提供额外能量。

2. 作用的相对特异性　激素有选择地作用于某些器官、腺体或细胞，产生相对特定的调节效应。

3. 高效能生物放大效应　在生理状态下，激素在血液中的浓度很低，其与受体结合后，在细胞内发生一系列酶促放大作用，从而产生高效能生物放大效应。例如，0.1μg 促肾上腺皮质激素释放激素，可刺激腺垂体释放 1μg 的促肾上腺皮质激素，后者再引起肾上腺皮质分泌 40μg 的糖皮质激素。

4. 激素间的相互作用　多种激素共同调节同一生理活动时，可产生协同或拮抗效应。例如，生长激素、肾上腺素、胰高血糖素和糖皮质激素均具有升血糖作用；而胰岛素通过降血糖作用与上述激素形成拮抗。此外，某些激素虽不能直接引起靶组织生理效应，但能增强其他激素的作用效能，这种现象称为允许作用。典型实例是：糖皮质激素本身不直接收缩心肌和血管平滑肌，但它的存在可显著增强儿茶酚胺类激素（如去甲肾上腺素）对心血管系统的调节作用。

考点与重点　激素作用的一般特性

（三）激素作用的机制

激素对靶细胞作用的实质就是通过与相应膜受体或胞内受体结合，最终引发该细胞固有的生物效应。

1. 细胞膜受体介导的激素作用机制　又称第二信使学说。激素与相应膜受体结合后，通过细胞内不同的信号转导途径产生调节效应。例如，促甲状腺激素作为"第一信使"与相应膜受体结合后，可激活细胞膜内侧的腺苷酸环化酶，促使 ATP 转变为 cAMP；cAMP 作为"第二信使"，使胞浆内无活性的蛋白激酶逐级活化，最终引发细胞的生物效应（图 20-2）。

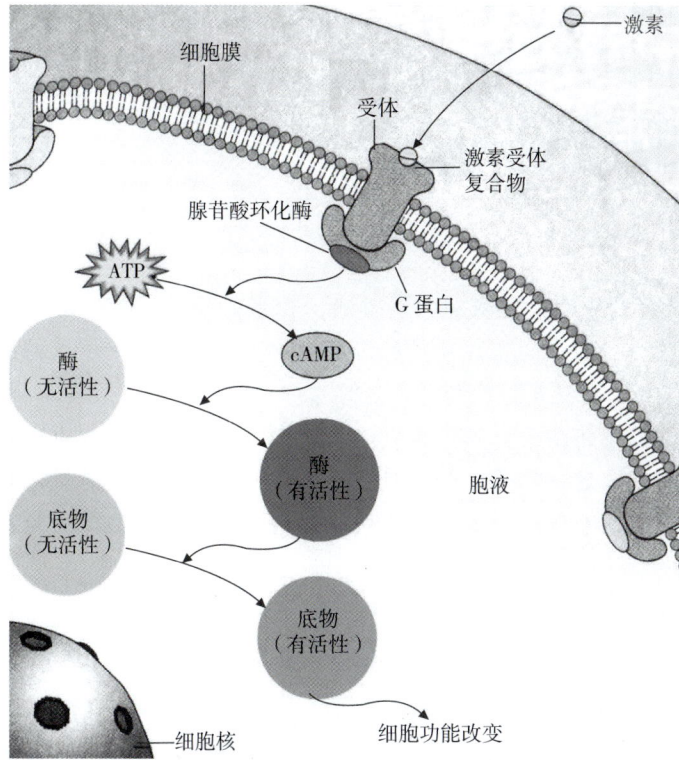

图 20-2　细胞膜受体介导的激素作用机制

2. 细胞内受体介导的激素作用机制　此类激素具有脂溶性，分子量一般较小，可扩散进入细胞内，与胞浆受体结合形成激素 – 受体复合物。该复合物转入细胞核内，与核内受体结合形成激素 – 核受体复合物，通过调节靶基因的转录及其表达产物来引发细胞的生物效应（图 20-3）。这一作用机制又称为基因表达学说。

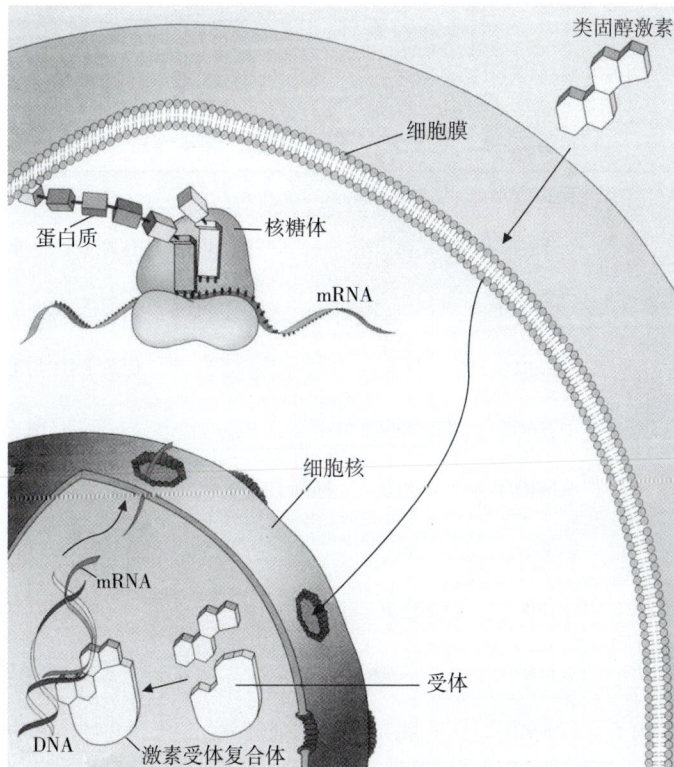

图 20-3　细胞内受体介导的激素作用机制

激素作用所涉及的细胞信号传导机制十分复杂。例如，类固醇激素既可通过细胞内受体介导的途径影响靶细胞 DNA 的转录，又可通过膜受体介导及离子通道快速调节神经细胞的兴奋性。

考点与重点　激素作用的机制

医者仁心

"胰岛素之父"班廷

20 世纪 20 年代，糖尿病严重威胁人类健康，但当时缺乏有效的治疗手段。加拿大生理学家、外科医生班廷怀着对医学的热忱和对患者的深切关怀，投身于糖尿病的研究工作。在实验条件极其艰苦的情况下，班廷屡遭挫折，却始终信念坚定。1921 年，他与助手经过无数次尝试，成功从狗的胰腺中提取出胰岛素，并将其应用于临床研究。1923 年，班廷因这一重大发现荣获诺贝尔生理学或医学奖。这一殊荣不仅是对他个人成就的肯定，更是对他勇于创新、无私奉献精神的高度赞誉。班廷的事迹激励着一代又一代的科研工作者和医学生为人类的健康福祉而不懈奋斗。

第二节　下丘脑与垂体的内分泌功能

一、下丘脑的内分泌功能

下丘脑的部分神经元兼具神经细胞和内分泌细胞的功能，称为神经内分泌细胞。这些细胞能够将中枢神经系统其他部位传来的神经电信号转换为激素的化学信号。下丘脑的内分泌细胞主要分布于视上核、室旁核及"促垂体区"。视上核和室旁核合成的血管升压素及缩宫素，通过下丘脑 - 垂体束运输至神经垂体储存，在机体需要时释放入血，形成下丘脑 - 神经垂体系统。促垂体区神经元可分泌 9 种肽类物质，称为下丘脑调节肽（表 20-2），主要通过垂体门脉系统调节腺垂体的功能活动，构成下丘脑 - 腺垂体系统（图 20-4）。

表 20-2　下丘脑调节肽的主要生物学作用

种类	英文缩写	化学性质	主要生物学作用
促甲状腺激素释放激素	TRH	三肽	促进 TSH 释放，也能刺激 PRL 释放
促肾上腺皮质激素释放激素	CRH	四十一肽	促进 ACTH 释放
促性腺激素释放激素	GnRH	十肽	促进 FSH 与 LH 释放
生长激素释放激素	GHRH	四十四肽	促进 GH 分泌
生长激素释放抑制激素	GHRIH	十四肽	抑制 GH 分泌，也抑制 LH、FSH、TSH、PRL 及 ACTH 分泌
催乳素释放因子	PRF	肽	促进 PRL 释放
催乳素释放抑制因子	PIF	多巴胺	抑制 PRL 释放
促黑（素细胞）激素释放因子	MRF	肽	促进 MSH 释放
促黑（素细胞）激素释放抑制因子	MIF	肽	抑制 MSH 释放

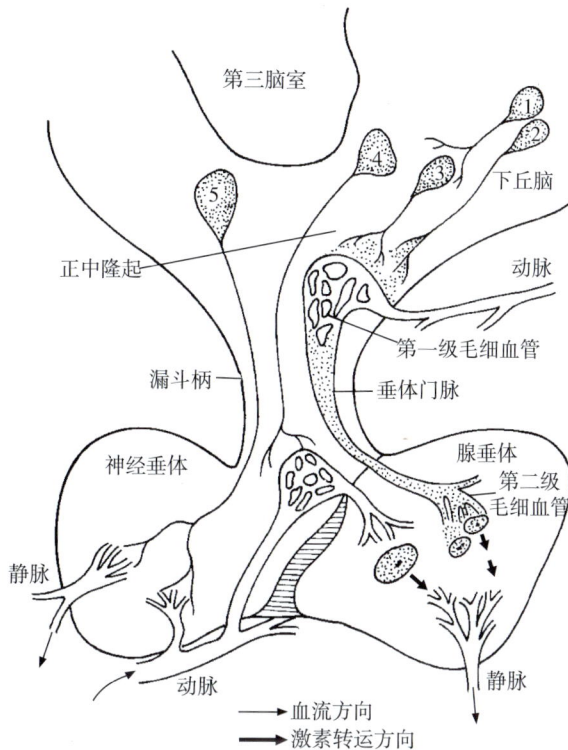

图 20-4 下丘脑—垂体功能结构联系

考点与重点 下丘脑的内分泌功能

二、垂体的内分泌功能

（一）腺垂体激素

腺垂体是体内最重要的内分泌腺。腺垂体主要分泌 7 种激素，分别为生长激素（growth hormone，GH）、催乳素（prolactin，PRL）、促黑（素细胞）激素（melanophore stimulating hormone，MSH）、促甲状腺激素（thyroid stimulating hormone，TSH）、促肾上腺皮质激素（adrenocorticotropic hormone，ACTH）、促卵泡激素（follicle stimulating hormone，FSH）与黄体生成素（luteinizing hormone，LH）。后四种激素可特异性作用于各自的靶腺而发挥调节作用，称为促激素。

1. 生长激素（GH） 人生长激素是由 191 个氨基酸残基组成的蛋白质，是腺垂体中含量最多的激素。GH 具有种属特异性，除猴的 GH 外，其他动物的 GH 对人类无生物效应。

（1）生长激素的生理作用

1）促进生长：生长激素主要促进骨骼、肌肉和内脏的生长发育。临床观察发现，人幼年时若 GH 分泌不足，将出现身材矮小，称为侏儒症；若幼年时 GH 分泌过多，则引起巨人症；成年人 GH 分泌过多时，由于长骨已停止生长，会导致肢端短骨、颌面骨和软组织异常生长，表现为手足粗大、下颌突出及内脏器官增大等，称为肢端肥大症。

2）调节代谢：GH 可促进氨基酸进入细胞，加速 DNA 和 RNA 的合成，从而促进蛋白质合成。GH 还能促进脂肪分解，增强脂肪酸氧化，减少组织脂肪量。生理水平的 GH 可刺激胰岛素分泌，加强糖的利用；但 GH 分泌过多时，会抑制外周组织摄取和利用葡萄糖，使血糖升高，导致垂体性糖尿病。

（2）生长激素分泌的调节：GH 的分泌受下丘脑生长激素释放激素（GHRH）和生长抑素（SS）的双重调节。GHRH 对 GH 分泌起经常性调节作用，而 SS 仅在 GH 分泌过多时发挥抑制效应。GH 的分泌还受睡眠、代谢等因素影响：慢波睡眠期、低血糖、运动可使 GH 分泌增多；甲状腺激素、雌激素、雄激素及应激刺激均能促进 GH 分泌。

考点与重点 生长激素的生理作用

2. 催乳素（PRL） 人催乳素是由 199 个氨基酸残基组成的蛋白质。

（1）催乳素的主要生理作用

1）对乳腺的作用：PRL 的主要功能是促进乳腺生长发育，引起并维持成熟乳腺泌乳。在女性青春期，雌激素、孕激素、生长激素等与 PRL 协同作用，促进乳腺发育。妊娠期，PRL、雌激素和孕激素分泌增多，使乳腺进一步发育并具备泌乳能力，但由于血中雌激素和孕激素水平较高，与 PRL 竞争受体，抑制了 PRL 的作用，故此时乳腺不泌乳。分娩后，血中雌激素和孕激素浓度显著降低，PRL 才能发挥泌乳作用。

2）对性腺的作用：小剂量 PRL 可促进卵巢合成雌激素和孕激素，但高浓度 PRL 会通过负反馈抑制下丘脑 GnRH 及腺垂体卵泡刺激素（FSH）、黄体生成素（LH）的分泌，导致排卵抑制和雌激素水平降低。在男性，PRL 可增强睾丸间质细胞对 LH 的敏感性，促进雄性性成熟。

（2）催乳素分泌的调节：PRL 的分泌受下丘脑催乳素释放因子（PRF）和催乳素释放抑制因子（PIF）的双重调节。PRF 促进 PRL 分泌，PIF 抑制其分泌，平时以 PIF 的抑制作用为主。哺乳时，婴儿吸吮乳头可反射性促进下丘脑 PRF 分泌，从而增加腺垂体 PRL 的分泌。

考点与重点 催乳素的生理作用

3. 促黑激素（MSH） 黑素细胞在人体主要分布于皮肤、毛发等部位。MSH 的主要生理作用是促进黑素细胞合成黑色素，同时促使黑色素颗粒在细胞内分散，导致皮肤和毛发颜色加深。MSH 的分泌主要受下丘脑促黑激素释放因子（MRF）和促黑激素释放抑制因子（MIF）的双重调节。MRF 促进 MSH 分泌，MIF 抑制其分泌，通常情况下以促黑激素释放抑制因子的抑制作用占优势。

4. 促激素 腺垂体分泌的促激素共有 4 种。

（1）促甲状腺激素（TSH）：促进甲状腺激素的合成与分泌；促进甲状腺细胞的生长发育，导致腺体增大。

（2）促肾上腺皮质激素（ACTH）：促进肾上腺皮质的生长发育，并刺激肾上腺皮质激素的合成与分泌。

（3）促卵泡激素（FSH）：在女性中促进卵泡发育成熟，并与 LH 协同作用促使卵泡分泌雌激素；在男性中促进精子的生成与成熟。

（4）黄体生成素（LH）：少量 LH 与 FSH 协同作用促使卵泡分泌雌激素；大量 LH 与 FSH 共同作用促进排卵与黄体形成，并刺激黄体分泌雌激素和孕激素。在男性中，LH 促进睾丸间质细胞分泌雄激素。

（二）神经垂体激素

神经垂体激素由下丘脑视上核和室旁核的神经元合成，经轴浆运输至神经垂体储存，在机体需要时释放入血。神经垂体激素包括血管升压素（vasopressin，VP）和缩宫素（oxytocin，OT）两种。

1. 血管升压素（VP） 又称抗利尿激素（antidiuretic hormone，ADH），是一种含 9 个氨基酸的多肽。生理剂量的 VP 可促进肾脏对水的重吸收，发挥抗利尿作用。在机体脱水或失血等情况下，VP 释放量显著增加，可引起血管广泛收缩（尤其是内脏血管），对维持动脉血压具有重要作用。VP 的分泌主要受血浆晶体渗透压和血容量等因素的调节（详见第十七章）。

考点与重点 血管加压素的生理作用

2. 缩宫素（OT）　又称催产素（oxytocin，OXT），其化学结构与 VP 相似，生理作用也存在部分重叠。

（1）缩宫素的生理作用　主要包括分娩时刺激子宫收缩和哺乳期促进乳汁排出。

1）促进乳汁排出：OT 可使乳腺腺泡周围的肌上皮细胞收缩，增加腺泡内压力，从而促进乳汁射出。此外，OT 对乳腺具有营养作用，可维持哺乳期乳腺的丰满状态。

2）促进子宫收缩：OT 对妊娠子宫的收缩作用较强，而对非孕子宫的作用较弱。在分娩过程中，胎儿对子宫颈的压迫可反射性引起 OT 释放，形成正反馈调节机制，进一步增强子宫收缩，发挥催产作用。

> **考点与重点**　缩宫素的生理作用

（2）缩宫素的分泌调节：OT 的分泌调节是典型的神经 – 内分泌调节机制。哺乳时，婴儿吸吮乳头可反射性促进下丘脑 OT 的分泌及神经垂体 OT 的释放，从而促进射乳。该反射易形成条件反射，因此哺乳期母亲听到婴儿哭声即可引发 OT 分泌和射乳反应。

第三节　甲状腺的内分泌功能

甲状腺的滤泡上皮细胞合成和分泌甲状腺激素（thyroid hormone，TH）。滤泡旁细胞又称 C 细胞，分泌降钙素。

一、甲状腺激素

（一）甲状腺激素的合成与代谢

1. 甲状腺激素的合成　甲状腺激素主要有两种：一种是四碘甲腺原氨酸（T_4），又称甲状腺素；另一种是三碘甲腺原氨酸（T_3）。合成甲状腺激素的原料有碘和甲状腺球蛋白（thyroglobulin，TG）。人体合成 TH 所需要的碘 80% ～ 90% 来源于食物，以无机碘化物的形式吸收入血。甲状腺激素的合成过程分滤泡聚碘、酪氨酸碘化、碘化酪氨酸的缩合三个基本步骤，均在滤泡细胞顶端微绒毛与滤泡腔的交界处进行，都是在过氧化物酶催化下完成的。能抑制过氧化物酶的药物如硫脲嘧啶能抑制 T_3 和 T_4 的活性，可用于治疗甲状腺功能亢进。

2. 甲状腺激素的分泌和运输　合成后的 T_3、T_4 仍然结合在 TG 分子上，贮存于腺泡腔内。当甲状腺受到 TSH 刺激后，腺泡细胞将 TG 通过胞饮摄入细胞内，在溶酶体蛋白水解酶的作用下，分离出 T_3 和 T_4，释放入血。其中，99% 以上与血浆中的甲状腺素结合球蛋白等结合；以游离形式存在的 T_4 为 0.04%，T_3 为 0.4%。只有游离型才有生物活性，故 T_3 的生物活性约为 T_4 的 5 倍。

（二）甲状腺激素的生理作用

1. 促进机体正常生长发育　甲状腺激素是机体生长和发育过程中不可缺少的激素，特别是对脑和骨骼的发育尤为重要。甲状腺激素对胎儿和新生儿的脑发育具有关键作用，能够促进神经元增殖与分化，加速神经元树突和轴突的生长及突触形成，同时促进神经胶质细胞生长和髓鞘形成。甲状腺激素与生长激素具有协同作用，可促进软骨骨化，并推动长骨和牙齿的生长发育。胚胎期缺碘或甲状腺功能减退的婴幼儿，脑的发育有明显障碍，智力低下，且身材矮小，称为呆小病（克汀病）。因此预防呆小病应从妊娠期开始，积极治疗甲状腺功能减退和地方性甲状腺肿的孕妇；治疗呆小病必须在出生 3 个月前补充 T_4、T_3，否则难以奏效。

2. 调节新陈代谢

（1）产热效应：甲状腺激素可提高机体绝大多数组织的耗氧量和产热量，尤以心、肝、骨骼肌等最为显著。1mgT$_4$可使机体增加产热量约4200kJ，基础代谢率提高28%。

甲状腺激素分泌过多的患者，多汗怕热，基础代谢率可升高25%～80%；甲状腺功能减退的患者则喜热畏寒，基础代谢率降低20%～50%。

（2）调节物质代谢

1）糖代谢：生理剂量的TH能促进小肠黏膜对糖的吸收，增强糖原分解，并能增强肾上腺素、胰高血糖素、皮质醇和生长激素的升糖作用，使血糖升高；同时又能加强外周组织对糖的利用及糖原合成，使血糖降低。大剂量的TH升高血糖作用更强，故甲亢患者在进食后血糖迅速升高，甚至出现尿糖。

2）脂肪代谢：TH能促进脂肪和胆固醇合成，又能增强脂肪的分解，加速胆固醇的降解及排出。甲亢时，血中胆固醇含量低于正常。

3）蛋白质代谢：生理剂量可激活DNA转录，促进蛋白质的合成，有利于机体的生长发育；大剂量时则促进蛋白质的分解特别是骨骼肌蛋白质的分解。所以甲亢患者表现为肌肉消瘦和乏力，血钙增加及骨质疏松；而甲减患者，由于TH分泌过少，蛋白质合成障碍，组织间黏蛋白沉积，使水滞留皮下，形成黏液性水肿。

（3）其他作用：甲状腺激素对机体所有器官系统都有不同程度的影响。

1）对神经系统的影响：TH可以提高已分化成熟的神经系统的兴奋性。甲亢患者因此常有烦躁不安、喜怒无常、失眠多梦及肌肉颤动等症状。

2）对心血管活动的影响：TH可增加心肌细胞膜上的β受体的数量和儿茶酚胺的亲和力，促进心肌细胞肌质网Ca^{2+}释放，使心率加快，心肌收缩能力增强，心输出量增多。故甲亢患者常出现心动过速、心肌肥大，甚至导致心力衰竭。

甲状腺激素还能促进食欲，维持正常的性功能。甲状腺激素分泌过多的患者，常表现为食欲增强，进食量增大；女性患者月经稀少，甚至闭经。

考点与重点 甲状腺激素的生理作用

（三）甲状腺功能的调节

甲状腺的功能主要受下丘脑 – 腺垂体 – 甲状腺轴的调节（图20–5）。此外，还受甲状腺自主调节及自主神经的支配。

1. 下丘脑 – 腺垂体 – 甲状腺轴

（1）下丘脑促甲状腺激素释放激素（TRH）的作用：下丘脑分泌的TRH经垂体门脉运输，作用于腺垂体TSH细胞膜上的特异受体，促进TSH的合成与分泌。血液中游离甲状腺激素水平是TRH分泌最主要的反馈调节因素，寒冷等外界刺激以及某些激素（如生长抑素）、药物也能影响TRH的合成和分泌。

（2）腺垂体促甲状腺激素（TSH）的作用：腺垂体分泌的TSH是直接调节甲状腺活动的关键激素。TSH能促进甲状腺激素的合成与释放，刺激甲状腺腺细胞增生，腺体增大。

（3）甲状腺激素的负反馈调节：血中游离甲状腺激素的水平对腺垂体分泌的TSH进行经常性的负反馈调节。血液中游离T$_3$、T$_4$浓度升高时，可降低腺垂体对TRH的敏感性，使TSH的合成与释放减少。

考点与重点 下丘脑 – 腺垂体 – 甲状腺轴的调节

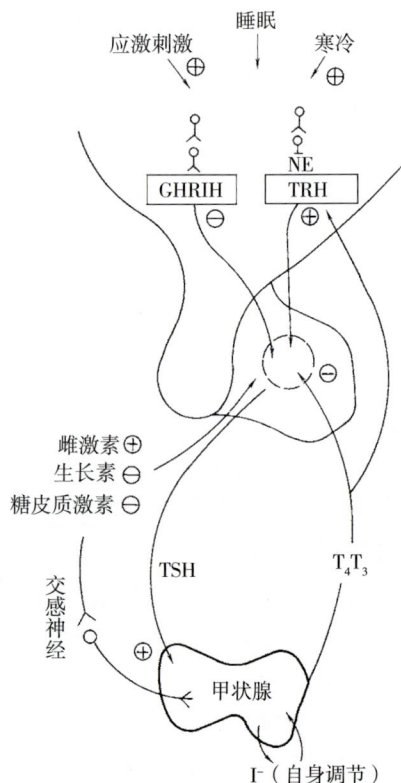

图 20–5　甲状腺激素分泌的调节

2. 甲状腺的自身调节　甲状腺能根据血碘水平调节自身摄碘及合成甲状腺素的能力。当血中碘浓度下降时，甲状腺摄碘能力增加，对 TSH 的敏感性增加；反之，当摄入碘过多时，甲状腺摄碘能力减弱，对 TSH 敏感性降低，甲状腺激素合成和分泌减少，从而保持血中甲状腺激素水平相对平稳。临床上在甲状腺手术前准备时常给予复方碘溶液，目的就是暂时抑制甲状腺激素的释放。

> **链接**
>
> ### 地方性甲状腺肿及预防
>
> 　　地方性甲状腺肿是一种典型的地方病，俗称"大脖子病"。主要成因是地区性环境缺碘，长期碘摄入不足，甲状腺无法合成足够的甲状腺激素，就会代偿性增生肿大。此外，长期食用如木薯、甘蓝等含致甲状腺肿物质的食物，或者遗传因素，也可能引发该病。肿大的甲状腺不仅影响外观，还会压迫气管、食管，导致呼吸不畅、吞咽困难。预防至关重要，最常用且经济有效的方法是食用加碘盐，轻松满足日常碘需求；还可多吃海带、紫菜、海鱼等富碘食物；在严重缺碘地区，可遵医嘱服用碘油丸。

二、甲状旁腺激素和降钙素

甲状旁腺激素和降钙素共同参与机体钙磷代谢的调节，维持血钙、血磷正常水平。

（一）甲状旁腺激素

甲状旁腺激素（parathyroid hormone，PTH）由甲状旁腺主细胞合成和分泌，其生理作用主要是升高血钙和降低血磷。PTH 可将骨细胞内的 Ca^{2+} 快速转运至细胞外液，并通过刺激破骨细胞活动，加速骨组织溶解。PTH 还能促进肾远端小管重吸收钙，升高血钙；抑制肾近端小管重吸收，降低血磷。

（二）降钙素（CT）

1. 降钙素的主要作用　是降低血钙和血磷，其主要靶细胞是骨和肾：①对骨的作用：能抑制破骨细胞的活动，使溶骨过程减弱，同时还能使成骨过程增强，骨组织中钙、磷沉积增加，减少骨钙和骨的释放。②对肾的作用：能抑制肾小管对钙、磷、钠、氯的重吸收，增加这些离子在尿中的排出量。

2. 降钙素分泌的调节　降钙素的分泌主要受血钙浓度的调节。当血钙浓度升高时，降钙素分泌增多；反之，血钙浓度降低则引起降钙素分泌减少。此外，胃泌素、促胰液素等胃肠激素均可促进 CT 的分泌。

第四节　胰岛的内分泌功能

胰岛中的 A 细胞分泌胰高血糖素；B 细胞分泌胰岛素。

一、胰　岛　素

胰岛素是由 51 个氨基酸组成的蛋白质类激素。血液中的胰岛素以与血浆蛋白结合和游离两种形式存在，只有游离形式的胰岛素具有生物活性。

（一）胰岛素的生理作用

胰岛素是促进合成代谢、调节血糖平衡的关键激素。

1. 对糖代谢的影响　胰岛素能促进全身组织（特别是肝脏、肌肉和脂肪组织）对葡萄糖的摄取和利用；促进肝糖原和肌糖原的合成，抑制糖原分解；抑制糖异生作用，促进葡萄糖转化为脂肪酸并储存于脂肪组织，从而降低血糖水平。

2.对脂肪代谢的影响 胰岛素促进肝脏合成脂肪酸，并将其转运至脂肪细胞贮存；同时通过抑制脂肪酶活性来减少脂肪分解。

3.对蛋白质代谢的影响 胰岛素在蛋白质合成的多个环节发挥作用，既能促进蛋白质合成，又能抑制蛋白质分解。

考点与重点 胰岛素的生理作用

链接

糖尿病

糖尿病是由胰岛素分泌不足或作用缺陷引发的全身性代谢紊乱综合征。患者因胰岛素绝对或相对缺乏，导致血糖浓度升高。当血糖水平超过肾糖阈时，肾小管对葡萄糖的重吸收能力达到极限，尿中可出现葡萄糖（糖尿），并引发渗透性利尿。大量水分经尿液排出，造成机体脱水，刺激口渴中枢而引起多饮症状。由于葡萄糖利用障碍，机体能量供应不足，患者常出现饥饿感而导致多食。同时，蛋白质分解代谢增强、合成减少，可导致体重下降。脂肪代谢异常会加速酮体生成，严重时可引发酮症酸中毒，危及患者生命。

（二）胰岛素分泌的调节

1.营养成分调节 血糖浓度是调节胰岛素分泌的最重要因素。当血糖浓度升高时，胰岛素分泌显著增加；血糖浓度降低时，胰岛素分泌则迅速减少。此外，多种氨基酸均能刺激胰岛素分泌，其中以赖氨酸和精氨酸的作用最为显著。因此，临床上常通过口服氨基酸后检测血中胰岛素水平的变化，作为评估胰岛 B 细胞功能的检测指标。

2.激素调节 胃泌素、促胰液素、缩胆囊素等胃肠激素，以及生长激素、皮质醇、胰高血糖素和甲状腺激素，均可通过升高血糖浓度间接刺激胰岛素分泌。

3.神经调节 交感神经兴奋可抑制胰岛素的合成与释放，而副交感神经兴奋则促进胰岛素分泌。

二、胰高血糖素

1.胰高血糖素的生理作用 胰高血糖素的主要靶器官是肝脏，其具有极强地促进肝糖原分解作用；同时能促进脂肪和蛋白质分解，抑制其合成，增强糖异生作用，从而导致血糖浓度显著升高。

2.胰高血糖素的分泌调节 血糖浓度是调节胰高血糖素分泌的关键因素。当血糖浓度降低时，胰高血糖素分泌增加；反之则分泌减少。饥饿状态可促进胰高血糖素分泌，这一机制对维持血糖浓度、保障脑组织的代谢和能量供应具有重要意义。

第五节 肾上腺的内分泌功能

肾上腺分为中心部的髓质和表层的皮质两部分。动物实验表明，切除双侧肾上腺后将很快死亡；若仅切除肾上腺髓质，则动物可存活较长时间，说明肾上腺皮质是维持生命所必需的结构。

一、肾上腺皮质的内分泌功能

肾上腺皮质由外向内依次分为球状带、束状带和网状带三层上皮细胞，分别合成和分泌盐皮质激素、糖皮质激素以及少量性激素。

1. 盐皮质激素的作用与分泌调节 盐皮质激素中以醛固酮的生物活性最强。醛固酮的主要作用及分泌调节详见第十七章内容。

2. 糖皮质激素的生理作用

（1）调节物质代谢

1）糖代谢：糖皮质激素能抑制外周组织对葡萄糖的摄取和利用，促进肝脏糖异生，增加肝糖原的生成和输出速率，使血糖浓度显著升高。糖皮质激素分泌不足时，可出现肝糖原减少和低血糖；分泌过多则导致血糖升高，甚至引发类固醇性糖尿病。

2）蛋白质代谢：糖皮质激素可促进肝外组织（特别是肌肉组织）蛋白质分解，动员氨基酸转运至肝脏，为糖异生提供原料。糖皮质激素分泌过多时，会引起生长停滞、肌肉消瘦、皮肤变薄、骨质疏松、淋巴组织萎缩及伤口愈合延迟等病理变化。

3）脂肪代谢：糖皮质激素能促进脂肪分解，增强脂肪酸在肝内的氧化过程。但其引起的高血糖可继发性刺激胰岛素分泌，反而增强脂肪合成作用，促进脂肪沉积。由于糖皮质激素对不同部位脂肪组织的作用存在差异，分泌过多时可导致脂肪异常分布，表现为四肢脂肪减少而面颈部和躯干部脂肪堆积，形成"满月脸""水牛背"等向心性肥胖特征。

（2）影响水盐代谢：糖皮质激素具有较弱的保钠排钾作用，其活性显著低于醛固酮。此外，糖皮质激素可降低肾入球小动脉阻力，增加肾血浆流量，使肾小球滤过率升高，促进水排泄。肾上腺皮质功能减退患者肾脏排水能力明显降低，严重时可发生水中毒。

（3）影响器官系统功能：糖皮质激素对血液、心血管、消化、泌尿、神经等系统功能具有广泛调节作用。它可使循环血液中红细胞、血小板和中性粒细胞数量增加，淋巴细胞和嗜酸性粒细胞减少；能增强血管平滑肌对儿茶酚胺的敏感性（允许作用），有助于维持血管紧张性和血压稳定。

（4）参与应激反应：当机体遭受有害刺激（如感染、中毒、创伤、失血、手术、冷冻、饥饿、疼痛、惊恐等）时，可激活下丘脑－垂体－肾上腺皮质轴，促肾上腺皮质激素（ACTH）和糖皮质激素分泌增加，产生一系列非特异性适应反应（应激反应），从而提高机体对有害刺激的抵抗能力。

考点与重点 糖皮质激素的生理作用

3. 糖皮质激素分泌的调节 与甲状腺分泌的调节类似，糖皮质激素的分泌受下丘脑－腺垂体系统的调节，同时也受血中糖皮质激素浓度的负反馈调节（图20-6）。糖皮质激素可通过以下方式实现负反馈调节：抑制下丘脑促肾上腺皮质激素释放激素（CRH）及腺垂体促肾上腺皮质激素（ACTH）的合成，并降低腺垂体ACTH细胞对CRH的反应性。长期大量应用糖皮质激素时，由于其负反馈作用，ACTH分泌减少，可能导致患者肾上腺皮质萎缩。若突然停用糖皮质激素，患者可能出现急性肾上腺皮质功能不足的危险。因此，在治疗过程中，建议将糖皮质激素与ACTH交替使用；如需停止用药，应逐渐减量以避免不良反应。

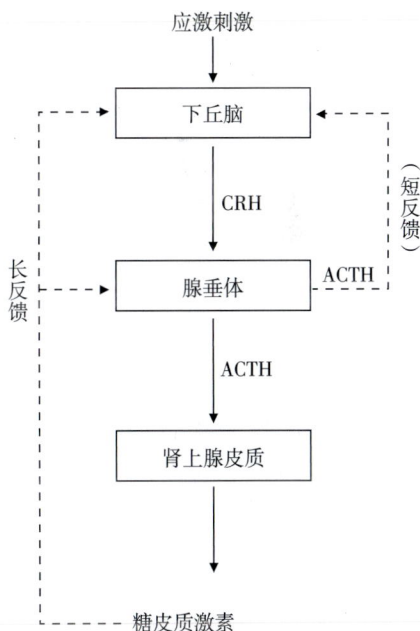

ACTH：促肾上腺皮质激素；CRH：促肾上腺皮质激素释放激素；GC：糖皮质激素
实线表示促进，虚线表示抑制

图 20-6 下丘脑－腺垂体－肾上腺轴系及糖皮质激素分泌的调节

二、肾上腺髓质的内分泌功能

1. 肾上腺髓质激素的生理作用　肾上腺髓质激素包括肾上腺素和去甲肾上腺素，由嗜铬细胞合成和分泌。肾上腺素和去甲肾上腺素的比例约为 4∶1，两者对心血管和内脏平滑肌的作用相似，但也存在差异。

（1）调节物质代谢：肾上腺髓质激素属于促进分解代谢的激素，能够促进糖原分解、升高血糖、加速脂肪分解，并增加组织的耗氧量和产热量。

（2）参与应激反应：交感 – 肾上腺髓质系统在机体遭受有害刺激时发动的应激反应，与垂体 – 肾上腺皮质轴活动增强产生的应激反应相辅相成，共同维持机体的应变能力和耐受力。

2. 肾上腺髓质激素的分泌调节　当机体处于紧急状态时，交感神经兴奋是引起肾上腺髓质激素大量分泌的主要因素。此外，ACTH 可通过糖皮质激素间接刺激髓质激素的分泌，也可直接促进髓质激素的分泌。

？ 思 考 题

1. 长期大量应用糖皮质激素的患者为何不能突然停药？
2. 解释饮食中长期缺碘导致甲状腺肿大的机制。
3. 比较甲状腺激素和生长激素对生长发育的影响。

本章数字资源

第二十一章 生殖功能

📋 **案例**

贾某，男性，36岁，结婚4年。因不育及高脂血症就诊。1年前，患者夫妻曾因不育到医院就诊，当时经检查，患者夫妻生殖功能无明显异常，医生建议随诊观察。但患者听信亲友建议，自行服用雄激素类药物。自服药以来，患者自觉肌肉更健硕、精力旺盛，但妻子仍未受孕。再入院检查：该男性患者存在生精功能及精子成熟异常，并出现高脂血症。

问题： 患者使用雄激素类药物后，为什么反而引起生精功能及精子成熟异常，同时还影响血脂代谢，导致高脂血症？

一切生物体的生命都是有限的，生长、发育、成熟、衰老、死亡是不可抗拒的自然规律。生殖是确保生物体繁衍、种族延续的重要过程，也是区别于非生物的基本特征之一。生殖是指生物体生长、发育到一定阶段后，产生与其本身相似的子代个体的功能。高等动物的生殖是通过两性生殖器官活动实现的，它包括生殖细胞的形成、交配与受精、着床、胚胎发育及分娩等重要环节。

生殖器官包括主性器官和附性器官，能够产生生殖细胞的器官称为主性器官（性腺），其余的生殖器官为附性器官。男性的主性器官为睾丸，能产生精子；附性器官包括附睾、输精管、前列腺、精囊、尿道球腺和阴茎等。女性的主性器官为卵巢；附性器官包括输卵管、子宫、阴道和外生殖器等。

从青春期开始所出现的一系列与性别有关的特征称为第二性征（副性征）。男性表现为胡须生长、喉结突出、发音低沉、骨骼粗壮等；女性表现为乳腺发育、骨盆宽大、臀部脂肪沉积、音调较高等。

第一节 男性生殖功能

男性的生殖功能主要包括睾丸的生精功能和内分泌功能。睾丸主要由生精小管和间质细胞组成。生精小管是精子生成的场所，间质细胞具有合成和分泌雄激素的功能。

一、睾丸的生精功能

精子由生精小管内的生精细胞发育而成。原始的生精细胞紧贴于生精小管的基膜上，称为精原细胞。从青春期开始，在腺垂体促性腺激素的作用下，精原细胞分阶段发育为精子，其过程为精原细胞→初级精母细胞→次级精母细胞→精子细胞→精子（图21-1）。此过程约需两个半月。一个精原细胞经过约7次分裂可产生近百个精子，1g成人睾丸组织每天可生成约1000万个精子。虽然生精细胞增殖十分活跃，但易受放射线、酒精等理化因素的影响，导致精子畸形或功能障碍。

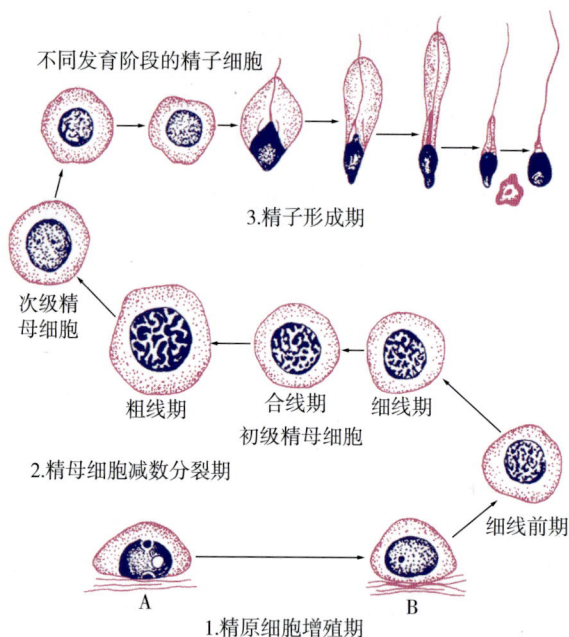

图 21-1　精子发生示意图

精子的生成需要适宜的温度，阴囊内温度较腹腔内低约 2℃，适宜精子的生成。若因某些原因睾丸未降入阴囊而滞留在腹腔或腹股沟管内（隐睾症），将影响精子的生成，导致男性不育。

精子生成后，被输送至附睾内贮存。在附睾内，精子进一步发育成熟并获得运动能力。精子与附睾、精囊腺、前列腺和尿道球腺的分泌物混合形成精液，在性高潮时射出体外。正常男性每次射精量为 3～6mL，精液呈乳白色，弱碱性，适于精子的存活和活动。每毫升精液含精子 0.3 亿～5 亿个，若精子浓度每毫升低于 0.2 亿个，则不易使卵子受精。输精管结扎后，精子的排出路径被阻断，但附属腺体的分泌物排出及雄激素的分泌不受影响，射精时仍可排出不含精子的精液。

二、睾丸的内分泌功能

睾丸的间质细胞能分泌雄激素，主要为睾酮，其主要生理作用：①影响胚胎分化，雄激素可诱导含有 Y 染色体的胚胎向男性分化，促进生殖器官的发育；②维持生精作用，睾酮自间质细胞分泌后，可经支持细胞进入精曲小管，与生精细胞的雄激素受体结合，促进精子生成；③维持正常性欲；④促进蛋白质的合成，特别是肌肉和生殖器官的蛋白质合成，同时还能促进骨骼生长与钙磷沉积；⑤刺激生殖器官的生长发育，促进男性第二性征出现并维持其正常状态；⑥促进红细胞生成。

第二节　女性生殖功能

女性的生殖功能主要包括卵巢的生卵作用、内分泌功能及子宫内膜的周期变化等。

一、卵巢的功能

（一）卵巢的生卵功能

卵子由卵巢内的原始卵泡发育而成。新生儿卵巢内约含有 60 万个原始卵泡。自青春期起，在腺垂体促性腺激素的作用下，原始卵泡开始生长发育，其发育顺序为原始卵泡→生长卵泡→成熟卵泡。生育期女性（除妊娠期外）每月有 15～20 个原始卵泡同时开始生长发育，通常仅有 1 个发育为优势卵泡并成熟，其余卵泡在不同发育阶段退化为闭锁卵泡。

成熟卵泡破裂后排出卵子，此过程称为排卵。排卵后，残余的卵泡壁塌陷形成黄体。黄体具有分泌雌激素和孕激素的功能。若排出的卵子未受精，黄体在排卵后第 9～10 天开始退化，最终形成白体；若卵子受精，则黄体继续发育并维持功能，称为妊娠黄体，以满足妊娠需要。

卵巢排卵具有以下特征：平均周期为 28 天，通常两侧卵巢交替排卵，每次一般排出 1 个卵子（偶见排出 2 个或多个卵子的情况）。女性一生中双侧卵巢共可排出 300～400 个卵子。

（二）卵巢的内分泌功能

卵巢分泌的激素主要有雌激素和孕激素。雌激素主要为雌二醇，孕激素主要为孕酮（黄体酮）。

1. 雌激素的作用　雌激素的生理作用主要是促进女性生殖器官的生长发育和副性征的出现。具体作用：①使子宫内膜发生增生期变化，血管和腺体增生，但腺体不分泌；②促进输卵管的蠕动，有利于精子和卵子的运输；③刺激阴道上皮细胞增生、角化并合成大量糖原，使阴道分泌物呈酸性，增强阴道的抗菌能力；④刺激乳腺导管和结缔组织增生，促进乳腺发育。

2. 孕激素的作用　孕激素的生理作用主要是保证胚胎着床和维持妊娠。具体作用：①在雌激素作用的基础上，使子宫内膜进一步增生，并出现分泌期变化，为孕卵着床提供适宜环境；②抑制子宫平滑肌收缩和输卵管蠕动，具有安胎作用；③促进乳腺腺泡发育，为产后泌乳做准备；④促进机体产热，使基础体温升高。

医者仁心

低体重与卵巢轴

当女性体重过低，身体脂肪含量不足时，下丘脑会感知到身体的能量储备处于匮乏状态。这会导致下丘脑 - 垂体 - 卵巢轴（HPO 轴）的功能受到抑制。例如，女性运动员、舞蹈演员或存在过度节食行为者，体内脂肪含量可能过低。在这种情况下，下丘脑会减少促性腺激素释放激素（GnRH）的分泌，进而使得垂体分泌的促卵泡生成素（FSH）和黄体生成素（LH）也相应减少。由于卵巢缺乏足够的激素刺激，卵泡发育就会受到阻碍，最终导致月经周期紊乱，甚至引发闭经。所以，女性在减脂时需要做到健康减脂，维持合理的体重指数（BMI）。要警惕因过度节食减脂而导致内分泌紊乱，进而影响正常的月经周期。

二、月经周期及其形成机制

（一）月经周期

女性自青春期起，在生育期内（除妊娠和哺乳期外），子宫内膜发生周期性剥脱出血，经阴道流出的现象，称为月经。月经形成的周期性变化称为月经周期。月经周期历时 21～35 天，平均 28 天。一般 12～14 岁出现第一次月经，称为月经初潮。45～55 岁月经周期停止，称为绝经。根据卵巢激素的周期性分泌和子宫内膜的周期性变化（图 21-2），可将月经周期分为三期。

1. 增生期（排卵前期、卵泡期）　从月经结束至排卵前，即月经周期第 5～14 天，称为增生期。此期，在卵泡刺激素作用下，卵泡逐渐发育并分泌雌激素。雌激素促使子宫内膜基底层增生修复，内膜增厚至 2～3mm，子宫腺体及螺旋动脉增生延长，但腺体尚未开始分泌。此期末，优势卵泡发育成熟并排卵。

2. 分泌期（排卵后期、黄体期）　从排卵后到下次月经前，即月经周期第 15～28 天，称为分泌期。卵巢排卵后残余的卵泡形成黄体。黄体分泌大量雌激素和孕激素，使子宫内膜进一步增生变厚，血管扩张，腺体迂曲并分泌黏液，子宫内膜变得松软并富含营养物质，为受精卵的着床和发育做好准备。在此期内，如果受孕，黄体则发育成妊娠黄体，继续分泌雌激素和孕激素。如果未受孕，黄体萎缩，进入月经期。

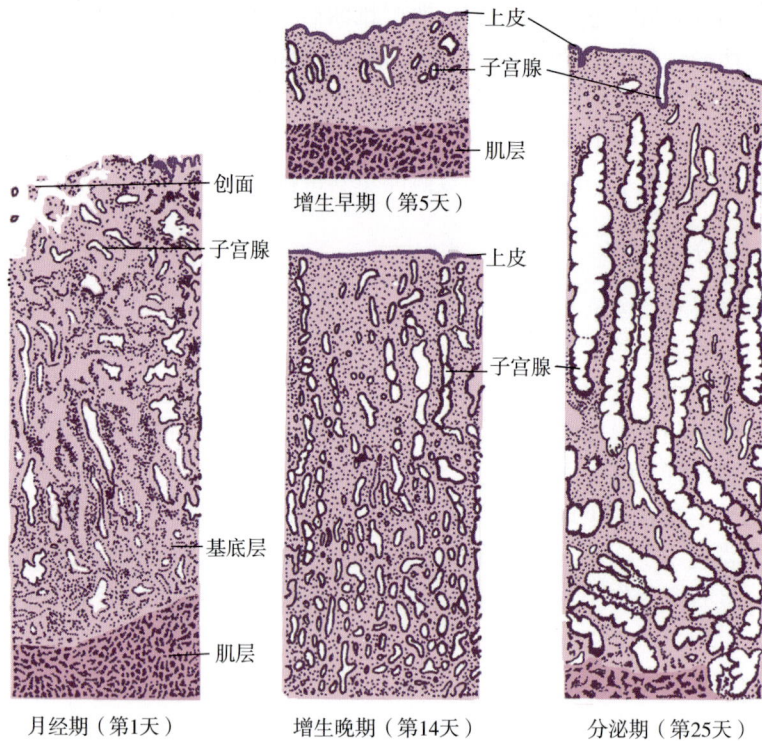

图 21-2　子宫内膜的周期性变化模拟图

3. 月经期　从月经开始到出血停止，即月经周期第 1 ～ 4 天，称为月经期。此期，由于黄体萎缩，雌激素和孕激素分泌急剧减少，子宫内膜失去了这两种激素的支持而脱落、出血，即月经。月经期内，因子宫内膜脱落形成创面容易感染，故要注意经期卫生。

（二）月经周期形成机制

月经周期的形成是下丘脑 – 腺垂体 – 卵巢轴作用的结果（图 21-3）。

1. 增生期　此期前，血中雌激素、孕激素浓度较低→对下丘脑、腺垂体抑制作用解除→促性腺素释放激素（GnRH）、促卵泡激素（FSH）和黄体生成素（LH）浓度开始上升→卵泡开始发育→分泌雌激素→子宫内膜发生增生期变化（排卵前一天雌激素分泌达高峰）→正反馈作用使 GnRH、FSH 分泌增多且 LH 分泌明显增加→卵巢排卵。

2. 分泌期　排卵后，在 LH 的作用下→卵巢内黄体形成→黄体分泌大量孕激素和雌激素→两种激素协同作用→子宫内膜进入分泌期变化。此期血中高浓度的雌激素和孕激素通过负反馈作用抑制 LH 及 FSH 的分泌。

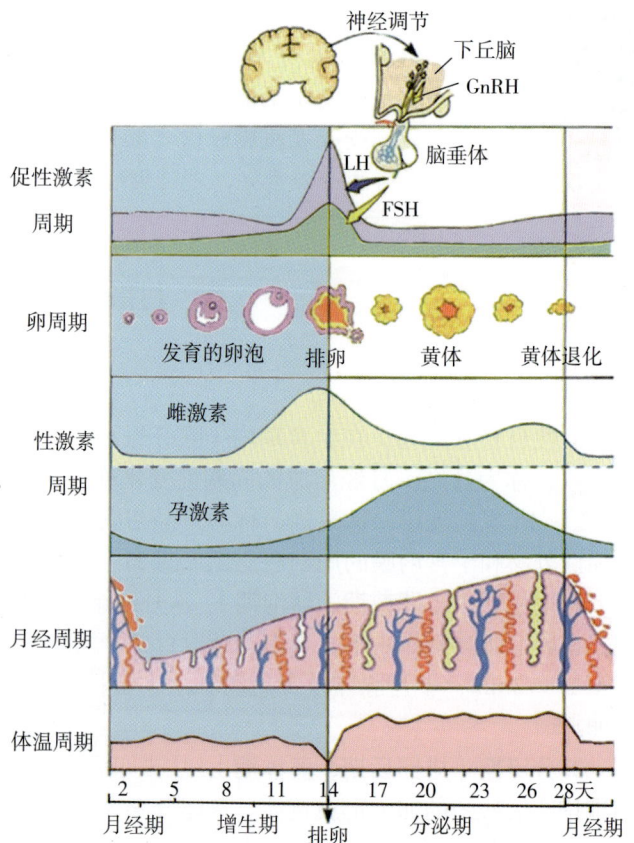

图 21-3　月经周期形成机制示意图

3. 月经期　若卵子未受精→黄体逐渐萎缩→孕激素和雌激素水平急剧下降→导致子宫内膜脱落、出血，形成月经。

总之，卵巢周期性变化与月经周期的形成，是在下丘脑－腺垂体－卵巢轴的精确调控下完成的。卵巢周期性变化是月经周期形成的生理基础。该调控系统中任一环节发生异常，均可导致月经失调。

考点与重点　月经周期的分期及其机制

? 思 考 题

1. 简述睾酮的生理作用。
2. 女性月经周期分为哪些阶段？

本章数字资源

第二十二章 能量代谢与体温

📋 **案例**

宋某，男性，58岁，户外工作者。7月进行户外工作时发病，表现为发热、大汗，伴头晕、眼花、恶心、全身无力，发病时环境温度为40℃。立即将患者转移至阴凉处，用凉水擦浴，并转入医院就诊。经医院诊断为中暑。

问题： 1.根据影响能量代谢因素和体温平衡知识分析中暑的产生机理？

2.如何预防中暑，在炎热环境中有哪些方式可以增加散热？

第一节 能量代谢

机体在物质代谢过程中伴随的能量释放、储存、转移和利用的过程，称为能量代谢。

一、能量代谢过程

机体所需的能量来源于食物中的糖、脂肪和蛋白质。这些能源物质分子结构中的碳氢键蕴藏着化学能，在氧化过程中碳氢键断裂，生成 CO_2 和 H_2O，同时释放出能量。这些能量50%以上迅速转化为热能，用于维持体温并向体外散发；其余不足50%则以高能磷酸键的形式贮存于体内，供机体利用（图22-1）。

体内最主要的高能磷酸键化合物是三磷酸腺苷（ATP）。当机体组织细胞进行各种功能活动需要消耗能量时，ATP 的一个高能磷酸键断裂，ATP 转变为二磷酸腺苷（ADP），同时释放出大量能量。ATP 是体内重要的贮能和直接供能物质，但体内以 ATP 形式贮存的能量是有限的。在能量产生过剩时，ATP 可将其高能磷酸键转移给肌酸，形成磷酸肌酸（CP）。CP 仅是贮能形式，不能直接供能。当 ATP 消耗较快时，CP 可将高能磷酸键转移给 ADP，重新生成 ATP。

机体细胞利用 ATP 水解所释放的能量，可以完成各种生理功能，如肌肉收缩、神经传导、生

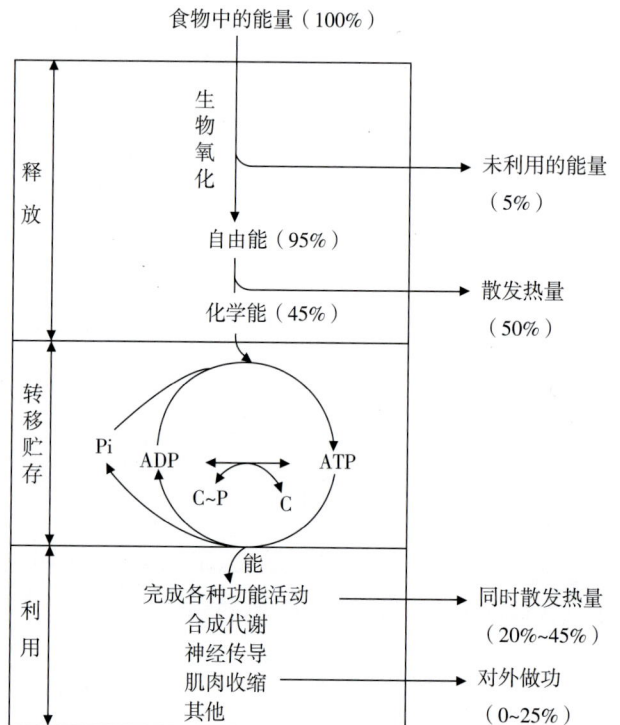

图 22-1 体内能量的转移、储存和利用

物活性物质的合成、物质转运及腺体分泌等。总体而言，除骨骼肌收缩时所完成的机械外功外，其他功能活动最终均转化为热能，参与体温的维持。

二、影响能量代谢的因素

影响能量代谢的因素包括肌肉活动、精神活动、食物的特殊动力作用和环境温度等。

1. 肌肉活动 对能量代谢的影响最为显著。机体任何轻微的活动均可提高代谢率。人在运动或劳动时，耗氧量显著增加。这是因为肌肉活动需要能量补充，而能量来源于大量营养物质的氧化，从而导致机体耗氧量增加。

2. 食物的特殊动力作用 在安静状态下摄入食物后，人体释放的热量比食物本身氧化所产生的热量更多。例如，摄入能产生 100kJ 热量的蛋白质后，人体实际产热量为 130kJ，额外增加了 30kJ，表明进食蛋白质后，机体产热量比蛋白质氧化产热量高 30%。食物能使机体产生"额外"热量的现象称为食物的特殊动力作用。目前，食物特殊动力作用的机制尚未完全阐明。这种现象通常在进食后 1 小时左右开始，并持续 7 ～ 8 小时。

3. 环境温度 人体在安静状态下的能量代谢，在 20℃ ～ 30℃ 的环境中最为稳定。实验表明，当环境温度低于 20℃ 时，代谢率开始增加；在 10℃ 以下时，代谢率显著增加。环境温度较低时，代谢率增加主要是由于寒冷刺激反射性地引起寒战以及肌肉紧张性增强所致。在 20℃ ～ 30℃ 时，代谢率保持稳定，主要与肌肉松弛有关。当环境温度为 30 ～ 45℃ 时，代谢率会逐渐增加，可能是由于体内化学反应速度加快，以及发汗、呼吸和循环功能增强等因素的作用。

4. 精神活动 在精神紧张或情绪激动时，能量代谢率会升高。这是由于肌紧张增强以及促进物质代谢的激素分泌增加所致。

三、基 础 代 谢

基础代谢是指人体在基础状态下的能量代谢。基础代谢率是指人体在基础状态下单位时间内的能量代谢。

1. 基础状态 需满足以下条件：处于清醒、安静状态，排除精神紧张因素的影响；在清晨、空腹时测量，排除食物特殊动力作用的影响；保持静卧姿势，排除肌肉活动的影响；环境温度维持在 20 ～ 25℃，排除环境温度的影响。

2. 基础代谢率 通常以 kJ/（m² · h）为单位表示。采用每平方米体表面积而非每公斤体重的产热量来表示，是因为基础代谢率的高低与体重不成比例关系，而与体表面积基本成正比。

$$体表面积（m^2）= 0.0061×身长（cm）+0.0128×体重（kg）-0.1529$$

3. 基础代谢率的生理波动 基础代谢率随性别、年龄等因素存在生理性变化。在相同条件下，男性的基础代谢率平均值高于女性，儿童高于成人；随着年龄增长，代谢率逐渐降低。正常人的基础代谢率保持相对稳定。

一般来说，基础代谢率的实际数值与正常平均值相比，差异在 ±（10% ～ 15%）范围内均属正常。当差异超过 20% 时，才可能提示存在病理变化。在各种疾病中，甲状腺功能异常常伴有基础代谢率的显著改变：甲状腺功能减退时，基础代谢率可比正常值低 20% ～ 40%；甲状腺功能亢进时，基础代谢率可比正常值高 25% ～ 80%。基础代谢率测定是临床诊断甲状腺疾病的重要辅助手段。此外，肾上腺皮质和垂体功能减退时，基础代谢率也会出现降低现象。

第二节 体 温

体温是指机体深部的平均温度。正常人腋下温度为 36 ～ 37℃，口腔温度比腋下温度高 0.2 ～ 0.4℃，直肠温度又比口腔温度高 0.3 ～ 0.5℃。

一、体温的正常波动

1. 昼夜节律性波动　人体体温在清晨 2 ～ 6 时最低，午后 1 ～ 6 时最高。波动幅度一般不超过 1℃。这种昼夜周期性波动称为昼夜节律或日节律，其形成机制可能与下丘脑生物钟功能及内分泌腺的节律性活动有关。

2. 性别差异　成年女性的基础体温平均比男性高 0.3℃。女性基础体温随月经周期呈现规律性变化。月经期及排卵前体温较低，排卵日达到最低值，排卵后体温升高 0.3 ～ 0.6℃，并持续维持至下次月经来潮。通过连续监测基础体温可判断排卵情况及确定排卵日期（图 22-2）。

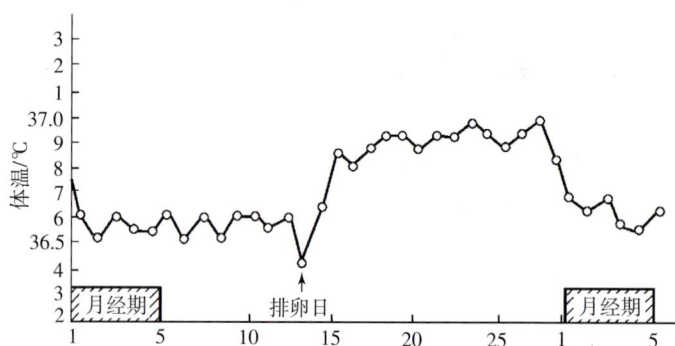

图 22-2　女性基础体温的周期性变化曲线

3. 年龄因素　儿童体温通常高于成人，新生儿和老年人体温则相对较低。新生儿（尤其是早产儿）因体温调节中枢发育不完善，体温易受环境温度影响而发生波动。老年人因基础代谢率降低，体温偏低且对环境温度变化的代偿能力较差。因此，新生儿和老年人需要特别注意保暖护理。

4. 肌肉活动影响　肌肉活动时产热量增加可导致体温升高。剧烈运动时体温可上升 1 ～ 2℃。因此，临床测量体温前应让患者保持安静状态 10 ～ 15 分钟，测量婴幼儿体温时应避免其哭闹。

此外，情绪激动、精神紧张、进食等生理因素均可影响体温测量结果；环境温度变化也会对体温产生影响。测量体温时需充分考虑这些干扰因素。

链接

女性的基础体温

　　女性的基础体温是指在基础代谢状态下测得的体温。女性的基础体温会随月经周期呈现规律性变化。在月经周期中，排卵前体温维持在较低水平，排卵后由于黄体形成，其分泌的孕激素作用于下丘脑体温调节中枢，导致基础体温上升 0.3 ～ 0.5℃。这种典型的双相型体温变化可作为判断排卵日的参考指标。若发生妊娠，基础体温将持续维持在高温相，这与妊娠黄体持续分泌孕激素维持妊娠状态有关。通过监测基础体温变化可评估女性排卵功能及黄体功能状态，该方法在辅助生殖技术应用、避孕指导及妇科内分泌疾病诊断等方面具有重要临床意义。

二、机体的产热和散热平衡

机体在体温调节机制的调控下，产热过程和散热过程处于动态平衡，即体热平衡，从而维持正常的体温。若机体的产热量大于散热量，体温将升高；若散热量大于产热量，则体温会下降，直至产热量与散热量重新达到平衡，此时体温将稳定在新的水平。

（一）产热过程

机体的产热量取决于代谢水平。不同组织和器官因代谢水平差异，其产热量也不同。安静状态下，主要产热器官为内脏（以肝脏为主），其次为大脑。运动时，骨骼肌成为主要产热器官。轻度运动（如散步）可使产热量较安静时增加 3 ～ 5 倍；剧烈运动时，产热量可增加 10 ～ 20 倍。

（二）散热过程

人体的主要散热部位是皮肤。当环境温度低于体温时，大部分体热通过皮肤的辐射、传导和对流方式散热；部分热量通过皮肤汗液蒸发散失，另有少量热量通过呼吸、排尿和排便散失。

1. 辐射　机体以热射线的形式将热量传递给外界较冷物质的一种散热方式。在机体安静状态下，以此种方式散发的热量所占比例较大（约占全部散热量的 60%）。辐射散热量主要取决于皮肤与环境之间的温度差以及机体有效辐射面积等因素。皮肤温度的微小变化会导致辐射散热量显著改变。四肢表面积较大，因此在辐射散热中起重要作用。机体有效辐射面积越大，辐射散热量就越多。

2. 传导　是机体将热量直接传递给与之接触的较冷物体的一种散热方式。机体深部的热量通过传导方式传递至体表皮肤，再由皮肤直接传递给接触物（如衣物或床褥等）。由于这类物质多为热的不良导体，因此通过传导散失的热量较少。脂肪的导热性较差，肥胖者和女性通常皮下脂肪较多，导致深部热量向体表传导减少。在皮肤表面涂抹油脂类物质可减少散热。水的导热性较好，临床上可利用冰囊、冰帽为高热患者实施物理降温。

3. 对流　是通过气体或液体流动交换热量的一种方式。人体周围始终存在一层与皮肤接触的空气薄层，人体热量首先传递给这层空气，随着空气流动（对流），体热被散发到周围空间。对流实际上是传导散热的一种特殊形式。对流散热量受风速影响显著：风速越大，对流散热量越多；反之则越少。辐射、传导和对流三种散热方式的散热量均取决于皮肤与环境之间的温度差，温差越大则散热量越多，温差越小则散热量越少。皮肤温度主要受皮肤血流量调控。

4. 蒸发　在体温条件下，蒸发 1g 水分可使机体散失 2.4kJ 热量。当环境温度为 21℃ 时，大部分体热（70%）通过辐射、传导和对流的方式散发，少部分体热（29%）通过蒸发散发；当环境温度升高时，皮肤与环境之间的温度差变小，辐射、传导和对流的散热量减少，而蒸发的散热作用增强；当环境温度等于或高于皮肤温度时，辐射、传导和对流的散热方式不起作用，蒸发成为机体唯一的散热方式。

人体蒸发有两种形式，即不感蒸发和发汗。即使处于低温环境中，当没有汗液分泌时，皮肤和呼吸道仍不断有水分渗出并被蒸发，这种水分蒸发称为不感蒸发。其中皮肤的水分蒸发又称为不显汗，即这种水分蒸发不易被察觉，且与汗腺活动无关。在室温 30℃ 以下时，不感蒸发的水分量相对恒定，每小时每平方米体表面积可蒸发 12 ～ 15g 水分，其中一半通过呼吸道蒸发，另一半通过皮肤组织间隙直接渗出后蒸发。人体 24 小时的不感蒸发量为 400 ～ 600mL。婴幼儿的不感蒸发速率高于成人，因此在缺水时更容易导致严重脱水。不感蒸发是一种有效的散热途径。某些动物如狗，虽然具有汗腺结构，但在高温环境下不能分泌汗液，此时必须通过热喘呼吸来增强呼吸性蒸发散热。

汗腺分泌汗液的活动称为发汗。发汗是可以被意识到的，有明显的汗液分泌，因此，汗液的蒸发又称为可感蒸发。

人在安静状态下，当环境温度达到 30℃ 左右时便开始发汗。如果空气湿度较大，而且衣着较多时，气温达到 25℃ 便可引起人体发汗。人在进行劳动或运动时，气温即使低于 20℃，亦可出现发汗，且汗量往往较多。汗液中水分占 99%，固体成分则不到 1%。在固体成分中，大部分为氯化钠，也有少量氯化钾、尿素等。与血浆相比，汗液的特点是氯化钠的浓度一般低于血浆；对于高温作业等大量出汗的人群，汗液中可丢失较多的氯化钠，因此应注意补充氯化钠。

由精神紧张或情绪激动引起的发汗称为精神性出汗，主要发生于掌心、脚底和腋窝。精神性出汗的中枢可能位于大脑皮层运动区。精神性出汗在体温调节中的作用较小。

考点与重点 体温概念及皮肤散热方式

医者仁心

体温调控——科学与责任的温度

19世纪，德国医生温德利希经大量测量确立37℃为人体标准体温参考值，为生理学研究筑牢根基。此后，科研探索持续推进。济宁中科研究院团队为满足公共健康监测需求，紧急开展智能测温系统研发，工程师宋亚顶在寒冬深夜徒步8公里返岗调试设备，体现了科研人员"以科技守护生命"的使命担当。深圳先进院王虹、戴辑团队专注基础研究，历经五年潜心钻研，通过反复实验与数据分析，揭示灵长类动物体温调节机制。南开大学陈永胜团队立足实际应用，成功研制太阳能驱动的全天候热管理服装。该服装能依据环境智能调节温度，将人体舒适温度区间延伸至极端环境，为特殊环境工作者提供有力保障，彰显科技造福人类的现实价值。

体温不仅是生理学指标，更折射出科学家的创新精神与社会责任感。他们以智慧拓展认知边界，以实践回应时代需求，诠释了"科技向善"的核心理念。科研工作需如体温调节般保持动态平衡，在探索真理与奉献社会中实现价值恒久，为人类发展添砖加瓦。

三、体温调节

人体能在不同环境温度下维持体温相对稳定，是因为人体具有自主性体温调节和行为性体温调节功能。

1. 自主性体温调节 当体内外温度发生变化时，温度感受器将温度变化信息传递至体温调节中枢，体温调节中枢发出指令，调节产热和散热过程以维持体温稳定，这种调节称为自主性体温调节。

（1）温度感受器：对温度敏感的感受器称为温度感受器，分为外周温度感受器和中枢温度感受器。

外周温度感受器分布于人体皮肤、黏膜和内脏中，分为冷感受器和温觉感受器，它们都是游离神经末梢。当皮肤温度升高时，温觉感受器兴奋；当皮肤温度下降时，冷感受器兴奋。

中枢温度感受器存在于脊髓、延髓、脑干网状结构及下丘脑中，分为热敏神经元和冷敏神经元。温度升高时热敏神经元兴奋，温度下降时冷敏神经元兴奋。

（2）调节中枢：体温调节涉及多方温度信息输入和多系统传出反应，是一种高级的中枢整合作用。调节体温的基本中枢位于下丘脑。通过下丘脑局部破坏或电刺激实验观察到，破坏PO/AH（视前区-下丘脑前部）会导致散热反应消失、体温升高，刺激该区域则引起散热反应并抑制寒战；破坏下丘脑后部会导致体温下降、产热受抑制，刺激该区域则引起寒战。因此可以得出结论：下丘脑前部是散热中枢，而下丘脑后部是产热中枢。

（3）体温调节过程：当外界环境温度改变时，可通过以下途径进行调节：①皮肤冷、温觉感受器受到刺激，将温度变化信息沿躯体传入神经经脊髓传递至下丘脑体温调节中枢；②外界温度变化通过血液引起深部温度改变，直接作用于下丘脑；③脊髓和下丘脑以外的中枢温度感受器也将温度信息传递至下丘脑。通过下丘脑前部和中枢其他部位的整合作用，经由以下三条途径发出指令调节体温：通过交感神经系统调节皮肤血管舒缩反应和汗腺分泌；通过躯体神经改变骨骼肌活动，如在寒冷环境时引发寒战；通过甲状腺和肾上腺髓质的激素分泌活动改变来调节机体代谢率（图22-3）。

调定点学说认为，体温的调节类似于恒温器的调节。通常认为，PO/AH中的温度敏感神经元可能在体温调节中起着调定点的作用。调定点即规定的数值（如37℃）。如果体温偏离此数值，反馈系统会将偏离信息传递至控制系统，随后通过对受控系统的调整来维持体温的恒定。该学说认为，由细菌感染所致的发热是由于热敏神经元的阈值受到致热原的作用而升高，导致调定点上移（如 39℃ ）。因此，发热初期会先出现恶寒、战栗等产热反应，直至体温升高到 39℃ 以上时才出现散热反应。只要致热因素未消除，产热与散热过程就会在这一新的体温水平上保持动态平衡。需要指出的是，发热时体温调节功能并未受损，而是由于调定点上移，体温被调节至发热水平。

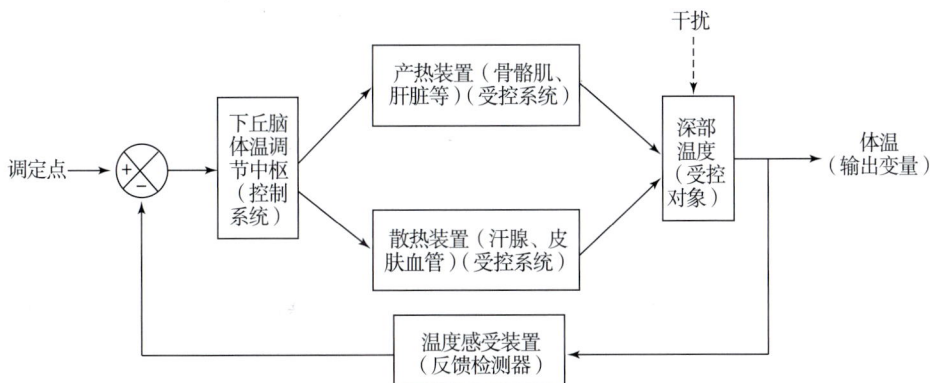

图 22-3　机体的产热与散热示意图

2. 行为性体温调节　　自主性体温调节是无意识的自动调节过程。人类还可以通过有意识的行为来适应环境温度的变化，例如根据季节增减衣物、使用风扇或空调等，这种调节称为行为性体温调节。

？ 思 考 题

1. 能量代谢的影响因素有哪些？
2. 体温的定义是什么？
3. 经皮肤散热的方式有哪些？

本章数字资源

参考文献

［1］吴波，王发宝. 正常人体学［M］. 北京：中国中医药出版社，2016.

［2］刘荣志. 美容解剖学与组织学［M］. 3 版. 北京：人民卫生出版社，2019.

［3］盖一峰，高晓勤. 人体解剖学［M］. 3 版. 北京：人民卫生出版社，2014.

［4］郭争鸣，唐晓伟. 生理学［M］. 北京：人民卫生出版社，2018.